【学研ニューコース】

中2理科

Gakken

はじめに

『学研ニューコース』シリーズが初めて刊行されたのは，1972（昭和47）年のことです。当時はまだ，参考書の種類も少ない時代でしたから，多くの方の目に触れ，手にとってもらったことでしょう。みなさんのおうちの人が，『学研ニューコース』を使って勉強をしていたかもしれません。

それから，平成，令和と時代は移り，世の中は大きく変わりました。モノや情報はあふれ，ニーズは多様化し，科学技術は加速度的に進歩しています。また，世界や日本の枠組みを揺るがすような大きな出来事がいくつもありました。当然ながら，中学生を取り巻く環境も大きく変化しています。学校の勉強についていえば，教科書は『学研ニューコース』が創刊した約10年後の1980年代からやさしくなり始めましたが，その30年後の2010年代には学ぶ内容が増えました。そして2020年の学習指導要領改訂では，内容や量はほぼ変わらずに，思考力を問うような問題を多く扱うようになりました。知識を覚えるだけの時代は終わり，覚えた知識をどう活かすかということが重要視されているのです。

そのような中，『学研ニューコース』シリーズも，その時々の中学生の声に耳を傾けながら，少しずつ進化していきました。新しい手法を大胆に取り入れたり，ときにはかつて評判のよかった手法を復活させたりするなど，試行錯誤を繰り返して現在に至ります。ただ「どこよりもわかりやすい，中学生にとっていちばんためになる参考書をつくる」という，編集部の思いと方針は，創刊時より変わっていません。

今回の改訂では中学生のみなさんが勉強に前向きに取り組めるよう，等身大の中学生たちのマンガを巻頭に，「中学生のための勉強・学校生活アドバイス」というコラムを章末に配しました。勉強のやる気の出し方，定期テストの対策の仕方，高校入試の情報など，中学生のみなさんに知っておいてほしいことをまとめてあります。本編では新しい学習指導要領に合わせて，思考力を養えるような内容も多く掲載し，時代に合った構成となっています。

進化し続け，愛され続けてきた『学研ニューコース』が，中学生のみなさんにとって，やる気を与えてくれる，また，一生懸命なときにそばにいて応援してくれる，そんな良き勉強のパートナーになってくれることを，編集部一同，心から願っています。

学研プラス

深く考えるのは苦手
勉強はいつも「なんとなく」
だけど……それでいいのかな？

わ
わ
パチッ
……ふぅ
前原 芽衣　中2 陸上部
くっそー惜しい！
でもあとちょっとで
前原に追いつく！
榛名 大和　中2 陸上部

勝ったのにずいぶん
暗い顔だな
そのヘアピン
どうかした？
うん
ここのよごれが
落ちなくて……
小学校のころから
ずっと大事にしてたのに
この間の理科のテストは
ボロボロだったし
授業も最近ついて
いけないし
そのせいで走りにも
集中できないし
お気に入りのヘアピンは
よごれるし〜……!!
やっぱり
この前の雑誌の占い
当たってたんだ……
前原が占い好きなのは
知ってるけど
なんでも占いのせいに
するのはよくないぞ
理科の点数が悪いのは
前原が理科の勉強を
敬遠してるからだろ
で それが原因で
走りの調子が悪い

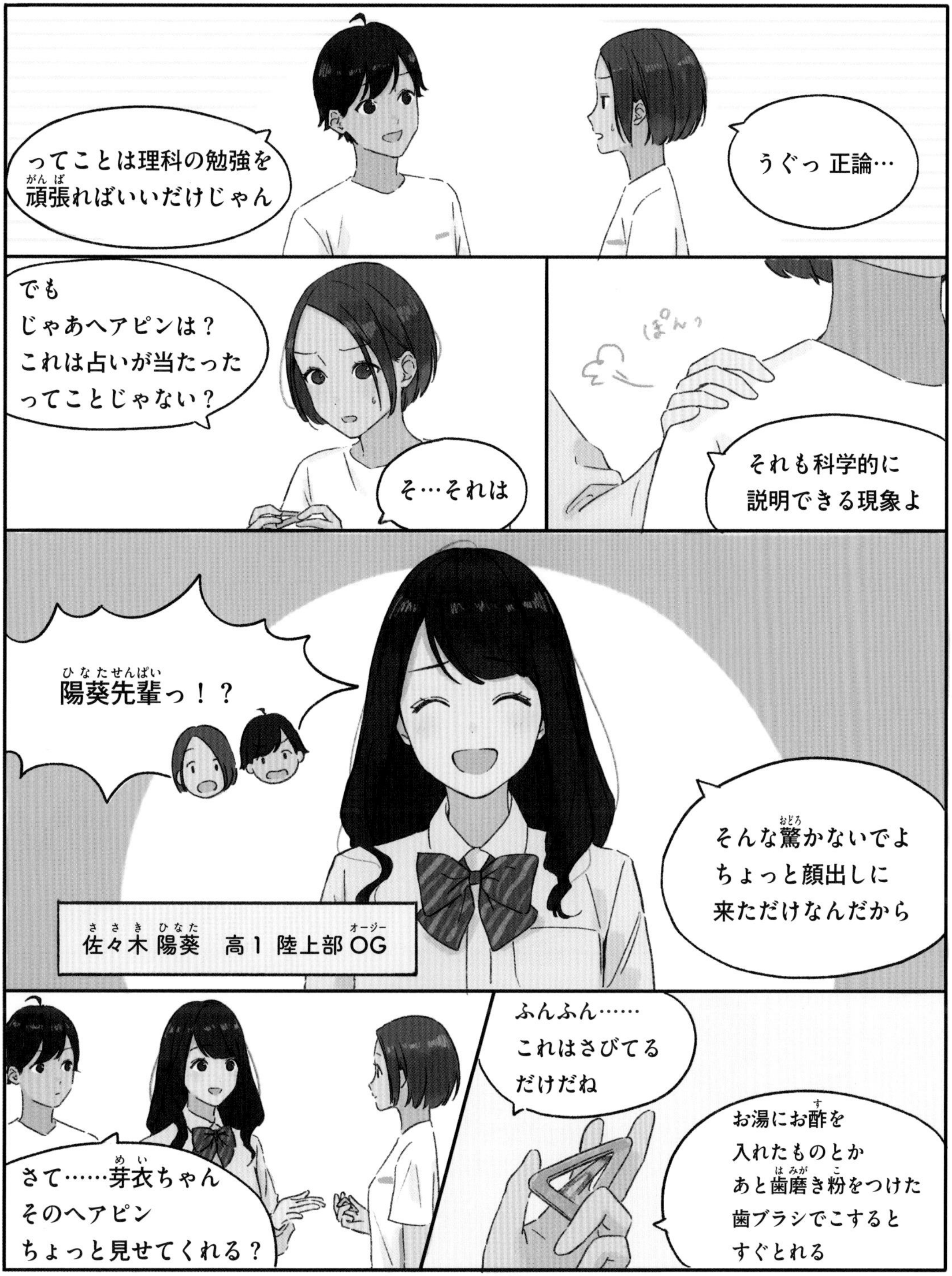
ってことは理科の勉強を頑張ればいいだけじゃん
うぐっ 正論…
でも
じゃあヘアピンは？
これは占いが当たった
ってことじゃない？
そ…それは
ぽんっ
それも科学的に
説明できる現象よ
陽葵先輩っ！？
そんな驚かないでよ
ちょっと顔出しに
来ただけなんだから
佐々木 陽葵　高１ 陸上部 OG
さて……芽衣ちゃん
そのヘアピン
ちょっと見せてくれる？
ふんふん……
これはさびてる
だけだね
お湯にお酢を
入れたものとか
あと歯磨き粉をつけた
歯ブラシでこすると
すぐとれる

ほ 本当ですか!? ありがとうございます！
でも先輩どうしてそんなことわかるんですか？
理科の先生が言ってたから
芽衣ちゃんももう習った？酸化反応
酸化反応？やったようなやらないような……
部活に張り切るのはいいけど勉強もちゃんとやっとかないとダメよ？
そ そうですね……あはは……
じゃわたしはちょっと先生に用があるから
理科の勉強か…
わたしは榛名みたいに頭よくないからなぁ
…………

次の日
前原 いまいいか？
え？ うん いいけど
これ 理科の授業を自分でまとめたノート ちょっとは前原の役に立つと思う
い……いいの？
半端な状態の前原に勝っても意味ないだろ ちゃんと問題を解決してもらわないとな
あ ありがとー！
それじゃ ありがたく！
すご！ 棒名って練習のときもマメにノートつけてるなと思ってたけど
勉強もこんなに考えてやってたんだ……
しかもすごく わかりやすい
理科

オレ別に頭いいわけ
じゃないから
わからないことがあったら
その度にちゃんと
考えるようにしてるんだ
前原は感覚的で
意識しないでも
速く走れて
オレとはちがうかも
しれないけど…
うまくいかないときは
ちゃんと向き合った
方がいいと思うよ
…
いままでは
全部「なんとなく」で
できたりやりすごせたり
したけど……
榛名の言う通り
このままじゃ何も
よくならないよね
……よし 決めた！
ぎゅ
理科
榛名 大和
わたしもやれるだけのこと
やってみないと
ダメだよね

ノート
ありがとう！
それじゃまた
明日ねー！
スッ
もう 相変わらず
切りかえの
早いやつだな
……さて
オレも帰って宿題しよ
榛名のノートはすっごく
わかりやすくて……
おかげでわたしは
大助かりだった
もちろん
すぐに内容が身につく
わけじゃなかったけど
なんでそうなるのか
これはどういう意味なのか…
ってわからないなりに
考えるクセはついたと思う

2週間後——
あーっ！前原に離された！
この2週間でばっちり調子とりもどしてるしたまったもんじゃないぜ
大和くん惜しかったね
芽衣ちゃんは……
……大丈夫？すごく疲れてるみたいだけど
部活の方は見ての通り絶好調!!……なんですけど
理科の勉強の方はそう上手くいかなくて……あはは
あ 当たり前だろ そっちまですぐ追いぬかれたらオレの立場がないって！
あはは そりゃそうだね
でもうかうかしてられないよ大和くん

さびがとれるみたいに
すぐ目に見える変化は
ないと思うけど……
地道に向き合えば
その分正しい理屈と
解決策が身につく
ものだからね
悪い運勢も
大和くんの成績も
すぐひっくり返しちゃう
ようになるかも……？
一朝一夕で
身につくもんじゃ
ないからな！
勉強の方はそう簡単に
追いつけると思うなよ！
陽葵先輩
榛名……
ありがとう！
もつべきものは
頼れる先輩と
世話焼きなライバル！
勉強じゃ
まだまだ２人には
かなわないけど……

わたし 自分のペースで
頑張(がんば)ってみます!!
今月の占い
ついていない月になるでしょう。
ただし苦手なことも逃げずに向き合えば、乗り越えられるかも?

本書の特長と使い方

各章の流れと使い方

解説ページ

本文

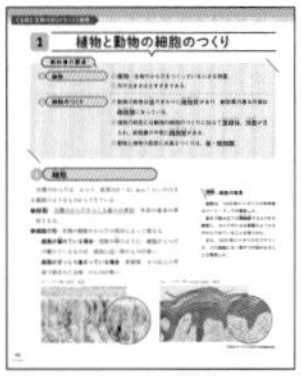

本書のメインページです。基礎内容から発展内容まで，わかりやすくくわしく解説しています。

重要実験・観察

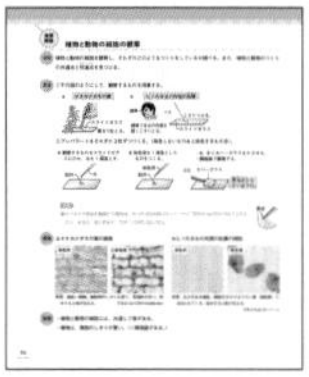

重要実験・観察をまとめたページです。実験の流れや注意点を確認できます。

問題

定期テスト予想問題

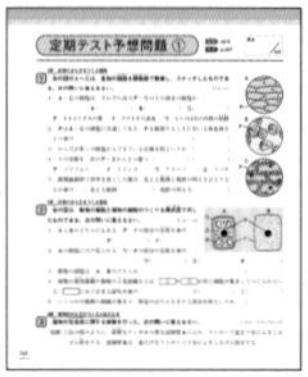

学校の定期テストでよく出題される問題を集めたテストで，力試しができます。

本文ページの構成

教科書の要点

この項目で学習する，テストによく出る要点をまとめてあります。

解説

ていねいでくわしい解説で，内容がしっかり理解できます。

豊富な写真・図解

豊富な写真や図表，動画が見られる二次元コードを掲載しています。重要な図には「ここに注目」「比較」のアイコンがあり，見るべきポイントがわかります。

動画　ここに注目　比較

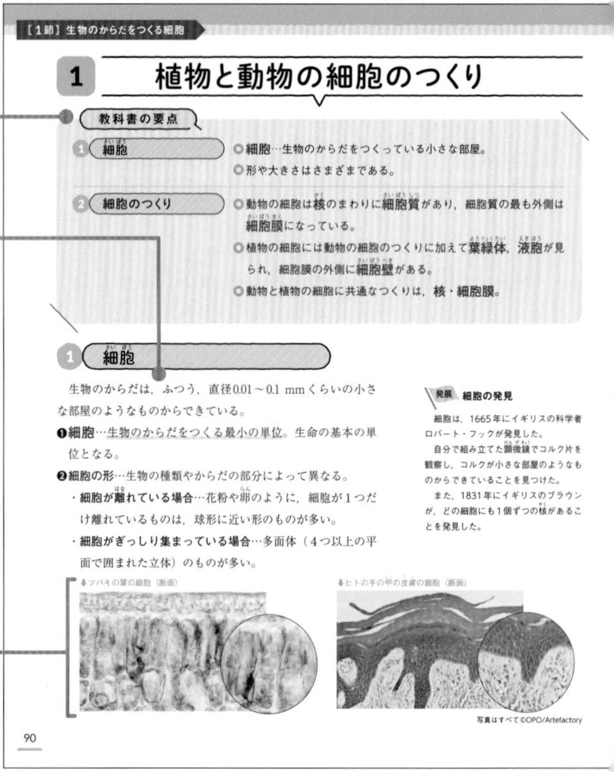

【1節】生物のからだをつくる細胞

1 植物と動物の細胞のつくり

教科書の要点

1 細胞
◎細胞…生物のからだをつくっている小さな部屋。
◎形や大きさはさまざまである。

2 細胞のつくり
◎動物の細胞は核のまわりに細胞質があり，細胞質の最も外側は細胞膜になっている。
◎植物の細胞には動物の細胞のつくりに加えて葉緑体，液胞が見られ，細胞膜の外側に細胞壁がある。
◎動物と植物の細胞に共通なつくりは，核・細胞膜。

1 細胞

生物のからだは，ふつう，直径0.01～0.1 mmくらいの小さな部屋のようなものからできている。
❶細胞…生物のからだをつくる最小の単位。生命の基本の単位となる。
❷細胞の形…生物の種類やからだの部分によって異なる。
・細胞が離れている場合…花粉や卵のように，細胞が1つだけ離れているものは，球形に近い形のものが多い。
・細胞がぎっしり集まっている場合…多面体（4つ以上の平面で囲まれた立体）のものが多い。

発展 細胞の発見

細胞は，1665年にイギリスの科学者ロバート・フックが発見した。
自分で組み立てた顕微鏡でコルク片を観察し，コルクが小さな部屋のようなものからできていることを見つけた。
また，1831年にイギリスのブラウンが，どの細胞にも1個ずつの核があることを発見した。

↓ツバキの葉の細胞（断面）　↓ヒトの手の甲の皮膚の細胞（断面）

写真はすべて©OPO/Artefactory

90

本書の特長

教科書の要点がひと目でわかる	授業の理解から定期テスト・入試対策まで	勉強のやり方や，学校生活もサポート

特集

章末コラム

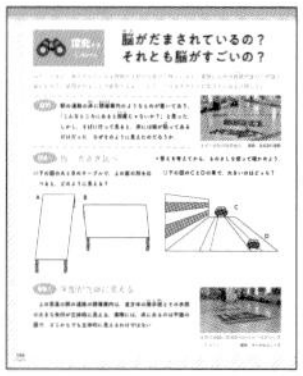

日常生活に関連する課題や発展的な課題にとり組むことで，知識を深め，活用する練習ができます。

勉強法コラム

やる気の出し方，テスト対策のしかた，高校入試についてなど，知っておくとよい情報をあつかっています。

入試レベル問題

高校入試で出題されるレベルの問題にとり組んで，さらに実力アップすることができます。

重要用語・実験・観察ミニブック

この本の最初に，切りとって持ち運べるミニブックがついています。テスト前の最終チェックに最適です。

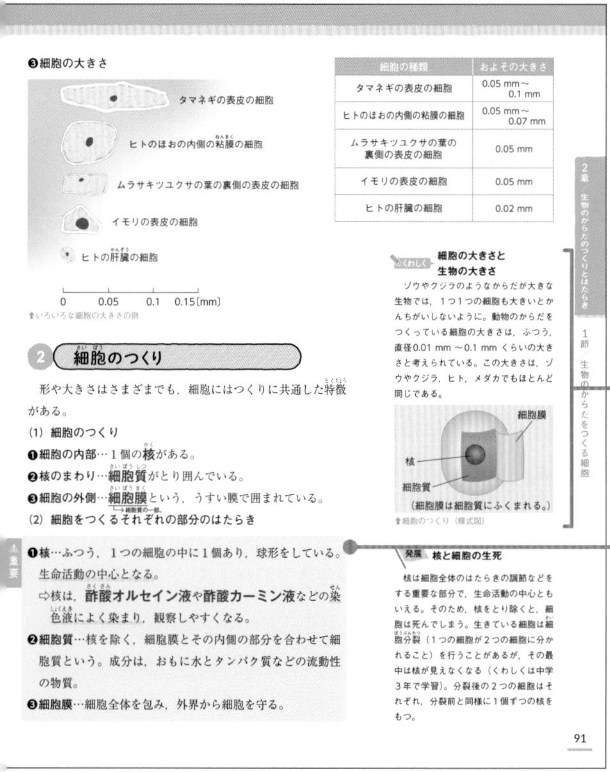

❸細胞の大きさ

⬆いろいろな細胞の大きさの例

細胞の種類	およその大きさ
タマネギの表皮の細胞	0.05 mm～0.1 mm
ヒトのほおの内側の粘膜の細胞	0.05 mm～0.07 mm
ムラサキツユクサの葉の裏側の表皮の細胞	0.05 mm
イモリの表皮の細胞	0.05 mm
ヒトの肝臓の細胞	0.02 mm

2 細胞のつくり

形や大きさはさまざまでも，細胞にはつくりに共通した特徴がある。

(1) 細胞のつくり

❶細胞の内部…1個の**核**がある。

❷核のまわり…**細胞質**がとり囲んでいる。

❸細胞の外側…**細胞膜**という，うすい膜で囲まれている。
└→細胞質の一部。

(2) 細胞をつくるそれぞれの部分のはたらき

重要

❶核…ふつう，1つの細胞の中に1個あり，球形をしている。生命活動の中心となる。
⇨核は，**酢酸オルセイン液**や**酢酸カーミン液**などの染色液によく染まり，観察しやすくなる。

❷細胞質…核を除く，細胞膜とその内側の部分を合わせて細胞質という。成分は，おもに水とタンパク質などの流動性の物質。

❸細胞膜…細胞全体を包み，外界から細胞を守る。

くわしく **細胞の大きさと生物の大きさ**

ゾウやクジラのようなからだが大きな生物では，1つ1つの細胞も大きいとかんちがいしないように。動物のからだをつくっている細胞の大きさは，ふつう，直径0.01 mm～0.1 mmくらいの大きさと考えられている。この大きさは，ゾウやクジラ，ヒト，メダカでもほとんど同じである。

⬆細胞のつくり（模式図）

発展 **核と細胞の生死**

核は細胞全体のはたらきの調節などをする重要な部分で，生命活動の中心ともいえる。そのため，核をとり除くと，細胞は死んでしまう。生きている細胞は細胞分裂（1つの細胞が2つの細胞に分かれること）を行うことがあるが，その最中は核が見えなくなる（くわしくは中学3年で学習）。分裂後の2つの細胞はそれぞれ，分裂前と同様に1個ずつの核をもつ。

2章 生物のからだのつくりとはたらき　1節 生物のからだをつくる細胞

91

サイド解説

本文をより理解するためのくわしい解説や関連事項，テストで役立つ内容などをあつかっています。

- くわしく：本文の内容をよりくわしくした解説。
- 発展：発展的な学習内容の解説。
- テストで注意：テストでまちがえやすい内容の解説。
- 復習：小学校や前の学年の学習内容の復習。
- 中3では：上の学年で学習する内容の解説。
- 生活：日常生活に関連する内容の解説。
- 思考：なぜそうなるのか，こうするとどうなるのかなど，理科的な考え方の解説。

重要ポイント

公式や，それぞれの項目の特に重要なポイントがわかります。

Column コラム　思考　生活

理科の知識を深めたり広げたりできる内容をあつかっています。思考を深めるものには「思考」，日常生活に関連するものには「生活」アイコンをつけて示しています。

学研ニューコース
Gakken New Course for Junior High School Students

中2理科

もくじ

Contents

4章　電気の世界

1節　電流のはたらき

2節　電流と磁界

3節　静電気と電流

探究するコラム

中学生のための勉強・学校生活アドバイス

理科動画

動画

重要実験／重要観察／実験操作

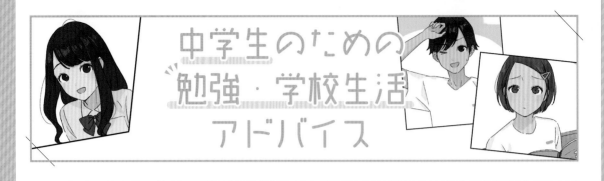

中学生のための勉強・学校生活アドバイス

気をぬかずに実力をつけよう

中２にもなると学校生活にも慣れ，生活のリズムが確立されている人が多いでしょう。一方で，**なんとなくやる気が出ない「なかだるみ」が起きやすい時期でもあります。**

勉強面では，中１と比べて学習する量がさらにふえ，ペースも早くなります。また，部活動もさらに忙しくなるでしょう。そのため，授業についていける人と，ついていけない人の差が大きく広がります。

中２のときにさぼらず，コツコツと勉強をする習慣をつくれた人は，中３になって，受験勉強が始まってもしっかりと頑張れるはずです。

中２の理科の特徴

中２の理科では，小学校で学んだ身のまわりのものの性質，天気の変化，電気の性質，また，中１で学んだ植物や動物を，より深めてくわしく学ぶことになります。中２では，化学変化や原子，細胞，電流や電子といった，必ずしも目には見えないものや現象をあつかうため，文字だけでなく，自分なりのイメージをもつことが内容理解を助けます。

化学反応式や電流に関する公式など，中３や高校での学習にもつながる重要な式も多く登場します。はじめは難しく思えるかもしれませんが，一度頭に入れてしまえば，問題を解くためのとても強力な武器となるので，１つ１つ着実に自分のものにしていきましょう。

ふだんの勉強は「予習→授業→復習」が基本

中学校の勉強では，**「予習→授業→復習」の正しい勉強のサイクルを回すことが大切**です。

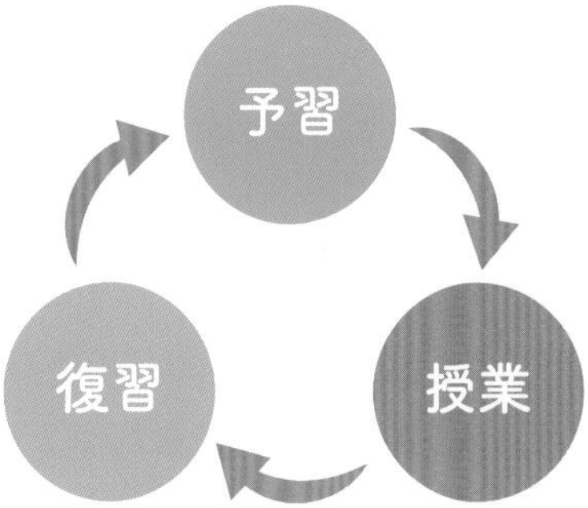

✓ 予習は軽く。要点をつかめばOK！

予習は１回の授業に対して５～10分程度にしましょう。完璧に内容を理解する必要はありません。「どんなことを学ぶのか」という大まかな内容をつかみ，授業にのぞみましょう。

✓ 授業に集中！ わからないことはすぐに先生に聞け!!

授業中は先生の説明を聞きながらノートをとり，気になることやわからないことがあったら，授業後にすぐ質問をしに行きましょう。

授業中にボーっとしてしまうと，テスト前に自分で理解しなければならなくなるので，効率がよくありません。**「授業中に理解しよう」としっかり聞く人は，時間の使い方がうまく，効率よく学力をのばすことができます。**

✓ 復習は遅くとも週末に。ためすぎ注意！

授業で習ったことを忘れないために，**復習はできればその日のうちに。それが難しければ，週末には復習をするようにしましょう。**時間をあけすぎて習ったことをほとんど忘れてしまうと，勉強がはかどりません。復習をためすぎないように注意してください。

復習をするときは，教科書やノートを読むだけではなく，問題も解くようにしましょう。問題を解いてみることで理解も深まり記憶が定着します。

定期テスト対策は早めに

中１のときは「悪い点をとらないように」とドキドキして，しっかりと対策をしていた定期テストも，中２になると慣れてくるでしょう。しかし，慣れるがあまり「直前に勉強すればいいや」と対策が不十分になってはいけません。定期テストが重要であることは中１でも中２でも変わりません。毎回の定期テストで，自己ベストを記録するつもりでのぞみましょう。

定期テストの勉強は，できれば２週間ほど前からとり組むのがオススメです。部活動はテスト１週間前から休みに入るところが多いようですが，その前からテストモードに入るのがよいでしょう。「試験範囲を一度勉強して終わり」ではなく，二度・三度とくり返しやることが，よい点をとるためには大事です。

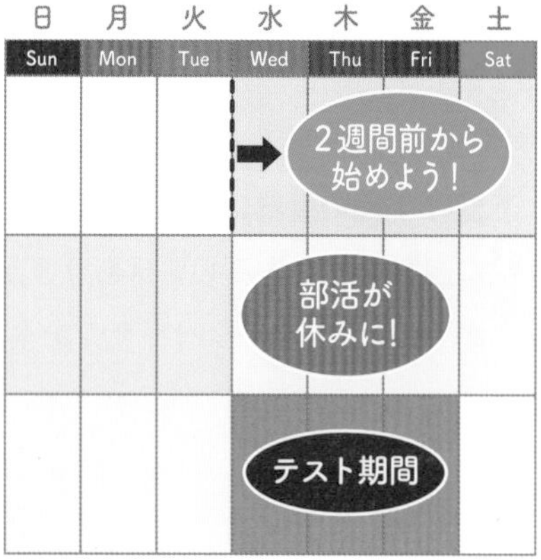

中２のときの成績が高校受験に影響することも！

内申点という言葉を聞いたことがある人もいるでしょう。内申点は各教科の５段階の評定（成績）をもとに計算した評価で，高校入試で使用される調査書に記載されます。１年ごとに，実技教科をふくむ９教科で計算され，例えば，「９教科すべての成績が４の場合，内申点は４×９＝36」などといった具合です。

公立高校の入試では，「内申点＋試験の点数」で合否が決まります。当日の試験の点数がよくても，内申点が悪くて不合格になってしまうということもあるのです。住む地域や受ける高校によって，「内申点をどのように計算するか」「何年生からの内申点が合否に関わるか」「内申点が入試の得点にどれくらい加算されるか」は異なりますので，早めに調べておくといいでしょう。

「高校受験なんて先のこと」と思うかもしれませんが、実は**中１や中２のときのテストの成績や授業態度が，入試に影響する場合もあるのです。**

1章

化学変化と原子・分子

物質をつくる原子の種類を知ろう！

元素の周期表

周期＼族	1	2	3	4	5	6	7	8	9
1	1 H 1 水素								
2	3 Li 7 リチウム	4 Be 9 ベリリウム							
3	11 Na 23 ナトリウム	12 Mg 24 マグネシウム							
4	19 K 39 カリウム	20 Ca 40 カルシウム	21 Sc 45 スカンジウム	22 Ti 48 チタン	23 V 51 バナジウム	24 Cr 52 クロム	25 Mn 55 マンガン	26 Fe 56 鉄	27 Co 59 コバルト
5	37 Rb 85 ルビジウム	38 Sr 88 ストロンチウム	39 Y 89 イットリウム	40 Zr 91 ジルコニウム	41 Nb 93 ニオブ	42 Mo 96 モリブデン	43 Tc (99) テクネチウム	44 Ru 101 ルテニウム	45 Rh 103 ロジウム
6	55 Cs 133 セシウム	56 Ba 137 バリウム	57～71 ランタノイド	72 Hf 178 ハフニウム	73 Ta 181 タンタル	74 W 184 タングステン	75 Re 186 レニウム	76 Os 190 オスミウム	77 Ir 192 イリジウム
7	87 Fr (223) フランシウム	88 Ra (226) ラジウム	89～103 アクチノイド	104 Rf (267) ラザホージウム	105 Db (268) ドブニウム	106 Sg (271) シーボーギウム	107 Bh (272) ボーリウム	108 Hs (277) ハッシウム	109 Mt (276) マイトネリウム

原子番号※1 …… 6
元素記号 …… C
元素名 …… 炭素
単体のときの状態（20 ℃） 気体 液体 固体
原子量（およその質量の比）※2 …… 12
金属 非金属 不明

※1 原子の構造にもとづきつけられた番号。

※2 安定していない元素は，（ ）に代表的なものの数値を示している。

ランタノイド	57 La 139 ランタン	58 Ce 140 セリウム	59 Pr 141 プラセオジム	60 Nd 144 ネオジム	61 Pm (145) プロメチウム	62 Sm 150 サマリウム	63 Eu 152 ユウロピウム	64 Gd 157 ガドリニウム
アクチノイド	89 Ac (227) アクチニウム	90 Th 232 トリウム	91 Pa 231 プロトアクチニウム	92 U 238 ウラン	93 Np (237) ネプツニウム	94 Pu (239) プルトニウム	95 Am (243) アメリシウム	96 Cm (247) キュリウム

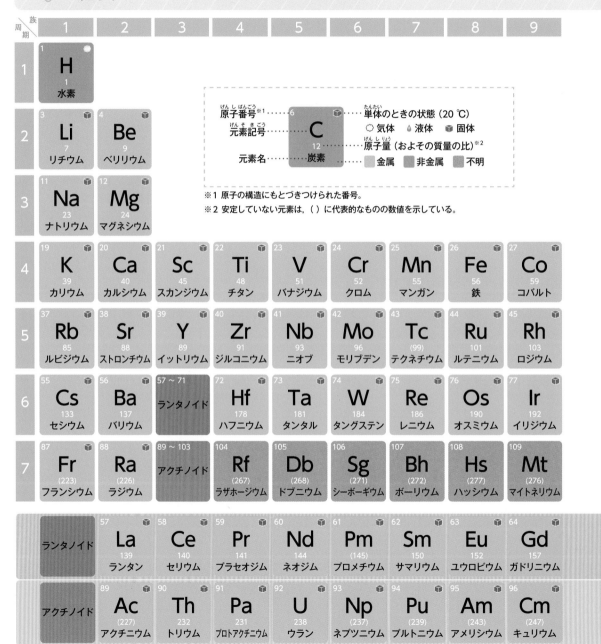

身のまわりの物質は，原子という非常に小さい粒子でできています。原子の種類を元素といい，現在約120種類が知られています。原子を原子番号の順に並べて，下のように整理した表を周期表といいます。

周期表で縦に並んでいる物質は，似た性質をもっているんだ。

	10	11	12	13	14	15	16	17	18
1									2 He 4 ヘリウム
2				5 B 11 ホウ素	6 C 12 炭素	7 N 14 窒素	8 O 16 酸素	9 F 19 フッ素	10 Ne 20 ネオン
3				13 Al 27 アルミニウム	14 Si 28 ケイ素	15 P 31 リン	16 S 32 硫黄	17 Cl 35 塩素	18 Ar 40 アルゴン
4	28 Ni 59 ニッケル	29 Cu 64 銅	30 Zn 65 亜鉛	31 Ga 70 ガリウム	32 Ge 73 ゲルマニウム	33 As 75 ヒ素	34 Se 79 セレン	35 Br 80 臭素	36 Kr 84 クリプトン
5	46 Pd 106 パラジウム	47 Ag 108 銀	48 Cd 112 カドミウム	49 In 115 インジウム	50 Sn 119 スズ	51 Sb 122 アンチモン	52 Te 128 テルル	53 I 127 ヨウ素	54 Xe 131 キセノン
6	78 Pt 195 白金	79 Au 197 金	80 Hg 201 水銀	81 Tl 204 タリウム	82 Pb 207 鉛	83 Bi 209 ビスマス	84 Po (210) ポロニウム	85 At (210) アスタチン	86 Rn (222) ラドン
7	110 Ds (281) ダームスタチウム	111 Rg (280) レントゲニウム	112 Cn (285) コペルニシウム	113 Nh (278) ニホニウム	114 Fl (289) フレロビウム	115 Mc (289) モスコビウム	116 Lv (293) リバモリウム	117 Ts (293) テネシン	118 Og (294) オガネソン

65 Tb 159 テルビウム	66 Dy 163 ジスプロシウム	67 Ho 165 ホルミウム	68 Er 167 エルビウム	69 Tm 169 ツリウム	70 Yb 173 イッテルビウム	71 Lu 175 ルテチウム
97 Bk (247) バークリウム	98 Cf (252) カリホルニウム	99 Es (252) アインスタイニウム	100 Fm (257) フェルミウム	101 Md (258) メンデレビウム	102 No (259) ノーベリウム	103 Lr (262) ローレンシウム

原子番号113のニホニウムは，日本で発見されたはじめての元素である。2016年11月に国際純正・応用化学連合（IUPAC）で元素名が正式に決定した。

よく出る化学変化をおさえよう！

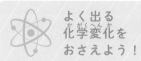

おもな化学変化と化学反応式

反応の種類	化学変化	化学反応式
物質が分かれる反応（分解）	炭酸水素ナトリウムの熱分解	$2NaHCO_3 \longrightarrow Na_2CO_3 + CO_2 + H_2O$ 炭酸水素ナトリウム → 炭酸ナトリウム ＋ 二酸化炭素 ＋ 水
	酸化銀の熱分解	$2Ag_2O \longrightarrow 4Ag + O_2$ 酸化銀 → 銀 ＋ 酸素 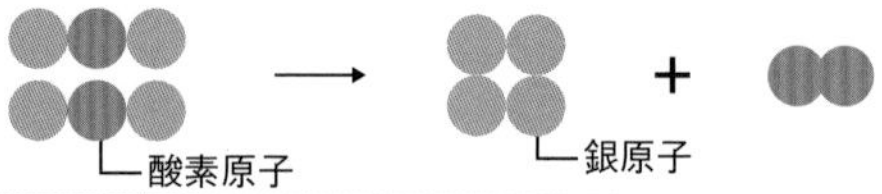
	水の電気分解	$2H_2O \longrightarrow 2H_2 + O_2$ 水 → 水素 ＋ 酸素 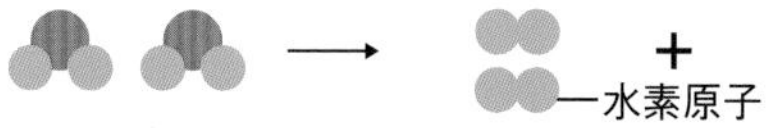
	塩化銅の電気分解	$CuCl_2 \longrightarrow Cu + Cl_2$ 塩化銅 → 銅 ＋ 塩素 
物質が結びつく反応	鉄と硫黄の反応	$Fe + S \longrightarrow FeS$ 鉄 ＋ 硫黄 → 硫化鉄 
	銅と硫黄の反応	$Cu + S \longrightarrow CuS$ 銅 ＋ 硫黄 → 硫化銅 
	水素と酸素の反応（水素の燃焼）	$2H_2 + O_2 \longrightarrow 2H_2O$ 水素 ＋ 酸素 → 水 
	炭素と酸素の反応（炭素の燃焼）	$C + O_2 \longrightarrow CO_2$ 炭素 ＋ 酸素 → 二酸化炭素 

反応の種類	化学変化	化学反応式
物質が結びつく反応	銅と酸素の反応（銅の酸化）	$2Cu + O_2 \longrightarrow 2CuO$ 銅　酸素　酸化銅 
	マグネシウムと酸素の反応（マグネシウムの燃焼）	$2Mg + O_2 \longrightarrow 2MgO$ マグネシウム　酸素　酸化マグネシウム 
還元	酸化銅の炭素による還元	$2CuO + C \longrightarrow 2Cu + CO_2$ 酸化銅　炭素　銅　二酸化炭素 
	酸化銅の水素による還元	$CuO + H_2 \longrightarrow Cu + H_2O$ 酸化銅　水素　銅　水 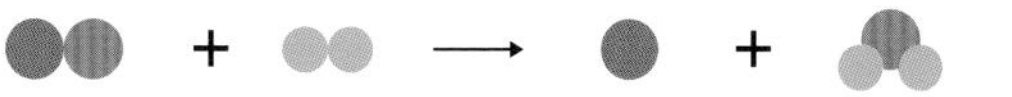
沈殿のできる反応	硫酸と塩化バリウム水溶液の反応	$H_2SO_4 + BaCl_2 \longrightarrow BaSO_4 + 2HCl$ 硫酸　塩化バリウム　硫酸バリウム　塩酸
	硫酸と水酸化バリウム水溶液の反応	$H_2SO_4 + Ba(OH)_2 \longrightarrow BaSO_4 + 2H_2O$ 硫酸　水酸化バリウム　硫酸バリウム　水
	炭酸ナトリウム水溶液と塩化カルシウム水溶液の反応	$Na_2CO_3 + CaCl_2 \longrightarrow CaCO_3 + 2NaCl$ 炭酸ナトリウム　塩化カルシウム　炭酸カルシウム　塩化ナトリウム
そのほかの反応	炭酸水素ナトリウムと塩酸の反応	$NaHCO_3 + HCl \longrightarrow NaCl + CO_2 + H_2O$ 炭酸水素ナトリウム　塩酸　塩化ナトリウム　二酸化炭素　水
	マグネシウムと塩酸の反応	$Mg + 2HCl \longrightarrow MgCl_2 + H_2$ マグネシウム　塩酸　塩化マグネシウム　水素
	亜鉛と塩酸の反応	$Zn + 2HCl \longrightarrow ZnCl_2 + H_2$ 亜鉛　塩酸　塩化亜鉛　水素
	水酸化バリウムと塩化アンモニウムの反応	$Ba(OH)_2 + 2NH_4Cl \longrightarrow BaCl_2 + 2NH_3 + 2H_2O$ 水酸化バリウム　塩化アンモニウム　塩化バリウム　アンモニア　水
	硫化鉄と塩酸の反応	$FeS + 2HCl \longrightarrow FeCl_2 + H_2S$ 硫化鉄　塩酸　塩化鉄　硫化水素

1 物質の変化

教科書の要点

1 分解

◎**分解**…物質が2種類以上の別の物質に分かれる変化。

◎もとの物質とはちがう別の物質ができる変化を**化学変化**（**化学反応**）という。⇨分解における変化は化学変化。

2 炭酸水素ナトリウムの分解

◎加熱による分解で，3種類の物質に分かれる。

◎炭酸水素ナトリウム ⟶ 炭酸ナトリウム ＋ 二酸化炭素 ＋ 水

3 酸化銀の分解

◎加熱による分解で，2種類の物質に分かれる。

◎酸化銀 ⟶ 銀 ＋ 酸素

4 電気分解

◎**電気分解**…物質に電流を流して分解すること。

◎水の電気分解　水 ⟶ 水素 ＋ 酸素

1 分解

物質に熱や電気を加えると，別の物質に変化することがある。

❶**分解**…物質がもとの物質とは性質のちがう2種類以上の物質に分かれる変化。

物質A ⟶ 物質B ＋ 物質C ＋・・・

❷**化学変化**（**化学反応**）…分解のように，もとの物質とはちがう別の物質ができる変化。

❸熱による分解（**熱分解**）…加熱することで分解が起こる。

・炭酸水素ナトリウムの分解

炭酸水素ナトリウム ⟶ 炭酸ナトリウム ＋ 二酸化炭素 ＋ 水

・酸化銀の分解　酸化銀 ⟶ 銀 ＋ 酸素

❹電気による分解（**電気分解**）…電流を流すことで分解が起こる。

・水の電気分解　水 ⟶ 水素 ＋ 酸素

復習 状態変化

状態変化は物質の状態（固体・液体・気体）が変わる変化で，分解のような化学変化のように，別の物質に変わる変化のことではない。例えば，液体の水が固体の氷や気体の水蒸気に変わっても，状態が変わっただけで，物質としては同じ水である。

物質の変化は，化学変化の式で覚えよう。

2 炭酸水素ナトリウムの分解

▶動画 炭酸水素ナトリウムの分解

※化学反応式は28ページ。

炭酸水素ナトリウムは加熱により，炭酸ナトリウム・二酸化炭素・水の３種類の物質に分解する。

炭酸水素ナトリウム ⟶ 炭酸ナトリウム ＋ 二酸化炭素 ＋ 水

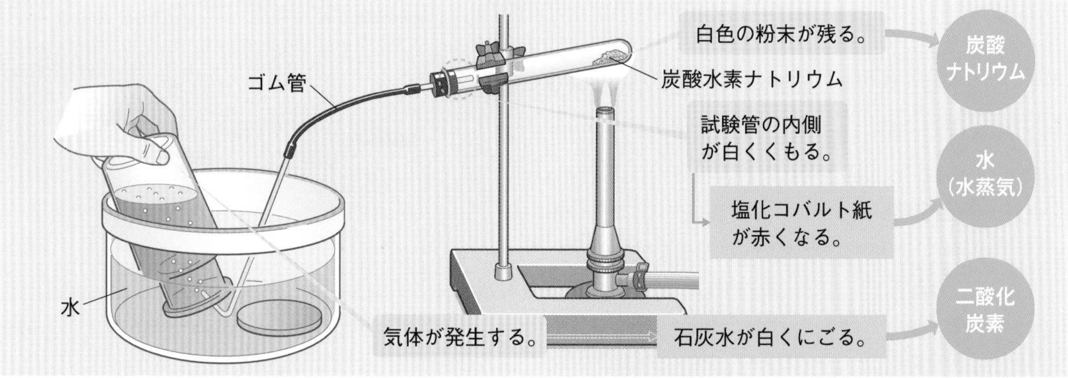

⬆炭酸水素ナトリウムの加熱による分解

❶**炭酸水素ナトリウム**…白色の粉末。重そうともいう。

❷**炭酸ナトリウム**…白色の粉末。炭酸水素ナトリウムよりも水によくとける。

❸**二酸化炭素**…石灰水に通すと，石灰水が白くにごる。

❹**水**…水蒸気として発生し，冷えて水滴になる。

❺**炭酸水素ナトリウムの水溶液と炭酸ナトリウムの水溶液**…フェノールフタレイン溶液（→アルカリ性で赤色を示す。）を加えると，炭酸ナトリウムの水溶液の方が濃い赤色を示す。

⇨炭酸ナトリウムの水溶液は，炭酸水素ナトリウムの水溶液より，強いアルカリ性である。したがって，加熱前後の白い粉末は，別の物質とわかる。

❻**塩化コバルト紙による水の検出**…試験管の口付近についた液体に，塩化コバルト紙をつけると青色から赤（桃）色に変化する。

⇨塩化コバルト紙は，水にふれると青色から赤（桃）色に変化する。したがって，水ができたことがわかる。

比較 炭酸水素ナトリウムと炭酸ナトリウム

炭酸水素ナトリウム	炭酸ナトリウム
白い粉末	白い粉末
水に少しとける。	水によくとける。
水溶液にフェノールフタレイン溶液を加えたとき	

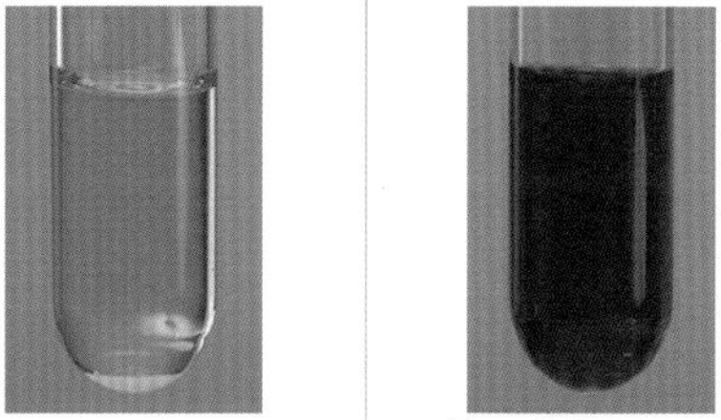

うすい赤色を示す。	濃い赤色を示す。

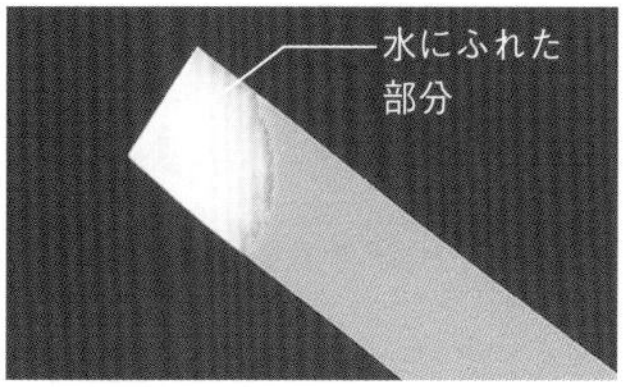

⬆塩化コバルト紙の色の変化

重要
実験

炭酸水素ナトリウムの熱分解

目的 炭酸水素ナトリウムを加熱すると，どのような変化が生じるだろうか。
また，そのときにできる物質について調べよう。

方法 ①炭酸水素ナトリウムを乾(かわ)いた試験管に入れ加熱する。
②発生した気体，試験管の口付近についた液体，試験管内に残った固体がそれぞれ何か調べる。

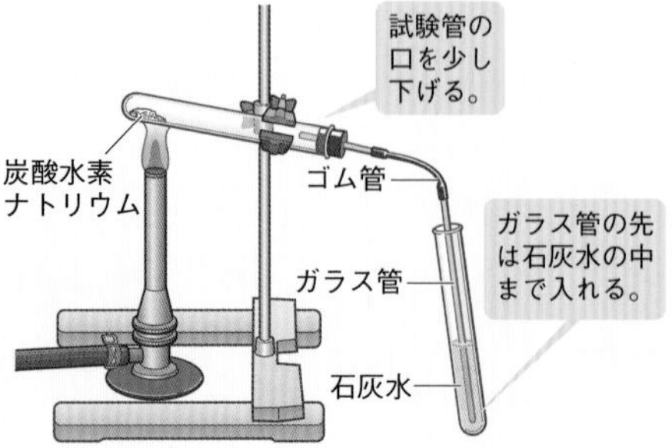

試験管の
口を少し
下げる。
炭酸水素
ナトリウム
ゴム管
ガラス管の先
は石灰水の中
まで入れる。
ガラス管
石灰水

ポイント
●はじめはガラス管を石灰水からぬいておく。
加熱を始めてから，すぐにガラス管の先を石灰水に入れる。

注意
●試験管の口を少し下げる…発生する液体が加熱している部分に流れ，試験管が割れるのを防ぐため。
●加熱を止める前に，ガラス管を石灰水の中から出す…石灰水が逆流して試験管が割れるのを防ぐため。

結果 a 気体が発生した。
⇨気体を石灰水に通すと石灰水が白くにごった。
b 試験管の口付近に液体がつき，白くくもった。
⇨液体に青色の塩化コバルト紙をつけると赤（桃）色に変化した。
c 試験管の中に，白い固体が残った。
⇨残った固体と炭酸水素ナトリウムをそれぞれ水にとかし，フェノールフタレイン溶液を加えると，残った固体の方が水にとけやすく，水溶液は濃い赤色を示した。

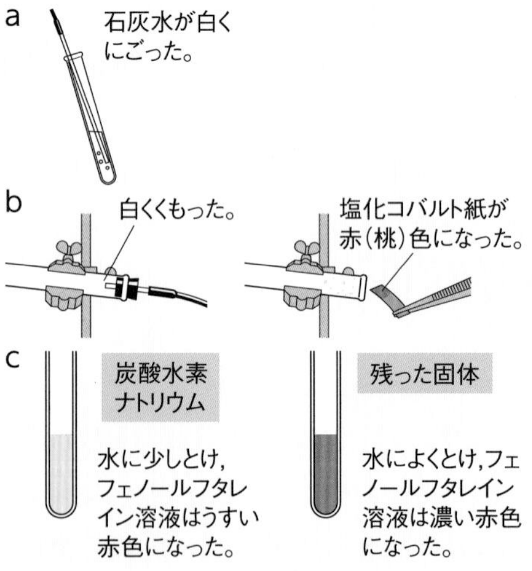

a
石灰水が白く
にごった。
b
白くくもった。
塩化コバルト紙が
赤（桃）色になった。
c
炭酸水素
ナトリウム
水に少しとけ，
フェノールフタレ
イン溶液はうすい
赤色になった。
残った固体
水によくとけ，フェ
ノールフタレイン
溶液は濃い赤色
になった。

考察 ・aより，発生した気体は二酸化炭素である。
・bより，試験管の口付近についた液体は水である。
・cより，試験管の中に残った白い固体は，もとの炭酸水素ナトリウムとは別の物質である。

結論 炭酸水素ナトリウムは，加熱すると，二酸化炭素と水と白い固体（炭酸ナトリウム）に分解する。

3 酸化銀の分解

酸化銀は加熱により，銀と酸素の２種類の物質に分解する。

酸化銀 ⟶ 銀 ＋ 酸素

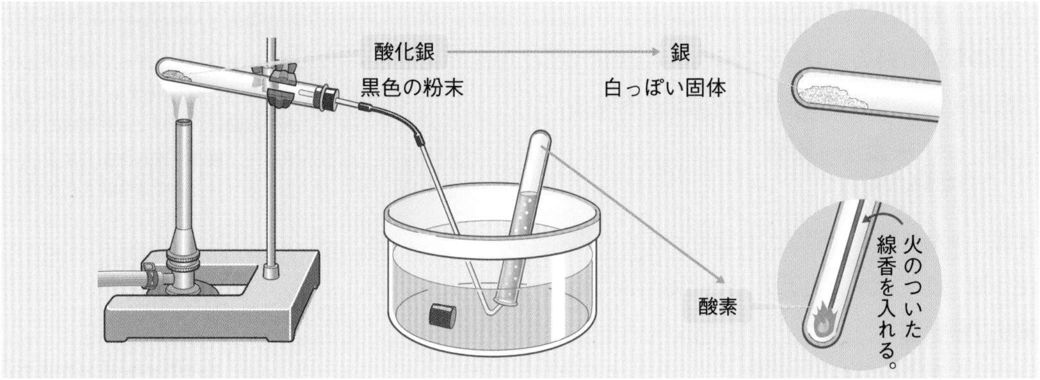

⬆酸化銀の加熱による分解

❶**酸化銀**…黒色の粉末。電流を流さない。
❷**銀**…白っぽい金属。かたいものでこすると金属光沢を示し，金づちでたたくとのびる。電流を流す。
❸**酸素**…火のついた線香を入れると，炎を上げて燃える。

復習　金属共通の性質

- 電流が流れやすい。
- 熱をよく伝える。
- みがくと特有の光沢（金属光沢）を示す。
- たたくとのびてうすく広がり（展性），引っ張ると細くのびる（延性）。

Column　身のまわりで利用されている分解　生活

　わたしたちの身のまわりにも分解を利用している事例がたくさんある。料理や洗濯で役立っている例を見てみよう。

●**重そうを使ったお菓子**…「カルメ焼き」は，砂糖水を煮つめたところに重そうを加え，よくかき混ぜてつくる。炭酸水素ナトリウムである重そうが熱によって分解され，生じた二酸化炭素や水蒸気によってふくらむことを利用したお菓子である。炭酸ナトリウムもできるが，からだには害はない。ホットケーキなどをつくるときに加えるベーキングパウダーにも重そうがふくまれている。

⬆カルメ焼き　中は細かいすきまがたくさんある。　©コーベット

●**酸素系漂白剤**…液体タイプの酸素系漂白剤には過酸化水素，粉末タイプの酸素系漂白剤には過炭酸ナトリウムという物質がふくまれている。洗濯で使うとき，水の中で，過酸化水素は酸素と水に，過炭酸ナトリウムは炭酸ナトリウムと酸素と水に分解される。生じた酸素のはたらきで，衣類などについたよごれがとり除かれる。

4 電気分解

物質に電流を流して分解(ぶんかい)することを，**電気分解**という。

物質A ⟶ 物質B ＋ 物質C ＋ ・・・
　　　↑電流を流す

(1) 水の電気分解の実験…水に少量の水酸化ナトリウムを加えて電流を流すと，水は水素と酸素に分解する。

水 ⟶ 水素 ＋ 酸素
　　↑電流を流す

❶装置…簡易型電気分解装置やH形ガラス管電気分解装置など。

❷使う液…うすい水酸化ナトリウム水溶液(すいようえき)。

❸発生する気体

重要
- **陰極(いんきょく)（電源の－(マイナス)極側）…水素**
- **陽極(ようきょく)（電源の＋(プラス)極側）…酸素**
- **発生した気体の体積の比**…水素：酸素＝２：１

❹水素の確認…試験管にマッチの火を近づけると，ポッと音を立てて燃える。

❺酸素の確認…試験管に火のついた線香(せんこう)を入れると，炎(ほのお)を上げて燃える。

くわしく　水酸化ナトリウム水溶液を使うわけ

純粋(じゅんすい)な水は電流を流しにくいので，水酸化ナトリウムを加えて電流が流れるようにする。水酸化ナトリウムを加えると，水酸化ナトリウムが反応のなかだちをして，電流が流れやすくなるが，水酸化ナトリウム自体は分解されない。

発展　発生した水素と酸素の体積の比

水を電気分解したときに発生した水素と酸素の体積の比は，

水素：酸素＝２：１

となるが，厳密には，わずかに酸素が水にとけたり，ほかの物質と結びついたりするために，酸素の量が少なくなる。

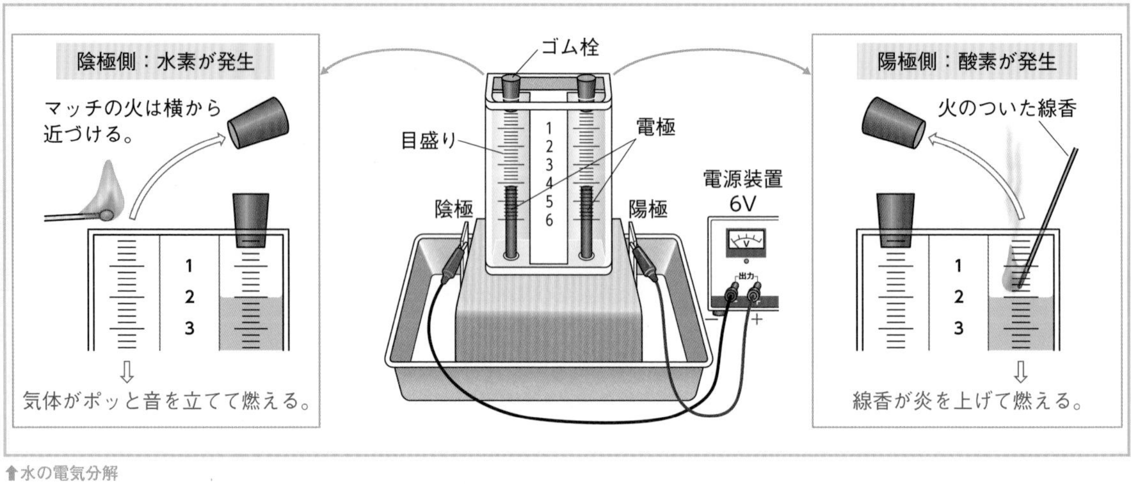

⬆水の電気分解

実験操作 電気分解装置の使い方

電気分解装置の種類

①簡易型電気分解装置

本体の背面にある穴から，ろうとを使って水溶液を入れる。

②H形ガラス管電気分解装置

H字の形をしたガラス管に水溶液を満たす。

③ホフマン型電気分解装置

H字の形をしたガラス管に，液だめから水溶液を満たす。

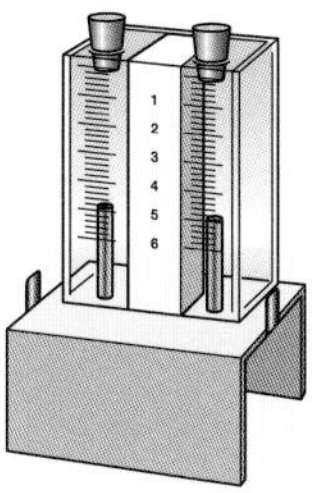

簡易型
電気分解装置

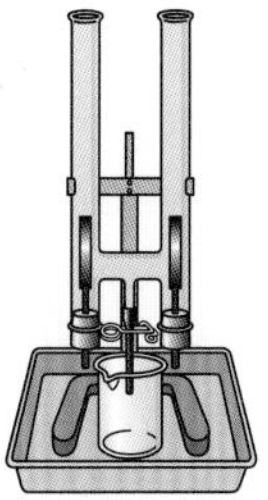

H形ガラス管
電気分解装置

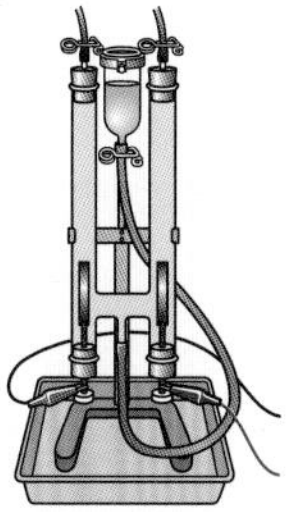

ホフマン型
電気分解装置

簡易型電気分解装置の使い方

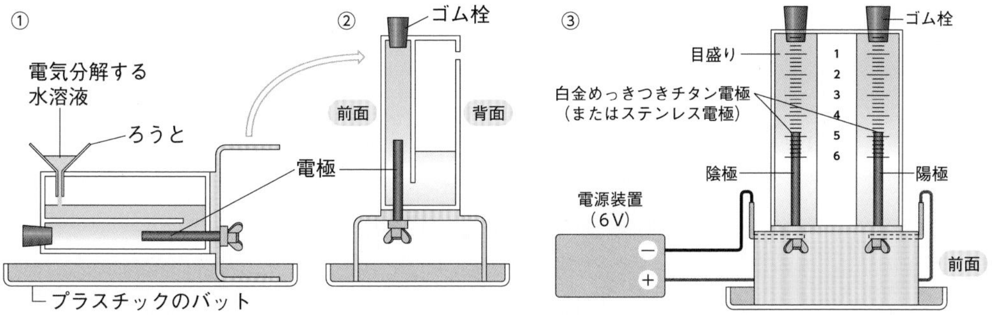

①装置の上部の2つの穴にゴム栓をしっかりさしこんでから，バットの上で装置を前に倒（たお）す。背面にある穴から，ろうとを使って分解する水溶液を入れる。

②装置の前面を水溶液で満たしてから，空気が残らないように装置を立てる。

③電極と電源装置を導線でつなぎ，電流を流す。気体がたまったら電源を切る。

※ゴム栓は，気体が何であるかを調べるときにとるようにする。

H形ガラス管電気分解装置の使い方

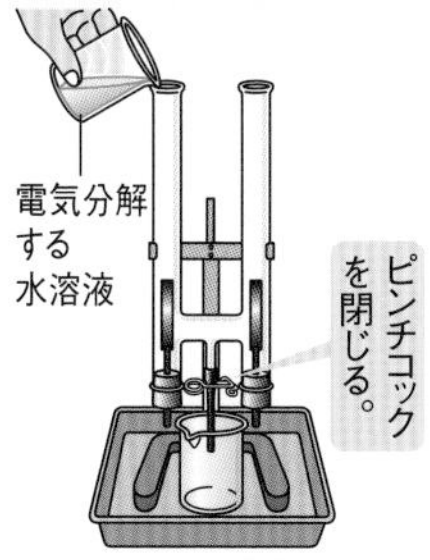

①電極がついたゴム栓をH形ガラス管の下部にしっかりさしこんでから，バットの中に置いたスタンドに固定する。

②下部のゴム管のピンチコックを閉じ，分解する水溶液を上部から入れる。

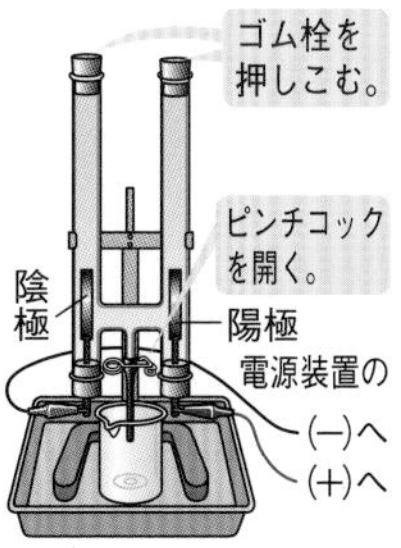

③水溶液でH形ガラス管をいっぱいにし，気泡（きほう）が残らないように気をつけてゴム栓をのせる。

④ゴム管のピンチコックを開き，上部のゴム栓を押（お）しこむ。

⑤電極と電源装置を導線でつなぎ，電流を流す。

重要実験

水の電気分解

▶動画 水の電気分解

目的 水に電流を流す電気分解を行うと，どのような変化が生じるか。また，そのときできる物質と，その量について調べよう。

方法 ①簡易型電気分解装置に水酸化ナトリウム水溶液を入れ，電圧(でんあつ)（➡p.244）を加えて電流を流し，電極のようすを観察する。
②電源の電圧を変えて，電極のようすの変化を観察する。
③気体がたまったら，電流を流すのを止め，発生した気体の体積を比べる。
④たまった気体が何かを，それぞれ確認する。

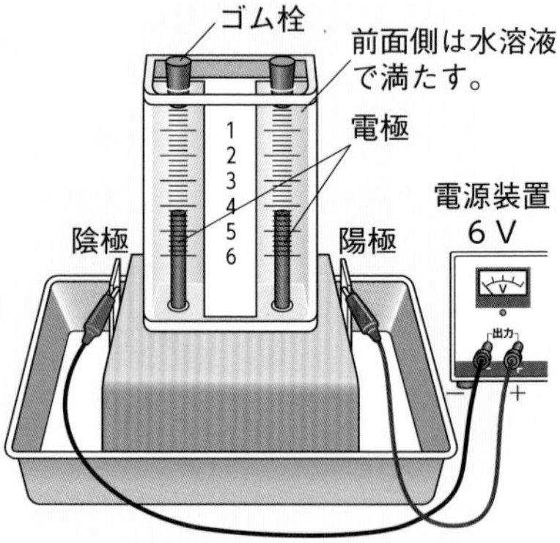

注意
- 水酸化ナトリウム水溶液を手や衣服につけないようにする。ついてしまったときは，すぐに大量の水で洗い流す。
- 水酸化ナトリウム水溶液をこぼさないように，また，装置を倒さないように注意する。

結果 a 電流を流すと，それぞれの電極から泡(あわ)が出て，装置の上部にたまった。
b 電圧を大きくすると，泡の量がふえた。
c 発生した気体の体積比は，陰極（－極側）：陽極（＋極側）＝2：1になっていた。
d 陰極に発生した気体にマッチの火を近づけると，ポッと音を立てて燃えた。
e 陽極に発生した気体に火のついた線香を入れると，炎を上げて燃えた。

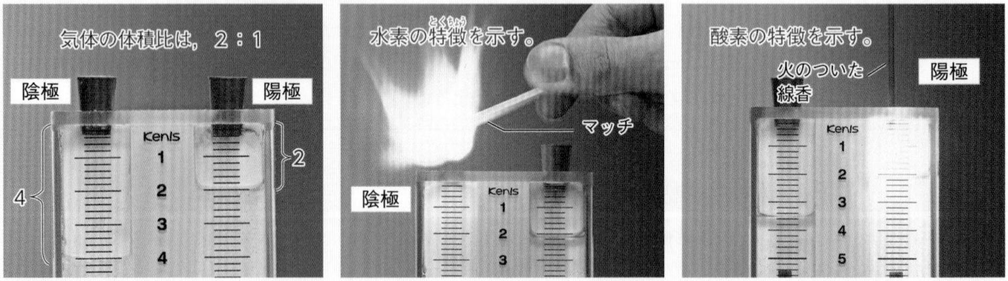

写真3点©コーベット

考察 ・bより，電圧を大きくするほど，電気分解はさかんになる。
・dより，陰極に発生した気体…水素　　・eより，陽極に発生した気体…酸素

結論 水を電気分解すると，陰極（－極側）に水素，陽極（＋極側）に酸素が，体積比2：1で発生する。

(2) **塩化銅水溶液の電気分解**…塩化銅水溶液に電流を流すと，銅と塩素に分解する。

塩化銅 ⟶ 銅 ＋ 塩素
↑電流を流す

❶**装置**…塩化銅水溶液の入ったビーカーに２本の電極を入れ，電流を流す。

❷**水溶液の変化**…電流を流して電気分解すると，塩化銅水溶液の青色がうすくなる。

❸**電極での変化**

・**陰極（－極側）**…赤色の銅が付着する。

・**陽極（＋極側）**…刺激臭（しげきしゅう）のある塩素が発生する。

❹**分解で生じた物質の確認**

・**銅**…薬品さじの底などでこすると光る。（金属光沢（こうたく））

・**塩素**…鼻をつくようなにおいがする。（刺激臭）

⬆塩化銅の粉末　©shutterstock

くわしく　青色がうすくなるわけ

塩化銅水溶液の青色は，塩化銅が水にとけたときの銅の色である。電気分解によって，水溶液の中の銅が固体の物質となって電極に付着するため，とけていた銅が少しずつ少なくなる。このため，水溶液の青色はしだいにうすくなっていく。

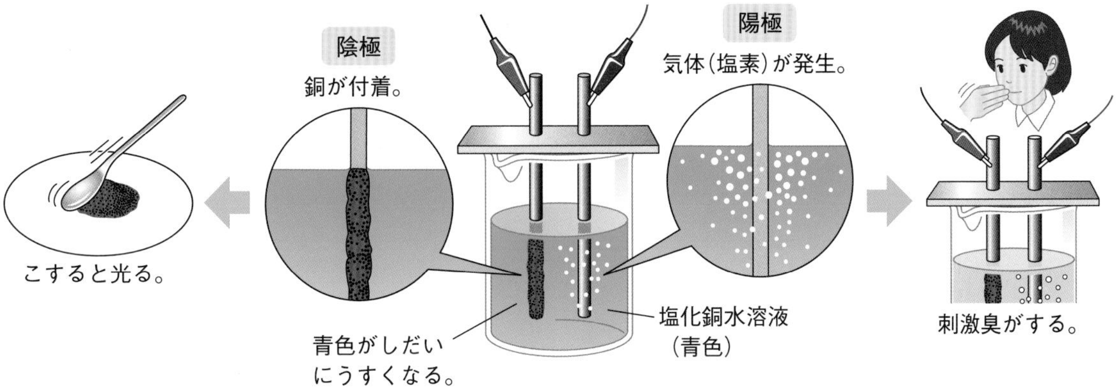

⬆塩化銅水溶液の電気分解

Column 「水」は純粋な物質？　混合物？

思考

物質は，純粋な物質と混合物に分けられる。純粋な物質とは，水素や酸素といったように１種類の物質からできているもので，混合物とは空気（窒素（ちっそ），酸素，アルゴン，二酸化炭素などが混じっている）のように，２種類以上の物質が混じり合ったものをいう。では，水を電気分解すると水素と酸素に分解されたことから，水は混合物なのだろうか？　水は水素と酸素が混じり合っているのではなく，水素と酸素が結びついて「水」という１種類の物質ができているのである。したがって，水は純粋な物質なのである。（➡p.48）

2　原　子

教科書の要点

1 原子

◎**原子**…物質をつくっていて，それ以上分けることができない小さな粒子。

◎原子の性質

①原子は，それ以上分けることができない。

②原子は，なくなったり，新しくできたり，ほかの種類の原子に変わったりしない。

③原子は，種類によって大きさや質量が決まっている。

2 元素

◎**元素**…原子の種類。

◎**元素記号**…元素の種類ごとにつけられた記号。

3 周期表

◎**周期表**…元素を，原子の構造にもとづいて並べた表。縦の並びには性質の似た元素が並ぶ。

1 原子

地球上のあらゆる物質は，非常に小さい粒からできている。

❶**原子**…物質をつくっていて，それ以上分けることができない小さな粒子。

❷**原子の性質**

重要

・化学変化によって，それ以上分けることができない。

・化学変化によって，なくなったり，新しくできたり，ほかの種類の原子に変わったりしない。

・種類によって大きさや質量が決まっている。

原子は，化学変化によって，それ以上分けることはできない。

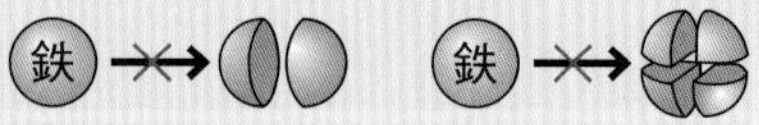

原子は，化学変化によって，なくならない，新しくできない，ほかの種類の原子に変わらない。

原子は，種類によって大きさや質量が決まっている。

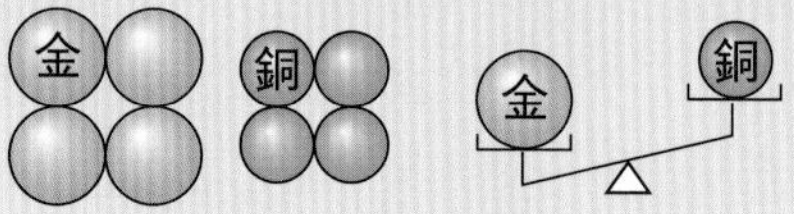

❸**原子の大きさ**…原子の種類によって異なる。いちばん小さい水素原子で,

▶直径…10億分の1 cm

▶質量…0.000 000 000 000 000 000 000 0017g

発展 原子量

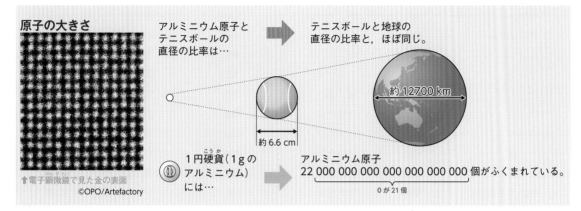

原子の質量は非常に小さいので，各原子の質量の比で表す。この比の値を原子量という。 例 炭素の原子量…12

原子の大きさ

⬆電子顕微鏡で見た金の表面

©OPO/Artefactory

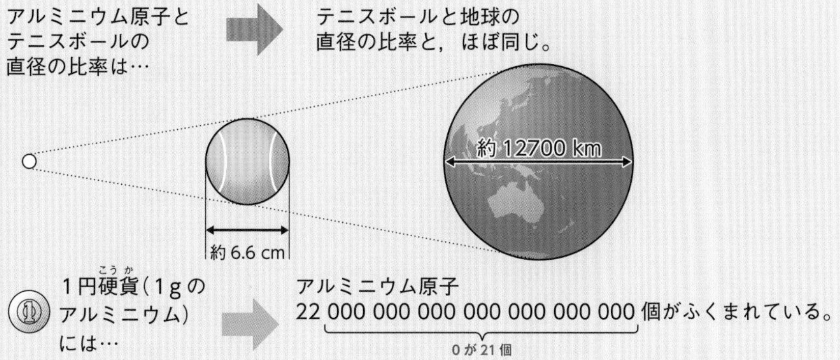

2 元素

原子の種類のことを元素という。

❶**元素**…原子の種類。約120種類が確認されている。

例 水素，酸素，ナトリウム，鉄，銀，銅　など

❷**元素記号**…元素を簡単に表現するための記号で，アルファベットの1文字か2文字で表す。世界共通。

❸**元素記号の書き方と読み方**

a **1文字の元素記号**…活字体の大文字で書く。

b **2文字の元素記号**…1文字めは活字体の大文字，2文字めは活字体の小文字で書く。

c **元素記号の読み方**…英語のアルファベットの通りに読む。

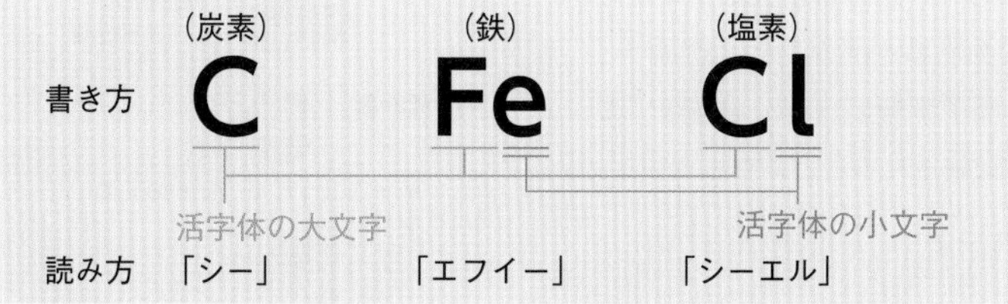

くわしく 元素記号

原子の種類を簡単に表現したもの。世界共通の記号で，ラテン語やギリシャ語などをもとに，アルファベットの大文字1文字か大文字1文字と小文字1文字の2文字で表される。例えば，水素の場合，ラテン語は，Hydrogeniumなので，その頭文字をとって，Hとつけられている。

元素記号は，今後も化学を学んでいくうえで，とても大事だよ。

金属				非金属	
元素名	元素記号	元素名	元素記号	元素名	元素記号
亜鉛	Zn	チタン	Ti	硫黄	S
アルミニウム	Al	鉄	Fe	塩素	Cl
ウラン	U	銅	Cu	ケイ素	Si
カドミウム	Cd	ナトリウム	Na	酸素	O
カリウム	K	鉛	Pb	臭素	Br
カルシウム	Ca	ニッケル	Ni	水素	H
金	Au	白金	Pt	炭素	C
銀	Ag	バリウム	Ba	窒素	N
コバルト	Co	マグネシウム	Mg	フッ素	F
水銀	Hg	マンガン	Mn	ヘリウム	He
スズ	Sn	ラジウム	Ra	ヨウ素	I
タングステン	W	リチウム	Li	リン	P

⬆おもな元素（赤い字の物質は，中学の理科でよく出る。）

3 周期表

いくつかの元素は，たがいに似た性質をもつ。

❶**周期表**…元素を，原子番号（各原子の構造にもとづきつけられた番号）の順に並べた表。（➡p.26~27）

❷**族と周期**…周期表の縦の列を族，横の行を周期という。

❸**族の特徴**…同じ族には，化学的な性質がよく似た元素が並ぶ。

発展 **メンデレーエフ（1834～1907年）**

周期表は1869年，ロシアの化学者メンデレーエフが発表した。発表された周期表にはいくつか空欄があり，当時見つかっていない種類の元素の存在やその性質が予言された。その後，20年ほどで予言された種類の原子が発見され，その性質も予言されたものと同じだった。

Column 日本発の新元素「ニホニウム」

元素が発見されてきた歴史において，ヨーロッパとアメリカ以外の国での発見例はなかった。2004年に日本の理化学研究所の研究チームが，加速器を使った実験で新元素をつくりだし，その後，9年がかりで400兆回の実験をくり返して，最終的に新元素を確認した。日本は過去に新元素の発見がとり消されたことがあり，新元素への命名権を得ることは悲願だった。2016年に国際的に認められ，新元素は原子番号113番，名前は「ニホニウム」，元素記号は「Nh」で，周期表に記載されることになった。

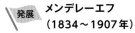

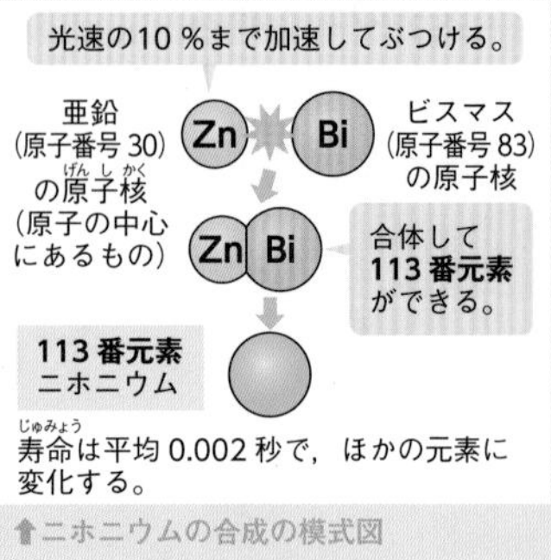

光速の10％まで加速してぶつける。
亜鉛（原子番号30）の原子核（原子の中心にあるもの）
Zn
Bi
ビスマス（原子番号83）の原子核
Zn Bi
合体して113番元素ができる。
113番元素 ニホニウム
寿命は平均0.002秒で，ほかの元素に変化する。

⬆ニホニウムの合成の模式図

3 分子

教科書の要点

1 分子

◎**分子**…原子がいくつか結びついてできている粒子。その物質の性質を示す最小の粒子である。

◎物質によって，分子をつくる原子の種類と数は決まっている。

例 酸素分子…酸素原子２個　　水分子…水素原子２個と酸素原子１個

2 物質の状態と原子・分子 発展

◎固体・液体・気体によって，原子や分子の運動は変化する。

◎水（液体）の状態変化と分子

・加熱したとき…水の分子の運動が活発になる。⇨気体になる。

・冷却したとき…水の分子の運動がおだやかになる。⇨固体になる。

1 分子

物質のほとんどは，いろいろな元素の原子が集まってできている。

❶**分子**…原子がいくつか結びついてできている粒子。その物質の性質を示す最小の粒子。

❷**いろいろな分子の成り立ち**…物質によって，分子をつくる原子の種類と数は決まっている。

例 **酸素（分子）**…酸素原子２個

水素（分子）…水素原子２個

窒素（分子）…窒素原子２個

オゾン…酸素原子３個

水…水素原子２個と酸素原子１個

二酸化炭素…炭素原子１個と酸素原子２個

アンモニア…窒素原子１個と水素原子３個

塩化水素…水素原子１個と塩素原子１個

ショ糖…炭素原子 12 個，水素原子 22 個，酸素原子 11 個

発展 **ドルトン（1766～1844年）**

イギリスの化学者。1803年に原子説をはじめて発表した。

その後しばらくして発表されたアボガドロの分子説は，ドルトンの原子説を一歩進めて考えたものである。

発展 **アボガドロ（1776～1856年）**

イタリアの物理学者。1811年に分子説を発表し，分子の考え方を明らかにした。分子の存在が証明されたのは，アボガドロの死後のことである。

⇨**アボガドロの分子説**

「気体は分子という粒子からできていて，同じ温度・同じ圧力では，どの気体でも同じ体積中に同じ数の分子がある」というもの。

❸分子のモデル…分子をモデルで表すと，下の図のように，1つの分子は，1種類または2種類以上の原子が何個か結びついたものとなる。

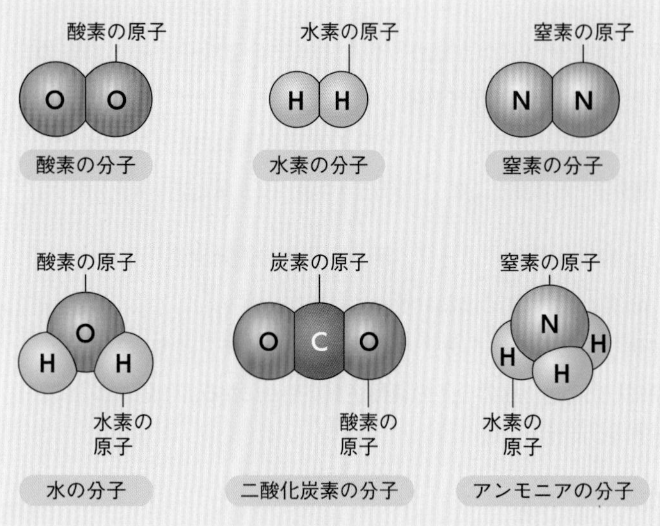

⬆分子のモデルの例　水の分子は折れ曲がった形，二酸化炭素の分子は直線状の形になっている。

発展　物質と分子

分子は原子が結びついたものであるが，非常に小さいので見ることができない。分子がたくさん集まった固体や液体の物質は見ることができる。

原子や分子は，ふつうの顕微鏡では見ることができないが，電子顕微鏡を使うと見ることができる。電子顕微鏡は，ふつうの顕微鏡が観察できる限界の，さらに1000分の1の大きさまで見ることができる。

発展　分子の構造

分子は立体的な構造をしている。そして，原子と原子の間の距離や，原子が結びつく角度は，原子の組み合わせによって決まった値になっている。

水の分子の例

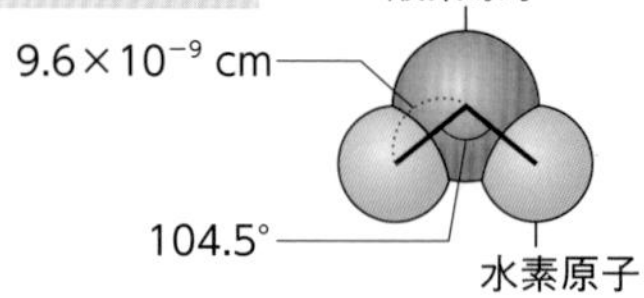

Column　原子が結びつく数の割合

原子が結びついて物質をつくるとき，原子どうしが結びつく数の割合は，原子の種類によってちがっている。このちがいは，それぞれの種類の原子がもっている，結びつくための手の数が決まっているためである。

実際に考えられる結びつくための手の数は，右の表のようになっていて，原子は結びつくときに，結びつくための手があまらないように結びつく。

原子がもつ結びつくための手の数（例）

原　子	手の数	原　子	手の数
水　素	1	窒　素	3
塩　素	1	炭　素	4
酸　素	2		

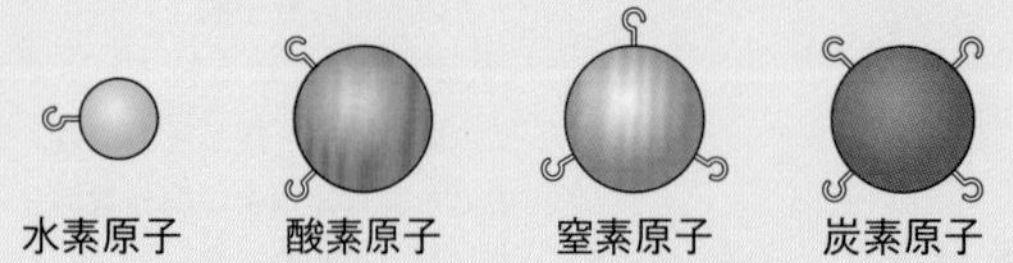

⬆表で＊をつけた原子の手のイメージ図

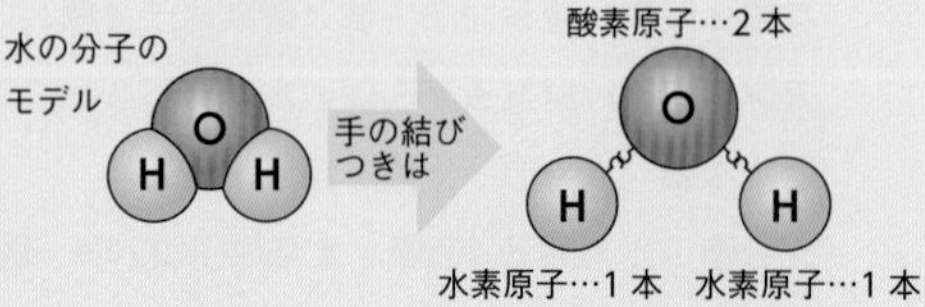

⬆水の分子を原子の手の結びつきで表したイメージ図

2 物質の状態と原子・分子 発展

中学１年で，物質には３種類の状態があることを学習した。

(1) **物質の状態**…**固体・液体・気体**の状態がある。

❶**固体**…原子や分子が，強く引き合って集まり，一定の位置からほとんど移動しない。

例 **氷**…水の分子が一定の規則に従って並んでいる。

❷**液体**…原子や分子は，規則正しく並ばず，比較的自由に動ける。⇨容器などに入れると自由に形が変えられる。

例 **水**…水の分子が自由に位置を変えて動ける。

❸**気体**…原子や分子は，たがいに引き合う力の影響をほとんど受けず，自由に飛び回っている。

例 **水蒸気**…水の分子が，自由に飛び回っている。

(2) **水の状態変化と分子**

❶**水（液体）を加熱すると**…水の分子の運動が活発になり，たがいの引き合う力をふり切って，自由に飛び回る。

❷**水（液体）を冷却すると**…水の分子の運動がおだやかになり，たがいに結びつく力も強くなる。

くわしく 固体・液体・気体の特徴

●固体の特徴

固体はかたくて，たやすく形を変えられない。

⇨固体のときの原子や分子は，規則正しく並んでいて，それぞれの位置は変えない。

●液体の特徴

液体は容器の形によって，自由に形を変える。

⇨液体のときの原子や分子は不規則に散在している。しかも，原子や分子の位置は自由に変わっている。しかし，原子や分子は，その集合体から飛び出せるほどの激しい動きはしていない。

●気体の特徴

気体はどんな形や大きさの容器にでも広がることができる。

ここに注目 水の状態変化と分子

▶物質のそれぞれの状態での分子の集まり方をつかもう。

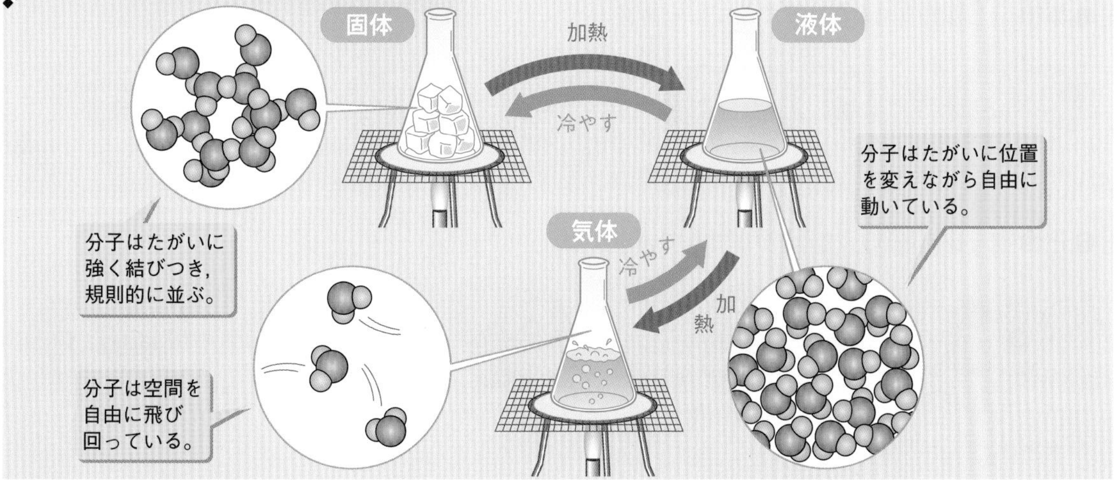
固体
加熱
冷やす
液体
分子はたがいに位置を変えながら自由に動いている。
分子はたがいに強く結びつき，規則的に並ぶ。
気体
冷やす
加熱
分子は空間を自由に飛び回っている。

4 物質の表し方

教科書の要点

1 単体と化合物	◎**単体**…1種類の元素だけでできている物質。 **例** 水素，酸素，窒素，塩素，銅，マグネシウム，鉄　など ◎**化合物**…2種類以上の元素からできている物質。 **例** 水，塩化ナトリウム，二酸化炭素，酸化銅，アンモニア　など
2 化学式	◎**化学式**…元素記号を使って，物質の成り立ちを表した式。
3 分子をつくる物質の化学式	**例** 水素（H_2），水（H_2O），二酸化炭素（CO_2）など
4 分子をつくらない物質の化学式	**例** 銀（Ag），酸化銅（CuO）など
5 物質の分類	◎物質は純粋な物質（純物質）と混合物に分けられる。⇨純粋な物質は単体と化合物に分けられる。

1 単体と化合物

物質は，何種類の元素でできているかで2通りに分ける。

❶**単体**…1種類の元素だけでできている物質。

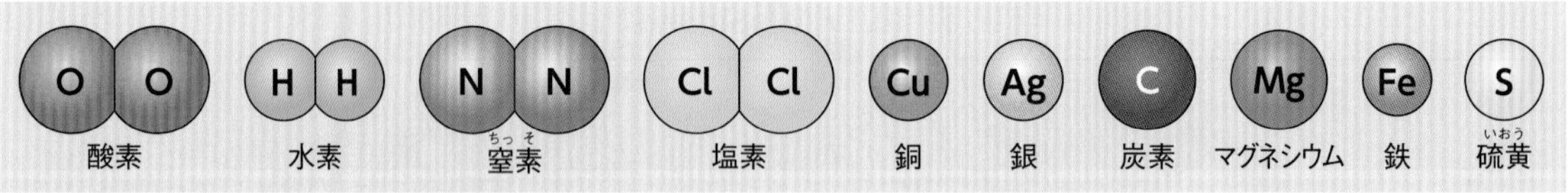

⬆単体の物質をモデルで表した例

❷**化合物**…2種類以上の元素からできている物質。

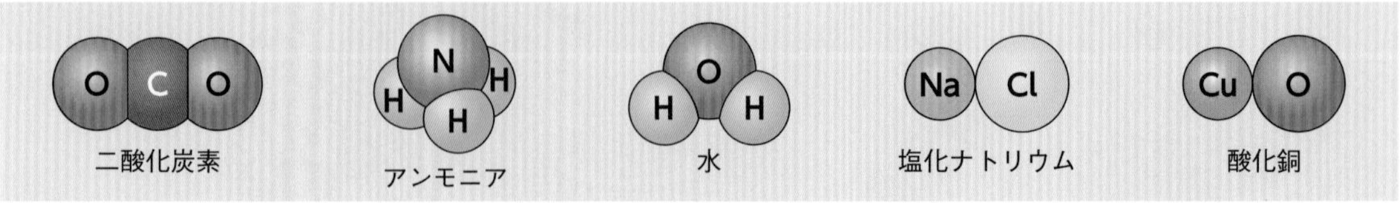

⬆化合物の物質をモデルで表した例

2 化学式

化学式を見れば，どのような種類の元素で物質ができているかがわかる。

❶**化学式**…元素記号を使って，物質の成り立ちを表した式。

❷**化学式中で原子の数を表す場合**…元素記号の右下に，原子の数を表す小さい数字を書く。原子の数が1個のときは，元素記号の右下に1という数字は書かない。

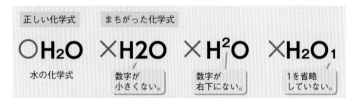

正しい化学式	まちがった化学式		
○H_2O	×H2O	×H^2O	×H_2O_1
水の化学式	数字が小さくない。	数字が右下にない。	1を省略していない。

くわしく 化学式の書き方

①一般に金属を先に書く。

②一般に酸素原子（O）はあとに書く。

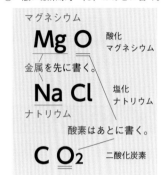

マグネシウム

Mg O　酸化マグネシウム

金属を先に書く。

Na Cl　塩化ナトリウム

ナトリウム

酸素はあとに書く。

CO_2　二酸化炭素

3 分子をつくる物質の化学式

物質には，「分子をつくる物質」と「分子をつくらない物質」がある。分子をつくる物質の化学式は次のように表す。

❶**単体の場合**…元素記号の右下に，原子の数を表す小さい数字を書く。

例 水素…H_2⇨水素分子は，水素原子2個からできている。

酸素…O_2，窒素…N_2，塩素…Cl_2

水素の分子のモデル

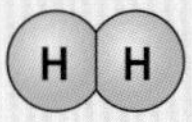

記号にすると

HH

水素の化学式

H_2

原子の数は，元素記号の右下に小さく書く。

❷**化合物の場合**…1つの分子をつくる原子の種類と，それぞれの原子の数がわかるように書く。

例 水…H_2O⇨水の分子は，水素原子2個と酸素原子1個からできている。

水の分子のモデル

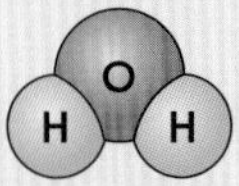

記号にすると

HOH

水の化学式

H_2O

分子をつくる原子の数を書く。

1は書かない。

くわしく 気体の物質の化学式

常温で気体の物質は，ほとんどが分子をつくっている。

ただし，アルゴン，ヘリウム，ネオンなどは，原子1個のままで気体になる。

例 二酸化炭素…CO_2⇨二酸化炭素の分子は，炭素原子１個と酸素原子２個からできている。

4 分子をつくらない物質の化学式

金属や金属と酸素の化合物などは，原子が集まってはいるが，分子という決まったまとまりはつくらない。

❶単体の場合…物質の元素記号をそのまま書く。

例 銀…Ag⇨多数の銀原子が規則正しく集まってできているが，水素などのように分子をつくらないので，Agと元素記号で表す。

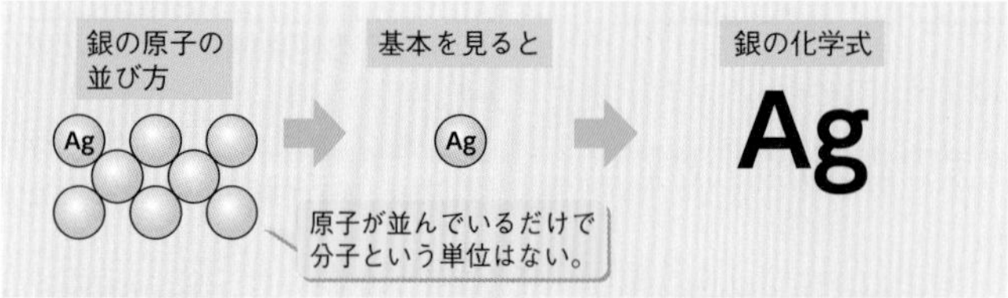

❷化合物の場合…化合物をつくる原子の種類とその数の割合がわかるように書く。

例 酸化銅…CuO⇨銅原子と酸素原子が規則正しく結びついてできているが，水などのように分子をつくらないので，銅原子と酸素原子が１対１の数の割合で結びついていることを示し，CuOと表す。

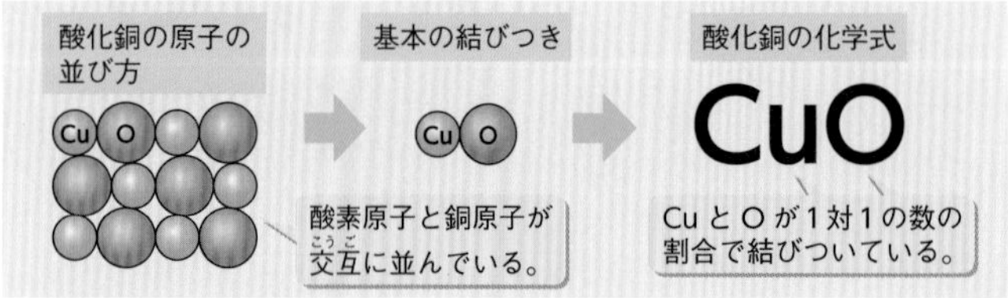

くわしく 化学式の読み方

一般に化学式はあとに書いてある物質から順に読む。

例 CuO…まずOを読んで「酸化」，次にCuを読んで「銅」，合わせて「酸化銅」
NaCl…まずClを読んで「塩化」，次にNaを読んで「ナトリウム」，合わせて「塩化ナトリウム」

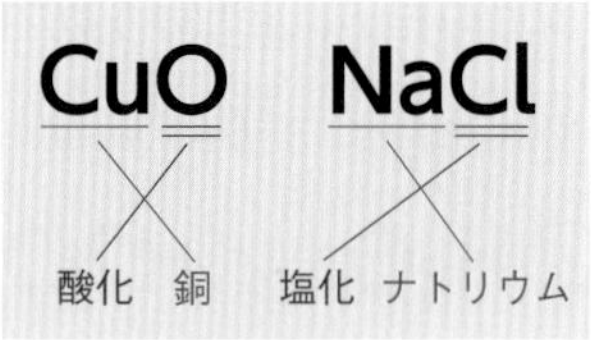

くわしく 金属の表し方

金属は多くの原子が規則正しく並んでいて分子をつくらないので，そのまま化学式で表すことができない。そのため，原子１個を代表として，その金属の元素記号を書く。

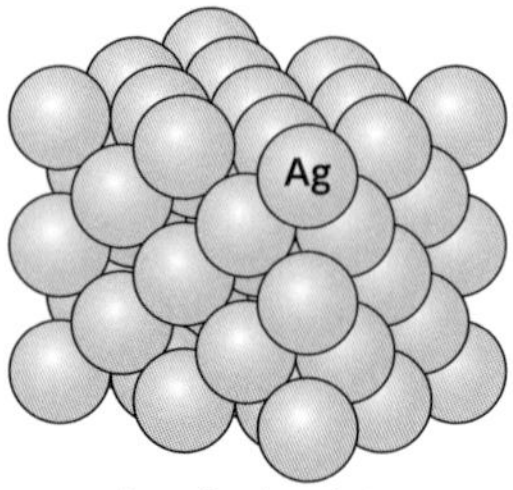

銀は「Ag」で表す。

くわしく 酸化銅のモデル

酸化銅は，下の図のモデルのように，銅（Cu）と酸素（O）が規則正しく並んだ構造をしている。

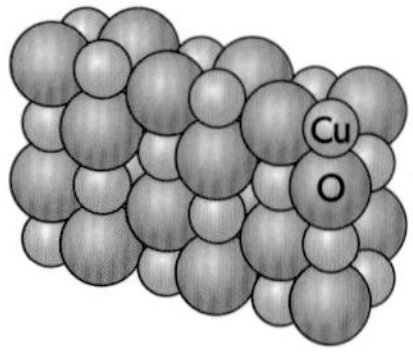

Column ダイヤモンドと黒鉛のちがい

ダイヤモンドと鉛筆の芯などの原料となる黒鉛。全く性質が異なる物質だが，どちらも同じ元素の炭素（C）でできている単体である。このちがいは原子のつながり方が異なることによるもので，このような物質を**同素体**という。同素体のほかの例としては，同じ元素の酸素（O）からできている，酸素O_2とオゾン層で知られるオゾンO_3があげられる。

⬆ダイヤモンド（左）と黒鉛（右）
写真（左）©アフロ　（右）©shutterstock

おもな物質の化学式

	物質名	化学式
単体	水素	H_2
単体	酸素	O_2
単体	窒素	N_2
単体	塩素	Cl_2
酸化物※1	二酸化炭素	CO_2
酸化物※1	水	H_2O
酸化物※1	酸化銅	CuO
酸化物※1	酸化銀	Ag_2O
酸化物※1	酸化マグネシウム	MgO
酸※2	塩化水素	HCl
酸※2	硫酸	H_2SO_4
酸※2	硝酸	HNO_3
酸※2	炭酸	H_2CO_3
アルカリ※2	水酸化カリウム	KOH
アルカリ※2	水酸化ナトリウム	$NaOH$
アルカリ※2	水酸化カルシウム（水溶液は石灰水）	$Ca(OH)_2$
アルカリ※2	水酸化バリウム	$Ba(OH)_2$

	物質名	化学式
塩※2	食塩（塩化ナトリウム）	$NaCl$
塩※2	塩化カルシウム	$CaCl_2$
塩※2	塩化銅	$CuCl_2$
塩※2	塩化バリウム	$BaCl_2$
塩※2	炭酸アンモニウム	$(NH_4)_2CO_3$
塩※2	炭酸カルシウム（石灰石のおもな成分）	$CaCO_3$
塩※2	炭酸ナトリウム	Na_2CO_3
塩※2	炭酸水素ナトリウム	$NaHCO_3$
塩※2	硫酸バリウム	$BaSO_4$
その他の化合物	アンモニア※3	NH_3
その他の化合物	メタン	CH_4
その他の化合物	硫化水素※3	H_2S
その他の化合物	硫化鉄	FeS
その他の化合物	硫化銅	CuS
その他の化合物	エタノール	C_2H_5OH
その他の化合物	ナフタレン	$C_{10}H_8$

※1 酸化物…酸素と結びついた物質。
※2 酸,アルカリ,塩は中3でくわしく学習する。
※3 アンモニアはアルカリ,硫化水素は酸のなかまであるが,高校でくわしく学習する。

5 物質の分類

下の図を見ると，分子をつくる・分子をつくらないは，物質を分類していくときの観点ではないね。

物質は，次のように分類することができる。

(1) 純粋な物質と混合物

❶純粋な物質（純物質）…1種類の物質からできている物質。

❷混合物…いくつかの物質が混ざったもの。

(2) 単体と化合物

❶単体…1種類の元素からできている物質。

❷化合物…2種類以上の元素からできている物質。

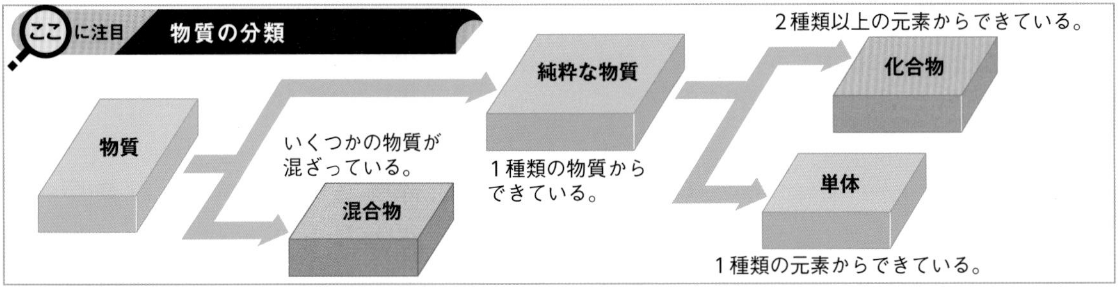

いくつかの物質を分類してみよう

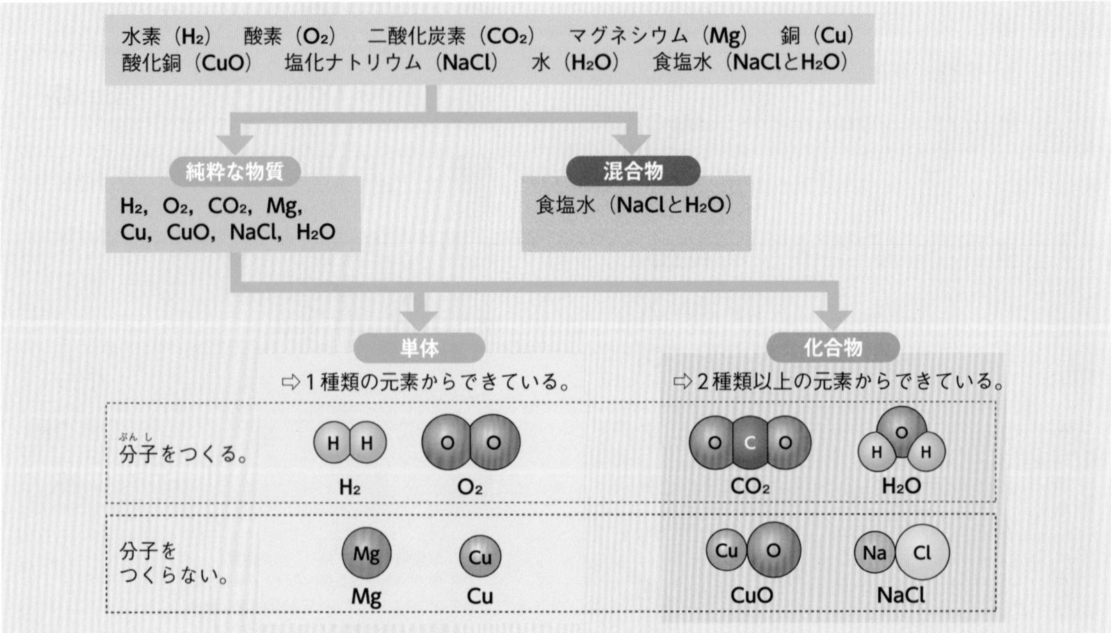

チェック 基礎用語 次の〔　　〕にあてはまるものを選ぶか，あてはまる言葉を答えましょう。

1 物質の変化

	解答
□(1) 物質がもとの物質とは性質のちがう２種類以上の物質に分かれる変化を〔　　〕という。	(1) 分解(ぶんかい)
□(2) 炭酸水素ナトリウムを加熱すると，固体の〔　　〕，液体の〔　　〕，気体の〔　　〕に分解する。	(2) 炭酸ナトリウム，水，二酸化炭素
□(3) 酸化銀を加熱すると，固体の〔　　〕と気体の〔　　〕に分解する。	(3) 銀，酸素
□(4) 水を電気分解(でんきぶんかい)すると，陰極(いんきょく)に〔　　〕が，陽極(ようきょく)に〔　　〕が，〔　：　〕の体積比で発生する。	(4) 水素，酸素，２：１
□(5) 塩化銅水溶液を電気分解すると，陰極に〔　　〕が付着し，陽極に〔　　〕が発生する。	(5) 銅，塩素

2 原子(げんし)～ 3 分子(ぶんし)

□(6) 物質をつくっていて，それ以上，化学変化では分けることのできない小さな粒子(りゅうし)を〔　　〕という。	(6) 原子
□(7) 原子の種類のことを〔　　〕という。	(7) 元素(げんそ)
□(8) 原子がいくつか結びついてできていて，物質の性質を示す最小の粒子を〔　　〕という。	(8) 分子

4 物質の表し方

□(9) １種類の元素だけでできている物質を〔　　〕という。	(9) 単体(たんたい)
□(10) ２種類以上の元素からできている物質を〔　　〕という。	(10) 化合物(かごうぶつ)
□(11) 水素や水は分子をつくる物質で，それぞれの化学式(かがくしき)は，〔　　〕，〔　　〕である。	(11) H_2，H_2O
□(12) マグネシウムや酸化銅は分子をつくらない物質で，それぞれの化学式は，〔　　〕，〔　　〕である。	(12) Mg，CuO
□(13) 純粋(じゅんすい)な物質は，〔　　〕と〔　　〕の２つに分けられる。	(13) 単体，化合物（順不同）

1 物質の結びつき

教科書の要点

1 鉄と硫黄が結びつく変化

◎鉄と硫黄が激しく反応して結びつくと硫化鉄ができる。

鉄 ＋ 硫黄 ⟶ 硫化鉄

⇨できた硫化鉄は，鉄や硫黄とは別の物質。

2 いろいろな物質の結びつき

◎化学変化でできた物質は，結びつく前の物質とは性質がちがう。

水素 ＋ 酸素 ⟶ 水

炭素 ＋ 酸素 ⟶ 二酸化炭素

銅 ＋ 硫黄 ⟶ 硫化銅

1 鉄と硫黄が結びつく変化

化学変化（➡p.30）には，分解とは逆の，物質が結びつく変化もある。

❶**化合物**…２種類以上の元素からなる物質。２種類以上の物質が結びついてできる物質は化合物である。

❷**鉄と硫黄の性質**

・**鉄**…銀白色。磁石につき，電流が流れる。
　└→金属光沢（こうたく）がある。

・**硫黄**…黄色。磁石につかず，電流は流れない。無臭。
　└→金属ではない。

❸**鉄と硫黄の結びつき**…鉄粉と硫黄の粉末を混ぜ合わせて加熱すると，鉄と硫黄は激しく反応して硫化鉄ができる。

くわしく 化合物が生じる反応

２種類以上の物質が化学反応により結びついて，別の新しい物質である化合物が生じる反応を化合という。

⬆硫黄の粉末　©shutterstock

鉄と硫黄の反応

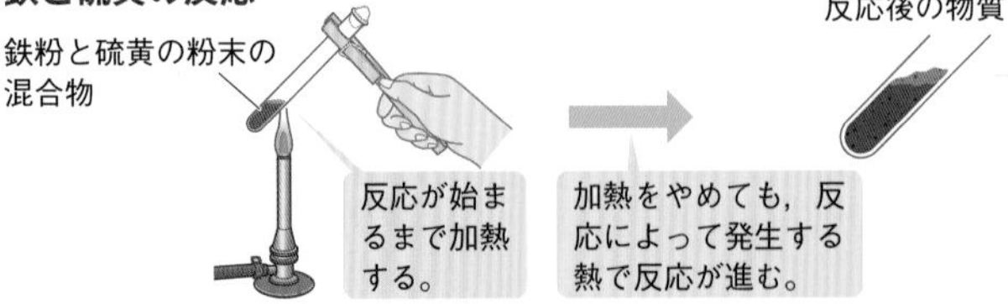

鉄粉と硫黄の粉末の混合物
反応が始まるまで加熱する。
加熱をやめても，反応によって発生する熱で反応が進む。
反応後の物質

● 磁石につかない。
● うすい塩酸と反応して，硫化水素が発生する。
⇨もとの混合物とはちがう物質

２種類以上の物質が結びついて別の新しい物質ができた。

鉄 ＋ 硫黄 ⟶ 硫化鉄

$$\underbrace{\text{鉄(Fe)} + \text{硫黄(S)}}_{\text{もとの物質}} \longrightarrow \underbrace{\text{硫化鉄(FeS)}}_{\text{化合物}}$$

❹硫化鉄の性質

a 色…黒色をしている。

b **磁石との反応**…磁石につかない。

c **電流が流れるか**…電流は流れない。

d **うすい塩酸との反応**…うすい塩酸と反応して，硫化水素が発生する。→においをかぐときは，手であおぐようにしてかぐ。

❺反応の前後での物質の性質

ここに注目 3つの物質の性質のちがい

	鉄	硫黄	硫化鉄
色	銀白色	黄色	黒色
磁石との反応	磁石につく。	磁石につかない。	磁石につかない。
電流が流れるか	電流が流れる。	電流は流れない。	電流は流れない。
うすい塩酸との反応	水素（無臭）が発生。	反応しない。	硫化水素が発生。

⇨鉄と硫黄が結びついてできた硫化鉄は，もとの鉄や硫黄とは全くちがった性質をもつ。

思考 手であおぐようにしてにおいをかぐのはなぜ?

理科の実験では，有毒な気体が発生する場合もあるので，においをかぐときには，手であおぐようにしてかぐ。

なお，理科の実験に限らず，いろいろなもののにおいをかぐときは，いきなり鼻を近づけるのではなく，まず手であおぐようにしてかぐことを習慣にしておきたい。

くわしく 硫化水素

硫化水素は，無色透明でゆで卵のようなにおい（腐卵臭）のする有毒な気体。危険なので，実験は風通しのよいところで行うこと。

鉄粉と硫黄の粉末を混ぜ合わせただけのもの（混合物）が磁石につくのは，鉄の性質のためなんだね。

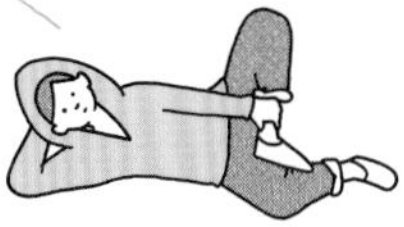

Column 硫黄のにおい

生活

火山や温泉に行くと，よく「硫黄のにおいがする」というが，単体の硫黄(S)には，においはない。火山や温泉でのゆで卵のようなにおいは，硫化水素(H_2S)のにおいである。したがって，「硫黄のにおいがする」は，理科的には誤った表現であることを覚えておこう。

においの原因である硫化水素は，有害な物質であり，濃度が高いところにいると，吸いこんだ場合，死に至る危険性がある。

⬆火山から噴出した硫黄（北海道硫黄山）　©photolibrary

重要実験　鉄と硫黄を加熱して起こる変化

目的　鉄粉と硫黄の粉末を混ぜ合わせて加熱すると，どんな変化が起こるだろうか。また，このときできる物質について調べてみよう。

方法　①鉄粉と硫黄の粉末を，質量比を鉄：硫黄＝7：4にしてよく混ぜる。

②2本の試験管の一方（B）に①の混合物の$\frac{3}{4}$を入れ，ガスバーナーで混合物の上部を加熱する。→上部が赤くなったら，加熱をやめる。

③変化が終わったら，試験管を金網(かなあみ)の上に置いて冷やす。冷えたら次の2つの方法で，反応前後の物質の性質について調べる。

(1)磁石を近づける。

(2)うすい塩酸を加える。

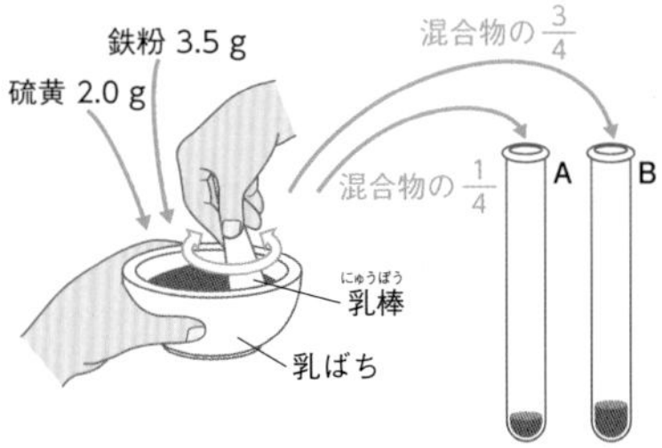

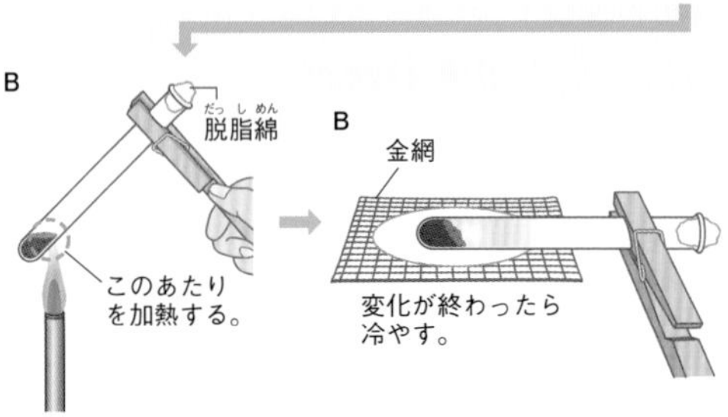

注意

●試験管Bの口には硫黄の蒸気が出るのを防ぐため，脱脂綿でゆるく栓(せん)をする。また，実験中は換気(かんき)を十分に行う。

●反応後の物質の性質を調べるのは，試験管が十分に冷えてから行う。

結果と考察　a 試験管Bは，加熱をやめても反応が続いた。

b 試験管Bは，反応後に黒い物質ができた。

c 反応前後の物質の性質を整理すると，次のようになった。

	磁石に	塩酸を加えると
もとの物質（A）	つく。	無臭の気体が発生。
反応後の物質（B）	つかない。	特有のにおいがする気体が発生。

磁石につくのは鉄。

無臭の気体 → 発生した気体は水素。

特有のにおいがする気体 → 発生した気体は硫化水素。有毒なので，強く吸いこまないようにし，換気に気をつける。

・加熱をやめても反応が進む理由…反応で多量の熱が出るため。

・もとの物質と反応後の物質の性質がちがう理由…反応で鉄や硫黄とはちがう物質ができるため。

結論　鉄と硫黄を混ぜ合わせて加熱すると，反応して発熱し，もとの物質とはちがう物質（硫化鉄）ができる。

2 いろいろな物質の結びつき

２種類の物質が結びついて化合物ができる例を見てみよう。

❶水素と酸素の結びつき…水素と酸素をポリエチレンの袋に入れて点火すると，水ができる。

水素 ＋ 酸素 ⟶ 水（化合物）

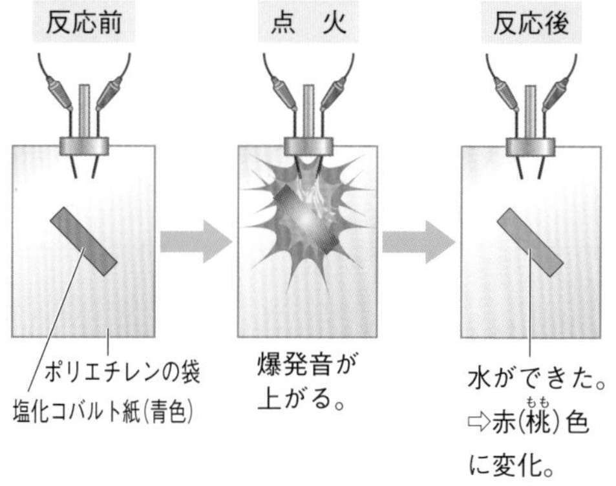

❷炭素と酸素の結びつき…炭素を燃やすと，炭素が空気中の酸素と結びついて二酸化炭素ができる。

例 木炭（主成分は炭素）を燃やすと，二酸化炭素が発生して，最後には白い灰だけが残る。

炭素 ＋ 酸素 ⟶ 二酸化炭素（化合物）

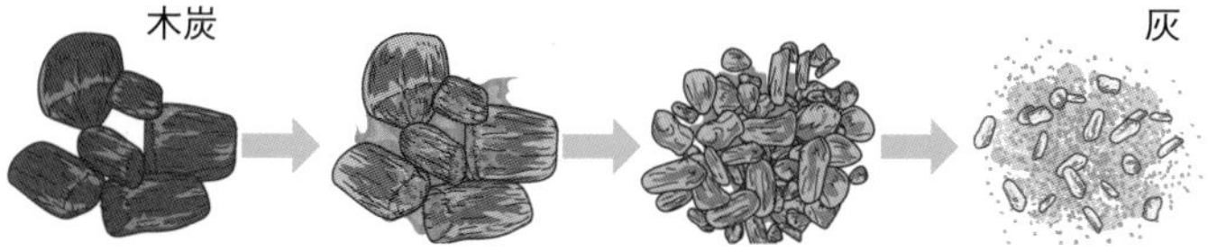

❸銅と硫黄の結びつき…硫黄の蒸気に熱した銅板や銅線を入れると，結びついて硫化銅ができる。

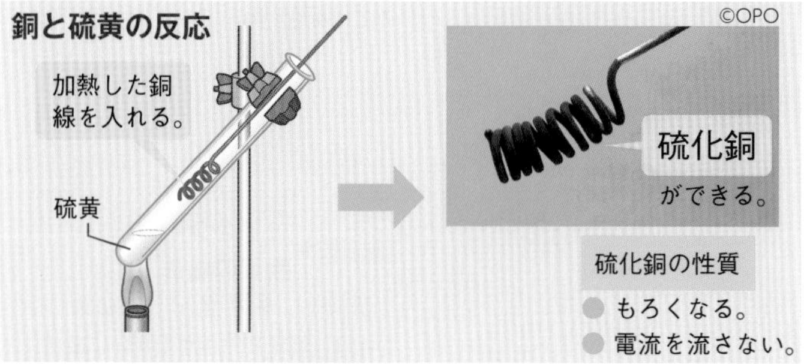

銅 ＋ 硫黄 ⟶ 硫化銅（化合物）

・**硫化銅**…黒色のもろい物質で，電流を流さない。⇨銅の性質とも硫黄の性質とも異なる。

思考 残った灰の正体は?

木炭には，炭素以外にカルシウムやマグネシウムなどの微量の成分がふくまれている。それらの成分や酸素と結びつけなかった炭素が灰として残る。

思考 ダイヤモンドを燃やすとどうなる?

無色透明のダイヤモンドは，炭素でできている。そのため，酸素を満たした容器の中でダイヤモンドを高温にしていくと，酸素と結びついて二酸化炭素となり，最後にはなくなってしまう。

くわしく 銅と硫黄の結びつきと熱

鉄と硫黄が結びつく変化と同じように，銅と硫黄が結びつくと熱が発生する。その熱によって，反応が進行する。

くわしく 結びつくときの条件

鉄と硫黄，および，銅と硫黄の結びつきでは，２つの物質がよくふれ合っていることが必要である。したがって，物質が粉末どうしの場合は，よく混ぜ合わせる必要がある。

2 化学反応式

教科書の要点

1 化学反応式

◎**化学反応式**…化学式を用いて，物質の化学変化を表した式。
化学反応式の矢印（⟶）の左右では，各原子の数を合わせる。

◎いろいろな化学反応式
- 鉄と硫黄の化学変化…$Fe + S \longrightarrow FeS$
- 炭素と酸素の化学変化…$C + O_2 \longrightarrow CO_2$
- 水素と酸素の化学変化…$2H_2 + O_2 \longrightarrow 2H_2O$

2 化学反応式からわかること

◎反応する物質・反応してできる物質がわかる。

◎反応に関係する物質の，原子や分子の数の関係がわかる。

1 化学反応式

化学変化のようすは化学式を使って表すことができ，世界共通で使われている。

❶**化学反応式**…化学式を用いて，物質の化学変化を表した式。

重要
- **矢印（⟶）の左側**…反応前の物質を書く。
- **矢印（⟶）の右側**…反応後の物質を書く。
- 矢印（⟶）の左側と右側で，各原子の数を等しくする。

⇨左右の原子の数を等しくする方法は，p.55の❹を参照。

❷**鉄と硫黄の化学変化**…鉄と硫黄が結びついて硫化鉄ができる化学変化は，次のように表す。

鉄　硫黄　硫化鉄

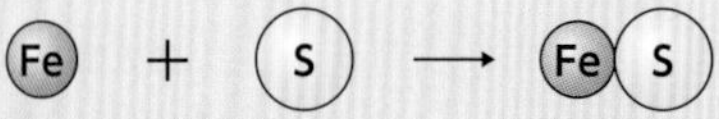

化学反応式　$Fe + S \longrightarrow FeS$

矢印（→）の左右で，Fe原子…1個，S原子…1個。

テストで注意　化学反応式を書くとき

数学のように，左右を「＝」でつなぐのではなく，矢印「⟶」でつなぐ。

くわしく　分子をつくらない物質の場合

鉄（Fe）や銅（Cu），硫化鉄（FeS）などは，原子と原子がたがいに結びついているが，水素（H_2）や水（H_2O）のように分子をつくらない。これらの物質の化学反応式では，FeやFeSを最小単位（代表）として（あたかも分子をつくっているかのようにあつかって），化学反応式で表す。

❸炭素と酸素の化学変化…炭素と酸素が結びついて二酸化炭素ができる化学変化は，次のように表す。

炭素		酸素		二酸化炭素

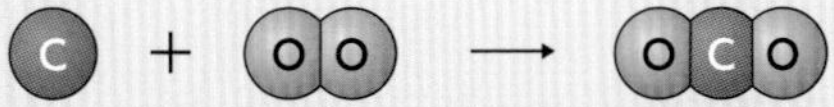

化学反応式　$C + O_2 \longrightarrow CO_2$

矢印(→)の左右で，C原子…1個，O原子…2個。

くわしく　炭素の化学式

炭素は，炭素原子（C）が規則正しく並んだ構造をしていて分子をつくらないため，代表して炭素原子1個で表す。

❹水素と酸素の化学変化…水素と酸素が結びついて水ができる化学変化。

⇨この化学変化を例に，化学反応式をつくってみる。

テストで注意　矢印の左右の原子の数

化学反応式では，矢印（⟶）の左右の各原子の数を等しくする。

①**反応前と反応後の物質を書く。**

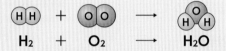

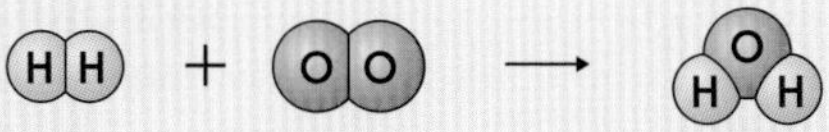

$H_2 + O_2 \longrightarrow H_2O$

矢印(→)の左側：H原子…2個，O原子…2個。

〃　　の右側：H原子…2個，O原子…1個。⇦**O原子の数がちがっている。**

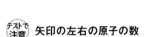

矢印の左右の原子の数が合わないときは，その原子をふくむ分子の数を調整して，原子の数を合わせるよ。

②**矢印（⟶）の左右で，O原子の数を等しくするために，右側の水分子を1個ふやす。**

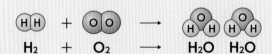

$H_2 + O_2 \longrightarrow H_2O\ \ H_2O$

矢印(→)の左側：H原子…2個，O原子…2個。

〃　　の右側：H原子…4個，O原子…2個。⇦**H原子の数がちがっている。**

③**矢印（⟶）の左右で，H原子の数を等しくするために，左側の水素分子を1個ふやす。**

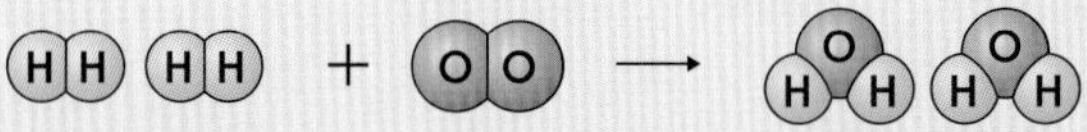

$H_2\ \ H_2 + O_2 \longrightarrow H_2O\ \ H_2O$

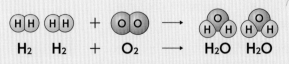

矢印(→)の左側：H原子…4個，O原子…2個。

〃　　の右側：H原子…4個，O原子…2個。

分子の数は，その分子の化学式の前に書くんだ。水素分子（H_2）が2個のときは$2H_2$と書き，この「2」を係数というよ。

④各分子の個数を化学式の前に書き，化学反応式を完成させる。

化学反応式：$2H_2 + O_2 \longrightarrow 2H_2O$

左の化学反応式では，矢印の左の分子をただくっつけて，$2H_2 + O_2 \rightarrow 2H_2O_2$ と書いてはいけないよ。

2 化学反応式からわかること

化学反応式の，大きい数字と小さい数字にも注目する。

❶反応する物質・反応してできる物質

・**矢印（⟶）の左側**…反応前の物質が書かれている。

・**矢印（⟶）の右側**…反応後の物質が書かれている。

❷反応に関係する物質の，原子や分子の数の関係…矢印（⟶）の左右で各原子の数は等しいので，各分子の係数（化学式の前の数字）は，その反応に関係する分子の数の比になる。

$2H_2$	＋	O_2	⟶	$2H_2O$
水素	と	酸素	が反応して	水ができる
水素2分子	と	酸素1分子	が反応して	水2分子ができる

発展　係数と体積比

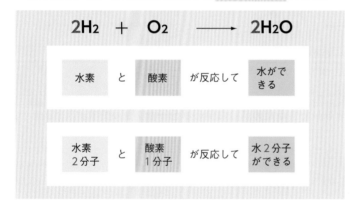

アボガドロの「気体は，同温・同圧・同体積中に，同じ数の分子をふくむ」という説を逆に考えると，気体の分子数の比は，体積比を表すことになる。

例えば，水素と酸素が結びつく化学変化では，

水素：酸素：水＝2：1：2

という体積比になる。（水素，酸素，水が気体の状態の場合に限る。）

Column　化合物「SO_2」はどんな名前？　思考

化合物の化学式を見れば，その物質名がわかる。まず化合物の名前をよぶときは，一般に化学式の右側の原子から左側の原子の順によぶことを頭に入れておく。さらに，次の約束ごとも覚えておこう。

● **2種類の原子からなる化合物**…右側にある原子の名前に「素」がつく場合，「素」を「化」に変えてよぶことが多い。

例 CuO ➡ 右側の「酸素」を「酸化」として「酸化銅」

● **2種類の原子の数がちがうとき**…原子の数を物質名の中におりこんでよぶことがある。

例 CO_2 ➡ 酸素が2個あるので「二酸化炭素」

SO_2 ➡ 酸素が2個あるので「二酸化硫黄」

3 酸素と結びつく化学変化

教科書の要点

1 酸化と燃焼
◎**酸化**…物質が酸素と結びつく化学変化。
物質A ＋ 酸素（O_2） ⟶ 物質B （物質Bは**酸化物**）
◎**燃焼**…激しく熱や光を出す酸化。

2 鉄の燃焼
◎鉄の燃焼…鉄 ＋ 酸素 ⟶ 酸化鉄

3 銅の酸化
◎銅の酸化…銅 ＋ 酸素 ⟶ 酸化銅

4 マグネシウムの燃焼
◎マグネシウムの燃焼…マグネシウム ＋ 酸素 ⟶ 酸化マグネシウム

5 金属以外の燃焼
◎炭素の燃焼…炭素 ＋ 酸素 ⟶ 二酸化炭素
◎水素の燃焼…水素 ＋ 酸素 ⟶ 水

1 酸化と燃焼

空気中でものが燃えるという現象は，酸素が関係している化学変化である。

❶**酸化**…物質が酸素と結びつく化学変化。

物質A ＋ 酸素（O_2） ⟶ 物質B

❷酸化のしかた

a **燃焼**…激しく熱や光を出しながら，酸化する化学変化。

b **おだやかな酸化**…ゆっくりと酸化が進む化学変化。金属が空気中でさびる変化などはおだやかな酸化である。

➡（左）燃焼：木材が燃えているようす
（右）おだやかな酸化：さびた鉄くぎ

ⓒ花火/PIXTA　ⓒshutterstock

復習 ろうそくを燃やしたときの変化

集気びんの中に火のついたろうそくを入れてふたをすると，ろうそくが消えそうになる。ふたをずらして酸素ボンベから酸素を入れると，再びろうそくの炎が大きくなる。

ふたをしたまま放置すると，しばらくして，ろうそくの火が消える。ろうそくをとり出したあと，びんに石灰水を入れてよく振ると，石灰水が白くにごる。

⇨ろうそくが燃えるには酸素が必要で，燃えたあと，二酸化炭素ができる。

❸**酸化物**…酸化によってできた物質。⇨酸素との化合物。

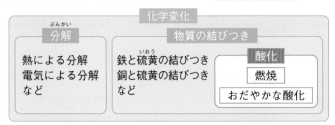

化学変化
- **分解**
  - 熱による分解
  - 電気による分解
  - など
- **物質の結びつき**
  - 鉄と硫黄の結びつき
  - 銅と硫黄の結びつき
  - など
  - **酸化**
    - 燃焼
    - おだやかな酸化

2 鉄の燃焼

鉄でも，繊維状や粉末状にすれば，空気中で燃える。
（空気中→酸素中では火花を飛ばして燃える。）

❶**鉄の燃焼**…鉄を加熱すると，熱や光を出して酸素と結びつき（燃焼），酸化鉄になる。

鉄 ＋ 酸素 ⟶ 酸化鉄

❷**鉄と酸化鉄のちがい**

a **質量の変化**…燃焼後の物質の方が，質量が大きい。
⇨結びついた酸素の分だけ質量が増加した。

b **電流が流れるか**…鉄は流れるが，酸化鉄は流れない。

c **磁石につくか**…鉄はつくが，酸化鉄はつかない。

d **手でさわると**…鉄には弾力があるが，酸化鉄はぼろぼろとくずれる。

e **うすい塩酸に入れると**…鉄は気体（水素）を出してとけるが，酸化鉄は反応しない。

⇨鉄が燃焼してできた酸化鉄は，鉄とはちがう性質をもつ。

⬆酸素中で激しく燃えるスチールウール（鉄）　写真２点はⓒコーベット

くわしく　スチールウールのてんびん

てんびんの両側にスチールウール（鉄）のおもりをつり下げ，つり合わせる。片方のスチールウールを加熱すると，加熱した方にてんびんが傾く（加熱した方が下がる）。
⇨スチールウール（鉄）が空気中の酸素と結びつき，質量がふえるため。

動画　スチールウールのてんびん

Column　いろいろな酸化鉄　生活

鉄と酸素の結びつき方によって，酸化後の酸化鉄の構造（化学式）は変化する。化学式で表すと，FeO，Fe_3O_4，Fe_2O_3 と表され，それぞれ性質も異なる。

①**FeO**…黒色の物質。色素として使用されている。

②**Fe_3O_4**…黒さびのこと。鉄のフライパンなどで，空だきして表面を酸化させ，内部の腐食を防ぐ。

③**Fe_2O_3**…赤さびのこと。この粉末は，ポリエチレンのディスク（円盤）の表面に塗布され，磁気ディスクなどに利用されているほか，ベンガラとして知られる赤色の塗料にも利用される。

重要実験

鉄の燃焼

思考

目的1 鉄が燃焼するときに，酸素が使われていることを確かめよう。

方法1
①水を入れたバットに，燃焼さじでつくった台を置き，台の上にスチールウールをのせ，マッチで火をつける。
②酸素を満たした集気びんをかぶせ，びんの中で燃焼させる。
③燃焼のようすと集気びんの中の水面の変化を観察する。

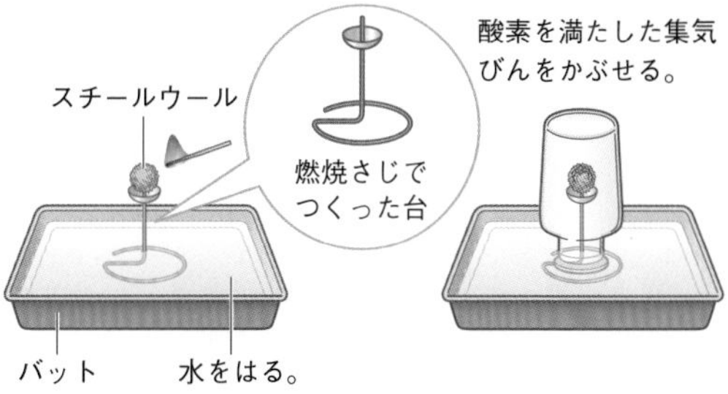

結果と考察1
・燃焼後，集気びんの中の水面が上がった。　⇨集気びんの中の酸素が減った。
⇨燃焼によって酸素が使われた。

目的2 鉄が燃焼する前後で，質量の変化を調べよう。

方法2
①燃焼前のスチールウールの質量をはかる。
②スチールウールにガスバーナーで火をつける。
③ガラス管を使って息をふきかけ，完全に燃焼させる。
④冷えてから，燃焼後の物質の質量をはかる。

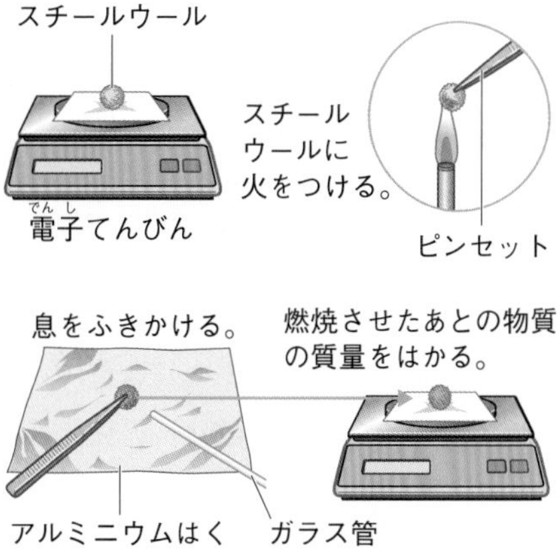

結果と考察2

	1回目の実験	2回目の実験
燃焼前の質量	2.60 g	2.80 g
燃焼後の質量	3.10 g	3.28 g

⇨燃焼後の物質は燃焼前の物質より質量が増加した。

結論 鉄の燃焼には，酸素が使われる。燃焼後の物質の質量が，燃焼前の鉄の質量より大きくなっていたことから，燃焼によって，酸素が鉄と結びついたと予測できる。

チェック
(1) 方法1で，鉄が燃焼すると，集気びんの中の気体の体積はどのように変化した？
(2) 方法2の，1回目の実験で，鉄と結びついた酸素は何g？

答え (1) 小さくなった。　(2) 0.50 g

3 銅の酸化

銅製の鍋で直接火に当たる部分は，黒っぽく変色している。

❶銅の酸化…銅をガスバーナーで加熱すると，熱や光を出さずに酸化し，酸化銅になる。

❷銅の酸化の化学反応式

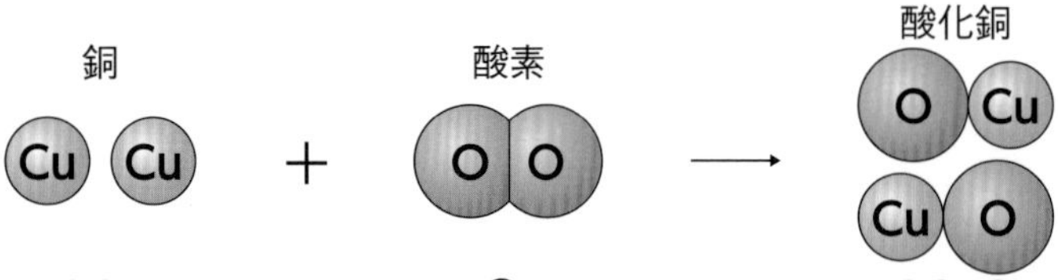

$$2Cu + O_2 \longrightarrow 2CuO$$

❸銅と酸化銅の性質のちがい

a **色**…銅は赤色であるが，酸化銅は黒色。

b **電流が流れるか**…銅は流れるが，酸化銅は流れない。

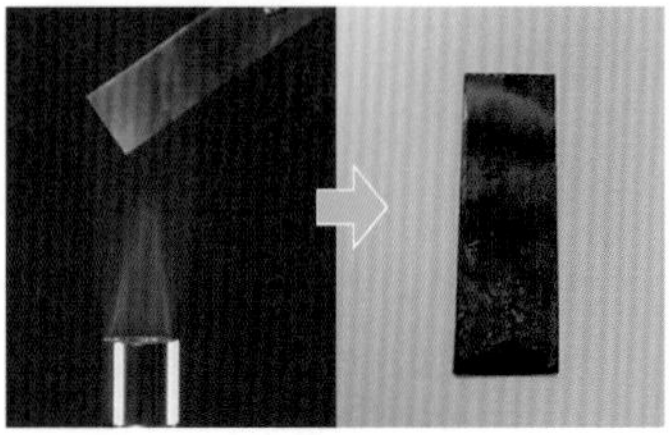

⬆加熱中の銅板（左）と加熱後（右）

発展 酸化銅の化学式

銅と酸素の結びつき方によって，酸化後の酸化銅の構造（化学式）は変化する。

化学式で表すと，CuO と Cu_2O の２種類がある。なお，Cu_2O の酸化銅は，赤色，あるいは赤褐色である。

4 マグネシウムの燃焼

マグネシウムは，とても明るい光を出して燃える。昔はカメラのフラッシュに用いられた。

❶マグネシウムの燃焼（酸化）…マグネシウムに火をつけると燃焼し，酸化マグネシウムになる。

❷マグネシウムの燃焼（酸化）の化学反応式

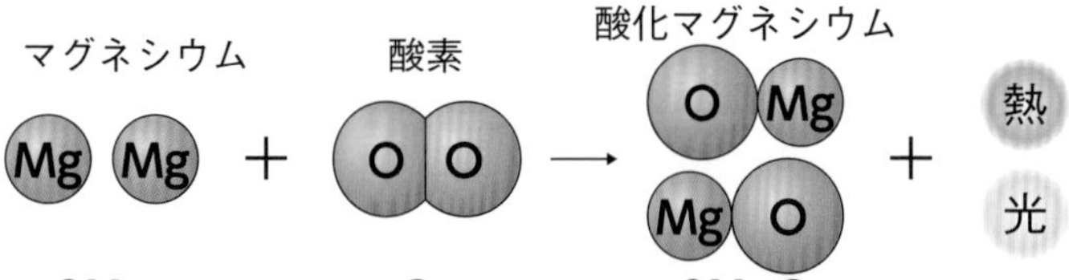

$$2Mg + O_2 \longrightarrow 2MgO$$

❸マグネシウムと酸化マグネシウムの性質のちがい

a **色**…マグネシウムには金属光沢があるが，酸化マグネシウムには金属光沢はない。

b **うすい塩酸との反応**…どちらもうすい塩酸にとける。マグ

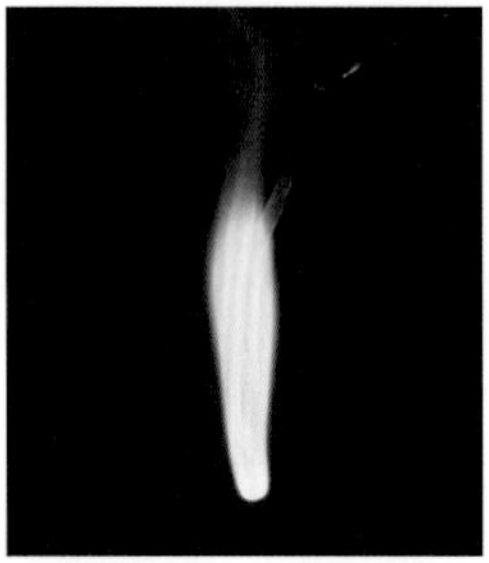

⬆燃焼中のマグネシウム

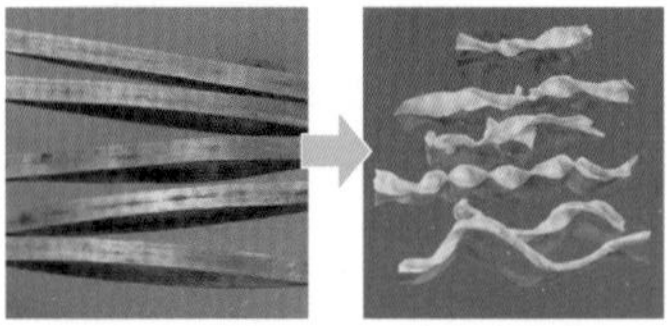

⬆燃焼前のマグネシウムリボン（左）と燃焼後（右）

ネシウムは水素を発生させるが，酸化マグネシウムは水素を発生させない。

5 金属以外の燃焼

酸素は金属以外の物質とも激しく結びつく（燃焼する）。

❶炭素の燃焼（酸化）の化学反応式…炭素（木炭）を集気びんの中で燃焼（酸化）させると，二酸化炭素ができる。

炭素　＋　酸素　→　二酸化炭素

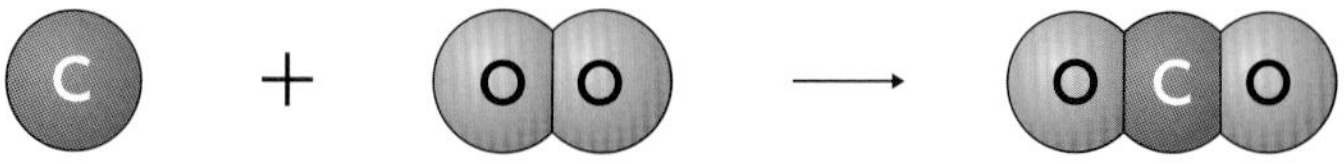

$$C + O_2 \longrightarrow CO_2$$

・**二酸化炭素の確認**…燃焼後の集気びんの中に石灰水を入れて，よく振る。⇨石灰水が白くにごる。

❷水素の燃焼（酸化）の化学反応式…水素と酸素の混合気体を試験管に入れて点火すると，爆発的に反応して水ができる。

水素　＋　酸素　→　水

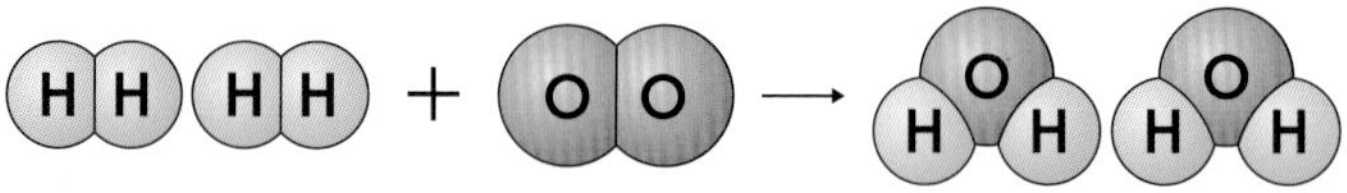

$$2H_2 + O_2 \longrightarrow 2H_2O$$

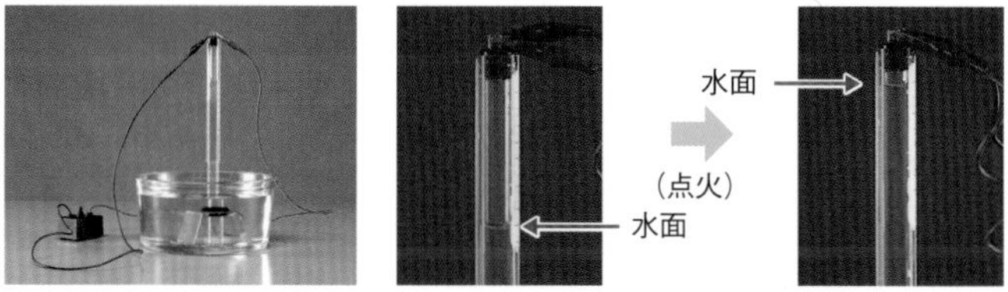

⬆水素の燃焼の実験装置

点火後は，水そうに立てた試験管内の水面が，点火前の位置より上がっていることがわかる。

⇨水素と酸素が結びついて水となり，気体の水素と酸素がなくなった分，水面が上がる。（水素と酸素の体積の割合によっては，気体が残る場合もある。）

発展　木炭のてんびん

p.58のスチールウール（鉄）のてんびんの実験で，スチールウールのかわりに木炭（炭素）を使用すると，燃えた方が上に傾く。これは，炭素が燃焼してできた二酸化炭素が空気中に逃げたため，酸素と結びついた炭素の分だけ質量が減少したからである。

くわしく　酸素中での木炭の燃焼

酸素を満たした集気びんの中に火のついた木炭を入れると，激しく炎を飛び散らせて燃焼する。

発展　点火の方法

水素の燃焼（酸化）の実験では，水素と酸素の入った試験管にゴム栓をして，電気で点火する。ゴム栓には，左の図のような電極が組みこまれていて，スイッチを押すと，電極のすきまに火花が飛ぶ。

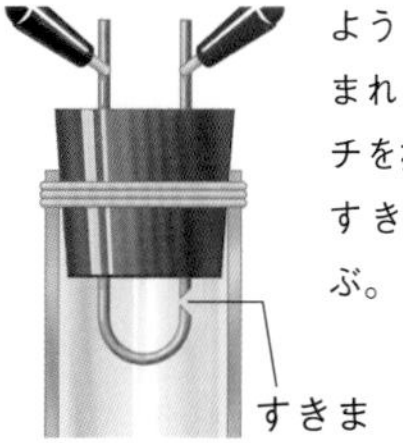

❸**有機物の燃焼（酸化）**… ロウやエタノールなどの有機物を燃焼させると，二酸化炭素や水ができる。

有機物（炭素や水素をふくむ化合物）＋ 酸素 ─→ 二酸化炭素 ＋ 水 ＋ 熱 光

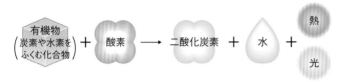

a **有機物**…有機物はおもに炭素と水素からできている。

・**有機物内の炭素**…燃焼して，二酸化炭素になる。

・**有機物内の水素**…燃焼して，水になる。

b **二酸化炭素の確認**…集気びんの中で有機物を燃焼させ，燃焼後に石灰水を入れてよく振る。

⇨二酸化炭素があると，石灰水が白くにごる。

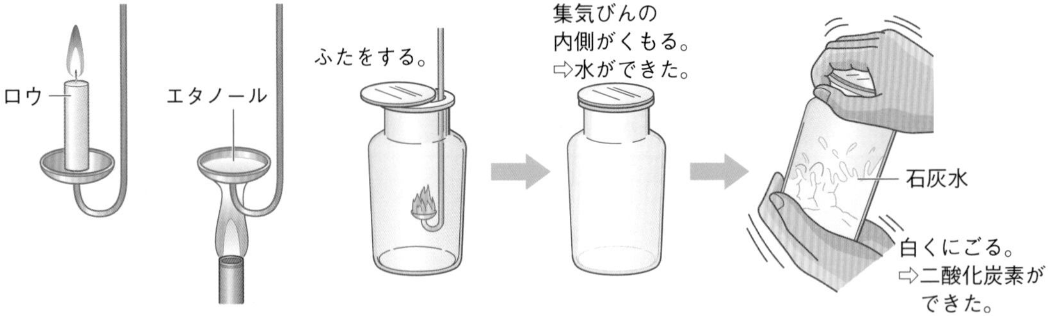
ロウ
エタノール
ふたをする。
集気びんの
内側がくもる。
⇨水ができた。
石灰水
白くにごる。
⇨二酸化炭素が
できた。

復習 有機物とは

有機物とは，炭素原子をふくむ物質のことをいう。ロウやエタノールなどのほか，砂糖，デンプンなど多くの物質がある。ただし，炭素原子をふくんでいても，単体の炭素や一酸化炭素，二酸化炭素などは有機物とはいわない。これは，以前は，有機物が生物がつくり出すものとして分けられていたからで，1828年に有機物の1つである尿素が人工的に合成されてからは，このような分け方ができなくなった。

Column 酸化とのたたかい

生活

人類は昔から，銅の食器や鉄のナイフといった金属でつくった道具を利用していた。しかし，銅や鉄のような金属は，さびる（酸化する）と本来の性質が失われて役に立たなくなる。そのため，金属が空気（空気中の酸素）とふれあわないように，いろいろな工夫をしてきた。

●**塗料**…金属の表面に塗料を塗り，直接空気とふれあわないようにする。 例 鉄骨の表面に塗るさび止め，自動車の塗装　など

●**酸化物の被膜**…金属の表面にうすい酸化物の被膜をつくり，直接空気とふれあわないようにする。 例 アルミサッシ，アルミニウムの鍋　など

⬆脱酸素剤が入ったお菓子

ⓒアフロ

上記の方法以外に，2種類以上の金属を混ぜ合わせてとかし，かためてつくった合金を利用する方法もある。**ステンレス**は鉄にクロムやニッケルなどを加えてつくった合金で，さびに強い性質がある。

また，食品中の物質にも酸化されやすいものが多く，酸化により味や色などの変化が起こる。そのため，**脱酸素剤**を同封したり，包装の袋に酸素を通しにくくする工夫をしたりしている。

4 還　元

教科書の要点

1 還元

◎ **還元**…酸化物が酸素をうばわれる化学変化。

◎ **酸化と還元**…酸化と還元は逆の化学変化で，同時に起こる。

2 酸化銅の還元

◎ **酸化銅の還元**…酸化銅は酸素をうばわれ，銅になる。

酸化銅 ＋ 炭素 ⟶ 銅 ＋ 二酸化炭素　（炭素で還元）

1 還元

酸化された金属から酸素をとり除く方法がある。

❶**還元**…酸化物が，結びついている酸素をうばわれる化学変化。

❷**酸化と還元**…酸化と還元は逆の化学変化。

a **酸化**…物質が酸素と結びつく化学変化。

b **還元**…酸化物から酸素がうばわれる化学変化。

❸**化学変化での酸化・還元**…還元が起こっているときは，酸化も同時に起こっている。

例 酸化銅の還元

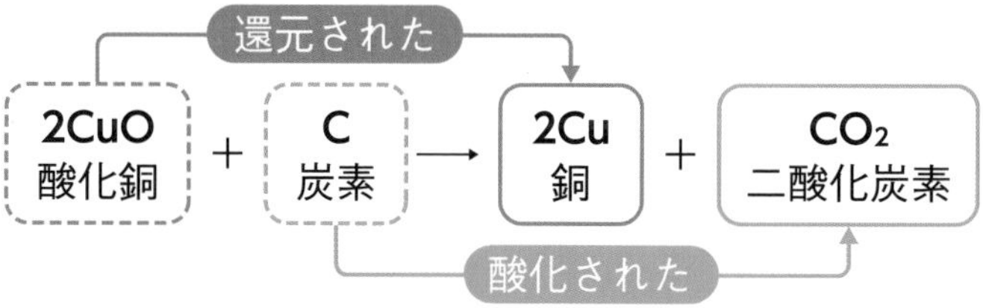

2 酸化銅の還元

酸化銅の還元のしかたは，一通りだけではない。

(1) **酸化銅を炭素で還元する方法**

❶酸化銅と炭素の粉末（または活性炭）をよく混ぜてから，試験管に入れ，ガスバーナーで加熱する。

くわしく 酸化銀の分解

p.33の酸化銀の分解の実験では，酸化銀を加熱すると，酸化銀は銀と酸素に分解した。この化学変化も還元である。

銅と炭素による酸素のとり合いでは，炭素に軍配が上がったということだね。

くわしく 酸化銅と炭素の質量比

実験では，すべての酸化銅が還元できるように，酸化銅と炭素の質量比を，40：3にする。炭素の量が少ないと，酸化銅が還元されきらずに残ってしまう。

例 酸化銅…1.3 g，炭素…0.1 g

❷実験のポイント

重要

- 酸化銅と炭素の粉末は，反応しやすいようによく混ぜる。
- 試験管の底を少し上げて加熱する。
- ガラス管を石灰水から出してから，火を消す。
- 火を消したら，ゴム管をピンチコックでとめる。

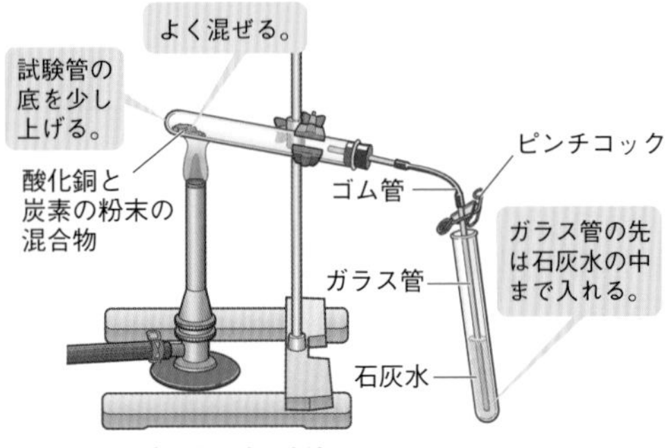

⬆酸化銅を炭素で還元する方法

❸反応でできたもの

- **反応後の物質を薬品さじで強くこする。**
  ⇨赤色の金属光沢のある物質とわかる。⇨銅ができた。
- **反応中に出てきた気体と石灰水の反応。**
  ⇨白くにごる。⇨二酸化炭素が発生した。

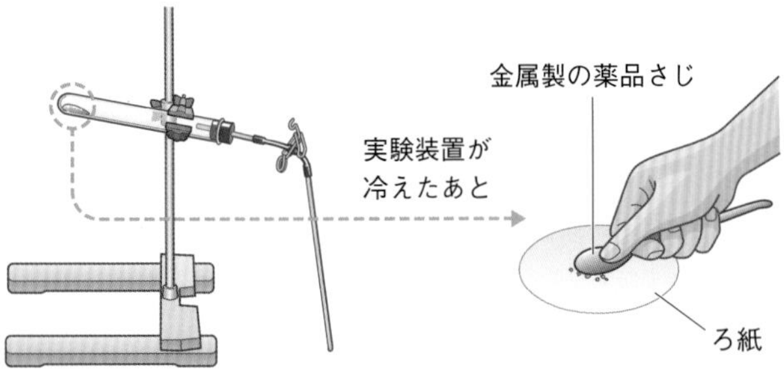

思考 ゴム管をピンチコックでとめるわけは?

ピンチコックをしないまま冷ますと，空気が試験管の中に入ってきてしまい，還元した銅が再び酸化してしまう。この反応を防ぐために，ピンチコックをしてから試験管を冷ます。

⇨手順は，石灰水からガラス管をとり出し，ガスバーナーの火を消してから，ゴム管をピンチコックでとめて冷ます。

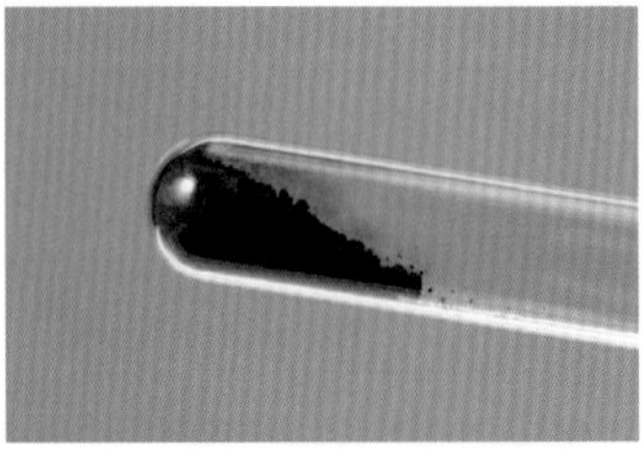
⬆反応前の物質のようす

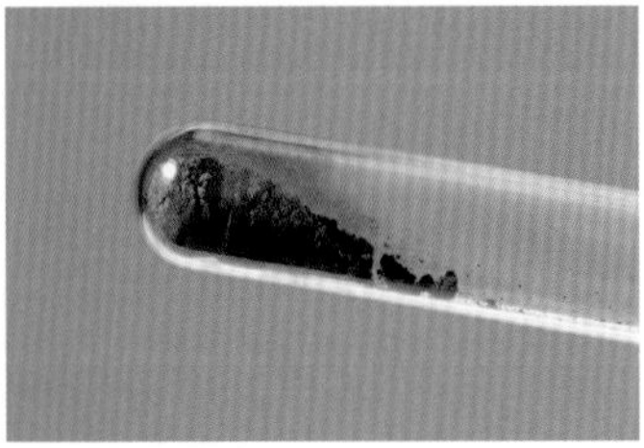
⬆反応後の物質のようす　写真２点は©アフロ

❹酸化銅の還元の化学反応式

- **酸素（O）に注目すると，**
  a 酸化銅は酸素をうばわれている（還元された）。
  b 炭素は酸素と結びついている（酸化された）。

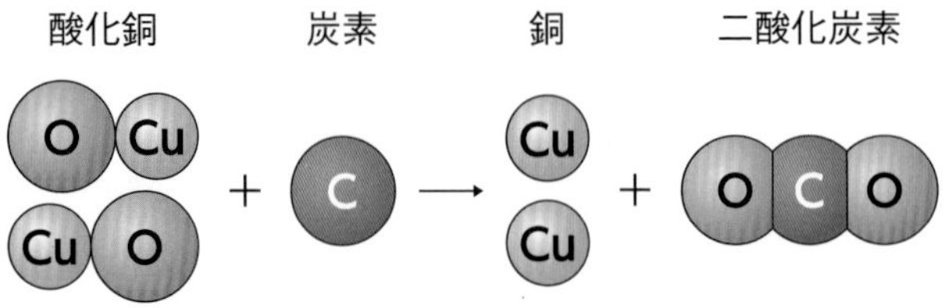

$$2CuO + C \longrightarrow 2Cu + CO_2$$

⇨このように，還元と酸化は同時に起こっている。
また，銅よりも炭素の方が酸素と結びつきやすい。

重要実験　酸化銅の還元

目的 酸化銅に炭素の粉末を混ぜて加熱すると，酸化物である酸化銅が還元され，もとの銅にもどることを確認する。

図1

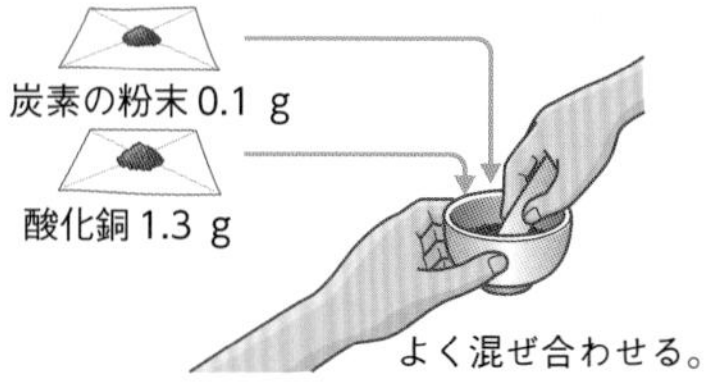

図2

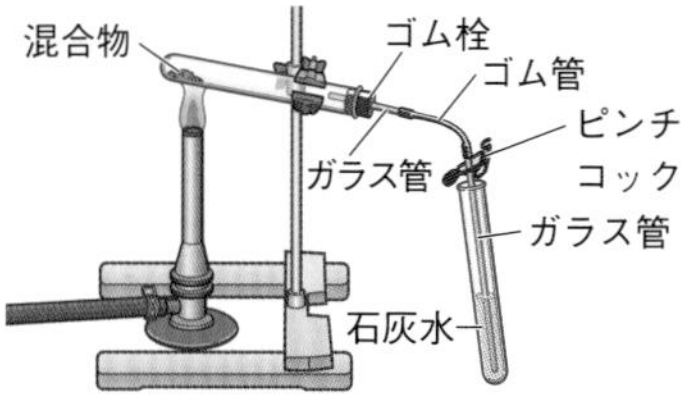

図3

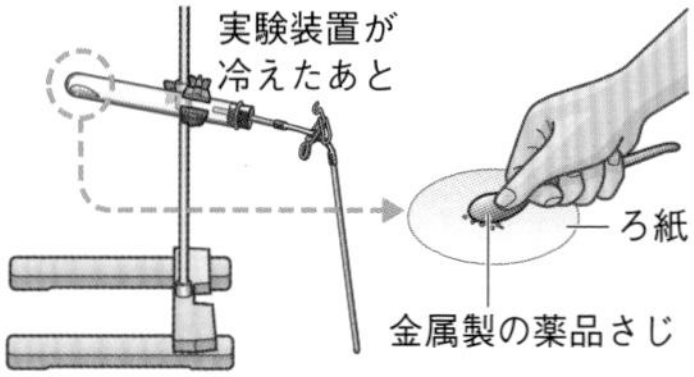

方法 **【酸化銅と炭素の粉末の加熱】**

①図1のように，酸化銅と炭素の粉末（または活性炭）をよく混ぜてから，試験管に入れる。

⇨酸化銅と炭素の質量の比を40：3（約13：1）にする。

例 酸化銅1.3 g，炭素の粉末0.1 g

②図2のように，試験管の底が少し上になるように固定する。

③図2のように，ゴム栓(せん)にガラス管を通し，それとゴム管でつないだガラス管を先が石灰水(せっかいすい)につかるように試験管に入れる。

④ガスバーナーで混合物を加熱する。

【加熱後の混合物の観察】

⑤反応が終わったら，ガラス管を石灰水の中から出してガスバーナーの火を消し，ピンチコックでゴム管をとめる。

⑥図3のように，装置が冷えるまで待ち，冷えたら試験管内の物質をとり出して観察し，その後，金属製の薬品さじでこすってみる。

注意

●加熱をやめる前に，ガラス管を石灰水の中から出す…石灰水がガラス管を逆流して試験管が割れるのを防ぐため。

●加熱をやめたら，ゴム管をピンチコックでとめる…試験管に酸素が入らないようにするため。

結果 a 反応後の物質を薬品さじで強くこする。⇨赤色の金属光沢のある物質。

b 反応中に出てきた気体と石灰水の反応。⇨白くにごる。

考察 a′ 反応後に試験管内に残った物質は，銅である。

b′ 反応により発生した気体は二酸化炭素である。

結論 ・酸化銅と炭素の粉末を混ぜて加熱すると，酸化銅は還元されて銅になる。

・酸化銅が還元されているとき，炭素は酸化され，二酸化炭素が発生する。

(2) 酸化銅を水素で還元する方法

❶実験の方法（右の図）

①試験管を逆さまにしてスタンドに固定する。

②試験管に下から水素ボンベで水素をふきこむ。

③銅線をガスバーナーで加熱して酸化させ，酸化銅にする。

④加熱した酸化銅の線を試験管の中に入れ，上下に動かす。

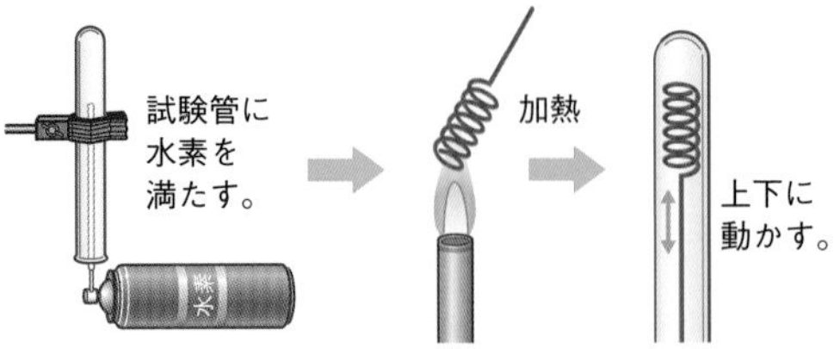

❷反応でできたもの

・加熱した酸化銅の線を水素を満たした試験管に入れて上下に動かすと，もとの銅線の色にもどる。⇨銅にもどった。

・試験管の上部に水滴（すいてき）がつく。⇨水ができた。

❸酸化銅の還元の化学反応式…水素（H_2）に注目すると，水素は酸素と結びついて（酸化されて），水になっている。

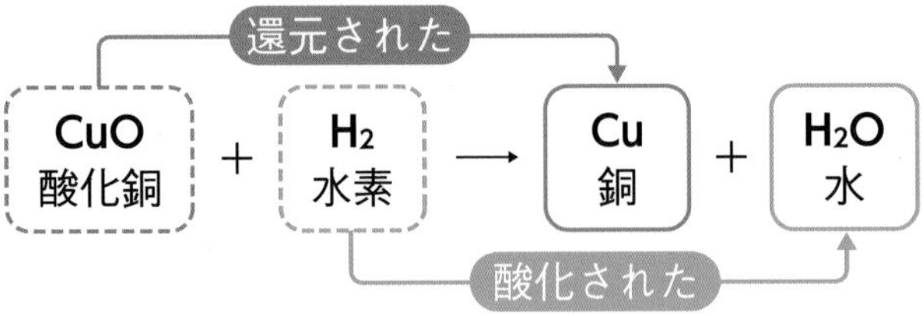

くわしく　酸化銅のいろいろな還元方法

酸化物を還元するには，より酸素と結びつきやすい物質を用いて酸化物を化学変化（かがくへんか）させればよい。酸化銅を還元する場合，次のような方法もある。

①加熱した酸化銅をエタノールの中に入れる。

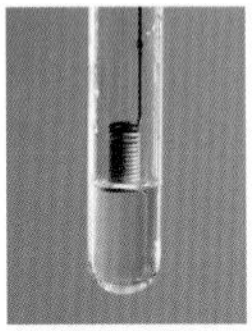

②加熱した酸化銅を砂糖の中に入れる。

写真２点は©アフロ

Column　マグネシウムが二酸化炭素中で燃えるのはなぜ？　思考

二酸化炭素を満たした集気びんに火のついたろうそくを入れると，火はすぐに消えた。しかし，空気中で燃えているマグネシウムリボンを，二酸化炭素を満たした集気びんに入れると，右の写真のように，引き続き激しく燃える。そして，燃え終わると，びんの中には白い物質と黒い物質が残る。このような反応が起こるのはなぜなのだろうか。

実は，このときの化学変化は，

$$2Mg + CO_2 \longrightarrow 2MgO + C$$

マグネシウム　二酸化炭素　酸化マグネシウム　炭素

となり，白い物質は酸化マグネシウム，黒い物質は炭素の粒（つぶ）である。

酸化銅を炭素で還元する実験では，炭素が酸化銅から酸素をうばったが，この実験では，マグネシウムが二酸化炭素から酸素をうばい（二酸化炭素が還元された），そのために二酸化炭素中でも燃え続けたのである。マグネシウムはとても酸化されやすい物質といえる。

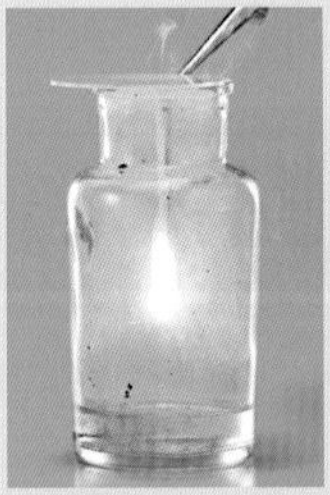

⬆二酸化炭素中で燃えるマグネシウムリボン

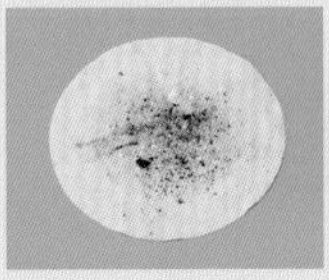

⬆びんに残った物質

写真２点は©コーベット

チェック 基礎用語 次の〔　　〕にあてはまるものを選ぶか，あてはまる言葉を答えましょう。

1 物質の結びつき

解答

□(1) ２種類以上の元素(げんそ)からなる物質を〔　　〕といい，２種類以上の物質が結びついてできる。 — (1) 化合物(かごうぶつ)

□(2) 鉄と硫黄(いおう)が激しく反応して結びつくと，〔　　〕ができる。 — (2) 硫化鉄(りゅうかてつ)

□(3) 鉄と硫化鉄は，性質が〔 同じ 異なる 〕物質である。 — (3) 異なる

2 化学反応式(かがくはんのうしき)

□(4) 化学式(かがくしき)を用いて，物質の化学変化(かがくへんか)を表した式を〔　　〕という。 — (4) 化学反応式

□(5) 化学反応式では，矢印（⟶）の左右で，原子(げんし)の数が〔　　〕なっている。 — (5) 等しく

□(6) 鉄と硫黄が結びつく化学変化の化学反応式は，
Fe +〔　　〕⟶〔　　〕となる。 — (6) S，FeS

□(7) 化学反応式　$2H_2 + O_2 \longrightarrow 2H_2O$　で，矢印（⟶）の左右で，水素原子の数は〔　　〕個，酸素原子の数は〔　　〕個である。 — (7) 4，2

3 酸素と結びつく化学変化～ 4 還元(かんげん)

□(8) 物質が酸素と結びつく化学変化を〔　　〕という。 — (8) 酸化(さんか)

□(9) 激しく熱や光を出しながら，物質が酸素と結びつく化学変化を〔　　〕という。 — (9) 燃焼(ねんしょう)

□(10) 物質が酸素と結びついてできた物質を〔　　〕という。 — (10) 酸化物(さんかぶつ)

□(11) マグネシウムの燃焼を化学反応式で表すと，
2Mg +〔　　〕⟶〔　　〕となる。 — (11) O_2，2MgO

□(12) 酸化物が酸素をうばわれる化学変化を〔　　〕という。 — (12) 還元

□(13) 酸化銅と炭素の粉末を混ぜ合わせて加熱すると，酸化銅は還元される。化学反応式で表すと，
2CuO +〔　　〕⟶ 2Cu +〔　　〕となる。 — (13) C，CO_2

□(14) 酸化と還元は逆の化学変化で，〔　　〕に起こる。 — (14) 同時

1 化学変化と質量の変化

教科書の要点

1 質量保存の法則

◎**質量保存の法則**…化学変化の前後で，物質全体の質量は変わらない。

反応前の質量の総和 ＝ 反応後の質量の総和

2 沈殿のできる反応と質量

◎うすい硫酸（透明）とうすい塩化バリウム水溶液（透明）を混ぜると，塩酸と硫酸バリウム（白い沈殿）ができる。

⇨反応の前後で全体の質量の変化はない。

3 気体の出る反応と質量

◎炭酸水素ナトリウムとうすい塩酸を混ぜると，気体（二酸化炭素）が発生する。

・**発生した気体が空気中に出ていく**…反応後の質量は小さくなる。

・**密閉した容器中で反応させる**…反応の前後で質量の変化はない。

1 質量保存の法則

水に食塩を入れて食塩水をつくる場合，混ぜる前の水と食塩の質量の和は，混ぜたあとの食塩水の質量と等しかった。

❶**質量保存の法則**…「化学変化の前後で，物質全体の質量は変わらない。」という法則。

⇨化学変化だけでなく，状態変化など，すべての物質の変化で成り立つ。

❷**質量保存の法則が成り立つわけ**…化学変化とは，原子の結びつきが変わる変化で，物質をつくる原子の種類や数は変わらないから。

くわしく 分解での質量

分解の化学変化の反応前後の質量は，次のようになる。

●反応は，A ⟶ B＋Cと表される。

●質量は，Aの質量＝（B＋C）の質量

分解とは逆の，物質が結びつく化学変化の場合は，

●反応は，A＋B ⟶ Cと表される。

●質量は，（A＋B）の質量＝Cの質量

ここに注目 質量保存の法則

反応する前の物質の質量の総和（A＋B）と，反応後にできた物質の質量の総和（C＋D）は等しい。

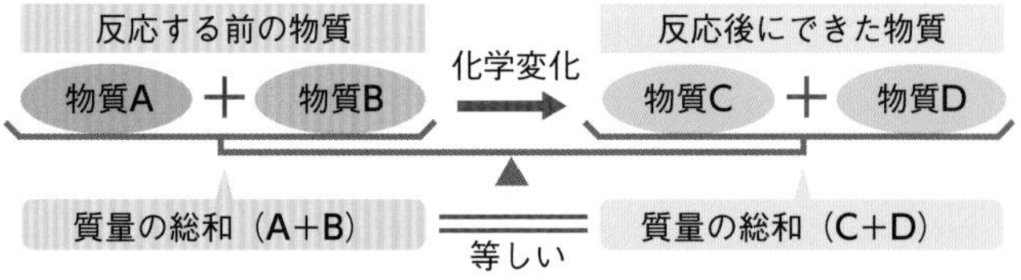

2 沈殿のできる反応と質量

沈殿だけができる反応の場合，全体の質量は変わらない。

❶**沈殿**…水溶液中にできた水にとけにくい物質。

❷**うすい硫酸とうすい塩化バリウム水溶液を混ぜたときの反応**

a **化学反応式**

$$H_2SO_4 + BaCl_2 \longrightarrow BaSO_4 + 2HCl$$

硫酸　塩化バリウム　硫酸バリウム　塩酸

b **混ぜる前の水溶液の色**…どちらも無色透明。

c **混ぜたあとの水溶液**…塩酸に，白色の固体（硫酸バリウム）が混ざった状態。⇨硫酸バリウムが白色の沈殿。

d **全体の質量**…反応の前後で，質量の変化はない。

❸**質量の変化の調べ方**…反応の前後でそれぞれの質量を測定し，比較して変化をみる。

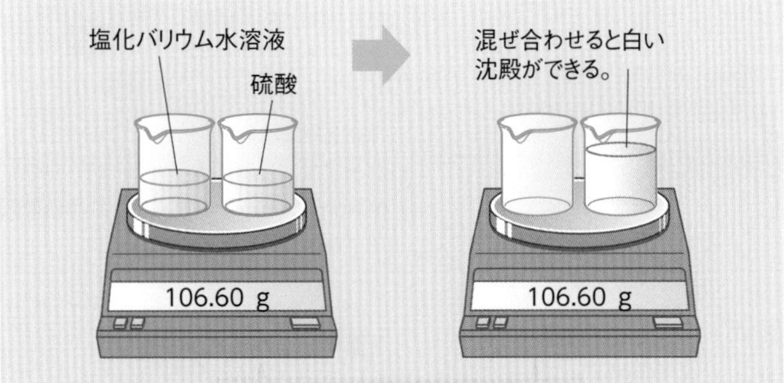

反応の前後で質量は変わらない。

思考 底に沈まなくても沈殿？

沈殿とは，物質が底に沈むことだが，粒子が小さいと，液全体が不透明になってにごるだけで，なかなか底に沈まない場合がある（石灰水に二酸化炭素を通したときなど）。このような場合でも，沈殿という。

くわしく うすい塩化バリウム水溶液にうすい硫酸を加えたとき

うすい塩化バリウム水溶液にうすい硫酸を加えると，一瞬にして沈殿ができ，溶液が白くにごる。

©OPO/Artefactory

くわしく 沈殿のできる反応の例

- うすい硫酸とうすい水酸化バリウム水溶液を混ぜる…硫酸バリウムの白い沈殿ができる。
- 炭酸ナトリウム水溶液と塩化カルシウム水溶液を混ぜる…炭酸カルシウムの白い沈殿ができる。

Column 質量保存の法則と物理変化

質量保存の法則は，化学変化だけでなく，物理変化にもあてはまる。物理変化では化学変化のように，原子の結びつきが変わることはない。

右の写真のような状態変化は物理変化であるが，分子または原子どうしの集まり方や動きが変わるだけで，原子そのものがふえたり，減ったりすることはない。⇨質量保存の法則が成り立つ。

このように，原子という単位で考えることが大切である。

⬆ロウの状態変化

3 気体の出る反応と質量

反応でできた物質が出ていく場合は，見かけ上全体の質量が減る。

❶炭酸水素ナトリウムとうすい塩酸を混ぜたときの反応

a 化学反応式

$NaHCO_3$ ＋ HCl
炭酸水素ナトリウム　塩酸

⟶ $NaCl$ ＋ CO_2 ＋ H_2O
塩化ナトリウム　二酸化炭素　水

b できた物質…塩化ナトリウムと水が混ざったもの，および気体の二酸化炭素。

❷質量の変化の調べ方

a 炭酸水素ナトリウムとうすい塩酸を別々の容器に入れ，混ぜ合わせる。

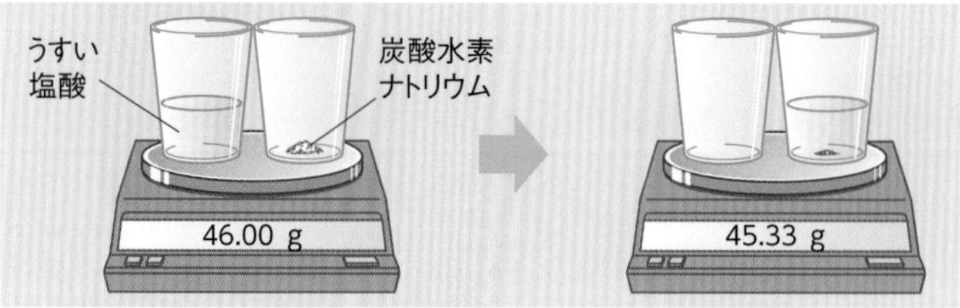

・**発生した二酸化炭素が空気中に出ていく。**
⇨反応後の質量は小さくなる。

b プラスチックの容器の中に，炭酸水素ナトリウムとうすい塩酸を入れた試験管を入れ，ふたを閉めたまま容器を傾けて炭酸水素ナトリウムと塩酸を混ぜ合わせる。

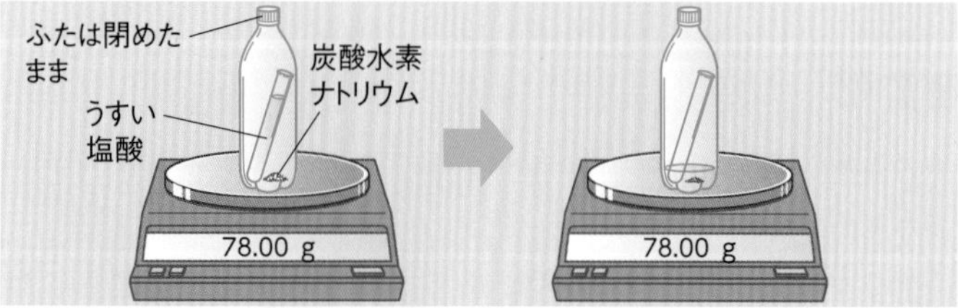

・**密閉した容器中で反応（二酸化炭素は発生するが，空気中に出ていかない。）**
⇨反応の前後で質量の変化はない。

発展 スチールウールの燃焼

スチールウールと酸素を密閉したフラスコに入れ，電流を流して燃焼させて，反応の前後の質量の変化を調べる。
⇨密閉したフラスコの中での反応では，反応の前後で，質量の変化はない。
反応後，ゴム栓をとると，結びついた酸素の分だけ空気が入るので，質量は増加する。

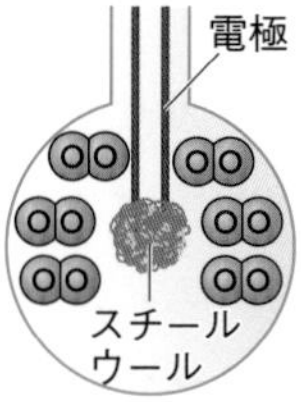

●**反応前**
反応前のフラスコの中には，酸素分子が充満している。

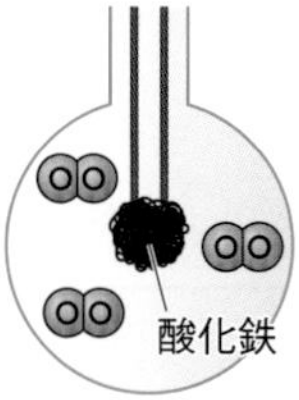

●**反応後**
スチールウールは酸素と結びつき（燃焼），酸化鉄に変化する。また，フラスコ内には，スチールウールの燃焼にかかわらなかった酸素分子が残っているが，酸素分子が減ったので，フラスコ内の気圧（➡p.178）は下がる。

発展 フロギストン説

18世紀はじめにドイツのシュタールが提唱した「ものが燃えるときは，燃えるものの中にふくまれている燃素（フロギストン）が炎といっしょに外へ出ていき，あとに灰が残る」という燃焼の考え方。ただし，金属の場合は燃焼後の方が重くなるため，この説では燃焼をうまく説明できなかった。

多くの化学者に受け入れられた説だったが，18世紀後半にフランスのラボアジエの酸素説（燃焼の前後で全体の質量は変化せず，燃焼は酸素との化学変化であるとする説）によって否定された。

重要実験

化学変化の前後の質量を調べる実験

目的 化学変化が起こるとき，物質全体の質量はどうなるかを，金属の加熱や沈殿が生じる反応，気体が出る反応をもとに調べよう。

方法 次の①～③の反応の前後で質量を調べる。

①スチールウールを加熱する。

②うすい硫酸と塩化バリウム水溶液を混ぜ合わせる。

③密閉した容器の中で，炭酸水素ナトリウムにうすい塩酸を加える。

注意

- ①は，スチールウールが冷えてからはかる。
- ②は，空の容器もいっしょにはかる。
- ③は，炭酸水素ナトリウムをたくさん入れない。（大量の気体が発生すると容器がこわれるおそれがあるため。）

①
直径2cmくらいにまるめたスチールウール
質量をはかる。
加熱する。
再び質量をはかる。

②
うすい硫酸
塩化バリウム水溶液
全体の質量をはかる。
混ぜ合わせる。
再び全体の質量をはかる。

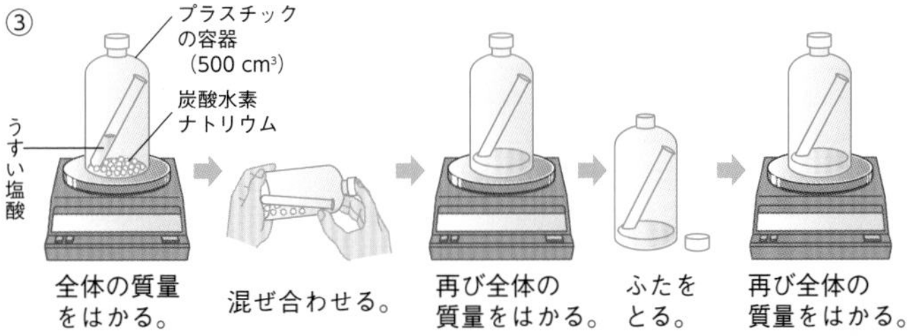
③
プラスチックの容器（500 cm³）
炭酸水素ナトリウム
うすい塩酸
全体の質量をはかる。
混ぜ合わせる。
再び全体の質量をはかる。
ふたをとる。
再び全体の質量をはかる。

結果 a 起こる変化

①黒い物質に変わった。　②沈殿ができた。　③気体が発生した。

b 反応後の質量

①ふえた。　②変わらない。　③ふたを閉めているときは変わらないが，とったあとは減った。

考察 ①鉄が空気中の酸素と結びつくため，反応後の質量は大きくなる。

②化学変化の前後で物質の出入りがなく，物質全体の質量に変化はない。

③密閉しているときは物質の出入りがなく，物質全体の質量に変化はない。ふたをとると，発生した気体が空気中に逃げるため，反応後の全体の質量は小さくなる。

結論
- 物質の出入りのない化学変化の前後で，物質全体の質量は変わらない。
- 金属を空気中で加熱すると，反応後の質量は大きくなる。
- 発生した気体が逃げると，反応後の質量は小さくなる。

2 化学変化で結びつく物質の質量の割合

教科書の要点

1 化学変化で結びつく物質の質量の割合	◎２つの物質A，Bが結びついて化合物をつくる場合，物質AとBは，常に一定の質量の割合で結びつく。
2 金属の酸化と質量	◎金属の質量と，その酸化物の質量は，比例する。 ◎金属の質量と，その金属と結びつく酸素の質量は，比例する。
3 化学変化での物質の質量の比の求め方	◎酸化の場合…もとの金属，結びついた酸素，できた酸化物の質量を，最も簡単な整数の比に直す。

1 化学変化で結びつく物質の質量の割合

物質が化学変化で結びつくとき，質量の関係にはきまりがある。

❶**結びつく物質の質量の割合**…２つの物質A，Bが結びついて化合物をつくる場合，物質AとBは，常に一定の質量の割合で結びつく。

❷**原子や分子のモデルで考える**…銅が酸素と結びつくとき，その化学反応式は下のようになる。このとき，銅原子２個と酸素分子１個が結びついて，酸化銅が２個できる。

⇨銅原子１個と酸素原子１個が結びつく。

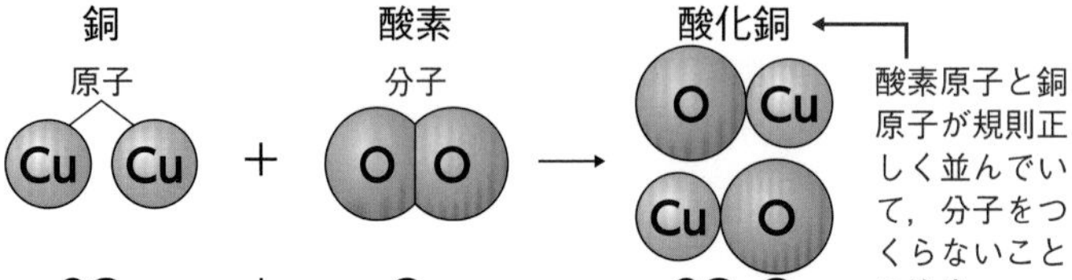

$2Cu + O_2 \longrightarrow 2CuO$

・銅や酸素の原子の質量は決まっているので，結びつく銅と酸素の質量の割合も一定になる。

⇨同様に，銅とできた酸化銅の質量の割合も一定になる。

発展 定比例の法則

結びつく物質の質量の割合が一定であることを「定比例の法則」という。

18世紀後半に，フランスのプルーストによって発見された。

くわしく 分解のときの物質の質量の割合

炭酸水素ナトリウムの分解や，酸化銀の分解など，分解の化学変化でできた物質の質量の割合も，物質によって決まっている。

2 金属の酸化と質量

金属の質量が変化しなくなるまで加熱をくり返したとき，このときにふえた質量が，結びついた酸素の質量である。

❶金属と結びつく酸素の質量の求め方

①金属の粉末をのせるステンレス皿の質量をはかる。

皿の質量…*A*〔g〕

②決まった質量だけはかりとった金属の粉末を，ステンレス皿にのせる。 **金属の質量…*B*〔g〕**

③金属の粉末を皿全体に広げて加熱する。冷えてから皿ごと質量をはかる。この操作を質量が変化しなくなるまでくり返す。 **変化しなくなったときの全体の質量…*C*〔g〕**

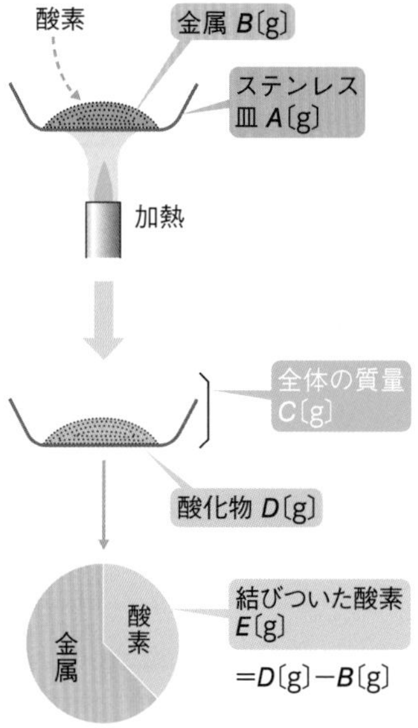

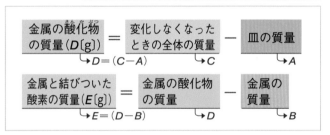

金属の酸化物の質量（*D*〔g〕） ＝ 変化しなくなったときの全体の質量 − 皿の質量
→*D*＝（*C*−*A*）　→*C*　→*A*

金属と結びついた酸素の質量（*E*〔g〕） ＝ 金属の酸化物の質量 − 金属の質量
→*E*＝（*D*−*B*）　→*D*　→*B*

④金属の粉末の質量（*B*〔g〕）を変えて，②～③を行う。

重要

❷金属の質量と，その酸化物の質量の関係…金属の質量と，その酸化物の質量の関係をグラフにすると，原点を通る直線になる。
⇨比例する。

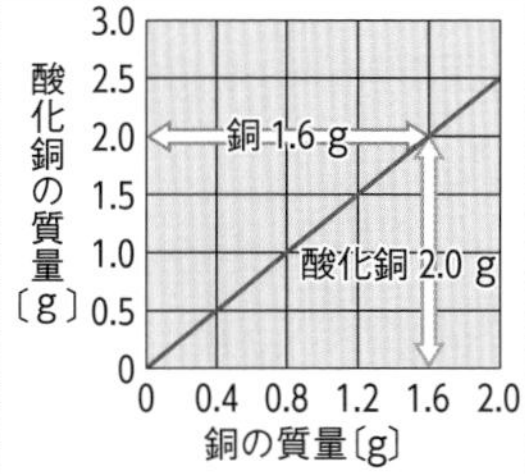

❸金属の質量と，その金属と結びついた酸素の質量の関係…金属の質量と，その金属と結びついた酸素の質量の関係をグラフにすると，原点を通る直線になる。
⇨比例する。

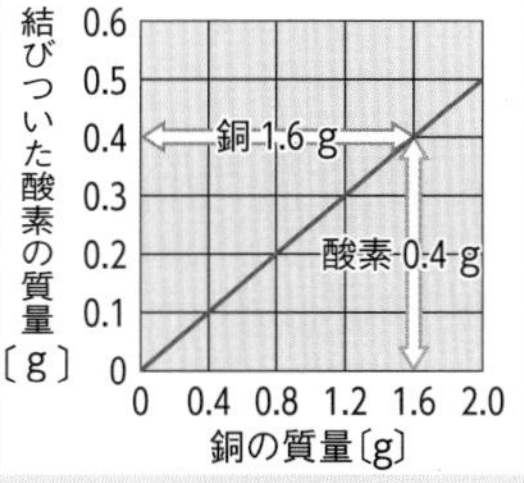

思考 金属の粉末を皿全体に広げるのはなぜか?

加熱したとき，金属の粉末が酸素と十分にふれ合うようにするため。したがって，金属の粉末の量は多すぎないように気をつける。

くわしく 質量が変化しなくなったとき

金属を加熱して酸化させると質量が増加するが，金属がすべて酸化すると，加熱しても質量は増加しなくなる。（グラフは水平になる。）

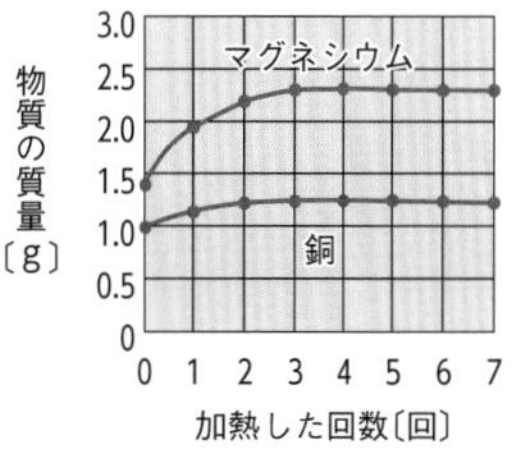

3 化学変化での物質の質量の比の求め方

グラフの場合は，まず，縦軸と横軸が何を表しているかを確認することが大切。

❶銅の酸化における物質の質量の比

①実験結果から，グラフ１（銅と酸化銅の質量の関係）と，グラフ２（銅と結びついた酸素の質量の関係）を作成する。

②グラフ２から，銅1.6 gと酸素0.4 gが結びついて，2.0 gの酸化銅ができることがわかる。

③それぞれの質量を，最も簡単な整数比に直す。

	銅	＋ 酸素	⟶ 酸化銅
質量 ⇨	1.6	： 0.4	： 2.0
＝	**4**	： **1**	： **5**

比例のグラフなので，どの点をとっても比は同じになる。

❷マグネシウムの酸化における物質の質量の比

①実験結果から，グラフ３（マグネシウムと酸化マグネシウムの質量の関係）と，グラフ４（マグネシウムと結びついた酸素の質量の関係）を作成する。

②グラフ４から，マグネシウム1.2 gと酸素0.8 gが結びついて，2.0 gの酸化マグネシウムができることがわかる。

③それぞれの質量を，最も簡単な整数比に直す。

	マグネシウム	＋ 酸素	⟶ 酸化マグネシウム
質量 ⇨	1.2	： 0.8	： 2.0
＝	**3**	： **2**	： **5**

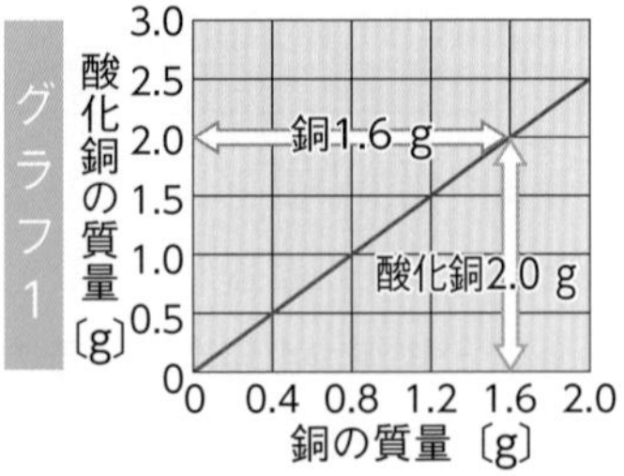

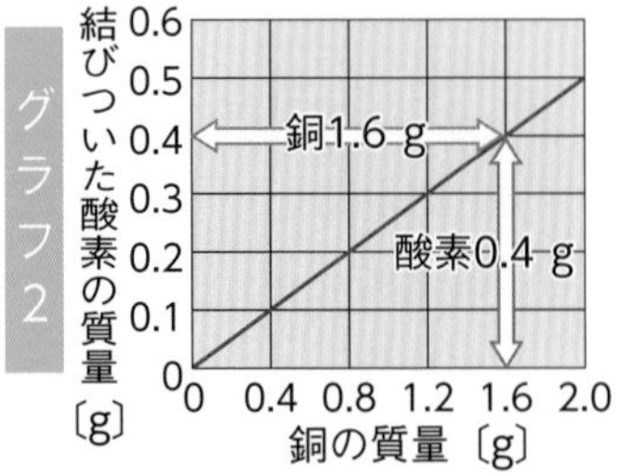

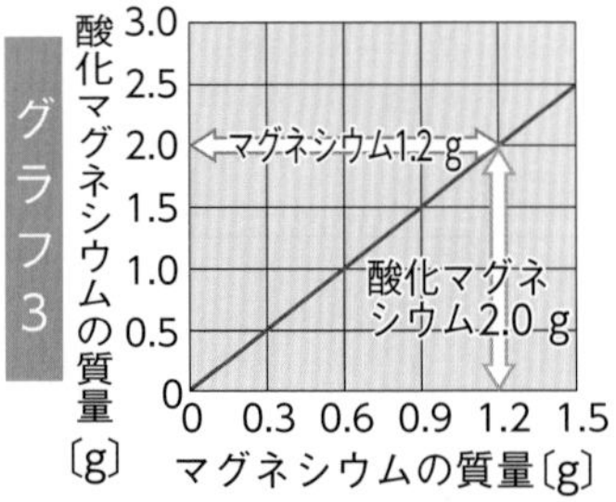

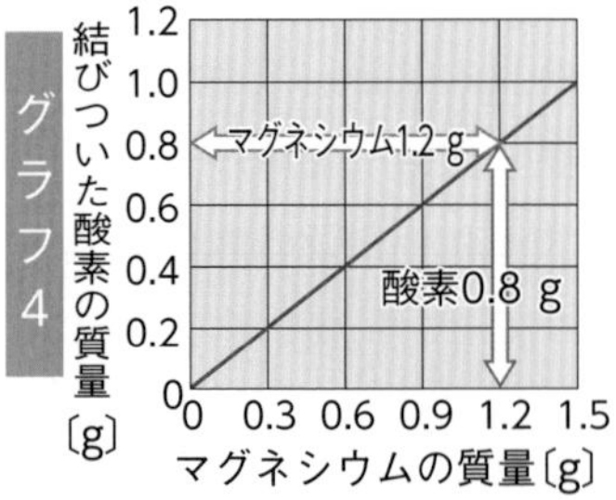

Column 物質の質量の比から原子の質量の比がわかる？ 思考

酸化銅は，銅と酸素が４：１の質量の比で結びついている。また，化学式CuOからわかるように，銅原子と酸素原子が，１：１の個数の比で結びついている。これらのことから，銅原子と酸素原子の質量の比は，４：１であることがわかる。

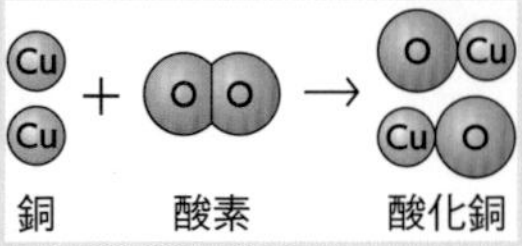

重要実験

金属の質量の変化を調べる

目的 金属を空気中で加熱して，金属が酸化するときの金属の質量と結びつく酸素の質量との関係を調べよう。

方法 ①銅の粉末とマグネシウムの粉末を，質量を変えてはかりとる。

②はかりとったそれぞれをステンレス皿にのせ，加熱する。

③よく冷えてから質量をはかり，再び加熱する。

④②と③の操作をくり返し，一定になった質量を記録する。

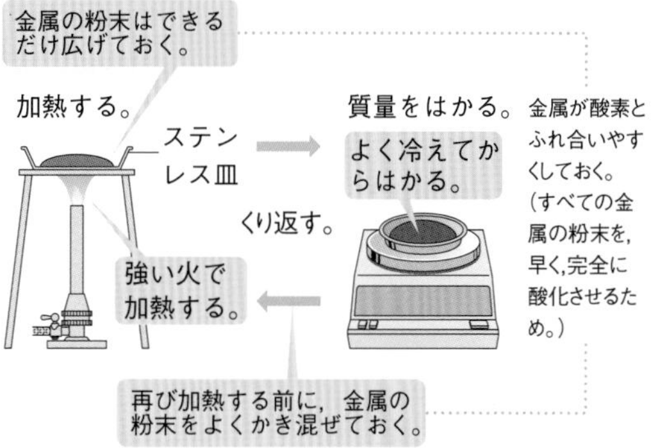
金属の粉末はできるだけ広げておく。
加熱する。
ステンレス皿
質量をはかる。
よく冷えてからはかる。
金属が酸素とふれ合いやすくしておく。(すべての金属の粉末を，早く,完全に酸化させるため。)
くり返す。
強い火で加熱する。
再び加熱する前に，金属の粉末をよくかき混ぜておく。

ポイント

●金属がすべて酸化すると，いくら加熱してもそれ以上は酸化しないので，質量はふえなくなる。

注意

●マグネシウムの粉末を加熱するときは，マグネシウムが燃え出したら金属の金網(かなあみ)でふたをする。（金属の粉末が皿から飛び出さないようにするため。）

結果 a 銅の酸化

銅の質量〔g〕	0.20	0.40	0.60	0.80
酸化銅の質量〔g〕	0.25	0.49	0.75	1.00
酸素の質量〔g〕	0.05	0.09	0.15	0.20

b マグネシウムの酸化

マグネシウムの質量〔g〕	0.20	0.40	0.60	0.80
酸化マグネシウムの質量〔g〕	0.33	0.67	1.00	1.33
酸素の質量〔g〕	0.13	0.27	0.40	0.53

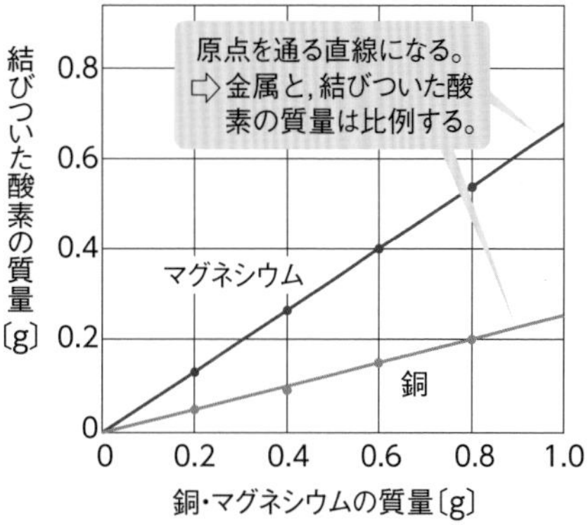
結びついた酸素の質量〔g〕
0.8
0.6
0.4
0.2
0
0.2
0.4
0.6
0.8
1.0
原点を通る直線になる。
⇨金属と，結びついた酸素の質量は比例する。
マグネシウム
銅
銅・マグネシウムの質量〔g〕

考察 ・金属の質量と，金属と結びついた酸素の質量をグラフに表すと，原点を通る直線になる。

・グラフから，金属の質量と，金属と結びついた酸素の質量は，比例することがわかる。

結論 金属が酸素と結びついて酸化物(さんかぶつ)になるとき，金属と酸素は決まった質量の割合で結びつく。

マグネシウムの酸化と質量の問題

例題 マグネシウムを空気中で加熱すると，酸化マグネシウムができる。右のグラフは，そのときのマグネシウムの質量と酸化マグネシウムの質量との関係を示したものである。このとき，マグネシウムと酸素が結びつく質量比はいくらか。

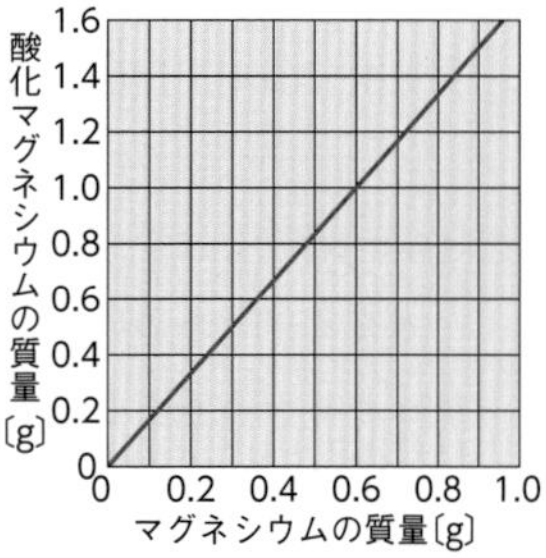

ヒント まず，グラフからマグネシウムと結びつく酸素の質量を求めること。

グラフの形からわかることは？　グラフは原点を通る直線なので，マグネシウムと加熱してできる酸化マグネシウムの質量は比例の関係にある。

マグネシウムと結びつく酸素の質量の関係は？　マグネシウムと結びつく酸素の質量は，(酸化マグネシウムの質量)－(マグネシウムの質量)で表され，マグネシウムと結びつく酸素の質量も比例の関係にある。

グラフの読みとりやすい点で質量比を求めると？　マグネシウムが0.6 gのとき，酸化マグネシウムは1.0 gできるから，
結びつく酸素の質量＝1.0－0.6＝0.4〔g〕
したがって，マグネシウムの質量：酸素の質量＝0.6：0.4＝3：2

答え 3：2

問題 右のグラフを見て，次の問いに答えよ。

(1) マグネシウム3.0 gを加熱すると，酸化マグネシウムは何gできるか。

(2) 酸化マグネシウムを10.0 g得るには，マグネシウムを何g加熱すればよいか。

(3) 酸素0.6 gとマグネシウムが完全に結びつくと，何gの酸化マグネシウムができるか。

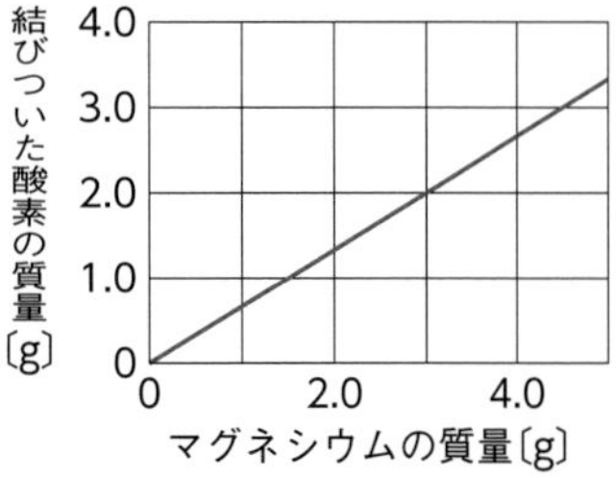

ヒント グラフより，マグネシウムと酸素が結びつくときの質量の比を読みとること。

⇨答えはp.81の下

銅の酸化と質量の問題

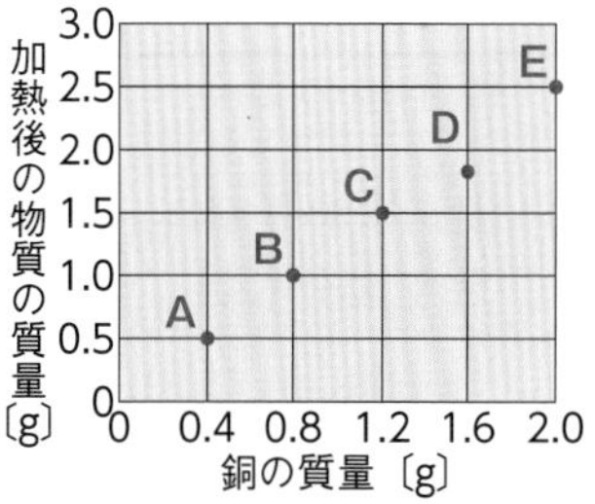

例題 右のグラフは，銅の酸化と質量を調べる実験を，A～Eの5つの班で分担して行った結果を示したものである。それぞれの班は，質量が変わらなくなるまで銅の粉末を十分に加熱したと言うが，1つの班は加熱が不十分だったと考えられる。あてはまる班の記号と，酸化しないで残っている銅の質量が何gか答えなさい。

ヒント 金属の質量と，その酸化物の質量は比例の関係にある。

どのようなグラフになるはず？

銅とすべて酸化してできた酸化銅の質量の関係は比例の関係にあるので，グラフは原点を通る直線になる。4つの班の結果の点は一直線上にのるが，1つの班（D班）だけ線上にのらない。⇨銅の粉末の加熱が不十分だった。

銅と酸化銅の質量比を求めると？

A班の実験結果より，銅と酸化銅の質量比は0.4：0.5＝4：5であることがわかる。

酸化銅の質量から酸化した銅の質量を求めると？

グラフより，D班でできた加熱後の物質の質量は約1.8 gと読みとれる。加熱前の銅の質量は1.6 gなので，銅と結びついた酸素の質量は1.8－1.6＝0.2〔g〕
A班の実験結果より，銅と，結びついた酸素の質量比は0.4：(0.5－0.4)＝4：1
となるので，0.2 gの酸素と結びついた銅の質量は4：1＝x：0.2　x＝0.8〔g〕
したがって，酸化しないで残っている銅の質量は1.6－0.8＝0.8〔g〕

答え 班：D班　銅の質量：0.8 g

問題 銅の粉末2.8 gを加熱したところ，加熱後の質量が3.2 gになった。右のグラフをもとに，次の問いに答えよ。

(1) 酸化しないで残っている銅の質量は何gか。

(2) このとき，何gの酸化銅ができているか。

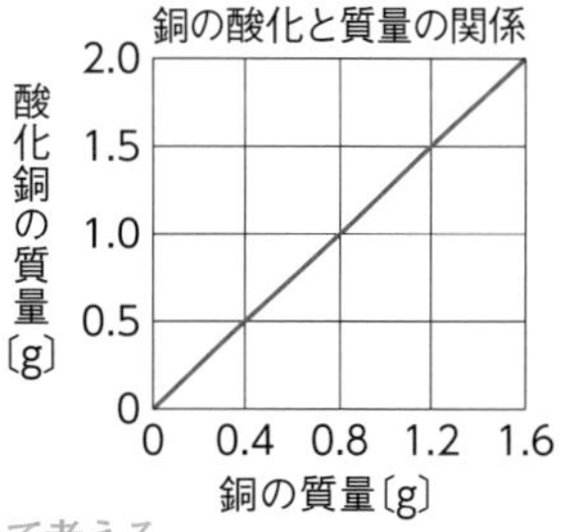

ヒント 結びつく銅と酸素の質量の比を求め，次のどちらかから考える。
・結びついた酸素の質量から，酸化した銅の質量を求めて考える。
・銅の粉末がすべて酸化した場合の質量から，不足した酸素の質量を求めて考える。

⇨答えはp.81の下

3 化学変化と熱

教科書の要点

1 身のまわりの化学変化と熱	◎熱を出す化学変化（**発熱反応**）と，熱を吸収する化学変化（**吸熱反応**）がある。 ◎身のまわりには，熱の出入りを利用したものがある。
2 発熱する反応	◎金属の酸化，酸性の水溶液と金属の反応，有機物の燃焼　などがある。
3 吸熱する反応	◎冷却パック，食塩の水への溶解　などがある。
4 くらしと化学変化	◎わたしたちは物質そのものも，物質の化学変化も利用している。

1 身のまわりの化学変化と熱

わたしたちは身のまわりで，化学変化によって生じる熱の出入りを利用している。

❶**発熱反応**…周囲に熱を発する化学変化。

例 都市ガスの燃焼…料理や風呂などで熱を利用。

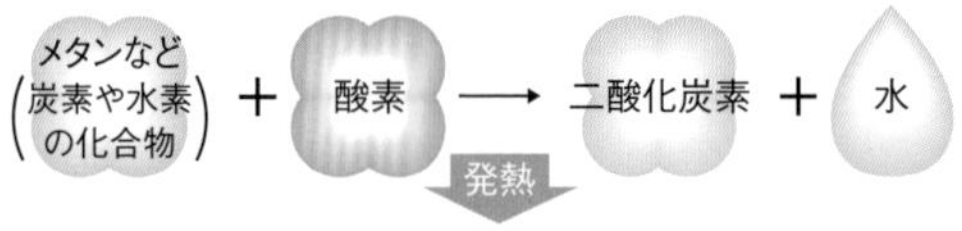

例 木炭の燃焼…バーベキューのときなどで熱を利用。

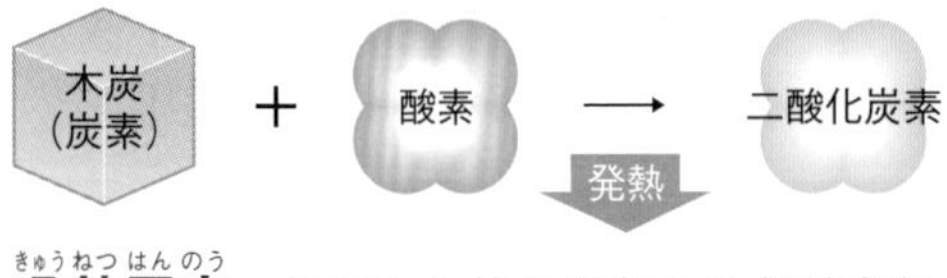

❷**吸熱反応**…周囲から熱を吸収する化学変化。

例 冷却パック…水を加えると熱を吸収する（冷える）。

発展 燃料

わたしたちは，石油や石炭，天然ガスなどの燃料を燃焼させたときに生じる熱を利用して，水をあたためたり，発電をしたりしている。これらの燃料の多くは有機物で，長い年月の間に，生物の死がいや樹木などが地下で変化したものである。

くわしく 冷却パック

冷却パックには，硝酸アンモニウムや尿素が入っている。冷却パックに水を加えると，それぞれが，水にとけるときに熱を吸収する。

©アフロ

2 発熱する反応

有機物の燃焼(ねんしょう)をはじめ，化学変化(かがくへんか)で発熱する反応は多い。
（有機物→都市ガスや木炭，アルコールなど。）

❶鉄粉が酸化(さんか)するときの発熱

a 鉄粉８ｇと炭素（活性炭）４ｇを混ぜ，温度をはかる。

→反応前の温度…23.0 ℃

b 食塩水を数滴(すうてき)加え，ガラス棒でかき混ぜながら温度をはかる。

→反応後の温度…74.8 ℃ ⇨熱が発生した。

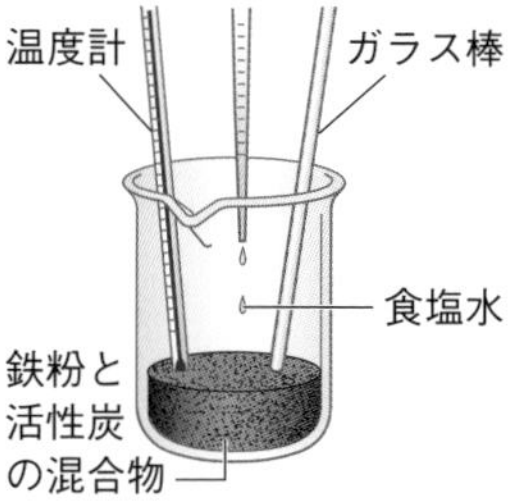

❷塩酸とマグネシウムの反応での発熱

a 試験管にうすい塩酸を入れて，温度をはかる。

→塩酸の温度…19.6 ℃

b マグネシウムリボンを入れて，かき混ぜながら温度をはかる。

→反応後の塩酸の温度…24.8 ℃ ⇨熱が発生した。

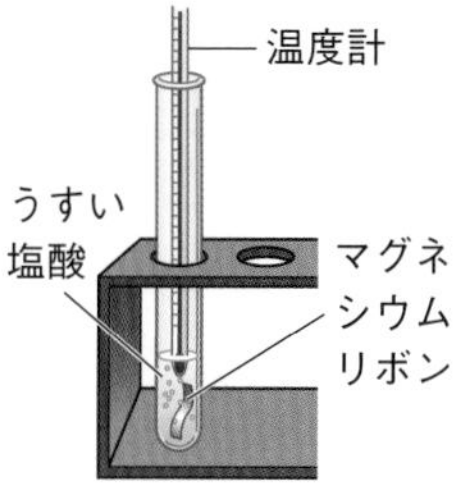

くわしく 化学かいろ

鉄粉が酸化するときに発熱することを利用したものに，化学かいろがある。

活性炭は，空気中の酸素をよりとりこみやすくするために，食塩は，反応が進むのを早めるために入れてある。

品　　名：使いすてカイロ
原材料名：鉄粉，水，バーミキュライト，活性炭，塩類，高吸水性樹脂

⬆化学かいろの原材料の表記例（上）
かいろの中身を出したもの（下）

くわしく 塩酸とマグネシウムリボンの反応

うすい塩酸にマグネシウムリボンを入れると，水素をさかんに発生しながら，マグネシウムリボンがとける。

3 吸熱(きゅうねつ)する反応

吸熱とは，周囲の熱を吸収する（うばう）ということ。

●水酸化バリウムと塩化アンモニウムの反応での吸熱

a 室温をはかる。**→室温…19.6 ℃**

b 水酸化バリウム３ｇと塩化アンモニウム１ｇをビーカーに入れ，ぬれたろ紙をかぶせる。

c 水酸化バリウムと塩化アンモニウムをガラス棒でかき混ぜながら温度をはかる。**→反応後の混合物の温度…3.6 ℃**

⇨周囲から熱を吸収した（うばった）。

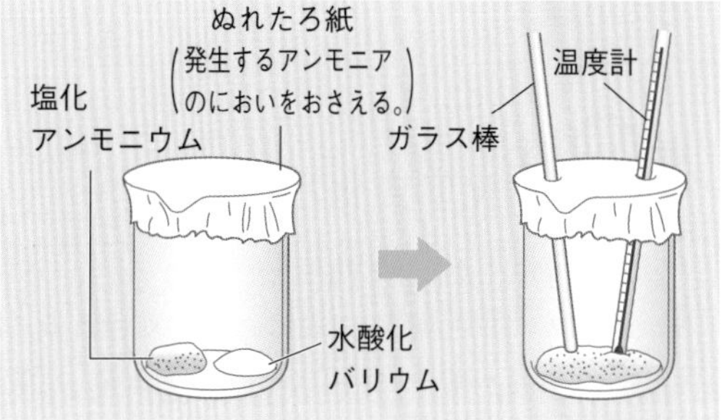

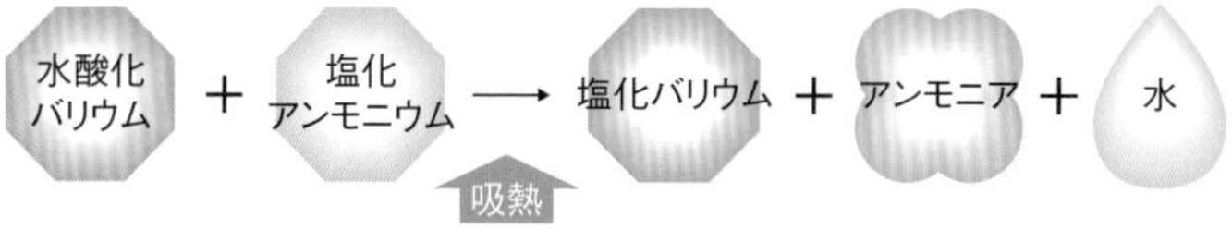

くわしく そのほかの発熱・吸熱反応の例

- 発熱反応…酸化カルシウムに水を加える。
- 吸熱反応…炭酸水素ナトリウムとクエン酸を混ぜたものに水を加える。

4 くらしと化学変化

わたしたちは，物質を利用して生きている。そして，その物質を化学変化させて，その形や性質を変えたり，エネルギーを得たりしている。

❶**食物**…わたしたちは，食物を消化して栄養分を得たり，エネルギーを得たりしている。

❷**素材**…自然界にある物質を化学変化させ，その性質を変化させて利用している。

例 金属，ガラス，プラスチック，陶器　など。

❸**繊維**…石油を原料にして，人工的な繊維をつくり出している。

例 ナイロン，ポリエステル，アクリル，炭素繊維（カーボンファイバー）　など。

⬆航空機の機体に炭素繊維が使われている。　©shutterstock

❹**医薬品**…物質をからだの中に入れ，からだの中で起こる化学変化を進めたり，おさえたりすることによって，薬として使用している。

中3では　エネルギー

エネルギーには，電気エネルギーや熱エネルギー，光エネルギーなど，さまざまな形態がある。

わたしたちは「エネルギー」という言葉をふつうに使っているが，理科的には，「ある物体が別の物体に対して仕事をする能力」のことをいい，くわしくは中3で学習する。なお，「仕事」とは力を加えて物体を動かしたときの作業量のことで，「物体が力を加えた向きに動いたとき，力が物体に対して仕事をした」という。

炭素繊維はつりざおやテニスラケットに使われていて，軽いけどとてもじょうぶだよ。

Column 化学変化とエネルギー

石油や石炭を燃やすと熱や光が発生する。この熱は，石油や石炭がもともともっていたエネルギーが変化したものと考えることができ，このような物質のもつエネルギーを**化学エネルギー**とよぶ。化学変化における熱の出入りは，反応前後の物質がもつ化学エネルギーの差によって起こる。

●**発熱反応**…反応前の物質のもつ化学エネルギーの和が，反応後の物質のもつ化学エネルギーの和より大きいとき，その差が熱や光として発生する。

●**吸熱反応**…反応前の物質のもつ化学エネルギーの和が，反応後の物質のもつ化学エネルギーの和より小さいとき，周囲からその差に相当する熱が吸収される。

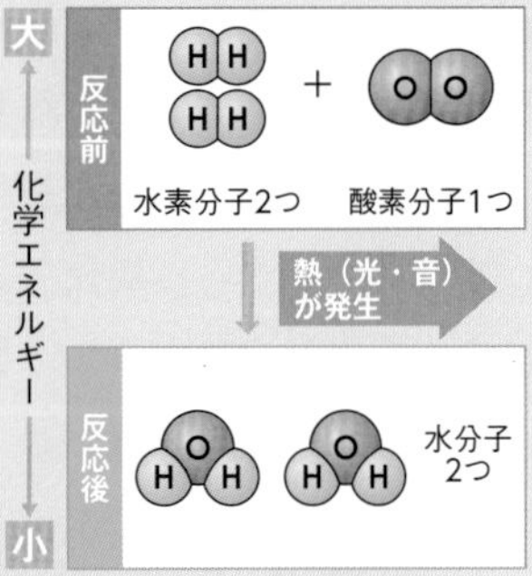

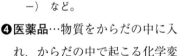

⬆発熱反応の例（水素と酸素が結びつく化学変化）

チェック 基礎用語 次の〔　〕にあてはまるものを選ぶか，あてはまる言葉を答えましょう。

1 化学変化と質量の変化

□(1) 化学変化の前後で，物質全体の質量は変わらない。このことを〔　〕の法則という。

□(2) うすい硫酸に，うすい塩化バリウム水溶液を加えると，白い〔　〕ができる。

□(3) (2)のとき，反応の前後で全体の質量は〔　〕。

□(4) ふたをして密閉した容器の中で，炭酸水素ナトリウムと塩酸を混ぜ合わせて反応させると，反応の前後で質量は〔　〕。

□(5) (4)の容器のふたをとってから全体の質量をはかると，反応前の質量と比べ，反応後の質量は〔　〕。

2 化学変化で結びつく物質の質量の割合

□(6) ２つの物質が反応して化合物をつくるとき，２つの物質は〔　〕の質量の割合で結びつく。

□(7) 銅と酸素が結びついて酸化銅をつくるとき，それぞれの物質の質量の比は，銅：酸素：酸化銅＝〔　：　：　〕になる。

□(8) 金属の質量と，金属と結びついた酸素の質量のグラフをかくと，原点を通る〔　〕になり，〔　〕の関係にあることを示す。

3 化学変化と熱

□(9) 周囲に熱を発する化学変化を〔　〕反応，周囲から熱を吸収する化学変化を〔　〕反応という。

□(10) 鉄粉と活性炭の混合物に食塩水を少し加えてかき混ぜると，混合物の温度は〔 上がる　下がる 〕。

□(11) 水酸化バリウムと塩化アンモニウムをガラス棒でかき混ぜると，混ぜ合わせた物質の温度は〔 上がる　下がる 〕。

解答

(1) 質量保存
(2) 沈殿（硫酸バリウム）
(3) 変わらない(等しい)
(4) 変わらない(等しい)
(5) 小さい
(6) 一定
(7) 4：1：5
(8) 直線，比例
(9) 発熱，吸熱
(10) 上がる
(11) 下がる

問題の解答 [p.76] (1)5.0 g (2)6.0 g (3)1.5 g [p.77] (1)1.2 g (2)2.0 g

定期テスト予想問題 ①

時間 40分
解答 p.306

得点　　／100

1節／物質の成り立ち

1 右の図のような装置で炭酸水素ナトリウムを加熱したところ，試験管の，Aの部分の内側が白くくもり，Bには気体がたまった。次の問いに答えなさい。 【(5)7点，ほかは3点×7】

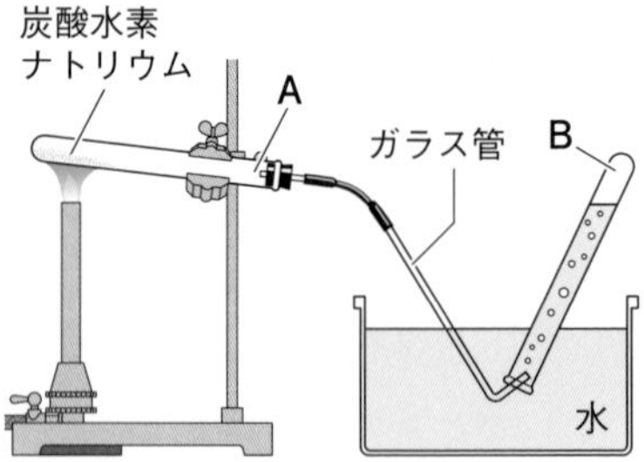

(1) Aの部分の試験管の内側に塩化コバルト紙をつけると，塩化コバルト紙の色が変わった。塩化コバルト紙は何色になったか。また，塩化コバルト紙についた物質は何か。物質名を書け。 色〔　　　〕 物質名〔　　　〕

(2) 発生した気体を集めた試験管に石灰水を入れてよく振ると，石灰水はどうなるか。また，その気体は何か。物質名を書け。 石灰水〔　　　〕 物質名〔　　　〕

(3) 反応後，加熱した試験管の中に残った白い物質(**ア**)と炭酸水素ナトリウム(**イ**)を，それぞれ同量とり，水にとかした。どちらの物質が水によくとけたか。また，どちらの水溶液がアルカリ性が強いか，**ア**，**イ**の記号で書け。よくとけた〔　　　〕 アルカリ性が強い〔　　　〕

(4) 試験管の中に残った物質は何か。物質名を書け。 〔　　　〕

(5) この実験を終えるときは，火を消す前に水からガラス管を出さなければならない。その理由を簡単に書け。 〔　　　〕

1節／物質の成り立ち

2 右の図のような装置を用い，水の電気分解を行った。次の問いに答えなさい。 【(1)7点，ほかは4点×4】

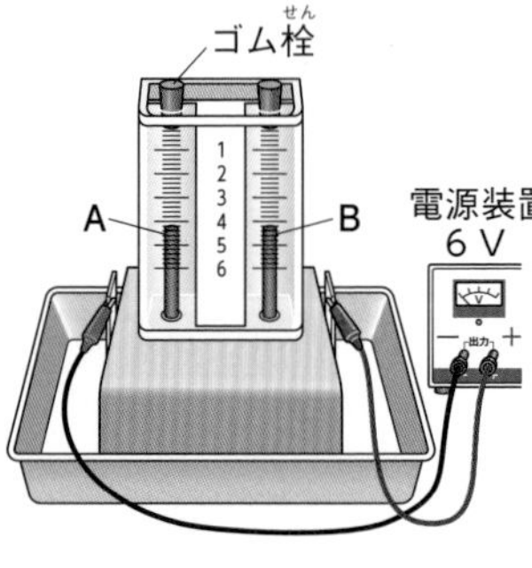

(1) 装置に入れる水にはうすい水酸化ナトリウム水溶液を用いた。その理由を「純粋な水は」に続けて書け。

純粋な水は〔　　　〕

(2) 陰極は図のA，Bのどちらか。 〔　　　〕

(3) 電流を流したとき，陰極から発生する気体は何か。物質名を書け。 〔　　　〕

(4) 電流を流したとき，陽極から発生する気体は何か。化学式で書け。 〔　　　〕

(5) 陰極に発生した気体と陽極に発生した気体の体積の比はどうなるか。最も簡単な整数の比で答えよ。 陰極：陽極＝〔　　：　　〕

1節／物質の成り立ち

3 **原子と分子について，次の問いに答えなさい。** 【(3)5点，ほかは3点×2】

(1) 次の**ア**～**オ**の文から，正しいものを１つ選べ。 〔　　　　〕

ア 原子の質量や大きさは，原子の種類によらず，すべて同じである。

イ 原子は化学変化で，ほかの種類の原子に変わることがある。

ウ 原子は化学変化で，それ以上分けることができない。

エ ある分子をつくる原子の種類は決まっているが，原子の数は決まっていない。

オ 液体の分子は，空間を自由に飛び回っている。

(2) 物質の性質を示す最小の粒子は，原子と分子のどちらか。 〔　　　　〕

思考 (3) 「水」とちがい，「空気」の分子のモデルや化学式を書くことはできない。その理由を簡単に書け。

〔　　　　　　　　　　　　　　　　〕

1節／物質の成り立ち

4 **次の問いに答えなさい。** 【2点×10】

(1) 次の元素名には元素記号を，元素記号には元素名を書け。

鉄〔　　　〕　塩素〔　　　〕　アルミニウム〔　　　〕

銀〔　　　〕　Zn〔　　　〕　Na〔　　　〕

(2) 次の物質名には化学式を，化学式には物質名を書け。

水〔　　　〕　酸化銅〔　　　〕　CO_2〔　　　〕　NH_3〔　　　〕

1節／物質の成り立ち

5 **ある物質のつくりは，右下の図のようなモデルで表すことができる。この物質の形は一定で，多数の原子が集まってできているものとする。次の問いに答えなさい。** 【3点×6】

(1) この物質は，固体，液体，気体のうち，どれか。 〔　　　　〕

(2) この物質について，次の**ア**～**ウ**から正しいものを１つ選べ。 〔　　　　〕

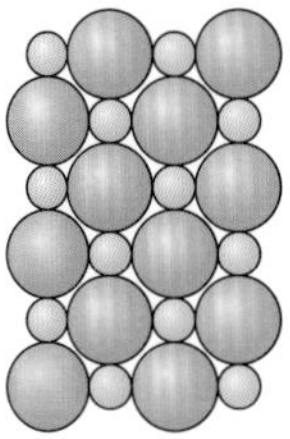

ア 大きい球で表した原子が集まって分子になる。

イ 小さい球で表した原子が集まって分子になる。

ウ この物質は分子をつくらない。

(3) この物質は，大きい球で表した原子と小さい球で表した原子が，何対何の割合で結びついてできているか。最も簡単な整数の比で答えよ。 〔　　：　　〕

(4) この物質は，次の**ア**～**エ**のうちでは，何であると考えられるか。 〔　　　　〕

ア 酸素　**イ** 銅　**ウ** 二酸化炭素　**エ** 酸化銅

(5) この物質は，純粋な物質か，それとも，混合物か。 〔　　　　〕

(6) この物質は，単体か，それとも，化合物か。 〔　　　　〕

定期テスト予想問題 ②

時間 40分
解答 p.306

得点 /100

2節／いろいろな化学変化

1 **鉄の粉末7gと硫黄の粉末4gをよく混ぜ合わせ，図1のようにアルミニウムはくの筒に入れ，一部を加熱した。次に図2のように，反応する前の物質Aと完全に反応したあとの物質Bに磁石を近づけ，磁石へのつき方を調べた。さらに，図3のように，AとBをそれぞれうすい塩酸に加えた。次の問いに答えなさい。** 【(1)，(5)は各5点，ほかは3点×3】

図1
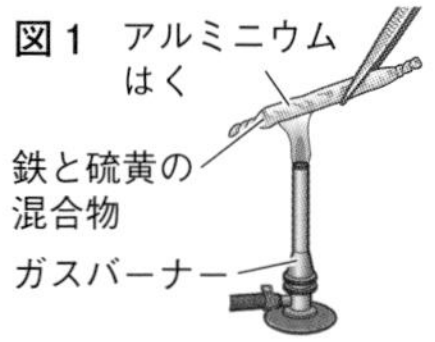

図2
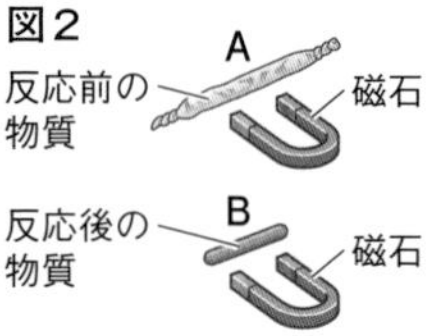

図3
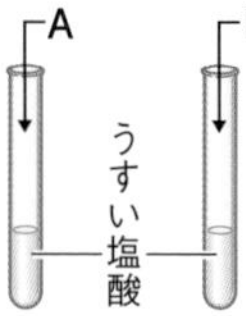

(1) **図1**のように加熱したあと，ガスバーナーの火を消しても反応が続いた。反応が続いた理由を簡単に書け。
〔　〕

(2) **図1**の反応でできた黒色の物質は何か。物質名を書け。〔　〕

(3) **図2**で，磁石に引きつけられるのは，A，Bのどちらか。
〔　〕

(4) **図3**で，においのある気体が発生するのは，A，Bのどちらか。
〔　〕

(5) **図1**で起こる化学変化を，化学反応式で表せ。〔　〕

2節／いろいろな化学変化

2 **同じ大きさと質量の2つのスチールウールを用意し，一方は右の図のようにしてガスバーナーで十分に加熱した。次の問いに答えなさい。** 【(6)5点，ほかは4点×5】

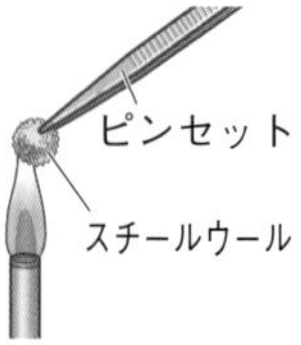

(1) 加熱したあと冷ましたスチールウールと，加熱しなかったスチールウールを上皿てんびんの左右の皿にのせた。上皿てんびんのようすはどうなるか。次の**ア**～**ウ**から1つ選べ。〔　〕

ア　つり合う。　**イ**　加熱した方が下がる。　**ウ**　加熱しなかった方が下がる。

(2) 加熱によってスチールウールは何と結びついたか。物質名を書け。〔　〕

(3) 加熱後にできた物質は何という物質か。物質名を書け。〔　〕

(4) (3)の物質をうすい塩酸に入れるとどうなるか。簡単に書け。〔　〕

(5) このように，物質が(2)の物質と結びつくことを何というか。〔　〕

思考 (6) 加熱しなかった方のスチールウールを，屋外に長時間放置しておくと，どのように変化すると考えられるか。簡単に書け。〔　〕

2節／いろいろな化学変化

3 右の図のようにして，酸化銅と炭素の粉末を混ぜた混合物をガスバーナーで加熱した。反応が終わったら，ガラス管を石灰水(せっかいすい)の中から出してガスバーナーの火を消し，ピンチコックでゴム管をとめた。次の問いに答えなさい。 【(3)5点，ほかは3点×7】

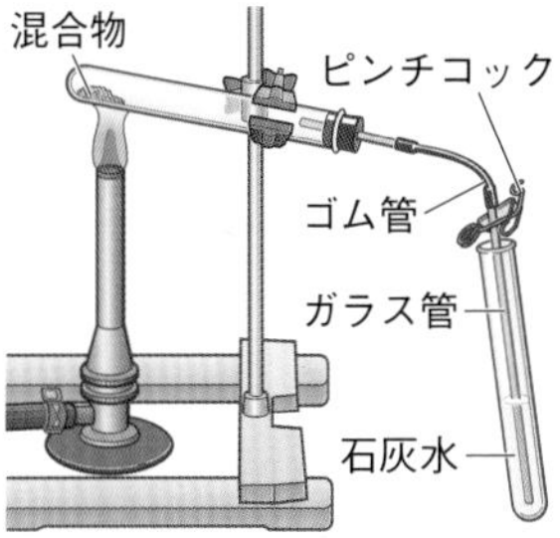

(1) 混合物を加熱すると，赤色の物質に変化した。この物質は何か。物質名を書け。〔　　〕

(2) 反応中に発生した気体を石灰水に通した。石灰水はどうなるか。また，この気体は何か。物質名を書け。 石灰水の変化〔　　〕 物質名〔　　〕

(3) 下線部のようにした理由を簡単に書け。〔　　〕

(4) この化学変化の化学反応式を完成させよ。 $2CuO + C \rightarrow$〔　　〕+〔　　〕

(5) このように，酸化銅が赤色の物質に変化した化学変化を何というか。〔　　〕

(6) (5)の化学変化が起こるとき，同時に起こる化学変化を何というか。〔　　〕

3節／化学変化と物質の質量

4 右の図のように，炭酸水素ナトリウムをプラスチックの容器の中に入れ，試験管にはうすい塩酸を入れてふたをした。全体の質量をはかったあと，容器を傾(かたむ)け，炭酸水素ナトリウムと塩酸を混ぜ合わせて反応させ，質量をはかった。次の問いに答えなさい。 【3点×4】

(1) 反応の前後で，質量はどう変化したか。〔　　〕

(2) ふたをゆるめると容器の中から気体が出た。この気体は何か。物質名を書け。また，再び質量をはかると，反応前に比べてどうなるか。 物質名〔　　〕 質量〔　　〕

(3) この反応は吸熱反応(きゅうねつはんのう)である。反応後の容器はあたたかいか，冷たいか。〔　　〕

3節／化学変化と物質の質量

5 右のグラフは，銅と結びついた酸素の質量の関係を表している。次の問いに答えなさい。 【(3)6点，ほかは4点×3】

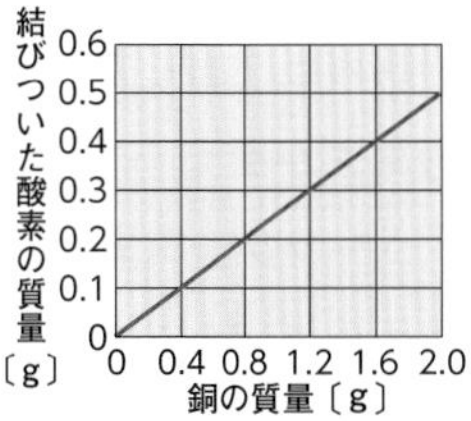

(1) 銅と酸素が結びつくと，何という物質ができるか。〔　　〕

(2) 1.2 gの銅が完全に酸素と結びついたとき，結びついた酸素と，結びついてできた化合物(かごうぶつ)の質量は，それぞれ何gか。

酸素〔　　〕 化合物〔　　〕

思考 (3) マグネシウムについては，0.9 gのマグネシウムが完全に酸素と結びついたとき，結びついた酸素の質量は0.6 gとわかっている。同じ質量の酸素と結びつく銅とマグネシウムの質量の比を，最も簡単な整数の比で答えよ。 銅：マグネシウム＝〔　　：　　〕

1章／化学変化と原子・分子

探究する Column

環境に配慮した製鉄の方法を考えよう

深刻化する地球温暖化への対策のため，日本をふくむ世界各国が，二酸化炭素などの温室効果ガス※の排出量を，数十年のうちに実質0にする目標を掲げている。いろいろな産業が対応を迫られる中で，社会に欠かせない鉄をつくる鉄鋼業について考えてみよう。

疑問 二酸化炭素の排出量削減のとり組みにおいて，製鉄などを行う鉄鋼業の役割も大きいというニュースを見た。そもそも製鉄と二酸化炭素の排出にはどのような関係があるのだろうか。また，製鉄を行う際，二酸化炭素の排出を減らす方法にはどのようなものがあるだろうか。

資料1 鉄のつくられ方（製鉄の方法）

●鉄のおもな原料：鉄鉱石と石炭

・鉄鉱石…赤鉄鉱（Fe_2O_3）や磁鉄鉱（Fe_3O_4）などの酸化鉄。自然の状態では，鉄は単体として存在することはほとんどなく，酸化物として存在する。

・石炭…おもな成分は炭素。高炉に入れる前に，石炭を蒸し焼きにして，強度と，炭素の純度の高いコークスをつくる。
コークスは，一酸化炭素（CO）という酸素と結びつきやすい物質の原料となる。

●鉄のとり出し方

①高さが数十ｍもある巨大な高炉の中に，鉄鉱石やコークスを入れ，1500 ℃以上に加熱する。

②コークスから一酸化炭素（ＣＯ）が生成する。

③一酸化炭素によって，酸化鉄から酸素がとり除かれ，高炉の下部から鉄（銑鉄という）がとり出される。

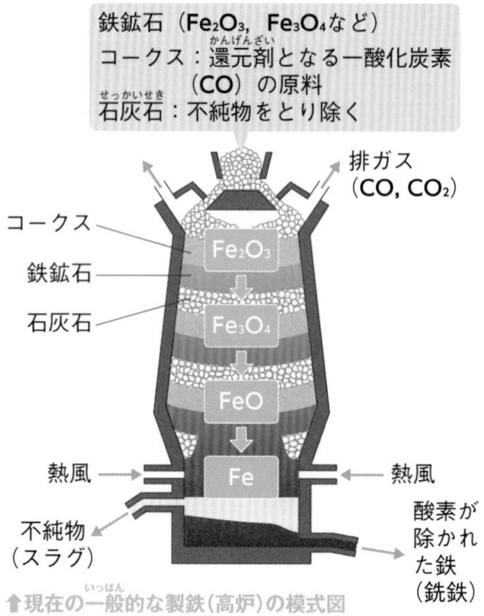

⬆現在の一般的な製鉄（高炉）の模式図

コークス➡

©naoki/PIXTA

石炭は燃料として燃やすためのものではないんだね。

※温室効果ガス…地表から放出される熱を吸収して，宇宙への熱の放出をさまたげるはたらきをする気体。

考察1 鉄鉱石(酸化鉄)に起こっている化学反応を整理する

製鉄では，酸化鉄から酸素をとり除くことが必要で，酸化鉄を高炉の中でコークス(炭素)といっしょに加熱することで還元が起こり，鉄がとり出せるわけだね。そのときに酸化されるのは…？。

製鉄の工程では，酸化鉄が還元されるのと同時に炭素が酸化され，二酸化炭素が発生する。(酸化鉄＋炭素→鉄＋二酸化炭素)⇨二酸化炭素の排出は避(さ)けられない。

解説 一般に高炉は大規模であり，長期間稼働(かどう)し続けることなどから，製鉄により発生する二酸化炭素の量は多い。⇨日本の年間の二酸化炭素排出量の約14％を鉄鋼業が占(し)める。(2018年度)

資料2 酸化銅を水素で還元する(➡p.66)

①銅線をガスバーナーで熱すると，黒色の酸化銅になる。

②水素を満たした試験管に①の酸化銅を入れると，もとの赤色の銅にもどる。⇨水素で還元された。

●炭素と同じように，水素も酸素と結びつきやすい。

⬆酸化銅(左)と水素で還元された銅(右)

写真2点は©アフロ

考察2 二酸化炭素を発生させずに酸化鉄を還元する方法を考える

酸化銅を炭素で還元する(➡p.63)と二酸化炭素が発生したけど，水素で還元すると試験管に水滴(すいてき)がついた。水素で還元した場合は，水素と酸化銅からとり除かれた酸素が結びついて，水ができたということだね。

製鉄でも，炭素(コークス)のかわりに水素を用いれば，できるのは水だけで，二酸化炭素を発生させることなく鉄をつくることができそうだと予想する。

解説 還元に水素を用いる研究開発は進められている(酸化鉄＋水素→鉄＋水)。ただし，製鉄すべてを水素による還元で行うことは，水素の供給量などのいろいろな理由から難しい。

鉄鋼業では，製鉄にコークスを用いた場合でも，二酸化炭素の排出量を減らすとり組みや，発生する二酸化炭素を回収し，大気中に排出しないようにする方法の研究を行っている。

中学生のための

勉強・学校生活アドバイス

やることリストをつくろう！

「いざテスト勉強しようと思っても，いったい何から始めたらいいんですかね？」

「定期テスト前には，やることリストをつくるのがおすすめだよ。」

「やることリスト？」

「例えば，**テスト範囲の教科書を読むとか，授業プリントを見直すとか，具体的にやることを書き出す**ってことですね。」

「そう。そうすれば，**テストまでに何をしないといけないのかが明確になるし，スケジュールも立てやすくなる**の。」

「わたしテスト前にスケジュールなんて立てたことなかったです…。」

「オレも。」

「まずはテスト前２週間の予定を立ててみて。最初にやることを書き出して，それぞれをいつやるかを決めればOK！」

「それならできそうです…！」

「やることを書き出すことで，どのくらいの時間が必要かもわかりやすくなりますね。」

「その通り。必要な時間がわかれば焦りも出るし，テストまではまだ時間があっても，とり組む気になれるでしょ？」

「もし，やることがスケジュール通りにできなかったら，どうすればいいですか？」

「そのときは，赤ペンでスケジュールを上書きして，別の日にやるようにすればいいよ。」

「わかりました！」

「そうそう，リストをつくるときには，**目標を決める**のも大切だよ。例えば教科ごとの目標点を決めるの。」

「部活も勉強も，目標があるとやる気が出ますもんね。」

「そうでしょ。リストに書いたことをやり終えて☑がふえると，**達成感や自信にもつながる**から，ぜひ試してみてね。」

2章

生物のからだのつくりとはたらき

1 植物と動物の細胞のつくり

教科書の要点

1 細胞

◎**細胞**…生物のからだをつくっている小さな部屋。

◎形や大きさはさまざまである。

2 細胞のつくり

◎動物の細胞は**核**のまわりに**細胞質**があり，細胞質の最も外側は**細胞膜**になっている。

◎植物の細胞には動物の細胞のつくりに加えて**葉緑体**，**液胞**が見られ，細胞膜の外側に**細胞壁**がある。

◎動物と植物の細胞に共通なつくりは，**核・細胞膜**。

1 細胞

生物のからだは，ふつう，直径0.01～0.1 mmくらいの小さな部屋のようなものからできている。

❶**細胞**…生物のからだをつくる最小の単位。生命の基本の単位となる。

❷**細胞の形**…生物の種類やからだの部分によって異なる。

・**細胞が離れている場合**…花粉や卵のように，細胞が１つだけ離れているものは，球形に近い形のものが多い。

・**細胞がぎっしり集まっている場合**…多面体（４つ以上の平面で囲まれた立体）のものが多い。

発展 細胞の発見

細胞は，1665年にイギリスの科学者ロバート・フックが発見した。

自分で組み立てた顕微鏡でコルク片を観察し，コルクが小さな部屋のようなものからできていることを見つけた。

また，1831年にイギリスのブラウンが，どの細胞にも1個ずつの核があることを発見した。

⬇ツバキの葉の細胞（断面）

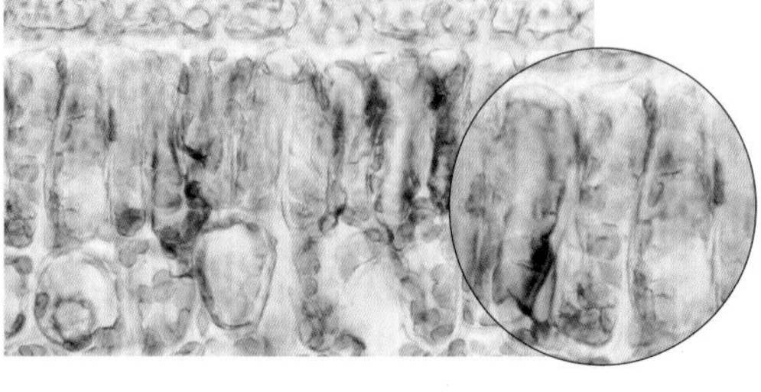

⬇ヒトの手の甲の皮膚の細胞（断面）

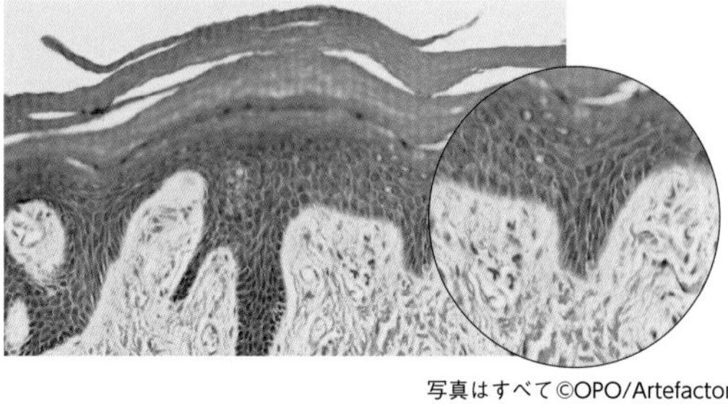

写真はすべて©OPO/Artefactory

❸細胞の大きさ

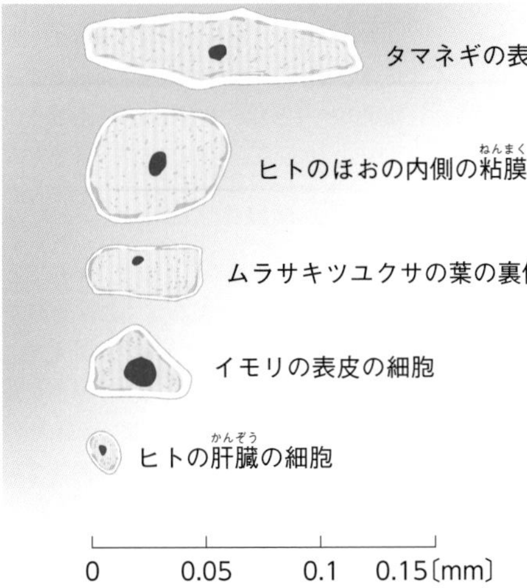

⬆いろいろな細胞の大きさの例

細胞の種類	およその大きさ
タマネギの表皮の細胞	0.05 mm～0.1 mm
ヒトのほおの内側の粘膜の細胞	0.05 mm～0.07 mm
ムラサキツユクサの葉の裏側の表皮の細胞	0.05 mm
イモリの表皮の細胞	0.05 mm
ヒトの肝臓の細胞	0.02 mm

くわしく　細胞の大きさと生物の大きさ

ゾウやクジラのようなからだが大きな生物では，1つ1つの細胞も大きいとかんちがいしないように。動物のからだをつくっている細胞の大きさは，ふつう，直径0.01 mm ～0.1 mm くらいの大きさと考えられている。この大きさは，ゾウやクジラ，ヒト，メダカでもほとんど同じである。

2 細胞のつくり

形や大きさはさまざまでも，細胞にはつくりに共通した特徴がある。

(1) 細胞のつくり

❶**細胞の内部**…１個の**核**がある。

❷**核のまわり**…**細胞質**がとり囲んでいる。

❸**細胞の外側**…**細胞膜**という，うすい膜で囲まれている。
（→細胞質の一部。）

(2) 細胞をつくるそれぞれの部分のはたらき

重要

❶**核**…ふつう，１つの細胞の中に１個あり，球形をしている。生命活動の中心となる。
⇨核は，**酢酸オルセイン液**や**酢酸カーミン液**などの染色液によく染まり，観察しやすくなる。

❷**細胞質**…核を除く，細胞膜とその内側の部分を合わせて細胞質という。成分は，おもに水とタンパク質などの流動性の物質。

❸**細胞膜**…細胞全体を包み，外界から細胞を守る。

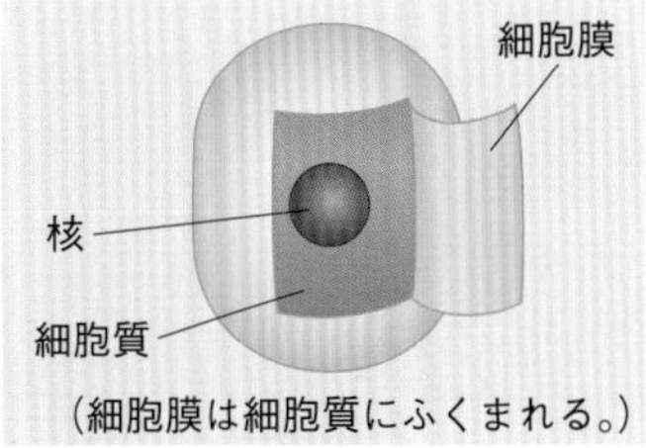

⬆細胞のつくり（模式図）

発展　核と細胞の生死

核は細胞全体のはたらきの調節などをする重要な部分で，生命活動の中心ともいえる。そのため，核をとり除くと，細胞は死んでしまう。生きている細胞は細胞分裂（１つの細胞が２つの細胞に分かれること）を行うことがあるが，その最中は核が見えなくなる（くわしくは中学３年で学習）。分裂後の２つの細胞はそれぞれ，分裂前と同様に１個ずつの核をもつ。

(3) 植物の細胞だけに見られるつくりとはたらき

重要

❶**葉緑体**(ようりょくたい)…植物の細胞の中に見られる緑色の粒(つぶ)。光合成(こうごうせい)(➡p.102)を行うところ。

❷**液胞**(えきほう)…液で満たされた透明(とうめい)な袋(ふくろ)。細胞の中の水分の量を調節する。また，細胞の活動でできた不要物がためられる。成長した植物の細胞は液胞が大きい。

❸**細胞壁**(さいぼうへき)…細胞膜の外側の厚くてじょうぶなつくり。細胞の形を維持(いじ)し，植物のからだを支えている。

(4) 植物の細胞と動物の細胞の比較(ひかく)…基本のつくりは同じ。植物の細胞には，さらに，葉緑体・液胞・細胞壁が見られる。

つくり／種類	細胞膜	核	葉緑体	液　胞	細胞壁
植物の細胞	見られる	見られる	見られる	見られる	見られる
動物の細胞	見られる	見られる	見られない	見られない	見られない

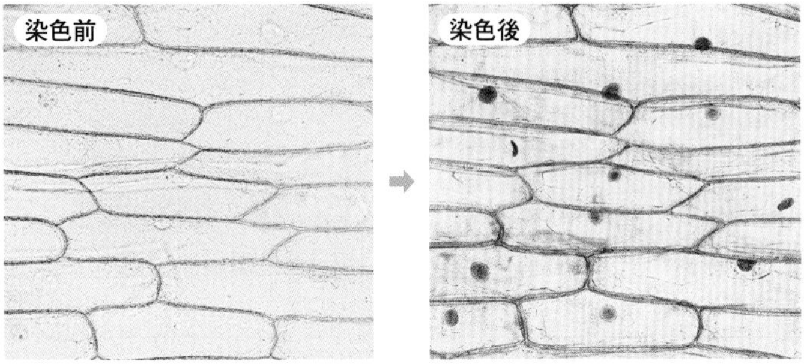

⬆タマネギの表皮の細胞のようす

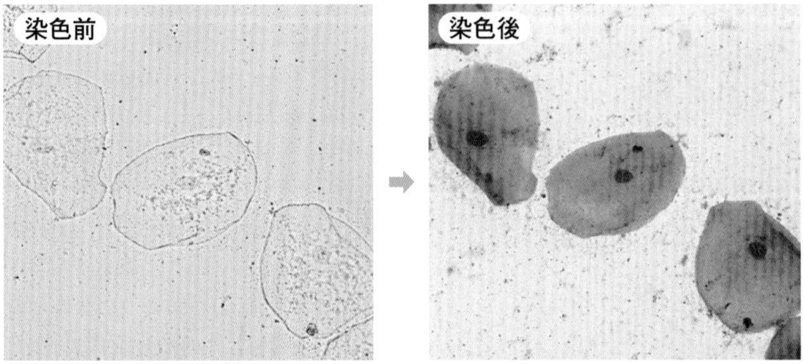

⬆ヒトのほおの内側の粘膜(ねんまく)の細胞のようす

写真はすべて©コーベット

くわしく 細胞膜のはたらき

細胞膜には，細胞を保護するはたらきだけではなく，細胞の内部と外部の間で物質のやりとりをするはたらきもある。

くわしく 葉緑体

葉緑体は，葉緑素(ようりょくそ)（クロロフィル）という緑色をした色素をふくむ。そのため，植物の葉は，ふつう緑色に見える。

アサガオやポトスなどでは，緑色がぬけた白っぽい部分のある葉（ふ入りの葉）が見られる。その部分は葉緑体がないため，緑色がぬけたように見える。

発展 細胞質の流動と染色された細胞のようす

オオカナダモの葉の細胞を見るとよくわかるが，生きている細胞の中では，細胞質が動いているようすが見える。

ところが，酢酸オルセイン液などの染色液で染めると，この動きは止まり，核に色がつく。つまり，染色液で染色すると多くの場合，細胞は死んでしまう。

動画 細胞質の流動

葉緑体は，植物の細胞すべてに見られるわけではないよ。左のタマネギの表皮の細胞には葉緑体は見られないね。

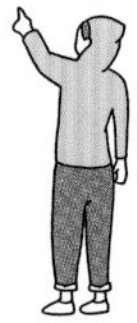

比較　動物の細胞と植物の細胞

▶葉緑体，液胞，細胞壁は植物の細胞に見られることをつかんでおこう。

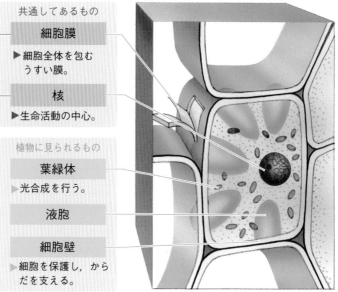

動物の細胞

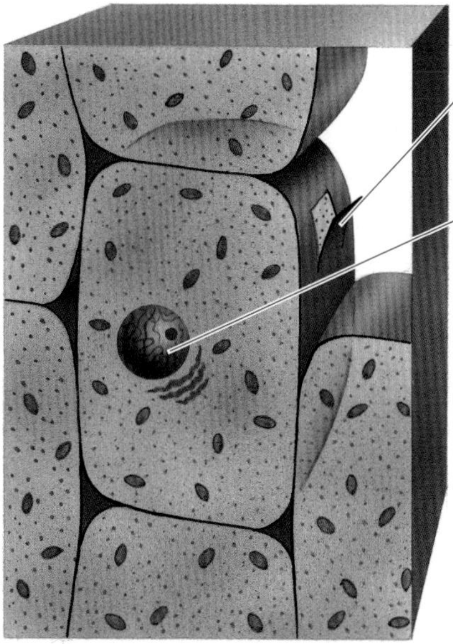

植物の細胞

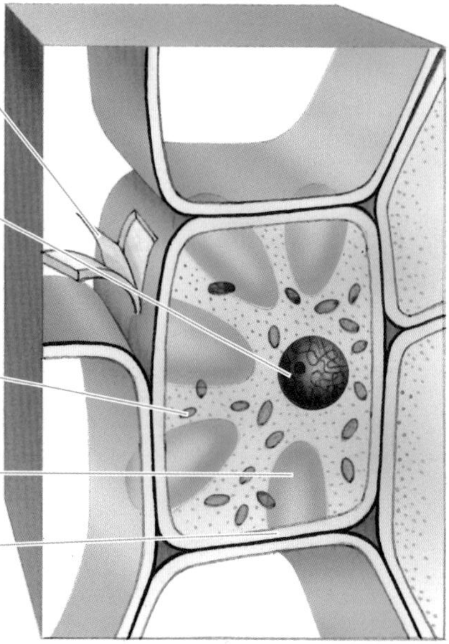

共通してあるもの

細胞膜

▶細胞全体を包むうすい膜。

核

▶生命活動の中心。

植物に見られるもの

葉緑体

▶光合成を行う。

液胞

細胞壁

▶細胞を保護し，からだを支える。

※細胞膜や葉緑体，液胞は細胞質の一部。

※動物の細胞にも液胞はあるが，発達しておらず目立たない。

細胞壁はじょうぶなため，植物が死んでもそのまましばらく残る。

Column　葉緑体とミトコンドリア

葉緑体は，植物の光合成（➡p.102）が行われる場所で，光のエネルギーを受けて，二酸化炭素と水から，デンプンなどの有機物と酸素がつくられる。細胞を電子顕微鏡でさらに拡大して観察すると，ミトコンドリアというつくりが見られる。ミトコンドリアは，動物と植物のどちらの細胞中にもある。

生物は細胞が呼吸することで，生命活動に必要なエネルギーを得ている（➡p.97）。このエネルギーをとり出す重要なはたらきをミトコンドリアが行っている。葉緑体もミトコンドリアも，細胞内のエネルギー工場のような役目をしている。

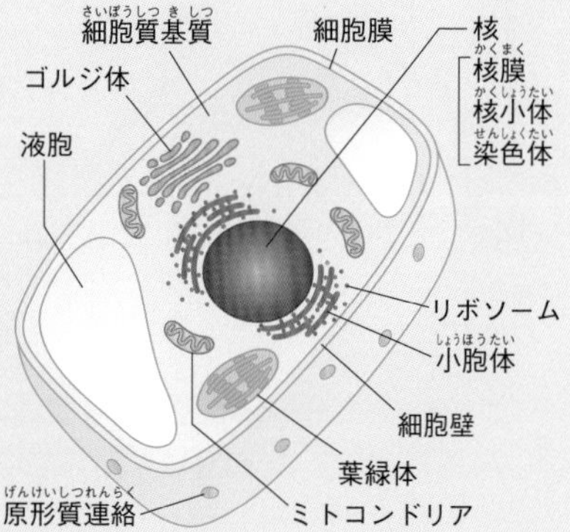

⬆植物細胞のくわしい模式図

実験操作

顕微鏡の使い方

観察の手順

①顕微鏡は，明るく平らなところに置く。

注意 直射日光の当たらないところに置く。

②対物レンズはいちばん低倍率のものにする。

ポイント 接眼レンズ→対物レンズの順にレンズをつける。
⇨鏡筒の中にほこりなどが入るのを防ぐため。

③反射鏡としぼりを調節して，視野全体を明るくする。

④プレパラートをステージにのせる。

⑤横から見ながら，対物レンズとプレパラートをできるだけ近づける。

注意 接眼レンズをのぞきながら対物レンズとプレパラートを近づけると，対物レンズとプレパラートがぶつかるおそれがある。

⑥接眼レンズをのぞき，調節ねじを⑤と逆向きに少しずつ回して，対物レンズとプレパラートを遠ざけながらピントを合わせる。

⑦よく見えるように調整する。

⑤
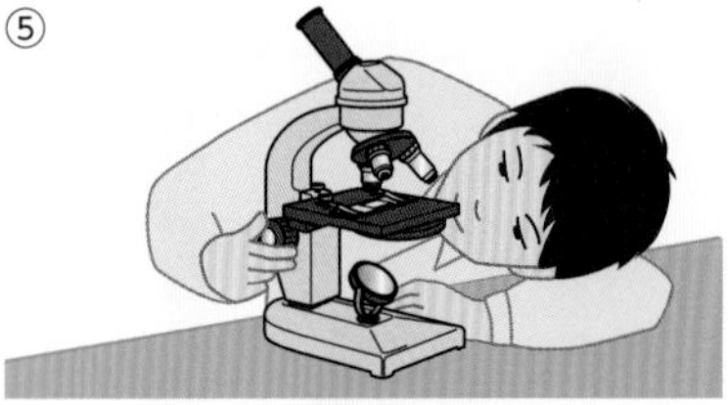

⑥

- 見たいものを視野の中央にする。
- しぼりで光の量を調節する。
- 高倍率の対物レンズにする。

プレパラートのつくり方

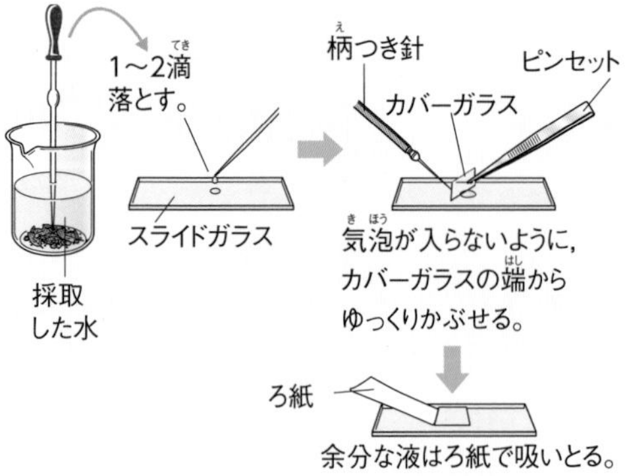

顕微鏡の倍率

顕微鏡の拡大倍率	＝	接眼レンズの倍率	×	対物レンズの倍率

例 接眼レンズの表示が『15×』
対物レンズが『40』の場合
⇨拡大倍率＝15×40＝600倍

レンズと倍率

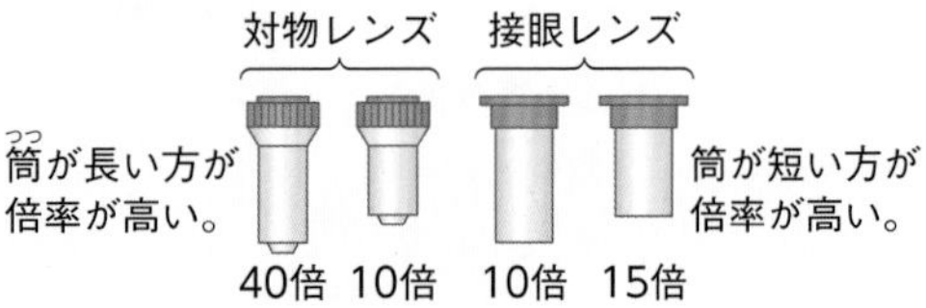

▶動画
プレパラートの動かし方

各部分の名称（めいしょう）

注意 反射鏡が光源の顕微鏡もある。

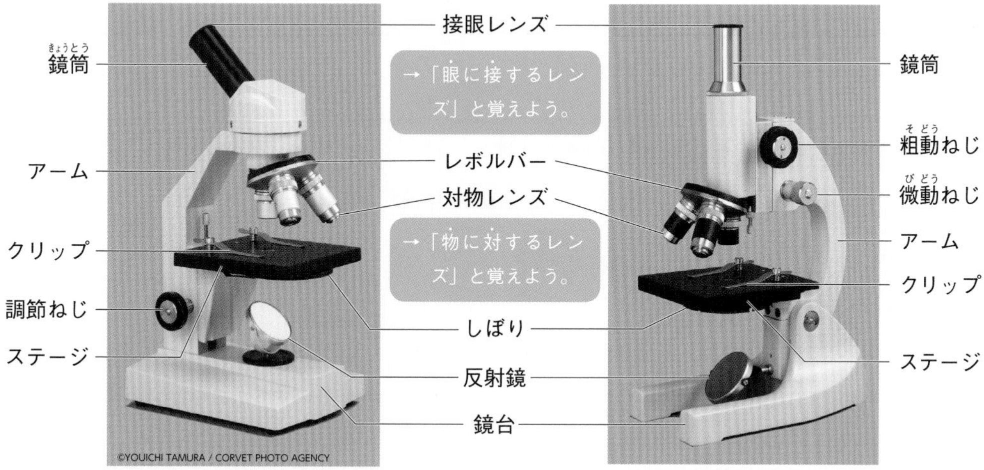

⬆ステージ上下式顕微鏡　　⬆鏡筒上下式顕微鏡　　顕微鏡の写真©アフロ

像の動かし方

※像の上下左右が実物と逆になっている場合。

例 ① 右に寄せるには？（左にある像を中央に移動）

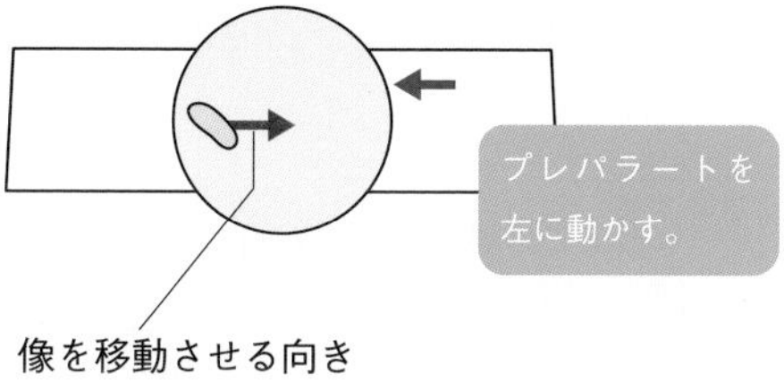

例 ② 上に動かすには？（下にある像を中央に移動）

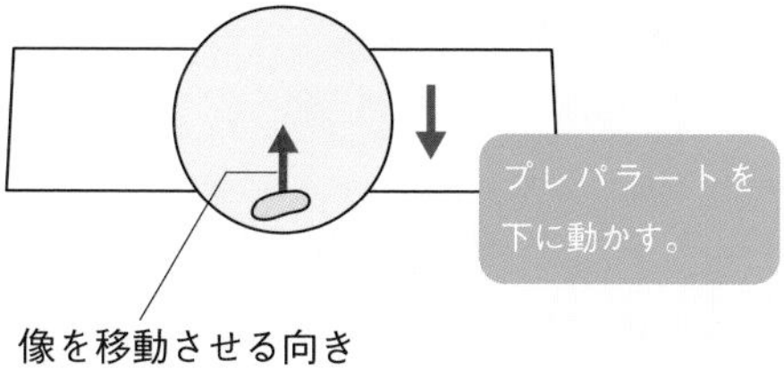

注意 上下左右が逆にならない顕微鏡もあるので確認しよう。

倍率と像の見え方

顕微鏡の倍率を高くすると，見える像は大きくなるが，次のようになる。

① 見える範囲（はんい）（視野）がせまくなる。

② 視野が暗くなる。

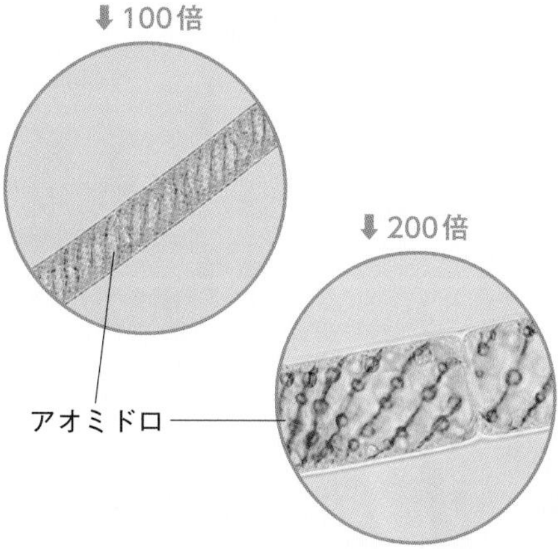

アオミドロの写真©コーベット

重要観察

植物と動物の細胞の観察

目的 植物と動物の細胞を観察し，それぞれどのようなつくりをしているか調べる。また，植物と動物のつくりの共通点と相違点を見つける。

方法 ①下の図のようにして，観察するものを用意する。

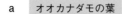

a　オオカナダモの葉　　　b　ヒトのほおの内側の粘膜

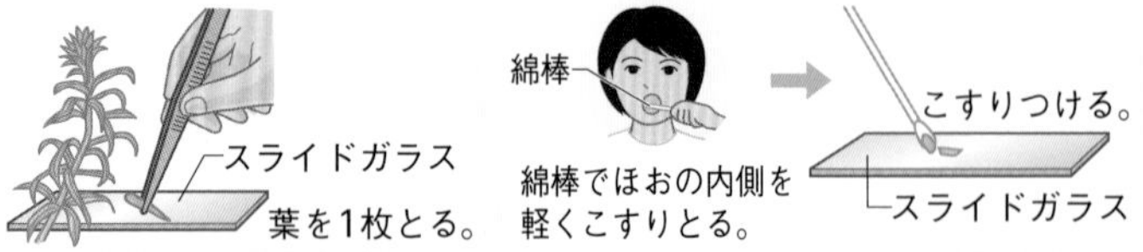

②プレパラートをそれぞれ2枚ずつつくる。（染色しないものAと染色するものB）。

A 観察するものをスライドガラスにのせ，水を1滴落とす。

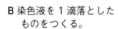

B 染色液を1滴落としたものをつくる。

・A，Bにカバーガラスをかぶせる。
・顕微鏡で観察する。

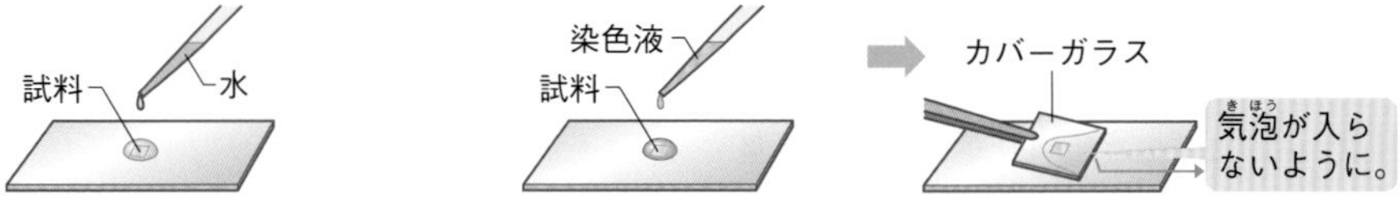

参考

●タマネギの表皮を観察する場合は，タマネギの内側にカッターナイフで約5 mm四方の切りこみを入れ，表皮を1枚はぎとり，スライドガラスにのせる。

結果 a オオカナダモの葉の細胞

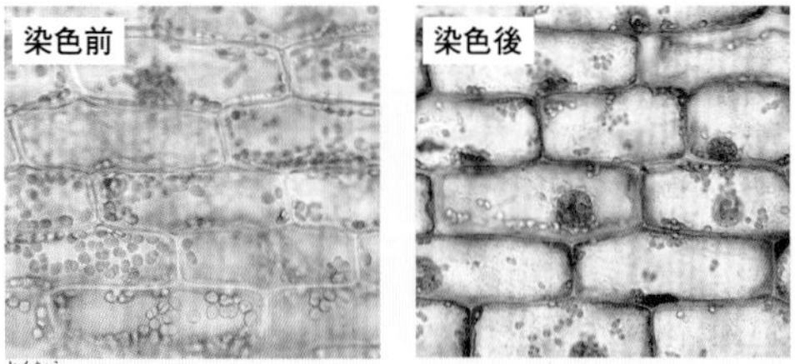

特徴：細長い細胞。細胞間のしきりは厚く，葉緑体が多い。染色すると核が見える。

写真2点は©OPO/Artefactory

b ヒトのほおの内側の粘膜の細胞

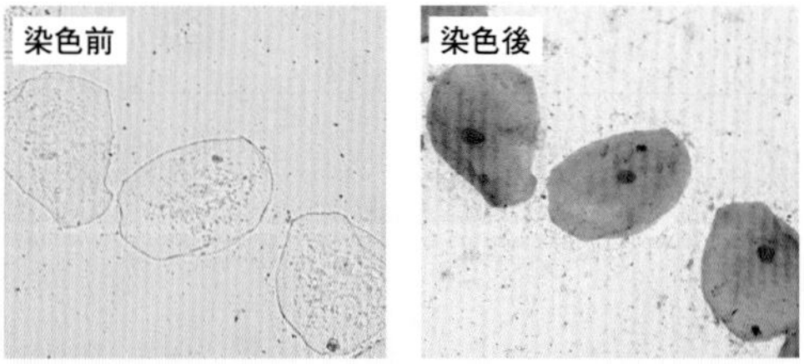

特徴：丸みのある細胞。細胞のまわりはうすい膜（細胞膜）におおわれている。染色すると核が見える。

写真2点は©コーベット

結論 ・植物と動物の細胞には，共通して核がある。
・植物は，細胞のしきりが厚い。（⇨細胞壁がある。）

2 生物のからだと細胞

教科書の要点

1 細胞のはたらき	◎**細胞の呼吸**…細胞は，酸素を使って栄養分を分解し，生きるためのエネルギーをとり出している。
2 単細胞生物と多細胞生物	◎**単細胞生物**…からだが1つの細胞だけでできている生物。 例 ゾウリムシ，ミドリムシ，ミカヅキモ，アメーバなど。 ◎**多細胞生物**…からだが多くの細胞からできている生物。
3 多細胞生物の成り立ち	◎**組織**…形やはたらきが同じ細胞が集まってつくられている。 ◎**器官**…いくつかの種類の組織が集まってある形になり，特定のはたらきをするところ。 ◎**個体**…いくつかの器官が集まってつくられている。

1 細胞のはたらき

1つ1つの細胞でも，生きていて活動している。

重要

❶**細胞の呼吸**…からだをつくる1つ1つの細胞は，酸素と栄養分をとり入れ，生きるためのエネルギーをとり出している。これを細胞の呼吸という。(➡p.136，137)

└→「細胞呼吸」，「細胞による呼吸」，「内呼吸（ないこきゅう）」ともいう。

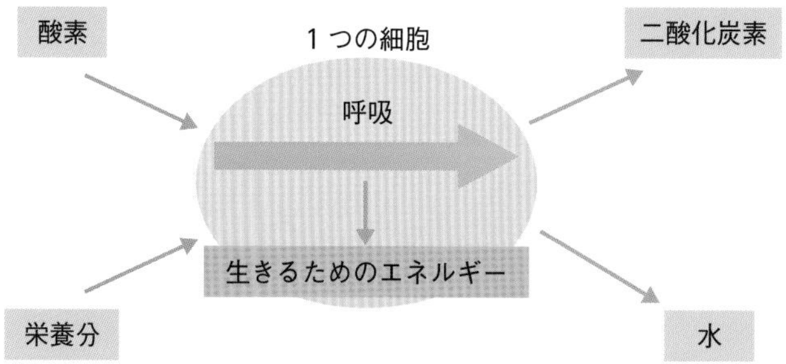

❷**栄養分**…炭水化物などの有機物。有機物は炭素や水素をふくむので，細胞の呼吸により二酸化炭素や水ができる。

くわしく **栄養分の細胞へのとり入れ**

細胞が栄養分としてとり入れる炭水化物の中心となるものはショ糖やブドウ糖で，それらの糖の分子が細胞膜を通って細胞内にとり入れられる。細胞膜は，2層構造のつくりになっていて，物質の種類によって膜を通過するしくみが異なる。

また，細胞の呼吸では，細胞内のミトコンドリア（➡p.93）というつくりが重要な役割を担っている。

エネルギーをとり出すために，小さな細胞の中で複雑な反応が起こっているんだよ。

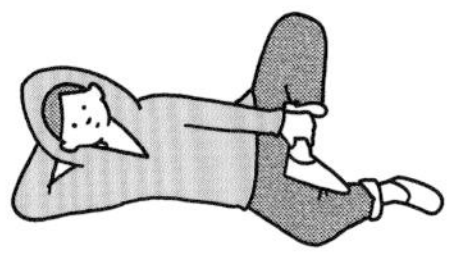

2 単細胞生物と多細胞生物

生物はからだをつくる細胞の数で，大きく2つに分けられる。

(1) 単細胞生物と多細胞生物

生物		
	単細胞生物	からだが1つの細胞だけでできている生物。
	多細胞生物	からだが多くの細胞が集まってできている生物。

(2) 単細胞生物のからだのつくり…1つの細胞で，生物としてのはたらきをすべて行っている。

❶**からだのつくり**…細胞質の中に，生活していくためのいろいろなしくみができている。

❷**はたらき**…1つの細胞で，栄養分の吸収や不要物の排出など，いろいろなはたらきをしている。

❸**大きさ**…肉眼ではわからないほど小さいものがほとんど。

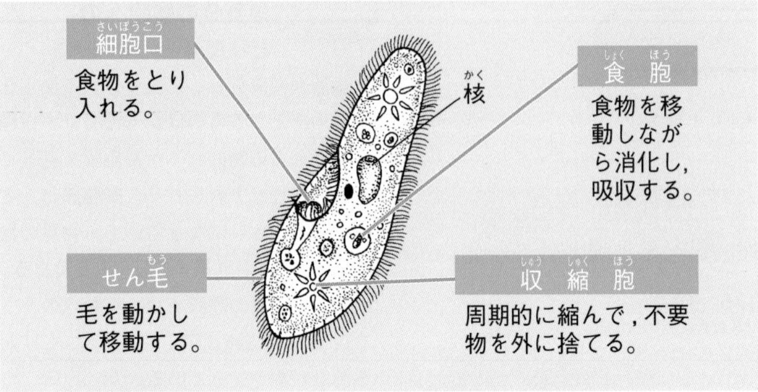

細胞口
食物をとり入れる。
核
食胞
食物を移動しながら消化し，吸収する。
せん毛
毛を動かして移動する。
収縮胞
周期的に縮んで，不要物を外に捨てる。

⬅ゾウリムシのからだのつくりとはたらき

発展 単細胞生物の種類

からだが1つの細胞だけでできているという点が，単細胞生物の大きな特徴であるが，細胞のつくりをくわしく見ると単細胞生物は2種類に分けられる。

細胞には核があると学習したが，大腸菌や結核菌，枯草菌などの単細胞生物の細胞の中には，はっきりとした核が見られず，核の中の物質は細胞質中に直接存在している。このような細胞を**原核細胞**という。一方，核のつくりがはっきりしている細胞を**真核細胞**という。

単細胞生物には，原核細胞の単細胞生物と真核細胞の単細胞生物が存在する。

思考 ミジンコは単細胞生物？

水中の小さな生物の代表例のようなミジンコ。よく見れば肉眼でも見ることができるが，とても小さいので単細胞生物と思うかもしれない。しかし，ミジンコは多細胞生物である（➡p.100）。

(3) 単細胞生物の例（水中の小さな生物）

動き回る。

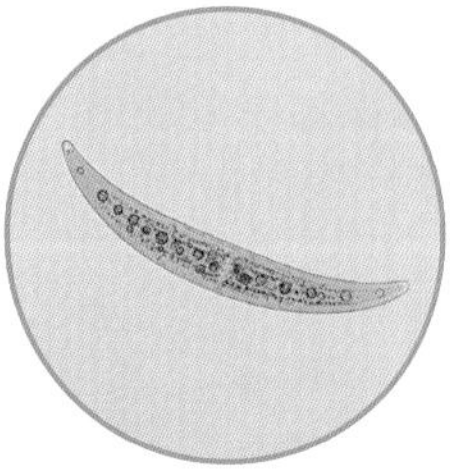

⬆ミカヅキモ（80倍）

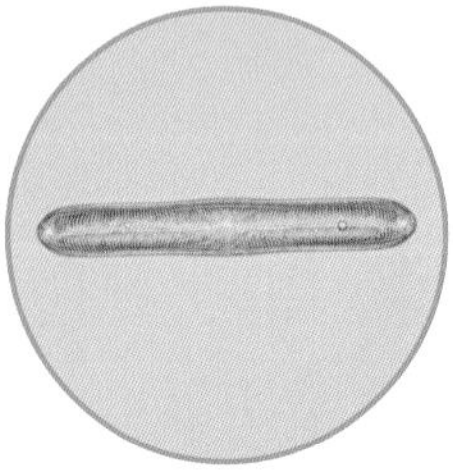

⬆ハネケイソウ（180倍）

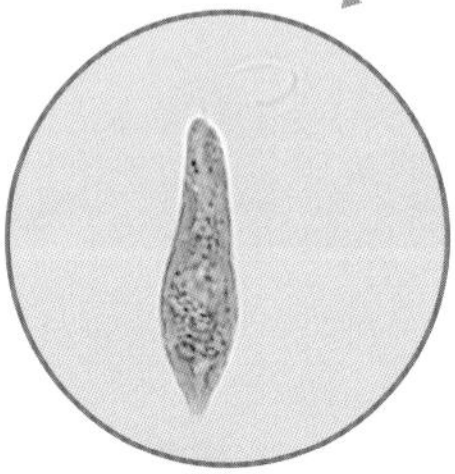

⬆ミドリムシ（430倍）

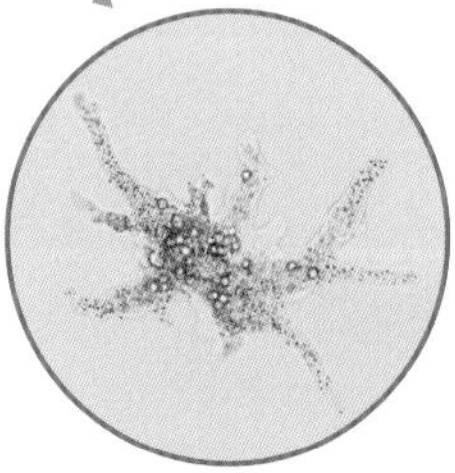

⬆アメーバ（50倍）

3 多細胞生物の成り立ち

ヒトをはじめ，わたしたちが目で見ることのできるような大きさの生物は，ほぼ多細胞生物である。

(1) **多細胞生物のからだのつくり**…形や大きさ，はたらきの異なる多くの細胞が集まってからだがつくられている。

重要

❶**組織**…植物も動物も，形やはたらきが同じ細胞が集まって組織がつくられている。

例 植物…表皮組織，葉肉組織　など
動物…上皮組織，筋組織　など

❷**器官**…いくつかの種類の組織が集まり，1つのまとまった形で，決まったはたらきをする部分。

例 植物…根，茎，葉，花
動物…心臓，肺，小腸，気管，目，耳　など

❸**個体**…いくつかの器官が集まって個体がつくられている。

ここに注目　植物と動物のからだの成り立ち

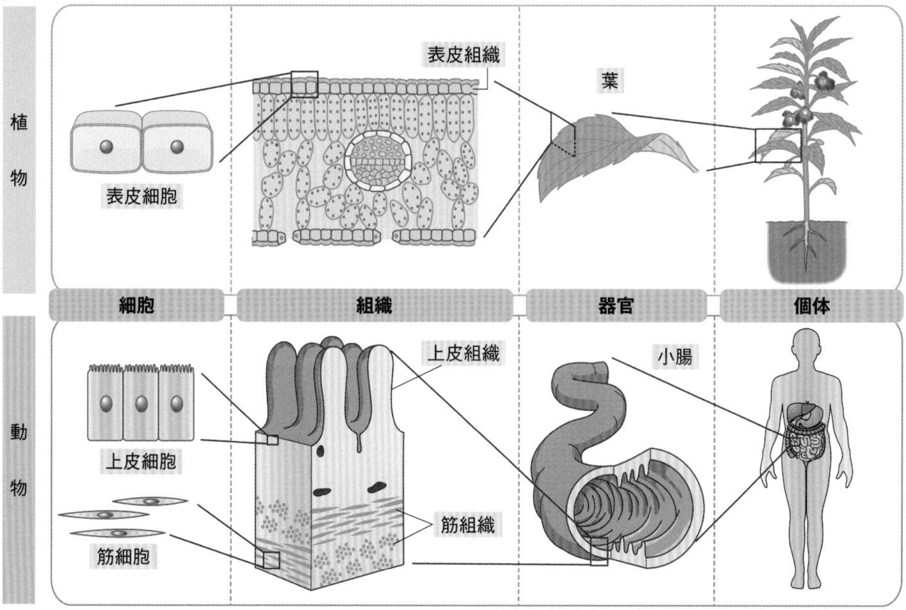

発展　単細胞生物の細胞とはたらき

単細胞生物では，1つの細胞の中に食物をとり入れる部分や消化・吸収する部分がある。これらは，多細胞生物の器官のようなはたらきをするので，細胞器官とよぶことがある。

くわしく　植物と動物の細胞のちがい

植物の細胞は，細胞どうしが細胞壁でかたくつながっていて動かない。それに対して，動物の細胞は細胞自身が分泌した細胞間物質でたがいに結びついているため，植物よりは動きやすい。

くわしく　ヒトの組織の種類

ヒトのからだの器官は多くの種類があるが，組織は上皮組織・結合組織・筋組織・神経組織の4種類である。からだのどの部分の組織であっても，4つのいずれかにあてはまる。

Column ミジンコは単細胞生物？　多細胞生物？

思考

ミジンコは，池や沼の水中に生息していて，うでのように見える触角で水をかいて泳いでいるような動きが特徴的な小さな生物である。肉眼でも見える大きさとはいえ，小さな生物なので，単細胞生物と思っている人もいるかもしれない。しかし，ある種類のミジンコを，顕微鏡の倍率を高くして撮影した右の写真を見てみよう。からだの中は複雑なつくりをしていることがわかるだろう。ミジンコは多細胞生物で，実は，エビやカニと同じなかまの生物なのである。

頭の上の方には黒い眼があり，たくさんの小さな眼が集まった「複眼」になっている。また，小刻みに動いている心臓，水をかく触角を動かす筋肉，食物が通る消化管などが観察できる。

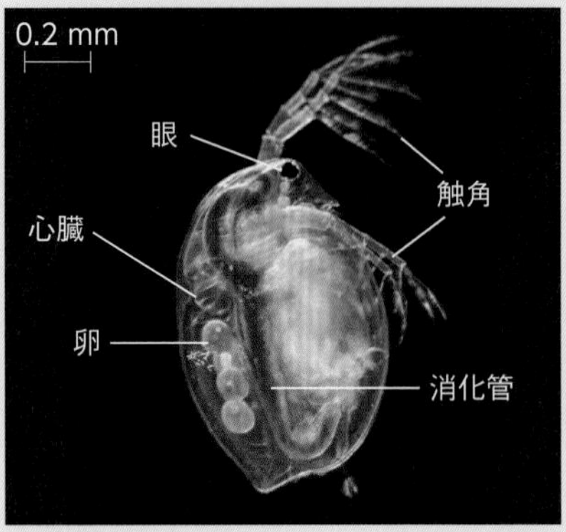

⬆倍率を高くして撮影したミジンコ　©コーベット

さらに雌では，背中に丸い卵が見られることがあり，卵は母親の背中で子になってから，母親のからだから出ていく。一度に数十匹もの子供を産むこともある。

ミジンコは，いろいろな器官をそなえた立派な多細胞生物であることを覚えておこう。

Column 大きい単細胞生物・細胞数の少ない多細胞生物

下の写真を見て，「カイワレ大根？」と思った人がいるかもしれない。これは「カサノリ」という亜熱帯の海で生育する海藻で，１本は直径約１cmの緑色のかさの部分と，数cmの柄の部分，および仮根（岩などにはりつくための部分）で構成されている。したがって，それなりの大きさのある生物といえるが，カサノリはこう見えても単細胞生物なのである。

からだのつくりを模式的に表すと図のようになり，１個の核が仮根付近にある。

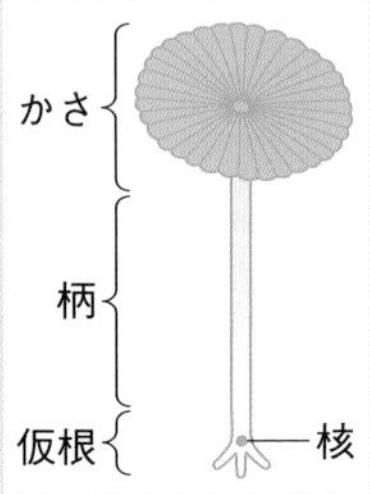

カサノリ（左）➡
模式図（右）
カサノリの写真©学研写真資料

ところで，ヒトは数十兆個の細胞でできている多細胞生物であるが，多細胞生物ながら極端に細胞数の少ない生物もいる。

動物では，タコやイカのじん臓内に生息する「ニハイチュウ」という動物が，ふつう22個前後，最多でも50個に満たない細胞数であることが知られている。

また，水中には右の写真のような藻類のゴニウムというなかまの生物がいる。この生物はおよそ８または16個の細胞が集まった状態で動き回っているが，これは決まった数の細胞が集まってできた定数群体とよばれるもので，多細胞生物になる過程の生物と考えられている。ところが，研究が進み，ゴニウムよりもさらに少ない４個の細胞のテトラバエナ（和名シアワセモ）は，多細胞生物であることがわかっている。

⬆ゴニウム ©アフロ

チェック 基礎用語

次の〔　　〕にあてはまるものを選ぶか，あてはまる言葉を答えましょう。

1 植物と動物の細胞のつくり

□(1) 生物のからだをつくっている小さな部屋のようなもので，生命の最小の基本単位を〔　　〕という。

□(2) 1つの細胞の中にふつう1個あり，生命活動の中心となるものは〔　　〕である。

□(3) 細胞を外界から守るために，細胞全体を包むうすい膜を〔　　〕という。

□(4) 核を除く，細胞膜とその内側の部分を合わせて〔　　〕といい，流動性の物質で満たされている。

□(5) 植物の細胞に見られる，細胞膜の外側の厚くてじょうぶな仕切りを〔　　〕という。

□(6) 植物の細胞に見られる，光合成を行う緑色の粒を〔　　〕という。

□(7) 細胞を観察するとき，核を染色するのに適した染色液には，〔　　〕や酢酸カーミン液がある。

2 生物のからだと細胞

□(8) 細胞は，酸素と栄養分をとり入れ，生きるための〔　　〕をとり出している。これを〔　　〕という。

□(9) ゾウリムシやミカヅキモなど，からだが1つの細胞だけでできている生物を〔　　〕という。

□(10) (9)に対して，からだが多くの細胞からできている生物を〔　　〕という。

□(11) 動物や植物で，形やはたらきが同じ細胞が集まってつくられている部分を〔 組織　器官 〕という。

□(12) いくつかの種類の(11)が集まり，1つのまとまった形で，決まったはたらきをする部分を〔　　〕という。

解答

(1) 細胞
(2) 核
(3) 細胞膜
(4) 細胞質
(5) 細胞壁
(6) 葉緑体
(7) 酢酸オルセイン液
(8) エネルギー，細胞(の，による)呼吸
(9) 単細胞生物
(10) 多細胞生物
(11) 組織
(12) 器官

1 光合成

教科書の要点

1 **光合成** ◎**光合成**…植物が光を受けて，デンプンなどの栄養分をつくるはたらき。酸素もつくられる。

2 **光合成が行われるところ** ◎デンプンが葉のどこにできているかで確認できる。
⇨デンプンがあるところはヨウ素液で青紫色に変わる。

3 **葉緑体と光合成の関係** ◎光合成を行う場所…植物の細胞の中の**葉緑体**。

4 **光合成に必要な条件** ◎光合成に必要な物質…**二酸化炭素**と**水**。
⇨二酸化炭素は葉の気孔，水は根からとり入れる。

5 **植物の生活と日光** 発展 ◎**葉のつき方**…たがいに重なり合わないようについている。

1 光合成

植物は，成長などに必要な栄養分を自らつくり出している。

重要

❶**光合成**…植物が光を受け，デンプンなどの栄養分をつくるはたらき。栄養分は，成長や生命活動に使われる。
❷光合成が行われるところ…葉の細胞にある**葉緑体**。
❸光合成に必要なもの…光，二酸化炭素，水。
❹光合成でできるもの…デンプンなどの栄養分，酸素。

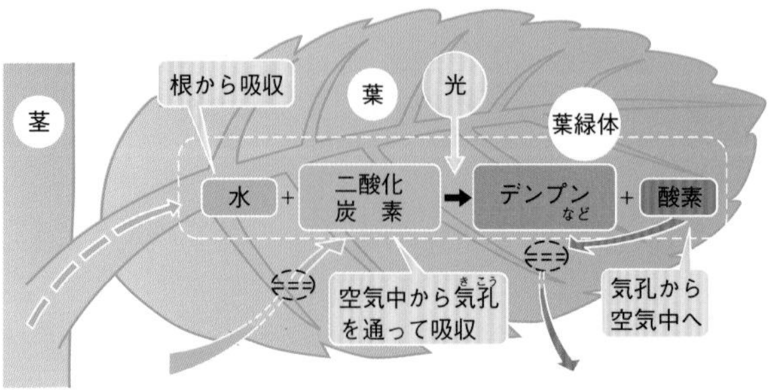

発展 光の強さと光合成

光合成を行う植物がとり入れる二酸化炭素の量は，光の強さが強くなるほど多くなる。しかし，ある程度まで光が強くなると，とり入れる二酸化炭素の量は一定になる。つまり，光合成のはたらきも一定になる。

くわしく 葉でつくられたデンプンのゆくえ

葉でつくられたデンプンなどの栄養分は，葉の中で水にとけやすい物質に変えられる（デンプンは水にとけないが，水にとけやすいと師管（➡p.115）を通って移動しやすい）。

水にとけた物質は，植物のからだの成長のために使われたり，根や茎，果実や種子などに運ばれて，再びデンプンとしてたくわえられたりする。

2 光合成が行われるところ

葉で光合成が行われるところを，ふ入りの葉を使い，デンプンができることを利用して確認する。

❶**デンプンの確認法**…デンプンがある場合，ヨウ素液を加えると青紫色になる（ヨウ素デンプン反応）。

❷**調べる条件**

- **緑色の部分かどうか**…ふ入りの葉を使って調べる。
- **日光が当たった部分かどうか**…葉の一部をアルミニウムはくでおおって調べる。

❸**実験の注意点**…ヨウ素液での色の変化をわかりやすくするために，葉の緑色の色素をぬくことが必要。

思考 ふの部分が白いのはなぜ？

ふの部分は細胞の中に葉緑体がないだけで，そのほかは緑色の部分の細胞と同じつくりになっている。細胞が死んでいる部分ということではない。

⬆コリウスのふ入りの葉　©photolibrary

重要実験　葉でデンプンができている部分を調べる実験

方法　①一晩暗いところに置いたふ入りの葉の一部を，アルミニウムはくでおおい，葉を日光に十分に当てる。

②①の葉を熱湯に30秒ほどひたす。

③②の葉をエタノールに入れ，葉の緑色がぬけるまであたためる。

④葉を水洗いする。➞白っぽく，やわらかい葉になる。

⑤④の葉をヨウ素液にひたし，色が変化したところを見る。

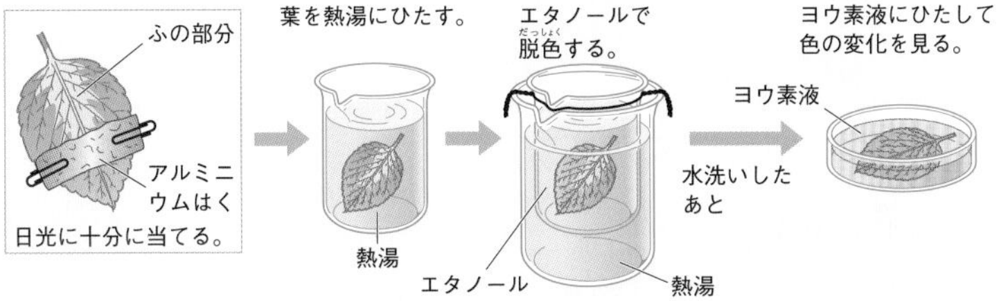

結果と考察　日光が当たった葉の緑色の部分にはデンプンができている。

⇨日光が当たった葉の緑色の部分で，光合成が行われたことがわかる。

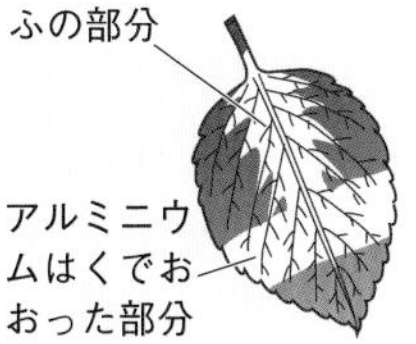

ポイント

●葉を熱湯にひたすわけ…細胞壁をこわして，エタノールやヨウ素液が細胞内に入りやすくするため。

●葉を水洗いするわけ…エタノールで脱色した葉は，水分が少なくなってかたくなり，もろくなる。もう一度やわらかくするために水洗いをする。

注意

●エタノールは引火しやすいので，直接火で加熱しないようにする。

3 葉緑体と光合成の関係

光合成を行えるのは植物で，植物の葉の細胞には葉緑体があったことを思い出そう。

❶光合成の行われる場所…植物のからだをつくっている細胞の中にある葉緑体の中で行われる。

❷葉緑体…植物の細胞の中にふくまれる緑色の粒。葉緑素（クロロフィル）という色素をふくんでいる。

❸葉緑体で光合成が行われることの確認法

①日光によく当てた葉をつみとり，顕微鏡で観察する。

②つみとった葉をエタノールで脱色。⇨葉緑体のようすを顕微鏡で観察する。

③ ②の葉にヨウ素液をたらし，顕微鏡で観察する。
⇨葉緑体だけが青紫色になる。

※この実験では，葉のままで顕微鏡観察を行うため，用いる葉にツバキのような厚い葉はあまり適さない。その点，オオカナダモなどの葉は表皮がうすいので，葉のままでの観察にも適している。

葉緑体のようす

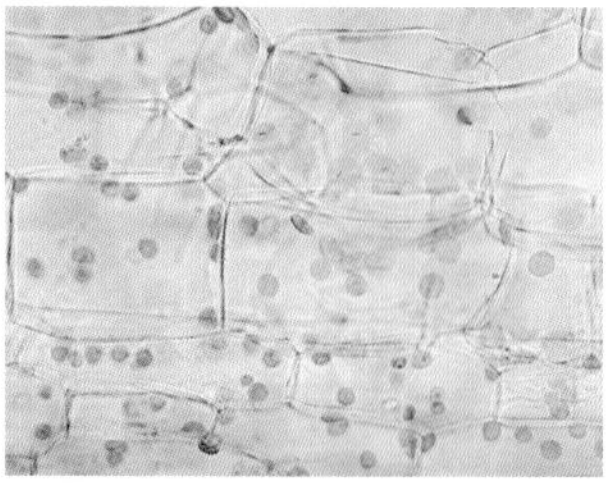

⬆マツモ

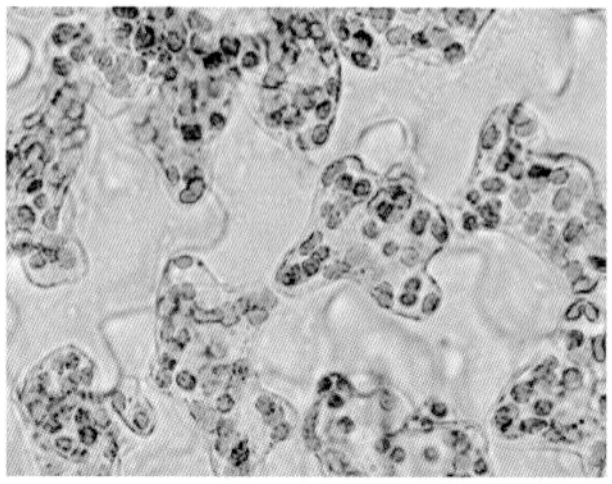

⬆アサガオ　写真２点は©OPO/Artefactory

発展　葉緑体はどこにあるか

葉で葉緑体をもつ細胞があるところは，下の図のようにさく状組織，海綿状組織とよばれているところである。また，気孔（➡p.120）の孔辺細胞にも葉緑体がある。しかし，葉の表面をおおっている表皮の細胞には葉緑体がない。

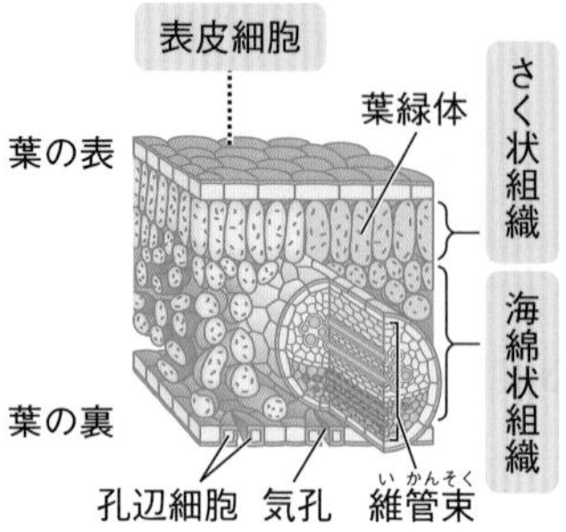

発展　光合成に関する補助色素

植物が緑色に見えるのは，葉緑体にふくまれる葉緑素が緑色をしているためである。また，葉緑素のほかに赤色や褐色をした色素があり（コンブやフノリなどにふくまれている），光合成が行われるときに葉緑素のはたらきを助けている。これらの色素を**補助色素**という。

Column　人工的に光合成ができる?

光のエネルギーを使って，水と二酸化炭素からデンプンなどの有機物や酸素をつくり出す「光合成」。無限といえる太陽の光エネルギーと，大気中の二酸化炭素を利用できる化学反応だが，植物が小さな葉緑体で行えても，人間が人工的に再現するのはとても困難な反応である。しかし，日本の研究者により，光触媒とよばれる物質を使うことで水が光で分解されて，酸素と水素ができる現象が発見されてから，世界的に競って研究が進められている。

近年，水が分解されてできた水素と大気中の二酸化炭素を使い，比較的に単純な有機物をつくり出すことに成功していて，将来的なエネルギー問題，二酸化炭素の増加の問題などの解決につながることが期待されている。

重要観察

光合成が葉緑体で行われることを確かめる観察

目的 光合成は，葉のどこで行われるのだろうか。葉緑体と関係があるのかどうかを調べる。

方法 ①日光によく当てたオオカナダモの葉と，前の晩から暗いところに置いたオオカナダモの葉をつみとり，顕微鏡で観察する。葉は先端（せんたん）近くの葉をつみとる。

②それぞれの葉を熱湯にひたしたあと，あたためたエタノールに入れて葉の緑色をぬく。

③緑色をぬいた葉を水洗いし，顕微鏡で観察する。

④②の葉に，ヨウ素液を加えて，顕微鏡で観察する。

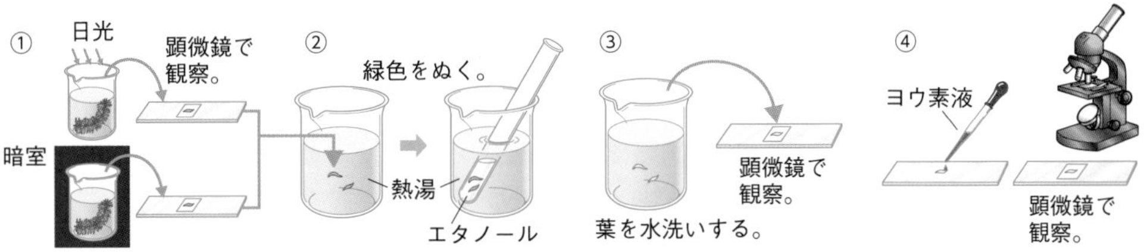

注意

●②のあたためたエタノールで葉の緑色をぬくとき，エタノールは引火しやすいので，直接火で加熱しないこと。

結果と考察 ①の結果：どちらも緑色の葉緑体が見えた。

③の結果：どちらも葉緑体の緑色はほとんどぬけていた。

④の結果：

・日光に当てた方⇨葉緑体がヨウ素液によって青紫色になった。黒っぽく見える場合もあった。⇨デンプンができた。

・暗いところに置いた方⇨全体的に加えたヨウ素液の色になり，葉緑体にはヨウ素液による色の変化はほとんど見られなかった。

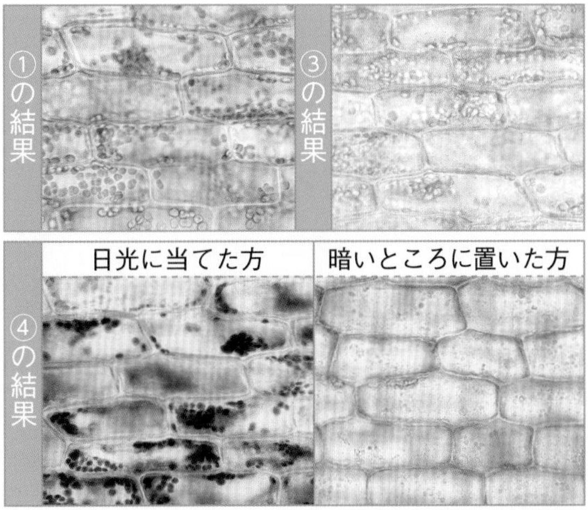

写真はすべて©OPO/Artefactory

結論 葉緑体の部分にデンプンができたことから，光合成は細胞の中の葉緑体で行われることがわかる。

4 光合成に必要な条件

光合成が行われるには，原料となる物質が必要で，植物はその物質を外部からとり入れている。

❶**光合成の原料（必要な物質）**…**二酸化炭素**と**水**。

❷**二酸化炭素のとり入れ方**

・**陸上の植物**…空気中の二酸化炭素を，おもに葉の気孔（葉にある穴，➡p.120）からとり入れている。

・**水中の植物**…水にとけこんでいる二酸化炭素を，直接とり入れている。

❸**二酸化炭素をとり入れることの確認**

a 息をふきこんだ試験管に新鮮なタンポポの葉を入れ，栓をしたものを30分ほど日光に当てる。→石灰水を少量入れて振ると石灰水はにごらない。
（息→二酸化炭素が多くふくまれている。）

b 息をふきこんで青色から緑色にしたBTB溶液中に水草を入れ，日光に当てる。→溶液の色が青色に変わる。

⇨a，bから光合成で二酸化炭素が使われたことがわかる。

❹**水のとり入れ方**

・**陸上の植物**…おもに根からとり入れる。

・**水中の植物**…からだの表面全体からとり入れる。

❺**光合成の産物**…**デンプン**と**酸素**。

光合成による酸素の発生の調べ方

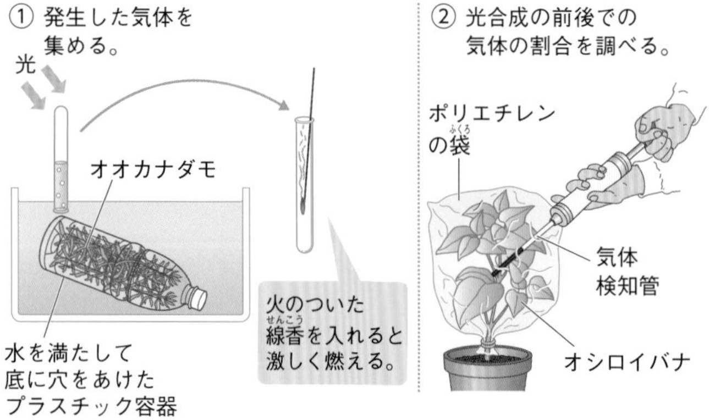
① 発生した気体を集める。
光
オオカナダモ
水を満たして底に穴をあけたプラスチック容器
火のついた線香を入れると激しく燃える。
② 光合成の前後での気体の割合を調べる。
ポリエチレンの袋
気体検知管
オシロイバナ

発展 二酸化炭素のとり入れ方

陸上の植物は，からだの表面から水が蒸発して乾燥することを防ぐようなつくりになっていて，水蒸気をふくめて気体の出入りはおもに気孔という葉にある穴で行われている。

しかし，水中で生活する植物やワカメなどの藻類は，そのようなつくりは必要ないので気孔はなく，二酸化炭素も水にとけた状態のものをからだの表面の細胞から直接とり入れている。

二酸化炭素がとけた水溶液は酸性だったね。中性（緑色）のBTB溶液から二酸化炭素がなくなると，中性からアルカリ性になって色が変わるね。

⬆水草から出てくる気泡 ©アフロ

テストで注意 酸素が100 %ではない

酸素の発生を調べる実験のとき，左の①のようにして試験管に集めた気体は，すべて酸素というわけではない。まわりの空気に比べると酸素の割合が大きい気体である。そのために線香の燃え方は激しくなる。

重要実験　光合成で二酸化炭素が使われることを調べる

目的　光合成が行われるとき，葉で二酸化炭素がとり入れられるかどうか調べる。

方法1　**石灰水を使って調べる**

①タンポポの葉を入れた試験管と何も入れない試験管の両方に，同じくらい息をふきこみ，ゴム栓をする。

②両方の試験管を30分間日光に当てたあと，試験管に少量の石灰水を入れ，栓をしてよく振る。⇨色の変化を調べる。

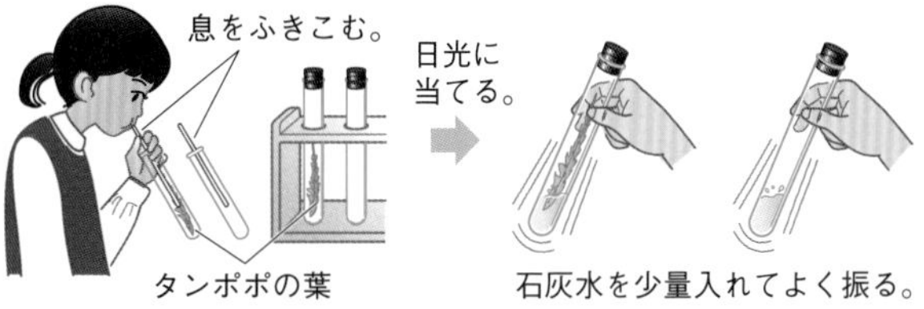

方法2　**BTB溶液を使って調べる**

①青色に調整したBTB溶液を２本の試験管に入れ，ストローで息をふきこんで緑色にする。

②一方の試験管にはオオカナダモを入れ，他方の試験管には何も入れずにゴム栓をして，十分に日光に当てる。

ポイント

●対照実験を行う…調べようとしている条件（ここではタンポポの葉やオオカナダモがあること）以外の条件は同じにして行う実験を対照実験という。これによって，結果のちがいが，タンポポの葉やオオカナダモによるものかどうかを調べられる。

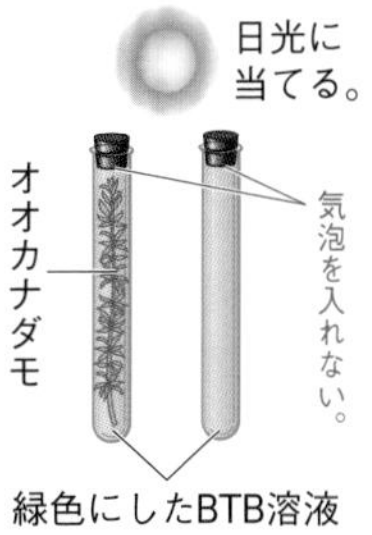

結果1　タンポポの葉を入れた試験管の石灰水はにごらなかった。何も入れない試験管の石灰水は白くにごった。

結果2　オオカナダモを入れた試験管の液は青色になった。何も入れない試験管の液は緑色のままだった。

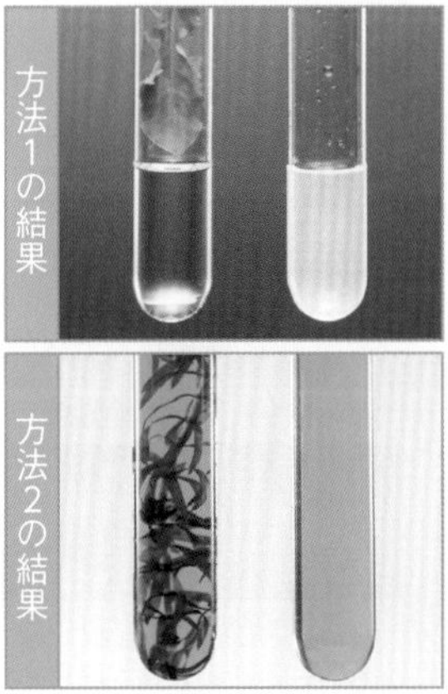

写真2点は©コーベット

考察

・方法1，方法2とも，息にふくまれていた二酸化炭素は，光合成で使われてなくなったと考えられる。

・植物を入れなかった方は変化がなかったことから，石灰水やBTB溶液の色の変化は，植物によるものであることがわかる。

結論　植物が光合成を行うとき，二酸化炭素をとり入れる。

重要実験　二酸化炭素が使われることを気体検知管を用いて調べる

方法

①植物にポリエチレンの袋をかぶせ，袋の中に息を十分にふきこむ。
⇨気体検知管で，袋の中の二酸化炭素の濃度を調べる。

②セロハンテープで穴をふさいでから，2～3時間日光に当てる。
⇨その後，再び気体検知管で袋の中の二酸化炭素の濃度を調べる。

結果と考察

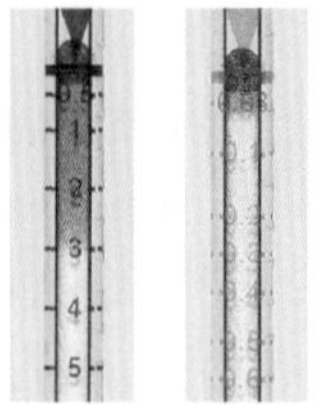

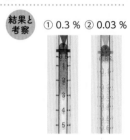

日光に当てたあと二酸化炭素が減少した。
⇨光合成で二酸化炭素が使われた。

実験操作　BTB溶液の性質・気体検知管の使い方・対照実験について

BTB溶液の性質　※色の変化で，溶液が酸性・中性・アルカリ性のどの性質かを調べる指示薬。

●BTB溶液を加えたときの色の変化

酸性→黄色・中性→緑色・アルカリ性→青色

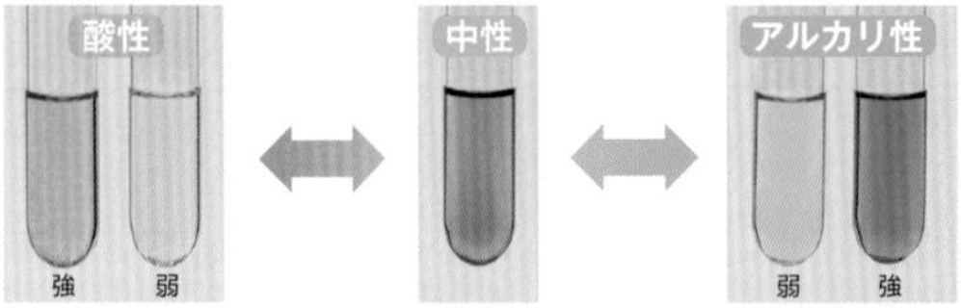

BTB溶液の写真©アフロ

気体検知管の使い方　※気体検知管で，気体中の酸素や二酸化炭素の割合（濃度）を調べることができる。

①気体検知管の両端をチップホルダで折り，先にゴムカバーをつける。

②気体採取器に，気体検知管をさしこむ。

③気体検知管の先を調べたいところにさして，ハンドルを一気に引いて気体検知管に気体をとりこむ。

④決められた時間がたってから，気体検知管の目盛りを読みとる。

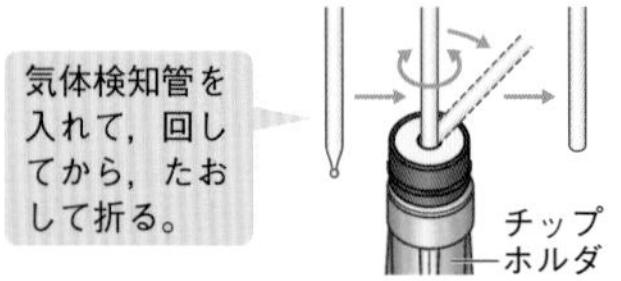

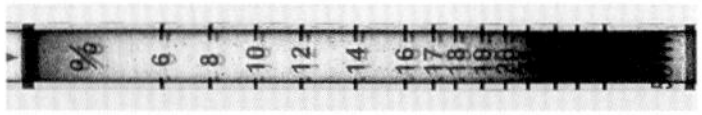

⬆酸素用検知管の結果の例

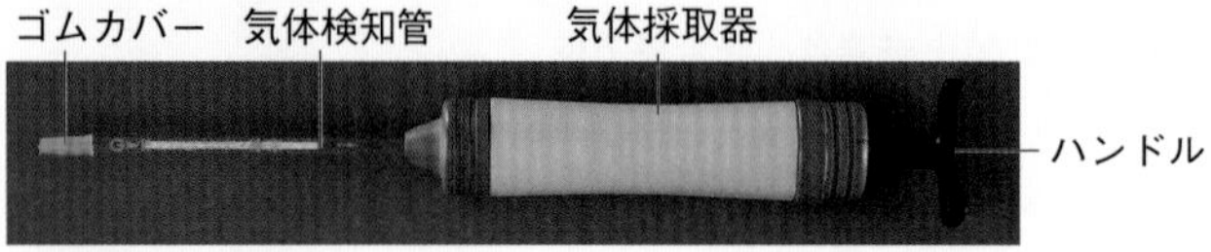

気体採取器，気体検知管の写真提供：ガステック

注意　酸素用検知管は熱くなるので，ゴムカバーを持ち，とりあつかいに注意する。

対照実験について　調べようとしている条件以外の条件は同じにして行う実験を**対照実験**という。対照となるものを用意し，同一操作をすることで，結果のちがいが変えた条件によるものかどうかがわかる。（➡p.107）

光合成の条件を調べるには？

例題 光合成が行われる条件について調べるために，一晩暗いところに置いたオオカナダモを使って，試験管で次のような実験を行った。

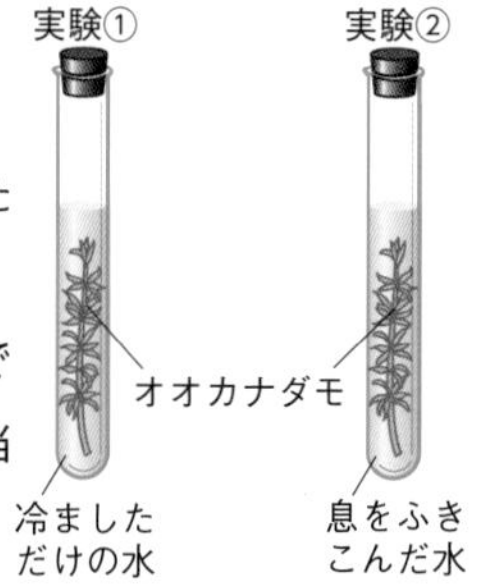

【実験】

①一度沸騰させてから冷ました水にオオカナダモを入れ，ゴム栓でふたをして，2時間ほど日光に当てた。

②一度沸騰させてから冷ました水に，ストローで息を十分にふきこんでからオオカナダモを入れ，ゴム栓でふたをして，2時間ほど日光に当てた。

(1) 実験①と②で，光合成が行われたかどうかを確かめるためには，どのようにすればよいか。

(2) 実験①と②のそれぞれについて，光合成が行われていたか，行われていなかったかを答えよ。

(3) 日光に当てたあとの実験②の水には，ほとんど二酸化炭素がふくまれていないことがわかった。なぜそうなったかを調べるうえで，同時にどのような実験を行う必要があるか。

光合成が行われるとどうなる？

(1) 光合成が行われると，デンプンと酸素がつくられる。
したがって，葉にデンプンがつくられたかどうかを調べる方法や，酸素がつくられたかどうかを調べる方法が考えられる。

実験①と②の条件のちがいは？光合成に必要な原料は？

(2) 光合成には，原料として水と二酸化炭素が必要で，光も必要。
実験①，②とも日光に当てているので，光の条件は同じ。しかし，一度沸騰させた水を使用しているので，そのままでは水中に二酸化炭素がない。
⇨実験②は，ストローで息をふきこんでいるので，水中に二酸化炭素がある。

オオカナダモの有無で比較する。

(3) 二酸化炭素は光合成で使われたと予想できる。したがって，そのほかの条件はすべて同じにして，オオカナダモの有無の条件のみを変えた実験を行えばよい。

答え (1) ・オオカナダモの葉をとり，デンプンができているかどうかをヨウ素液を用いて調べる。
・ゴム栓をはずし，試験管に火のついた線香を入れて燃えるようすを調べる。

(2) 実験①：行われていなかった。　実験②：行われていた。

(3) 試験管の水は実験②と同じで，オオカナダモを入れないもので同時に実験を行う。

5 植物の生活と日光 発展

光合成に必要な日光をできるだけたくさん受けられるように，植物にはさまざまな工夫が見られる。

❶植物と日光…植物は日光が不足すると栄養分をつくることができず，十分に育つことができなくなる。

❷葉のつき方と日光…葉は，たがいに重なり合わないようについている。⇨どの葉にもできるだけ日光が当たりやすくなっている。

❸いろいろな葉のつき方

a 茎の１か所に葉が１枚つき，順に葉のつく向きが変わるもの。

例 ヒメジョオン，ヒマワリ，ケヤキ　など

b 茎の１か所に２枚の葉が向かい合ってつき，順にたがいちがいになっているもの。

例 アジサイ，ハコベ　など

c 茎の１か所に３枚以上の葉が，茎をとり囲むようにつくもの。

例 キョウチクトウ，クガイソウ　など

（上から見たようす）

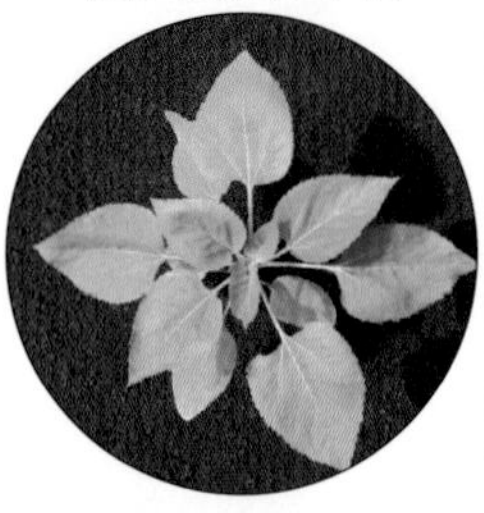

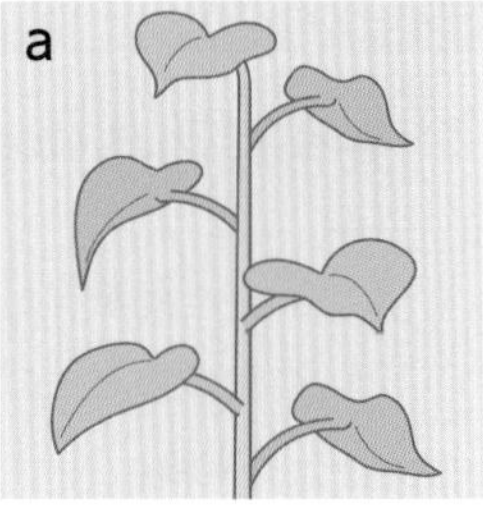

⬆ヒマワリ

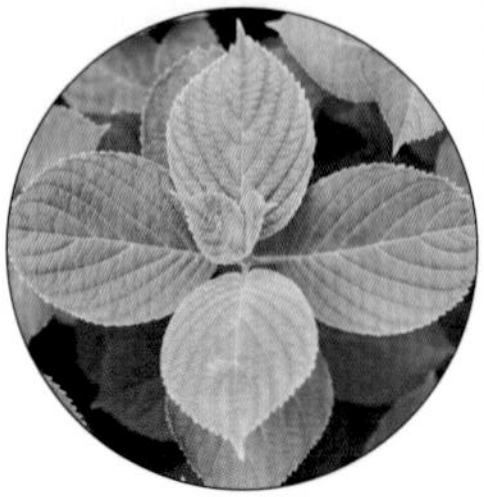

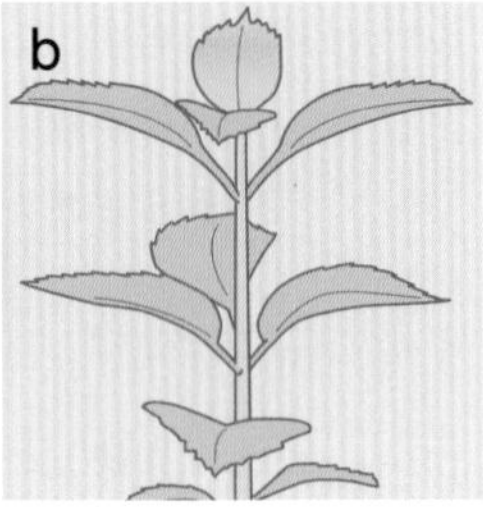

⬆アジサイ

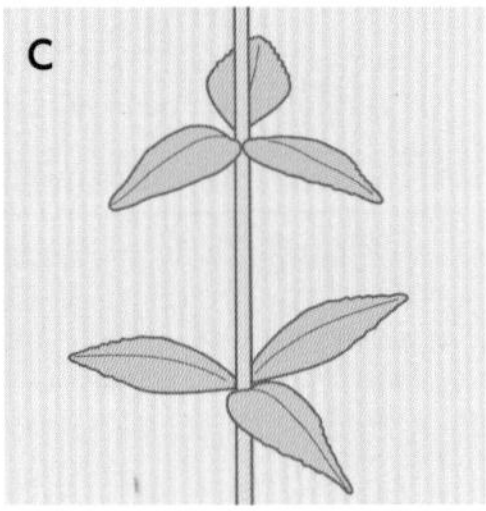

葉のつき方の写真©コーベット

⬆キョウチクトウ

Column アスパラガスの色のちがい 生活

アスパラガスには，緑色のグリーンアスパラガスと，白色のホワイトアスパラガスがある。ちがう種類の植物に見えるが，実は同じ植物で，日光に当てて育てれば緑色になり，土をかぶせるなどして日光に当てなければ白っぽく育つ。

●緑色に見える理由…植物が緑色に見えるのは，葉や茎などの細胞に**葉緑体**があり，葉緑体中に緑色の**葉緑素**がふくまれるからである。葉緑体は色素体というものの一種で，色素体のもとになるものを原色素体（プロプラスチド）といい，条件によって葉緑体や有色体，白色体，エチオプラストなどというものに形を変える。

⬆グリーンアスパラガスとホワイトアスパラガス

●色がちがうのはなぜ…アスパラガスは日光が当たらないと，細胞の中で葉緑素を緑色にする物質（酵素）がはたらかず，また，原色素体は葉緑体にならないでエチオプラストというものになり，緑色には見えなくなる。したがって，日光に当てて育てたアスパラガスは緑色になるが，土をかぶせて育てたアスパラガスは白っぽくなる。

❹**草たけの高さと日光**…植物（野草）のたけの高さと，日光の受け方には次のような関係がある。

- **たけの高い植物**…日光を多く受けることができる。土がやわらかいところで生活するものが多い。
- **たけの低い植物**…周囲にたけの高い植物が多くあると，日光を十分に受けることができない。⇨たけの高い植物が育ちにくい場所で葉を広げ，生活するものがある。

❺**つる草**…茎がやわらかく，細い。ほかの野草や木などに巻きついて高くのび，葉を広げて日光を受ける。ヘチマやエンドウは，巻きひげをほかの野草などに巻きつけてのびる。

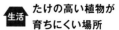

生活　たけの高い植物が育ちにくい場所

ヒメジョオンやススキなどの比較的たけが高くなる野草は，人によくふみつけられるような場所だと茎が折れてしまう。また，土もかたくなるため根をよくはることができない。一方，たけが低い植物は，茎が短くて太く，ふみつけにも強いものが多いので，校庭や道ばたなどのふみかためられたような場所でも目にすることがある。

植物の形と日光の受け方

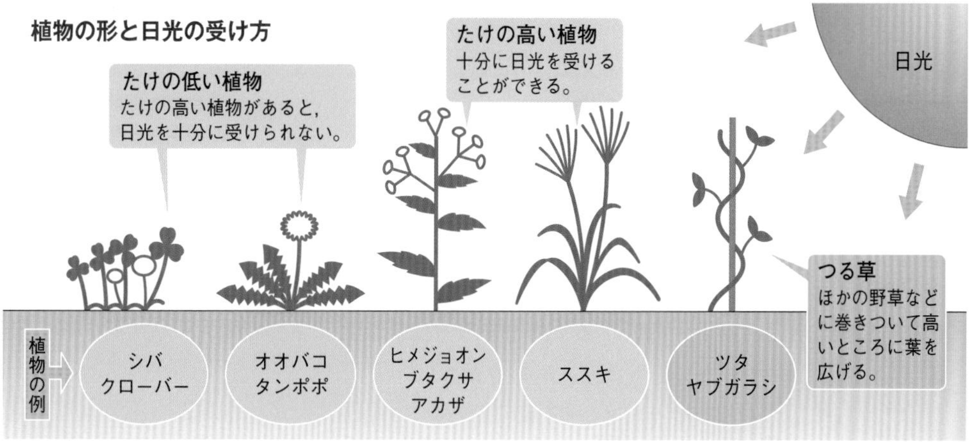

Column　植物の光をめぐる競争

植物は，日光を受けてデンプンなどの栄養分をつくり出して生活しているので，自然の中ではどれだけたくさんの日光を受けることができるかが重要になり，競争も生じる。例えば，植物の生育に適した土地で，山火事や野火（野原で草木などが燃える火事）などで焼けたあとの土地を大変長い期間で観察すると，種子が飛んでくるなどして，最初はたけの低い草が見られる。その後，たけの高い草がたくさん生えてくると，たけの低い草は生育できなくなってくる。やがて低木とよばれる木が育って草は減り，さらに，大きな木が育って森林が形成されていく。森林の地面は，上方の木の葉で日光がさえぎられるので，木もれ日程度の光でも生活できるような植物が中心となる。

⬆ブナの森。森林の地面は昼でもあまり日光が当たらない。

2 植物の呼吸

教科書の要点

1 呼吸

◎**呼吸**（**細胞の呼吸**）…栄養分を，酸素を使って分解して，生命活動のためのエネルギーをとり出すはたらき。

栄養分 ＋ 酸素 ⟶ 二酸化炭素 ＋ 水（エネルギー）

2 呼吸と光合成

◎呼吸と光合成では，気体の出入りがたがいに逆になっている。

・**光合成**…二酸化炭素を吸収し，酸素を放出。

・**呼吸**…酸素を吸収し，二酸化炭素を放出。

1 呼吸

植物は，光合成では栄養分をつくり出し，呼吸（細胞の呼吸，➡p.97）では栄養分を使っている。

●**呼吸**（**細胞の呼吸**）…有機物であるデンプン（栄養分）を酸素を使って分解して，生命活動のためのエネルギーをとり出すはたらき。このとき，無機物の二酸化炭素と水ができる。

発展 光合成と呼吸をエネルギーの観点から見る

光合成では，光のエネルギーが化学エネルギーというものに変わって栄養分の中にたくわえられる。

これに対して呼吸では，栄養分を酸素を使って分解することで，栄養分の化学エネルギーをとり出している。⇨生きるためのエネルギーとなる。

比較 光合成と呼吸のはたらき

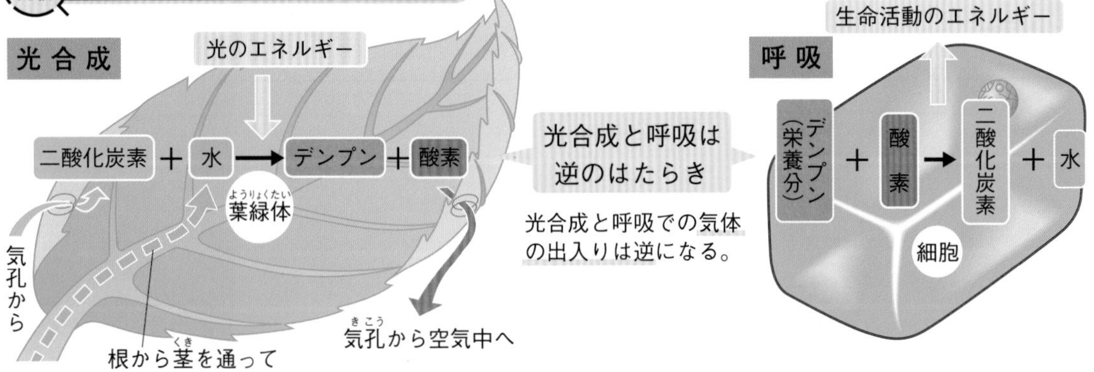

※光合成は葉の細胞にある葉緑体で行われるが，植物のからだはいろいろな細胞でできていて，葉緑体がない細胞もある。呼吸は葉緑体で行われるのではなく，植物の細胞レベルで行われるはたらきと理解しておこう。

重要実験 植物の呼吸を確かめる実験

方法 ①ポリエチレンの袋(ふくろ)に新鮮(しんせん)な植物と空気を入れたもの（a）と，空気だけを入れたもの（b）を用意し，袋の口はガラス管などをセットしてしっかり閉じる。
②①の袋を暗いところに一晩置いたあと，２つのポリエチレンの袋の中の空気をそれぞれ石灰水(せっかいすい)に通し，石灰水の色の変化を調べる。

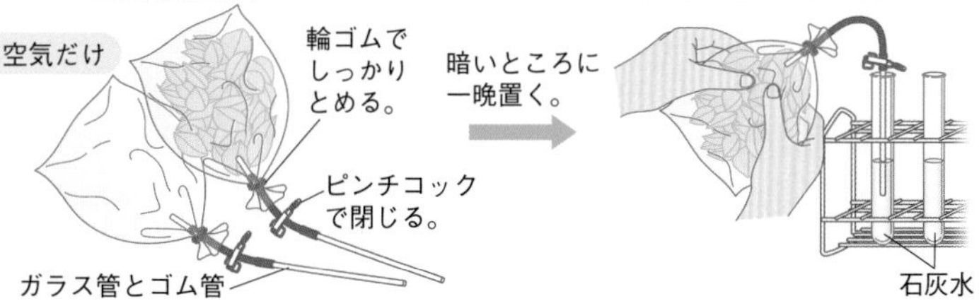

a空気と植物
b空気だけ
輪ゴムでしっかりとめる。
ピンチコックで閉じる。
ガラス管とゴム管
暗いところに一晩置く。
石灰水の色の変化を調べる。
石灰水

結果と考察
・aの空気を通した石灰水は白くにごった。
・bの空気を通した石灰水は変化しなかった。
⇨植物は呼吸を行い，二酸化炭素を出す。

※石灰水を用いているが，気体検知管で調べてもよい。

2 呼吸(こきゅう)と光合成(こうごうせい)

植物は，昼間は光合成だけではなく，呼吸も行っている。

❶**呼吸と光合成で出入りする気体**…たがいに逆である。

a **呼吸**…酸素を吸収し，二酸化炭素を出す。
→できた水も一部は水蒸気となって出る。

b **光合成**…二酸化炭素を吸収し，酸素を出す。

❷**１日における呼吸と光合成の関係（※天気がよい日）**

a **昼**…呼吸も行うが，光合成の方がさかん。

b **朝や夕方**…呼吸と光合成はつり合う。

c **夜**…呼吸だけを行う。

くわしく 光合成がさかんなときの気体の量

天気のよい昼間などは，光合成によって吸収される二酸化炭素の量の方が，呼吸で出される二酸化炭素の量よりもはるかに多い。また，光合成によって出される酸素の量は，呼吸で消費される酸素の量よりも多い。

したがって，植物全体としては見かけ上，二酸化炭素を吸収し酸素を出すことになる。この二酸化炭素と酸素の収支の差のおかげで，ヒトや動物は酸素をとり入れて生きていくことができる。

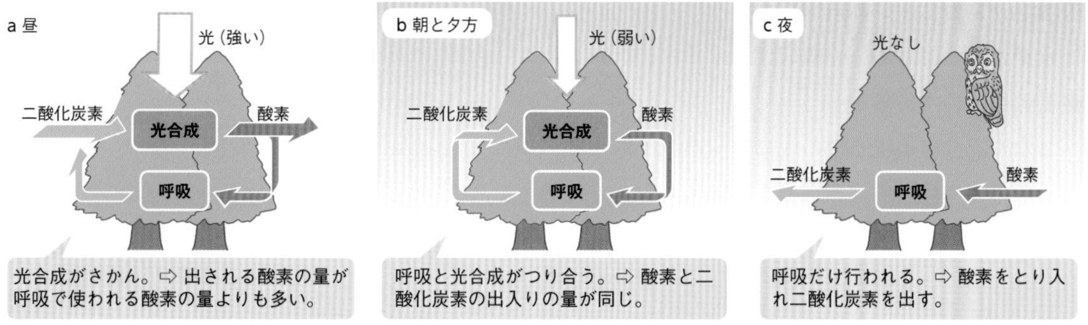

a昼
光（強い）
二酸化炭素
酸素
光合成
呼吸
光合成がさかん。⇨出される酸素の量が呼吸で使われる酸素の量よりも多い。
b朝と夕方
光（弱い）
二酸化炭素
酸素
光合成
呼吸
呼吸と光合成がつり合う。⇨酸素と二酸化炭素の出入りの量が同じ。
c夜
光なし
二酸化炭素
酸素
呼吸
呼吸だけ行われる。⇨酸素をとり入れ二酸化炭素を出す。

⬆植物を出入りする気体の量の関係

3 植物の水の通り道

教科書の要点

1 根のつくり

◎ **根毛**…根の先端近くに生えていて，土中から水や水にとけた養分を吸収する。

◎ 水や養分は根から吸収されて，次のように移動する。
根→根の内部の細胞→根の道管→茎・葉の道管→からだ全体

2 茎のつくり

◎ 茎の断面…茎には**維管束**があり，**道管**や**師管**が集まっている。

3 水や栄養分の移動

◎ 根で吸収した水や養分…道管を通って運ばれる。
◎ 葉でつくられた栄養分…師管を通って運ばれる。
◎ 植物の体内では，道管と師管は根⇔茎⇔葉とつながる。

4 維管束の並び方

◎ 茎では，双子葉類は輪状に並び，単子葉類は散在する。

1 根のつくり

根にはからだを支えるほか，土の中から水や水にとけた養分（肥料となる無機物や無機養分など）を吸収するはたらきがある。

❶ **根毛**…根の表面の細胞の一部が細長くのびたもの。土の粒のせまいすきまにも入りこむ。

❷ **根毛があることの利点**…根の表面積が大きくなり，土の中の水や水にとけた養分を吸収するのにつごうがよい。

❸ **根の中での水の移動**

a 水や養分は根毛や根の表面から吸収され，根の中に入る。
b 根の中では，内部の細胞を移動し，中心部に進む。
c 中心部にある**道管**（➡p.115）に入る。
　└→ 根から吸収した水や養分が通る管。
d 根の道管に入った水や養分は，茎・葉の道管を通って，からだの各細胞に運ばれる。

思考 根の表面積が大きくなるとは？

根毛の１本１本は小さなものだが，数が多いので，その表面積を合計すると，とても大きくなる。

例えば，ライムギ１本の根をすべてつなぐと，全長約630 km，全表面積は約650 m^2（バレーボールのコート約４面の広さ）にもなるといわれている。

⬆根毛のようす（ダイコン）　©コーベット

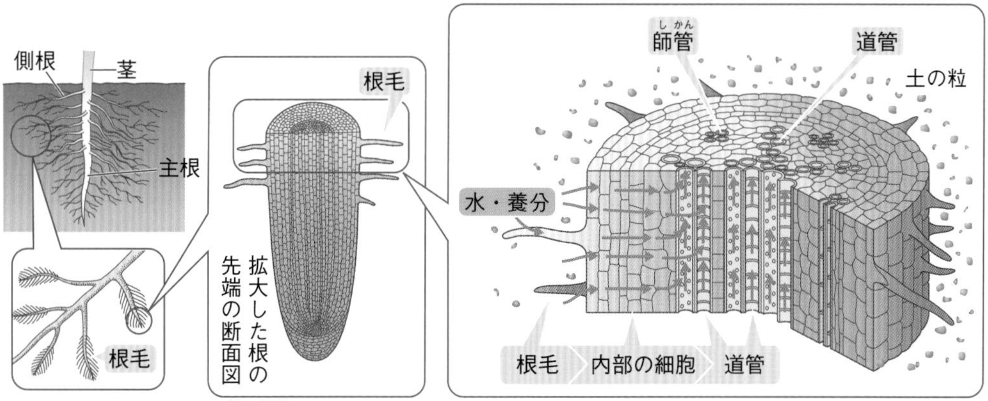

⬆根のつくりと水の移動経路（例 双子葉類の根）

2 茎のつくり

茎の断面を見ると，管が集まった特別なつくりが見られる。

❶**維管束**…道管と師管などが束のように集まってまとまっている部分。維管束は，根⇔茎⇔葉とつながっている。

❷**維管束のつくり**…道管，師管，形成層などからなる。

重要
- a **道管**…根で吸収した水や水にとけた養分が通る管。
- b **師管**…葉でつくられた栄養分が通る管。

c **形成層**…道管と師管の間にある組織。単子葉類にはない。細胞がふえて，茎を太らせるはたらきがある。

発展　維管束はすべての植物にあるか?

コケ植物には，維管束といえるつくりはない。コケ植物は，しめりけの多いところで生育し，水をからだの表面全体から吸収するため，水が通る管をふくむ維管束のようなつくりをもつ必要がないからである。維管束がないことが，コケ植物にたけが低く，地面にはりついて生活するものが多い理由の1つである。

ここに注目　茎のつくり（例 双子葉類）

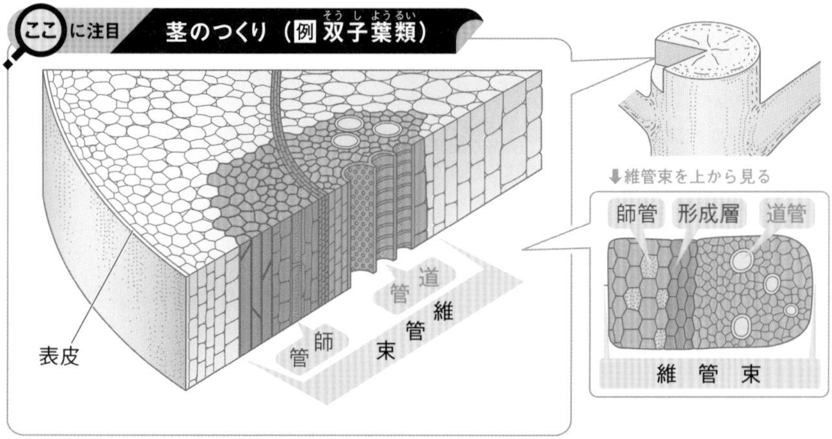

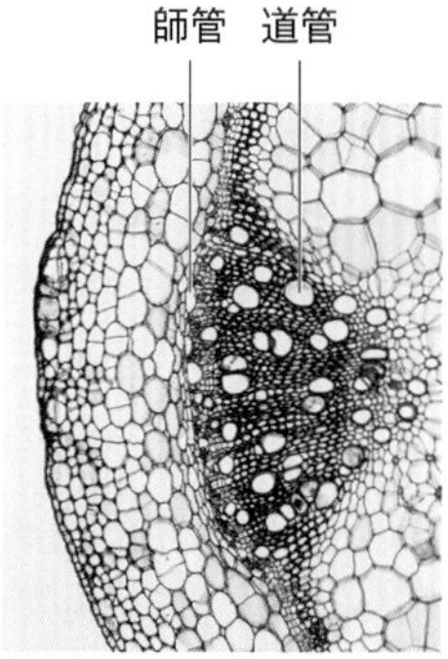

⬆ホウセンカの維管束（着色してある）

3 水や栄養分の移動

葉でつくられたデンプンは，形を変えて運ばれる。

❶水の移動…根で吸収した水や養分は，道管を通って，茎・葉・花などのからだの各部分に運ばれる。

❷葉でつくられたデンプンの移動…デンプンは水にとけやすい物質に変えられ，師管を通って，からだの各部分に運ばれる。

❸デンプンの使われ方…植物のからだをつくることや呼吸に使われたり，根・茎，果実や種子にたくわえられたりする。

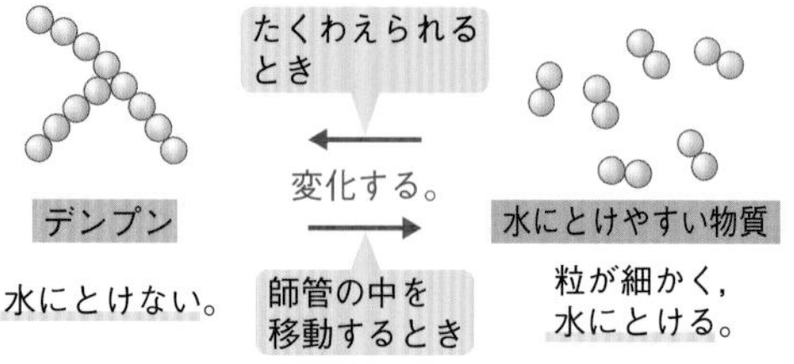

⇨デンプンはブドウ糖がいくつもつながったつくりをしているために大きく，そのままでは師管を通ることができない。

❹師管のつくりの特徴

・師管は，茎の中では道管より外側（茎の表面側）にある。

・ふるいのような小さな穴のあいた仕切りがある。⇨デンプンは，そのままでは通りぬけることができない。

発展 デンプンのたくわえられ方

植物のからだにたくわえられたデンプンを貯蔵デンプンという。デンプンをたくわえる場所は植物の種類によってちがい，ジャガイモは地下の茎に，サツマイモは根にたくわえる。

また，貯蔵デンプンの粒の形は植物の種類によって決まっているので，デンプンの粒の形を観察することで，植物の種類を調べることができる。

生活 デンプンの分解

お米（イネの種子）にはデンプンがたくわえられていて，わたしたちはお米を食べると栄養素としての炭水化物（糖質）をからだにとり入れることができる。

デンプンは，グルコース（ブドウ糖）という物質が多数つながったつくりをしていて，デンプンを体内にとり入れると，グルコースに分解されて吸収され，さらに分解されると二酸化炭素と水になる。

Column 道管と師管は何がちがう？ 思考

●**道管のつくり**…道管は，はじめは細長い細胞が縦につながっていたものが，のちに境目の上下の細胞壁や細胞質がなくなって，長くつながって管状になったものである。道管の細胞壁は内側が木化（リグニンという細胞壁の成分となる物質をつくること）して厚くなり，かたくなっている。また，道管の表面には環状やらせん状の模様が見られる。

●**師管のつくり**…師管は，道管と同じように細長い細胞が縦に並んで長い管となっているが，細胞と細胞が接する部分の細胞壁にふるいのような小さな穴が多数あいている。師管の細胞壁は厚くなっておらず，細胞質も残っている。

道管は死んだ細胞でできていて，師管は生きた細胞でできていることになるよ。

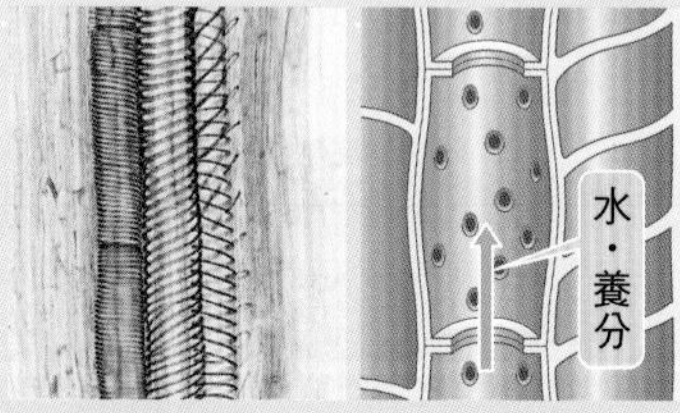

⬆道管のようす（左：写真　右：模式図）

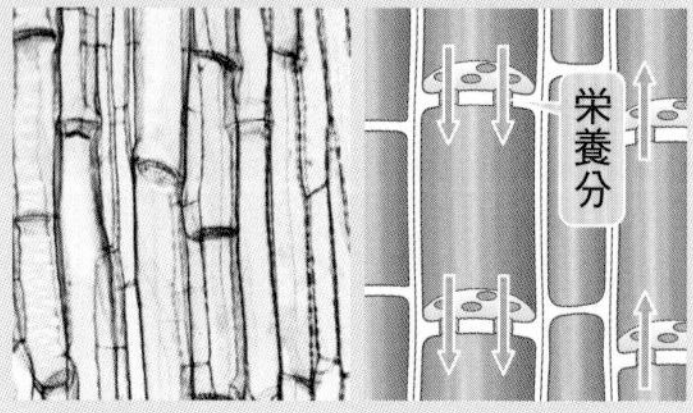

⬆師管のようす（左：写真　右：模式図）

重要観察　植物の茎のつくりを調べる

目的　身近な植物を使って，茎のつくりを顕微鏡で観察し，維管束のようすなどを確かめる。

方法　①食紅などで着色した水に，茎で切ったホウセンカ，トウモロコシをさしておく。
②茎を，輪切りにしたものと縦にうすく切ったものを，顕微鏡で観察する。

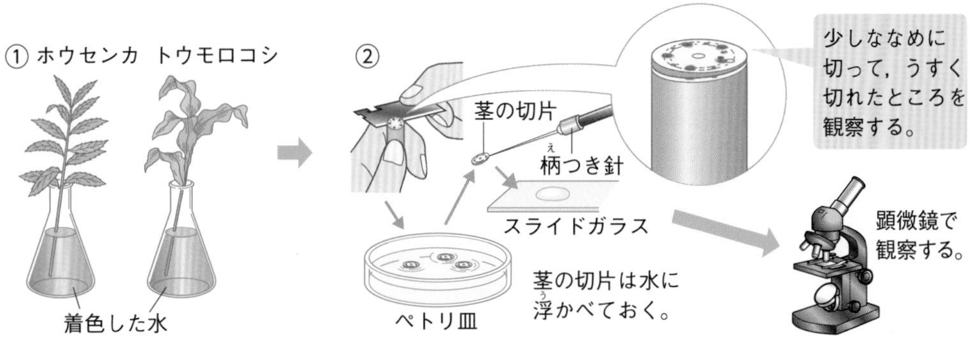

① ホウセンカ　トウモロコシ
着色した水
②
茎の切片
柄つき針
少しななめに切って，うすく切れたところを観察する。
スライドガラス
顕微鏡で観察する。
ペトリ皿
茎の切片は水に浮かべておく。

注意
●茎を輪切りにするときは，かみそりの刃は手前に引くようにして切る。

結果　それぞれの茎の断面（輪切りと縦切り）は，次のようになっていた。

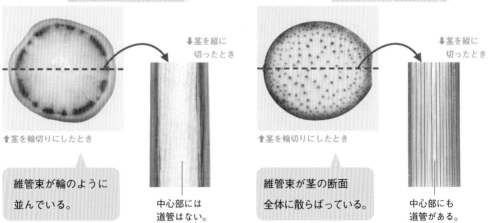

a ホウセンカ→赤く染まった部分は道管。

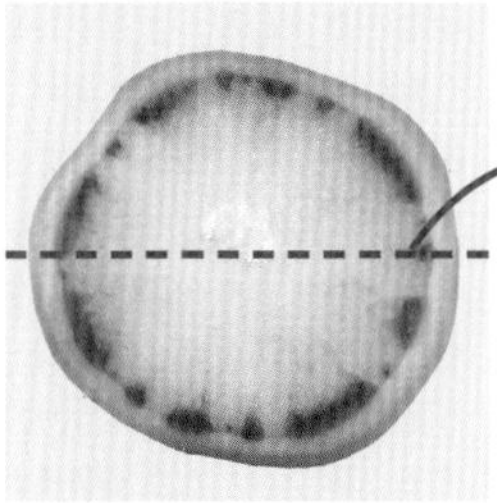
⬆茎を輪切りにしたとき

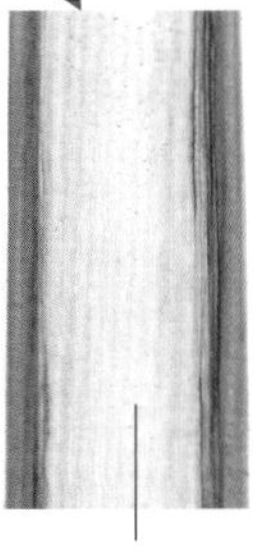
⬇茎を縦に切ったとき

維管束が輪のように並んでいる。

中心部には道管はない。

b トウモロコシ→赤く染まった部分は道管。

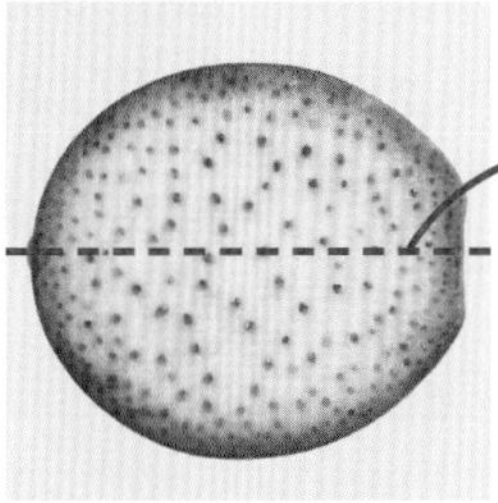
⬆茎を輪切りにしたとき

⬇茎を縦に切ったとき

維管束が茎の断面全体に散らばっている。

中心部にも道管がある。

結論　・茎の中には，水が通る道管がある。
・植物の種類によって，維管束の並び方がちがっている。

写真はすべて©コーベット

4 維管束の並び方

被子植物は，双子葉類と単子葉類に分けられたが，維管束の並び方のようすも大きく異なっている。

(1) 双子葉類・単子葉類の茎の維管束の並び方のちがい

❶ **双子葉類**…輪のように（輪状に）並んでいる。茎の中心部分には維管束はない。

❷ **単子葉類**…茎全体に散らばっている（散在している）。

❸ **根の道管や師管**…根の道管や師管の並び方も，双子葉類と単子葉類でちがっている。

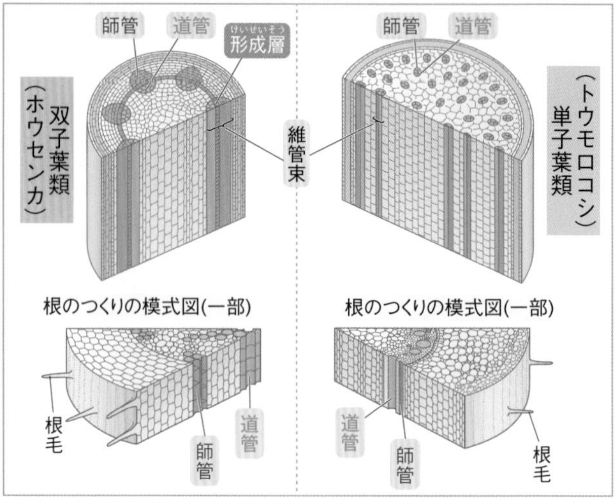

比較 双子葉類と単子葉類

▶中学１年で学習した内容もあわせて確認しよう。

	双子葉類		単子葉類	
子葉の数	 ⬅アサガオ	・２枚	 ⬅トウモロコシ	・１枚
葉脈		・網状脈	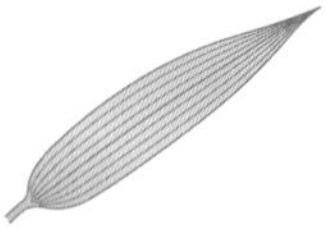	・平行脈
根のようす	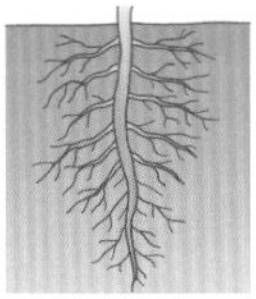	・主根と側根	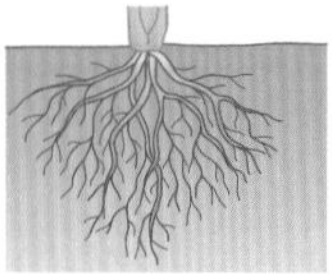	・ひげ根
茎の維管束	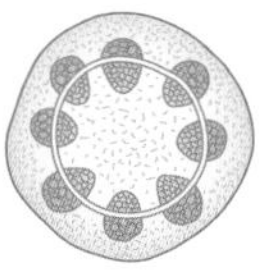	・輪のように並ぶ。	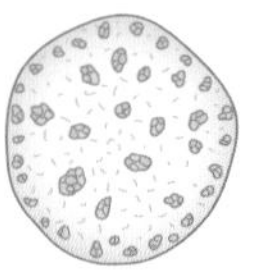	・全体に散らばっている。

表の写真２点は©PIXTA

発展 樹木の年輪

木の切り株を見ると，同心円状のしま模様が見られる。これを年輪という。

木の幹にも形成層があり，形成層の細胞がさかんにふえることで外側へ向かって幹が太くなる。あたたかい時期は細胞のふえ方がさかんで，細胞は大きくなるが，寒くなると細胞はほとんどふえず，ち密につまったようになり，色が濃く見える。再びあたたかくなると，濃く見える部分の外側にまた成長していく。したがって，この濃く見える部分は１年に１つずつできていくので，年輪を観察すれば，木の年齢を知ることができる。

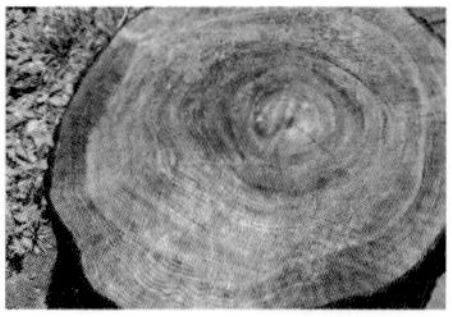
木の年輪➡

©photolibrary

4 蒸　散

教科書の要点

1 葉のつくり

◎葉の内部はたくさんの細胞が集まってできている。

◎葉の表面は細胞がすきまなく並んでいて（表皮），気孔もある。

◎葉に見られる葉脈は，葉の維管束の部分。

2 気孔のつくり

◎**気孔**…表皮にある１対の，三日月形をした細胞（**孔辺細胞**）に囲まれた穴。

◎**蒸散量の調節**…気孔の開閉によって調節される。

3 蒸散

◎**蒸散**…植物のからだから，水が水蒸気となって体外に放出される現象。

◎**蒸散の効果**…根からの吸水，体内での水の上昇などに役立つ。

1 葉のつくり

葉の断面を見ると，表皮や内部にはたくさんの細胞がある。

(1) **葉のつくり**…葉はたくさんの細胞からできている。

❶**内部の細胞**…細胞にはたくさんの葉緑体があり，光合成を行う。

　a **葉の表側の細胞**…すきまなく並んでいる。（さく状組織という。）

　b **葉の裏側の細胞**…並び方にすきまがある。（海綿状組織という。）

❷**表皮の細胞**…１層の細胞が，すきまなく並ぶ。表皮の細胞には葉緑体がない。

⇨ところどころに気孔がある。

❸**葉の維管束**…根や茎からつながった維管束が葉にも通っている。葉脈として見える。

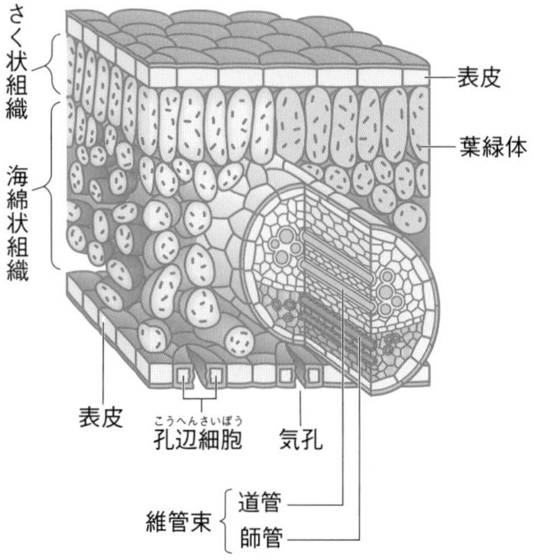

⬆葉のつくりの模式図

2 気孔のつくり

植物は，気孔を通して水蒸気を出したり，酸素や二酸化炭素の出し入れを行ったりしている。

❶**気孔**…葉の表皮にある１対の三日月形をした細胞（**孔辺細胞**）に囲まれた穴（すきま）。ふつう，葉の裏側に多くある。

❷**気孔のはたらき**…植物体内に出入りする気体の出入り口となっている。

a **蒸散では**…水蒸気が出る。

b **光合成では**…二酸化炭素をとり入れ，酸素を出す。

c **呼吸では**…酸素をとり入れ，二酸化炭素を出す。

❸**気孔の開閉**…気孔は，孔辺細胞のはたらきで開閉し，体外に放出する水蒸気の量を調節する。

⇨ふつうは，昼間は開き，夜間は閉じているが，さまざまな気象条件が組み合わさって開閉する。

例 気温の高低，光の強さ，空気のしめりぐあい，風通しのよい・悪い など

いろいろな植物の気孔の例　写真３点は©コーベット

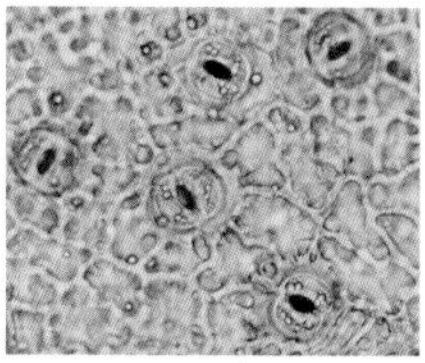
⬆ツバキ

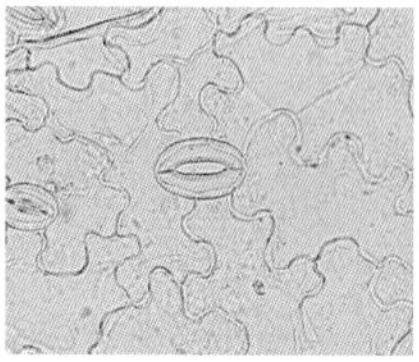
⬆ホウセンカ

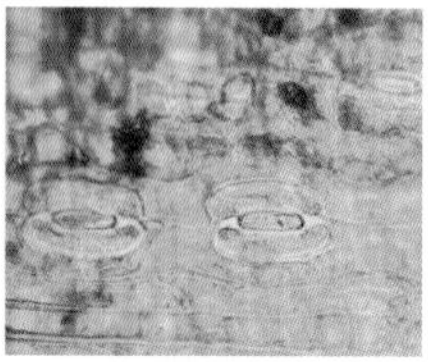
⬆クロマツ

ここに注目 気孔のつくりと開閉

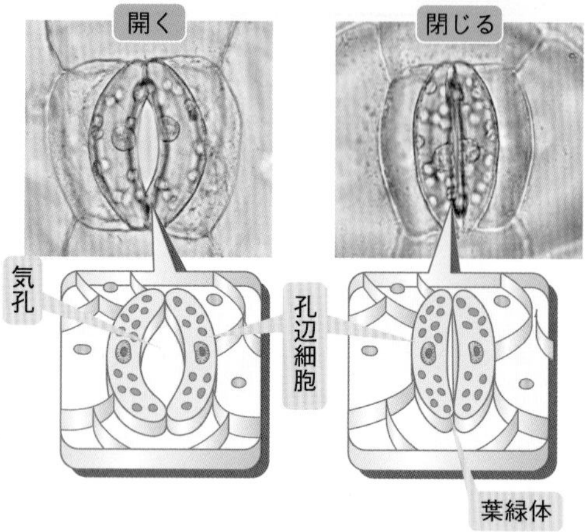

ツユクサの気孔の写真©OPO/Artefactory

テストで注意 孔辺細胞と葉緑体

ふつう，葉の表皮の細胞には葉緑体はない。しかし，表皮にある孔辺細胞には葉緑体があることに注意しよう。

発展 気孔が開閉するしくみ

孔辺細胞は，気孔側の細胞壁が厚く，孔辺細胞内の水分が多くなって細胞がふくらむと，うすい細胞壁側に曲がり，気孔が広がる。それにより，水蒸気が外に出やすくなる。水分が少なくなると孔辺細胞の形はもとにもどり，気孔が閉じる。

Column 葉の表と裏の色

植物の種類によるが，葉の表側は緑色が濃い一方で，葉の裏側はうすい緑色という植物は多い。光がよく当たる葉の表側は，光合成を効率よくできるように細胞がすきまなく並んでいるのに対し，葉の裏側では，細胞と細胞の間にすきまをもうけることで，気体の出入りがしやすいつくりとなっている。したがって，細胞のつまりぐあいの差が，緑色の濃さの見え方のちがいになっている。

⬆ゲッケイジュの葉
（左：表側 右：裏側）
©photolibrary

重要観察　植物の葉のつくりを調べる

目的　葉の表面や断面のようすを顕微鏡(けんびきょう)で観察し，葉のつくりを調べる。

方法　①ツバキとツユクサの葉の葉脈を観察する。

②ツユクサの葉の表皮を顕微鏡で観察する。

ポイント　●倍率は100～150倍

③ツバキの葉をうすく切りとり，葉の断面を顕微鏡で観察する。

ポイント　●倍率は100～150倍

注意

●葉を切るときは，かみそりの刃(は)は手前に引くようにして切る。

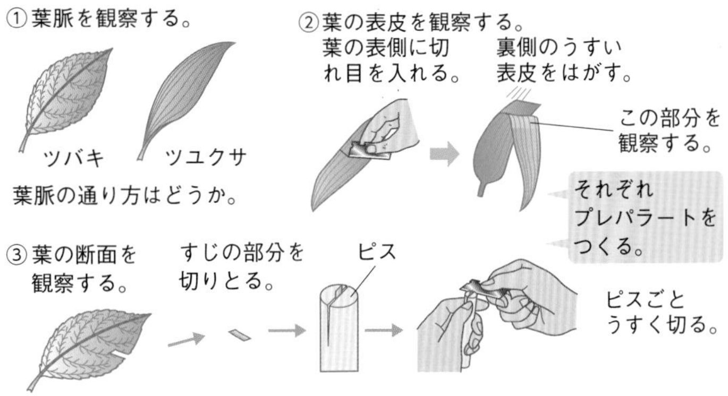

①葉脈を観察する。
ツバキ
ツユクサ
葉脈の通り方はどうか。
②葉の表皮を観察する。
葉の表側に切れ目を入れる。
裏側のうすい表皮をはがす。
この部分を観察する。
それぞれプレパラートをつくる。
③葉の断面を観察する。
すじの部分を切りとる。
ピス
ピスごとうすく切る。

結果と考察

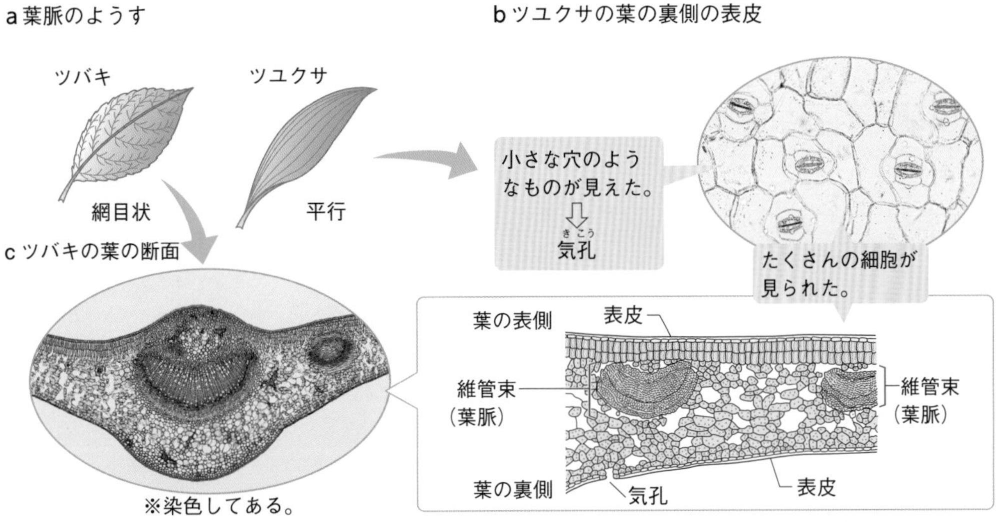

a 葉脈のようす
ツバキ
ツユクサ
網目状
平行
b ツユクサの葉の裏側の表皮
小さな穴のようなものが見えた。
気孔
たくさんの細胞が見られた。
c ツバキの葉の断面
※染色してある。
葉の表側
表皮
維管束（葉脈）
維管束（葉脈）
葉の裏側
気孔
表皮

写真2点は©コーベット

結論
- 葉の表皮も内部も，細胞がたくさん集まってできている。
- 葉にも茎からつながった維管束がある。維管束は葉脈として見える。
- 葉の表皮には，三日月形の細胞に囲まれた，気孔という穴がある。

3 蒸散

植物は，根から水を吸収する一方で，葉から水を出している。

❶**吸水**…植物が根から水を吸い上げること。

❷**水の移動**…吸水で根からとり入れられた水は，根および茎の道管を通って，からだ全体に送られる。

❸**蒸散**…植物のからだから，水が水蒸気となって，植物の体外に放出される現象。

a **蒸散の行われる場所**…おもに葉で行われる。
⇨葉の表皮にある**気孔**で行われている。

b **葉の表と裏での蒸散**…蒸散はふつう，葉の表側より裏側でさかんである。⇨陸上に育つ植物は，ふつう，葉の裏側に多くの気孔があるため。

❹**蒸散の効果**…体内の水分量の調節以外にもいろいろある。

a 道管の中の水を引き上げるのに役立つ。

b 根から新しい水や養分を吸収するのに役立つ。

c 水が水蒸気になるときまわりから熱をうばい，植物のからだの温度が上がるのを防ぐ。

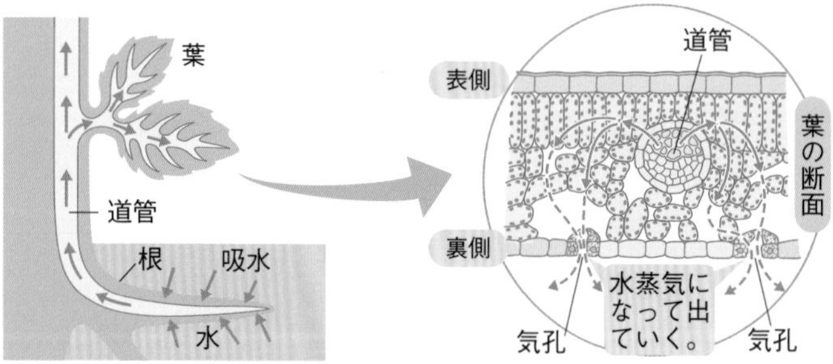

復習 植物に袋をかぶせておくと

夏の時期に，花だんに育っている植物や，葉がしげっている木の枝に，ビニルの袋をかぶせて口を閉じておくと，やがて袋の内側が白くくもり，中に水がたまった。この水は，葉から出された水だったことを思い出そう。

くわしく 葉の維管束内の道管と師管

維管束は，根⇔茎⇔葉とつながっていて，茎の維管束では，道管が茎の中心側に近い部分に，師管が茎の外側に近い部分にあった。葉の維管束では，道管が葉の表側に近い部分に，師管が葉の裏側に近い部分にある。

発展 植物の吸水の原動力

大木であっても上の方の葉のすみずみまで水が行き届くしくみとしては，次のことが関係していると考えられている。

- 根の中が吸収した水でいっぱいになり，水を押し上げようとする力が生じる。
- 道管はとても細い管で，そこを通る水は，水自身の凝集力という力によって途切れない。
- 葉ではたえず蒸散が行われているため，水が上へ上へと吸い上げられることになる。

Column 葉から直接出される水

一部の植物の葉のへりには，葉脈の末端に水孔という穴がある。気孔と同じように1対の孔辺細胞に囲まれるが，開閉はせず，開いたままである。空気中の水蒸気が多く，蒸散がおさえられているときに根からの吸水量が多ければ，水は水蒸気にならず，水滴の状態で水孔から押し出される。風のない気温が低めの夏の朝などに見られることがある。

⬆ワレモコウの葉のへりから出ている水

重要実験　葉からの蒸散と吸水量の関係を調べる

目的 葉の気孔から蒸散できないようにしたり，葉をとり除いたりしたときの吸水量を調べ，蒸散と吸水の関係をつかむ。

方法 ①同じような大きさと枚数の葉がついた4本の枝を準備し，次のように条件を変える。

a 葉には何もしない。
b 葉の表側にワセリンをぬる。
c 葉の裏側にワセリンをぬる。
d 葉をすべてとる。

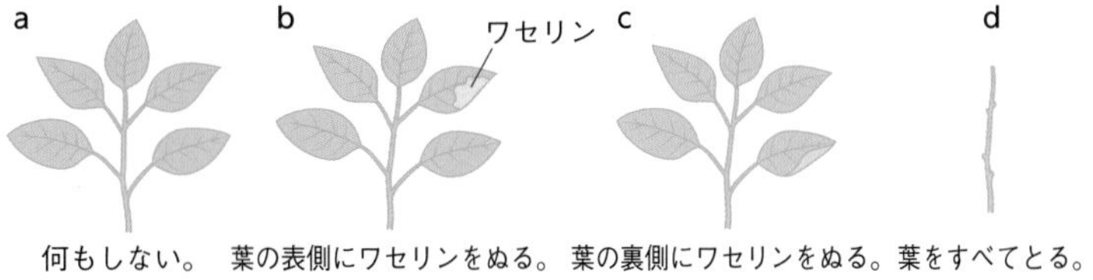
a
b
ワセリン
c
d
何もしない。
葉の表側にワセリンをぬる。
葉の裏側にワセリンをぬる。
葉をすべてとる。

ポイント ●ワセリンのはたらき…ワセリンをぬったところは，気孔からの気体の出入りはできなくなる。

②水を入れた水そうの中で，①の枝の茎と水を満たしたシリコンチューブをつなぐ。

③バットに，4本の枝を同時に置き，20分ほどたったらシリコンチューブ内の水の量の変化を調べる。

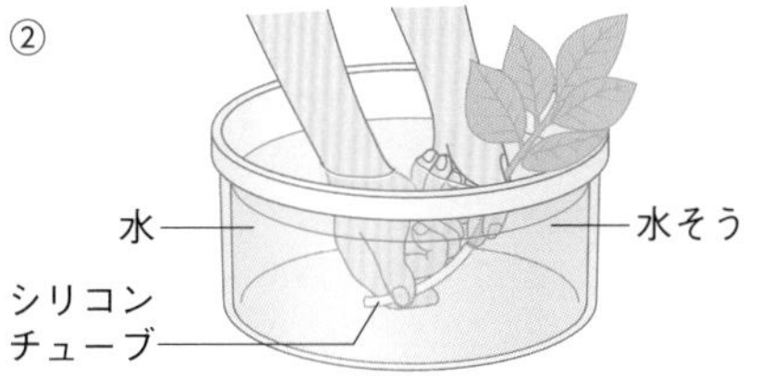
②
水
水そう
シリコンチューブ

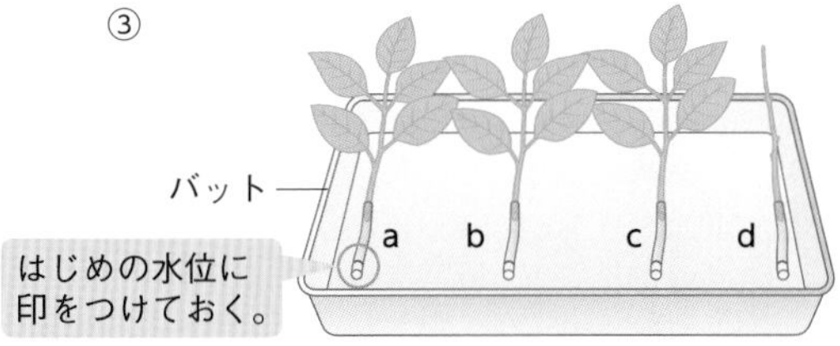
③
バット
a
b
c
d
はじめの水位に印をつけておく。

注意
●茎とシリコンチューブをつなぐときは，空気が入らないようにする。また，つないだら，一度全体を持ち上げて，シリコンチューブ内の水が出ないことを確かめる。

結果 ・最も水が減っていたのはa，2番目に水が減っていたのはb，3番目に水が減っていたのはcで，dはほとんど水が減っていなかった。

考察と結論
・葉をとり除いたものではほとんど吸水は起こらないので，葉からの蒸散があることで吸水が起こる。
・葉の表側にも裏側にも気孔はあり蒸散は起こるが，bとcの比較(ひかく)から葉の裏側の方が気孔は多い。

参考 シリコンチューブのかわりに，水を入れた試験管に枝をさし，水の減り方を比べる方法もある。その場合は，試験管の水の表面から水が蒸発して減らないように，水面に油を浮(う)かべておく。

ここに注目　植物のからだのしくみ

動画
植物の水の通り道

→は水，→は葉でつくられた栄養分の流れ。

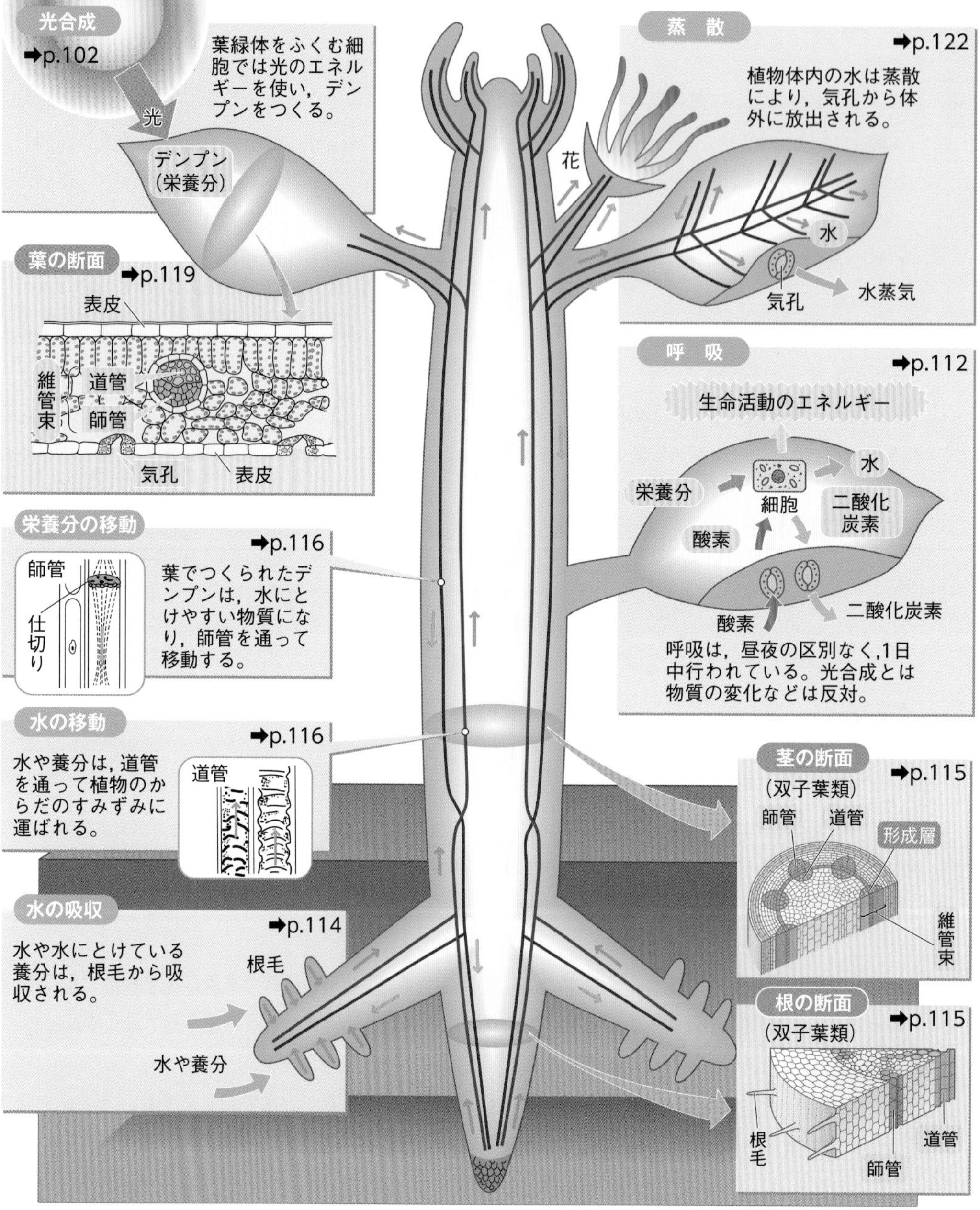

光合成
➡p.102
葉緑体をふくむ細胞では光のエネルギーを使い，デンプンをつくる。
光
デンプン（栄養分）
葉の断面
➡p.119
表皮
維管束
道管
師管
気孔
表皮
栄養分の移動
➡p.116
師管
仕切り
葉でつくられたデンプンは，水にとけやすい物質になり，師管を通って移動する。
水の移動
➡p.116
水や養分は，道管を通って植物のからだのすみずみに運ばれる。
道管
水の吸収
➡p.114
水や水にとけている養分は，根毛から吸収される。
根毛
水や養分
蒸　散
➡p.122
植物体内の水は蒸散により，気孔から体外に放出される。
花
水
気孔
水蒸気
呼　吸
➡p.112
生命活動のエネルギー
栄養分
細胞
水
二酸化炭素
酸素
酸素
二酸化炭素
呼吸は，昼夜の区別なく，1日中行われている。光合成とは物質の変化などは反対。
茎の断面
➡p.115
（双子葉類）
師管
道管
形成層
維管束
根の断面
➡p.115
（双子葉類）
根毛
師管
道管

チェック 基礎用語 次の〔　　〕にあてはまるものを選ぶか，あてはまる言葉を答えましょう。

1 光合成～ 2 植物の呼吸

解答

□(1) 植物が光（日光）を受け，デンプンなどの栄養分をつくるはたらきを〔　　〕という。　(1)光合成

□(2) 光合成でデンプンができた葉を，エタノールで処理したあと，ヨウ素液につけると〔　　〕色になる。　(2)青紫

□(3) 光合成が行われる場所は葉の細胞内の〔　　〕で，光合成の原料は〔　　〕と水である。　(3)葉緑体，二酸化炭素

□(4) 呼吸は，有機物のデンプン（栄養分）を〔　　〕を使って分解し，生命活動のエネルギーをとり出すはたらきである。　(4)酸素

□(5) 呼吸と光合成では気体の出入りは〔　　〕になっていて，呼吸を行うときは酸素を吸収して，〔 窒素　二酸化炭素 〕を放出する。　(5)逆（反対），二酸化炭素

□(6) 植物は，1日中〔 光合成　呼吸 〕を行っている。　(6)呼吸

3 植物の水の通り道～ 4 蒸散

□(7) 根の先端近くには〔 ひげ根　根毛 〕が生えていて，土中から水や水にとけた養分を吸収する。　(7)根毛

□(8) 根で吸収した水や水にとけた養分が通る管を〔　　〕といい，葉でつくられた栄養分が通る管を〔　　〕という。　(8)道管，師管

□(9) 道管と師管などが束状に集まってまとまっている部分のことを〔　　〕という。　(9)維管束

□(10) 〔 単子葉類　双子葉類 〕の茎では，維管束は輪状に並ぶ。　(10)双子葉類

□(11) 葉の表皮にある1対の三日月形の細胞を〔　　〕という。　(11)孔辺細胞

□(12) (11)に囲まれた穴（すきま）を〔　　〕といい，ふつう，葉の〔 表側　裏側 〕に多くある。　(12)気孔，裏側

□(13) 植物のからだから，水が水蒸気となって体外に放出されるはたらきを〔　　〕という。　(13)蒸散

1 消化と吸収

教科書の要点

1 食物中の栄養分

◎**炭水化物**（デンプンなど）と**脂肪**…生きるためのエネルギーを生じるもとになる。

◎**タンパク質**…おもにからだをつくる材料になる。

2 食物の消化

◎**消化**…食物中の栄養分を分解して，からだの中にとり入れやすい物質に変えること。

3 ヒトの消化系

◎**消化管**や**消化液**を出す器官をまとめて**消化系**という。

〈消化管〉口→食道→胃→小腸→大腸→肛門

4 消化酵素

◎**消化酵素**…食物中の栄養分を，吸収されやすい物質に分解する物質。

5 食物中の栄養分の吸収

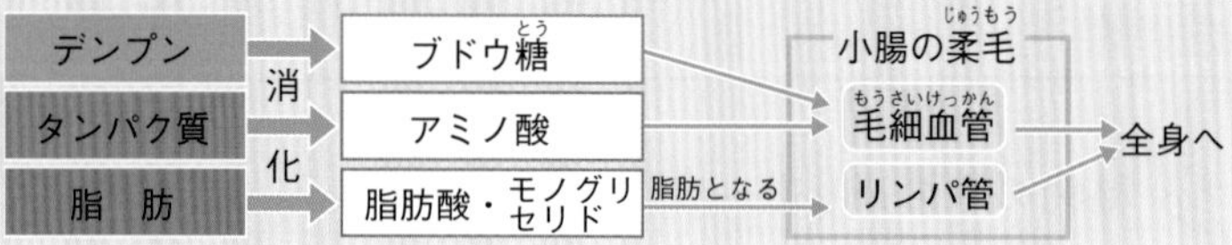

1 食物中の栄養分

わたしたちはさまざまな食物から，生きていくために必要ないろいろな栄養分をとり入れている。

(1) **食物中の栄養分**…おもに炭水化物・タンパク質・脂肪で，これらは有機物である。ほかに無機質などもふくまれる。

❶**炭水化物**…デンプン，ブドウ糖，ショ糖，グリコーゲンなど。

⇨おもに生きていくためのエネルギー源になる。

炭水化物を多くふくむ食品の例➡（米，パン，めん類，いも類など）

©USSIE/PIXTA

くわしく 五大栄養素

炭水化物（糖質）・タンパク質・脂肪（脂質）・ビタミン・無機質（無機物）を，五大栄養素という。

なお，食物繊維という物質は，炭水化物にふくまれたり，第６の栄養素とよばれたりする。

くわしく 炭水化物の名称

炭水化物の多くは，水素と酸素を２：１の割合（水と同じ）でふくんでいる。そのため，炭素と水の化合物という意味で，炭水化物とよばれる。

❷**タンパク質**…アミノ酸という小さな分子が，多数結合してできている。

⇨おもに生物のからだをつくる材料となる。一部はエネルギー源に使われる。

❸**脂肪**…モノグリセリドと脂肪酸からなる。

⇨おもにエネルギー源となる。余分なものは皮下脂肪として貯蔵される。

(2) **食物にふくまれる無機質（無機物）のはたらき**…カルシウムや鉄分は，骨や血液の成分となったり，からだの調子を整えたりするなど，大切なはたらきをしている。

⬆タンパク質を多くふくむ食品の例（肉，卵，大豆，牛乳など） ©Kai/PIXTA

生活 タンパク質の種類

肉や魚など動物から摂取することができるタンパク質のことを動物性タンパク質とよび，植物にふくまれるタンパク質のことを植物性タンパク質とよぶ。大豆などは植物性タンパク質が豊富である。植物にはタンパク質はふくまれないとかんちがいしないように。

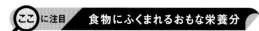

ここに注目 食物にふくまれるおもな栄養分

		おもな食物	おもなはたらき
有機物	炭水化物	米，小麦，いも類など。	エネルギーのもと。
	タンパク質	肉，魚，卵，大豆など。	からだをつくる。
	脂肪	油，卵黄，乳製品など。	エネルギーのもと。
無機質		牛乳にふくまれるカルシウム， レバーにふくまれる鉄分など。	骨や血液などの成分。 からだの調子を整える。

食物にふくまれる有機物と消化

▶それぞれの有機物がふくまれている食物をつかんでおこう。

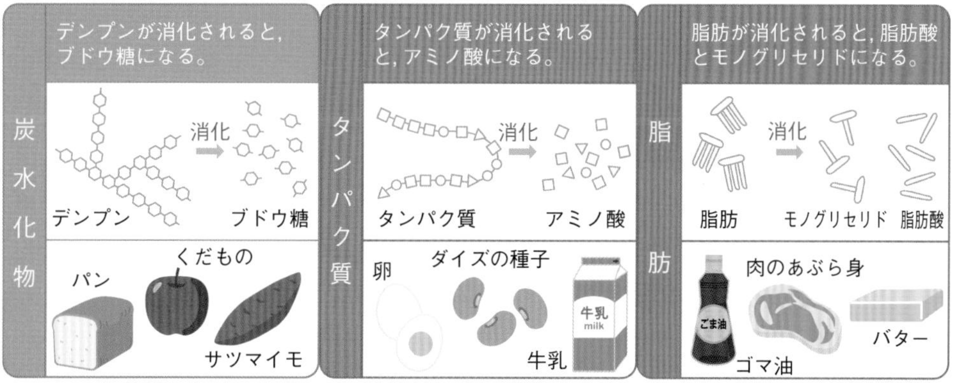

2 食物の消化

食物から栄養分をとり入れるためには，食物を細かく消化する必要がある。

❶**食物のとり入れ方**…口から食物をとり入れ，それに続く消化管で消化，吸収し，肛門から排出する。

❷**消化**…食物の中の栄養分を，消化器官や消化液のはたらきで分解し，からだの中にとり入れやすい物質にすること。

❸**消化の役目**…大きな物質を小さな物質にする。また，水にとけるものに変化させ，血液中に吸収されやすくする。

思考 食物は何回かむとよい?

食物を飲みこめるように口の中でかみ砕くことを「咀嚼」といい，消化の第一歩である。咀嚼により食物は細かくなり，だ液とも混じり，無理なく飲みこめるようになる。

ところで，食事中に「よくかんで食べなさい」と注意されることがあるが，豆腐やおかゆのようなやわらかいものを無理に何十回もかむ必要はない。ある程度のかたい食物については，いろいろな研究により，30回程度かむのがのぞましいといわれている。

重要実験 デンプンとブドウ糖の分子の大きさを比較する実験

方法 ①デンプンのりとブドウ糖の混合液を入れたセロハンの袋をビーカーの水につける。

②約10分後にビーカーの水を2本の試験管にとり，一方にはヨウ素液を加え，もう一方にはベネジクト液を加えて加熱する。

結果

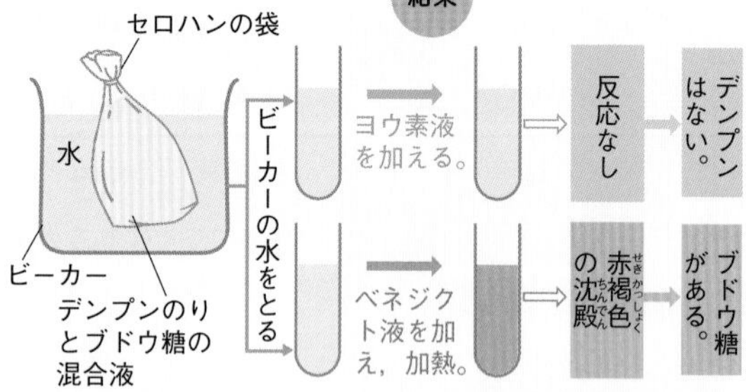

考察 セロハン膜の穴と，デンプンやブドウ糖の分子を模式的に表すと，右の図のようになっていると考えられる。

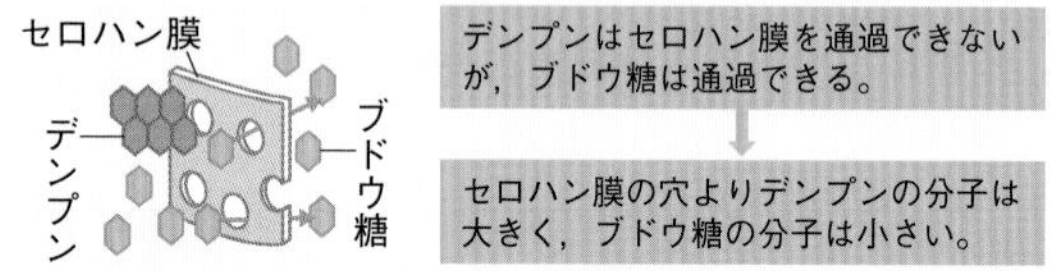

セロハン膜
デンプン
ブドウ糖
デンプンはセロハン膜を通過できないが，ブドウ糖は通過できる。
セロハン膜の穴よりデンプンの分子は大きく，ブドウ糖の分子は小さい。

3 ヒトの消化系

消化にはさまざまな器官が関係している。

(1) 消化器官・消化系・消化管

❶**消化器官**…食物から，必要な栄養分をからだの中にとり入れるはたらきをする器官。消化器ともいう。

❷**消化系**…消化器官をまとめて表すときの用語。

「消化器官」「消化器」を「消火器官」「消火器」とまちがえて書く例をよく見かける。書いたあとにはよく確認すること。

❸消化管…口から始まり，肛門まで続く１本の長い管。いろいろな消化液が出される。

口→食道→胃→小腸→大腸→肛門

❹消化管と食物の消化…消化管の壁の筋肉の運動により，消化液と混ぜられ，**消化酵素**（➡p.130）のはたらきで消化される。

a 胃での消化…胃液により，食物の一部は消化される。内側の壁には，粘膜におおわれた筋肉のひだがたくさんある。

b 小腸での消化…多くの消化酵素のはたらきで，ほとんどの食物が小腸で消化される。

❺消化液…だ液や胃液など，消化にはたらく液体。

(2) 消化液を出す器官と消化液

重要

❶だ液せん…口に**だ液**を分泌。

❷胃（胃せん）…胃に**胃液**を分泌。

❸肝臓…**胆汁**を分泌。胆汁は**胆のう**に一時たくわえられ，その後，小腸の最初の部分（十二指腸）に出される。

❹すい臓…小腸の最初の部分に**すい液**を分泌。

❺小腸…小腸の壁に消化酵素がある。

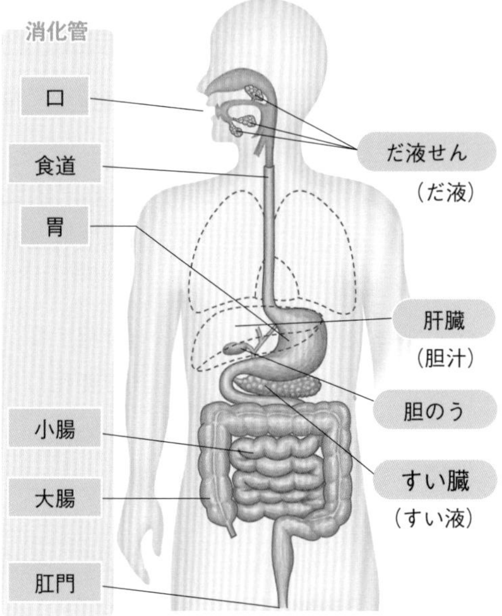

⬆ヒトの消化管と消化液を出す器官

くわしく 胆汁のはたらき

胆汁は胆のうに一時たくわえられているうちに濃縮される。胆汁には消化酵素はふくまれておらず，ふくまれているのはビリルビンという黄色の色素と胆汁酸などで，これらが脂肪の消化を助けるはたらきをしている。

ここに注目 消化液のはたらき

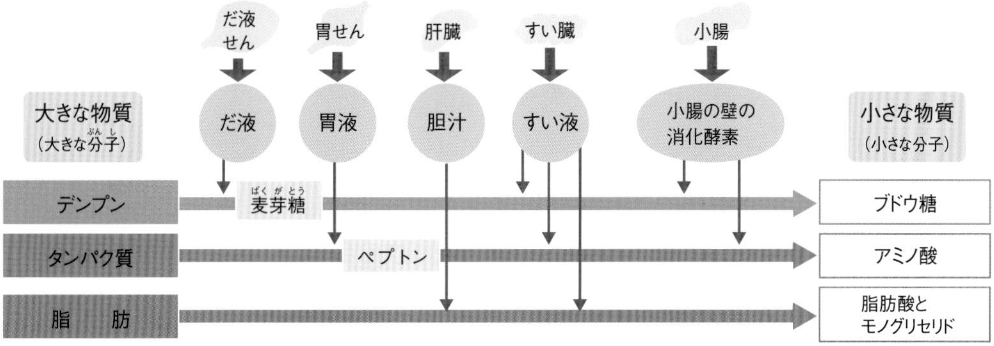

4 消化酵素

食物の消化・吸収のために，消化器官では何種類もの消化酵素という物質がはたらく。

❶**消化酵素**…消化液の中にふくまれ，栄養分を化学的に分解する物質。それにより，栄養分は吸収されやすくなる。

❷**消化酵素の性質**

・わずかな量で，多量の物質を分解する。

・消化酵素自身は，分解の前後で変化しない。

・決まった物質にしかはたらかない。

例 アミラーゼ→デンプンにはたらく。
ペプシン →タンパク質にはたらく。

❸**消化酵素のはたらくしくみ** 例 デンプン（デンプンの分子はブドウ糖の分子が多数つながっている。）

①消化酵素のアミラーゼ（だ液などにふくまれる）がデンプンの分子のつなぎめを切り，麦芽糖などにする。

②麦芽糖は，ブドウ糖の分子が２個つながったもので，さらに別の消化酵素で分解される。

❹**消化酵素と温度**… 消化酵素は，温度などの条件によって，はたらきの強さが変わる。

⇨一般に30～40 ℃のときによくはたらき，これはヒトの体温に近い状態のときである。

a **温度が低いとき**…あまりはたらかない。

b **温度が高いとき**…はたらきは活発になる。しかし，あまり高温では酵素自身がこわれ，はたらきを失う。

ヒトの体液は中性に近いので，多くの消化酵素は中性付近の条件で最もよくはたらく。しかし，胃の中は，胃の消化液によって強い酸性であるため，それにふくまれる消化酵素のペプシンは，非常に酸性が強い条件下で最もよくはたらき，中性付近ではほとんどはたらかないんだよ。

発展 酵素とは?

消化酵素のほかに，からだの中で行われる化学変化は，ほとんどすべて酵素のはたらきで行われる。（化学反応の触媒としてはたらく。）

酵素はタンパク質の一種であり，生物体の中でつくり出される。ヒトの場合，消化酵素をふくめると数千種類の酵素がはたらいていると考えられている。

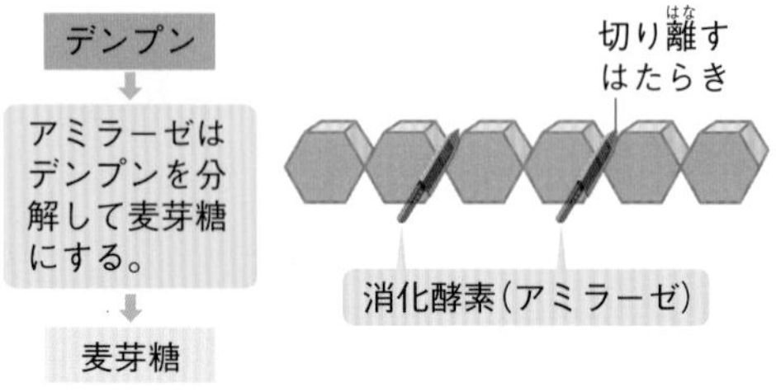

⬆デンプンが分解されるしくみ

発展 麦芽糖を分解する消化酵素

小腸の表面の壁にある消化酵素のマルターゼは，麦芽糖の分子をばらばらに分解してブドウ糖にする。

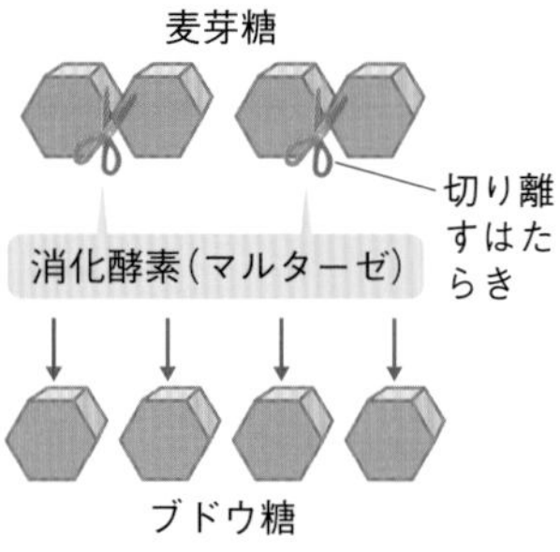

Column 焼き魚に大根おろしをそえるのはなぜ?

思考 生活

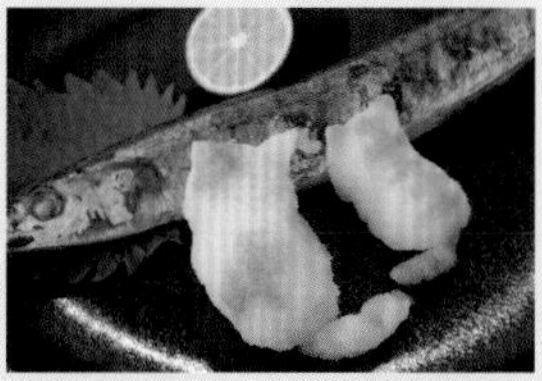
©photolibrary

焼いたサンマをはじめ，焼き魚に大根おろしがそえられているのをよく目にする。大根おろしにどのような意味があるのだろうか。

●**いろいろな酵素をふくむ大根**…大根には多くの酵素がふくまれていて，ヒトの消化酵素と同じはたらきをするものもある。デンプンを分解する酵素であるアミラーゼ（ジアスターゼ）や，タンパク質を分解する酵素であるプロテアーゼやセテラーゼ，脂肪を分解する酵素のリパーゼなどがふくまれている。

●**消化を助ける大根おろし**…脂がのった旬のサンマはおいしいけれども，脂肪分が多いということなので，食べていると口や胃の内側の粘膜に脂がつき，消化を遅らせたり，胃もたれの原因になったりすることがある。しかし，大根おろしもいっしょに食べることで，ふくまれる酵素が食べたものの消化をうながし，胃もたれを防ぐなどの効果がある。食生活における，昔からの日本人の知恵なのである。

5 食物中の栄養分の吸収

食物が消化されると栄養分は小腸で吸収される。

❶**小腸のつくり**…小腸の内側の壁には多数のひだがある。ひだの表面にはたくさんの柔毛がある。

❷**柔毛**…ひだの表面をおおう小さな突起。長さは1 mmほど。内部に多くの**毛細血管**や**リンパ管**が分布している。

❸**小腸の内部の表面積**…ひだと柔毛があることで，内部の表面積は非常に大きくなり，栄養分の吸収に役立つ。

発展 柔毛の数

柔毛は，小腸の内側の壁の1 mm^2あたり20～40本もあり，栄養分を吸収する面積が非常に広くなっている。柔毛の表面のさらに小さな突起（微絨毛）まで入れると，ヒトの小腸の内部の表面積は，約200 m^2にもなる。

ここに注目 小腸の内側のようす

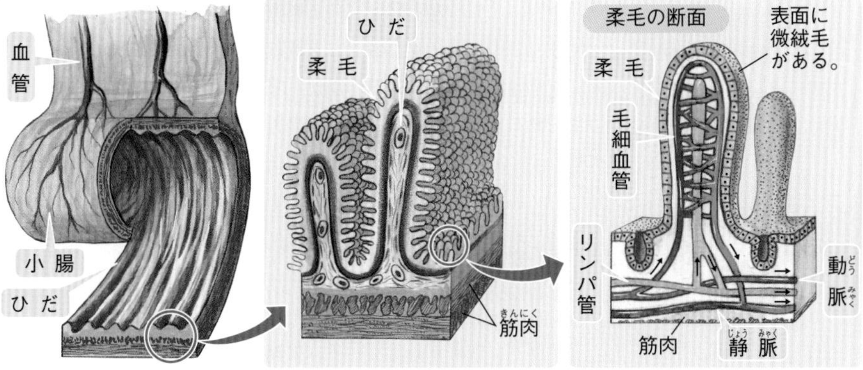

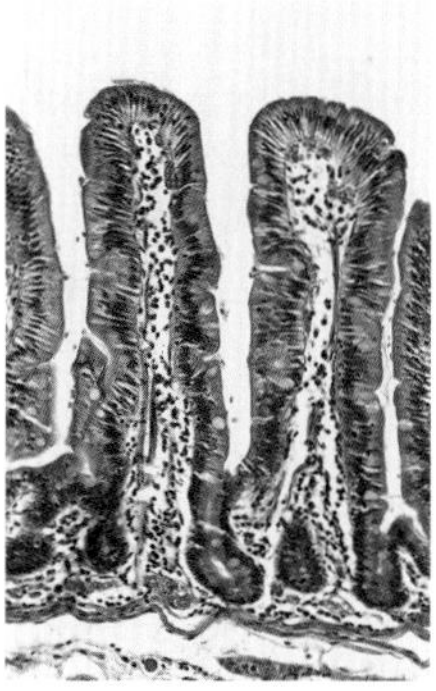
⬆柔毛の断面の顕微鏡写真
©コーベット

❹**栄養分の吸収**…消化された栄養分は，柔毛の表面の細胞を通して，内部の毛細血管やリンパ管に吸収される。

重要

aブドウ糖とアミノ酸…毛細血管に吸収されて，血液中の血しょうにとけこみ，門脈を通って肝臓へ送られる。

b脂肪酸とモノグリセリド…柔毛内で再び脂肪に合成され，細いリンパ管に吸収される。

⇨リンパ管に吸収された脂肪は，リンパ液とともに送られ，最後は首の下の血管で静脈血に混じる。

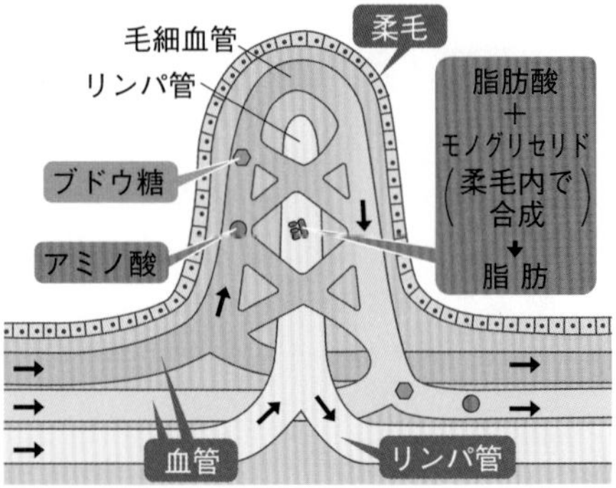

⬆柔毛内への栄養分の吸収

❺**吸収された栄養分のゆくえ**

aブドウ糖や脂肪…細胞の呼吸のエネルギー源になる。ブドウ糖の一部は，グリコーゲンとして肝臓と筋肉に貯蔵される。⇨グリコーゲンは必要に応じて再びブドウ糖に分解され，血液中に出される。

bアミノ酸…細胞をつくるタンパク質の原料となる。⇨アミノ酸の一部は，肝臓でタンパク質に変えられる。

❻**水分や無機質などのゆくえ**…小腸や大腸で吸収されて，毛細血管に入る。吸収されなかったものや消化されなかったものは，便として肛門から排出される。

（→水分は，おもに小腸で吸収。）
（→食物繊維（しょくもつせんい）など）

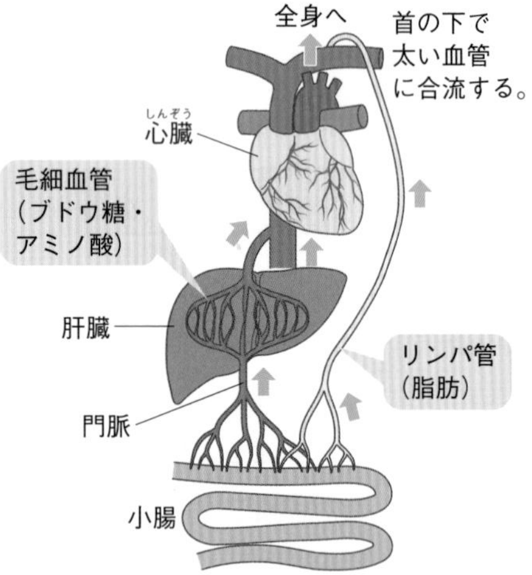

⬆吸収された栄養分の小腸からの流れ

Column 草食・肉食動物の消化管の比較

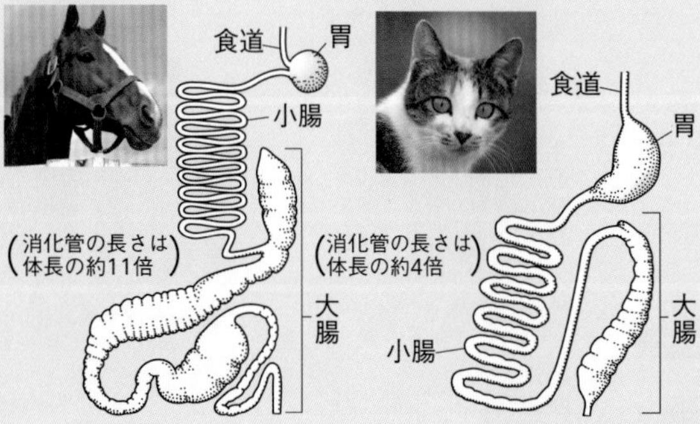

写真２点は©photolibrary

左の図は，草食動物のウマと肉食動物のネコの消化管のつくりを比較して示したものである。

一般的に，消化・吸収に時間がかかる植物を食物とする草食動物の方が，肉食動物よりも消化管は長い。草食動物のほかの例では，ウシは体長の約20倍，ヒツジは体長の約30倍もあるといわれている。また，ウマは大腸も非常によく発達している。

なお，ウシのなかまは，４つの胃から成り立つ胃をもっていて，食物の植物を消化している。

ここに注目 消化と吸収のまとめ

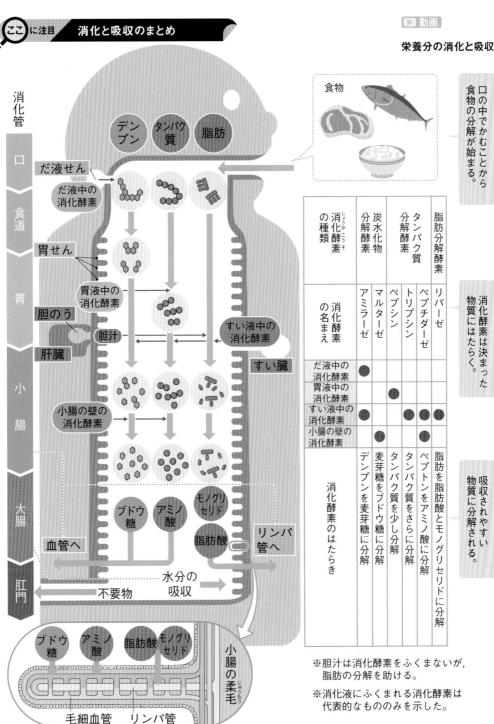

▶動画 栄養分の消化と吸収

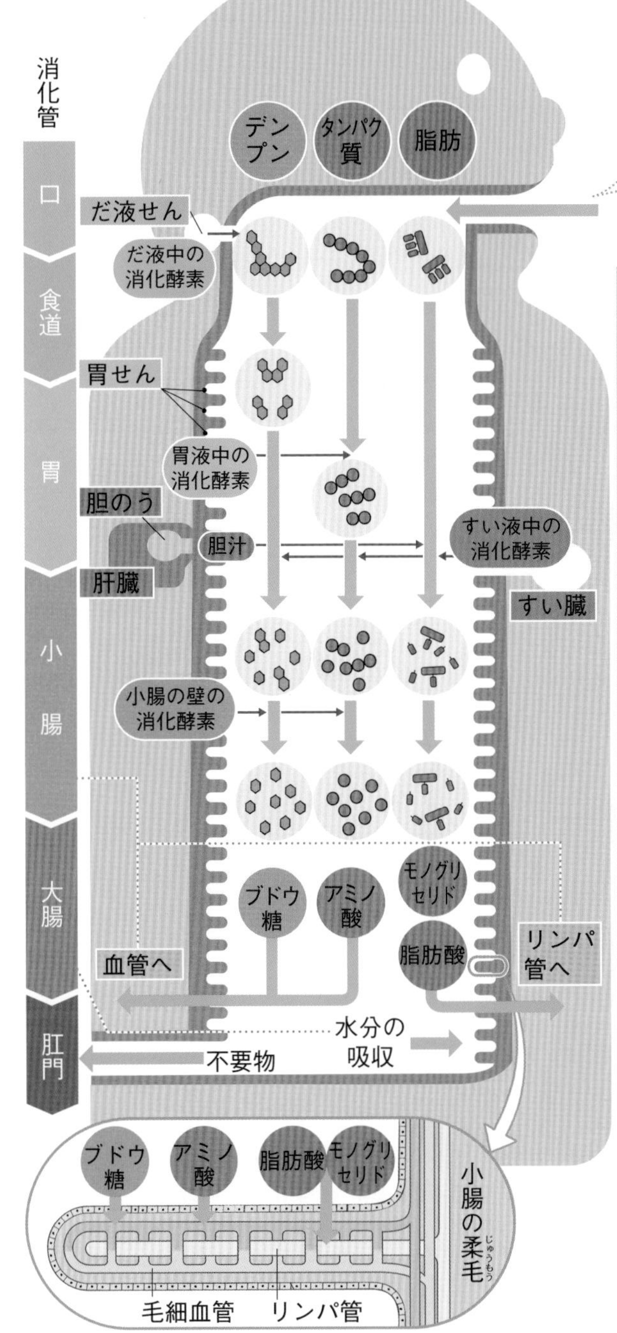

口の中でかむことから食物の分解が始まる。

消化酵素の種類	消化酵素の名まえ	だ液中の消化酵素	胃液中の消化酵素	すい液中の消化酵素	小腸の壁の消化酵素	消化酵素のはたらき
炭水化物分解酵素	アミラーゼ	●		●		デンプンを麦芽糖に分解
	マルターゼ				●	麦芽糖をブドウ糖に分解
タンパク質分解酵素	ペプシン		●			タンパク質を少し分解
	トリプシン			●		タンパク質をさらに分解
	ペプチダーゼ			●	●	ペプトンをアミノ酸に分解
脂肪分解酵素	リパーゼ			●		脂肪を脂肪酸とモノグリセリドに分解

消化酵素は決まった物質にはたらく。

吸収されやすい物質に分解される。

※胆汁は消化酵素をふくまないが，脂肪の分解を助ける。

※消化液にふくまれる消化酵素は代表的なもののみを示した。

重要実験 だ液によるデンプン溶液の変化を調べる

思考

目的 デンプン溶液にだ液を加えた場合と，加えなかった場合では，デンプンの変化のしかたはどのようにちがうかを，ヨウ素液とベネジクト液を用いて調べる。

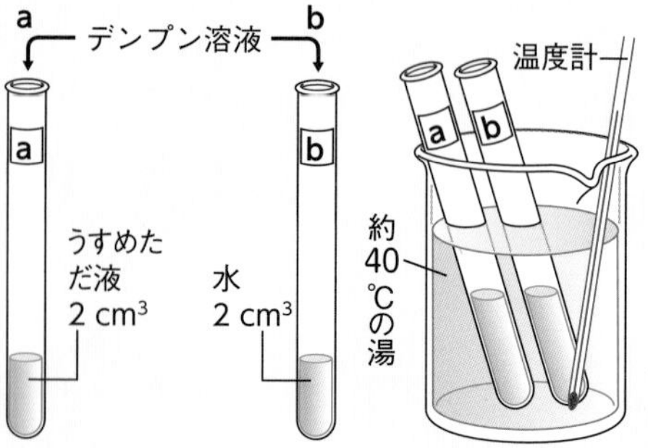

方法 ①2本の試験管を用意し，1本にはうすめただ液 2 cm³を入れ（a），もう1本には水2 cm³を入れる（b）。

②a，bの試験管にデンプン溶液を10 cm³入れ，混ぜる。

③ビーカーに約40 ℃の湯を入れ，a，bの試験管を5～10分間あたためる。

④a，bの溶液を半分ずつ別の試験管（c，d）に入れ，a，bにはヨウ素液を入れて反応を見る。c，dにはベネジクト液を入れ，加熱して反応を見る。

ポイント

●ベネジクト液は，ブドウ糖や麦芽糖をふくむ溶液に加えて加熱すると，赤褐色の沈殿を生じる。デンプンには反応しない。

注意

●ベネジクト液を入れて加熱するときは，試験管に沸騰石を入れる。

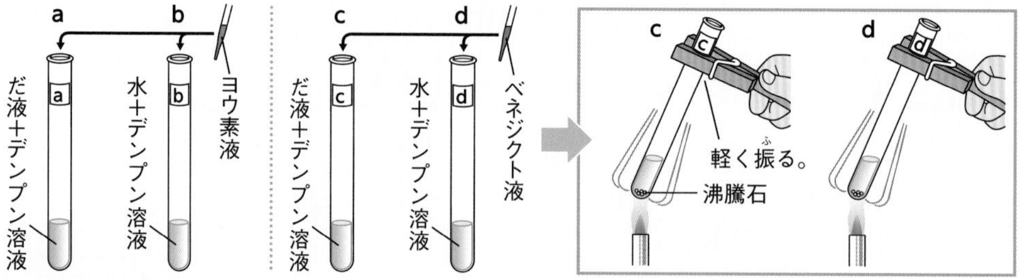

結果

	だ液＋デンプン溶液	水＋デンプン溶液
ヨウ素液	a:変化なし。	b:青紫色になった。
ベネジクト液	c:赤褐色になった。	d:変化なし。

結論
・だ液を入れないbの試験管は，デンプンのままだった。
・だ液を入れたcの試験管は，デンプンが麦芽糖などに変わった。

チェック
(1) 試験管aとbの結果だけからわかるだ液のはたらきは？
(2) デンプンはブドウ糖がつながったものだが，だ液にふくまれる消化酵素が行ったことは？

答え (1) だ液は，デンプンをデンプンではないものに変える。 (2) デンプンの分子を麦芽糖などの分子に分解した。

2 呼吸のはたらき

教科書の要点

1 ヒトの呼吸系のしくみ ◎ヒトの呼吸系…鼻・口から気管→気管支→肺（肺胞）とつながる。

2 肺による呼吸 ◎肺胞内の空気から，毛細血管の血液に酸素がとりこまれる。
◎毛細血管の血液中の二酸化炭素が，肺胞内に出される。

3 細胞による呼吸 ◎肺で血液にとりこまれた酸素と，小腸で吸収された栄養分は細胞にとりこまれる。⇨栄養分は酸素を使って分解され，エネルギーがとり出される。

1 ヒトの呼吸系のしくみ

ヒトが息を吸ったりはいたりすることを呼吸運動という。

❶ヒトの呼吸系…鼻や口から，気管→気管支→肺（肺胞）とつながっている。

❷**気管**…のどから肺へつながる管。軟骨（弾力性があり，比較的やわらかい骨）でできている。内側は粘膜におおわれている。

発展 気管のつくり

気管は，常に出入りする空気が通らなければならないので，つぶれることのないように，馬蹄形（C字形）をした軟骨が積み重なったつくりになっている。

気管の内側の壁には繊毛（細胞表面に見られる細い毛）をもつ上皮細胞があり，吸いこんだ空気に混じっている病原体などの異物を，分泌する粘液といっしょに繊毛の動きによって口の方へ送り，体外に排出する。

ここに注目 ヒトの呼吸系のつくり

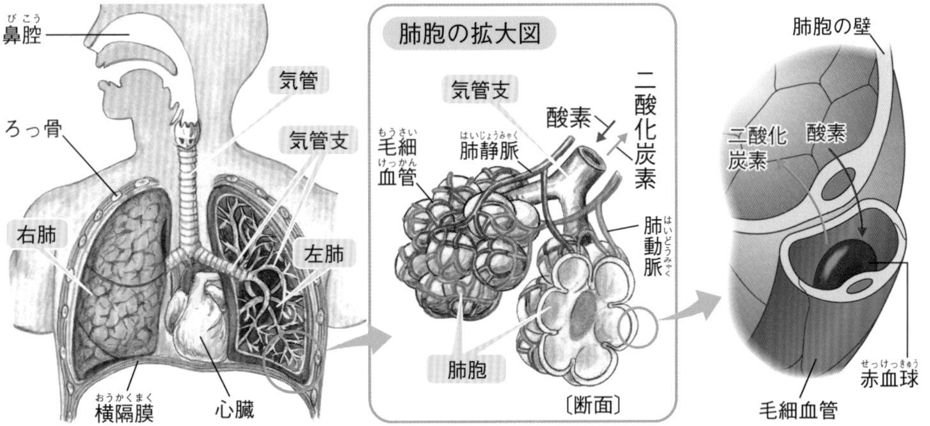

❸**気管支**…気管が枝状に分かれて気管支となる。気管支の先端は肺胞につながる。

❹**肺**…ろっ骨などに囲まれた空間にあり，二重の袋になった胸膜（肺を包んでいる膜）に包まれている。
→肋膜（ろくまく）ともいう。

❺**肺への空気の出入り**…肺には筋肉がないため，肺自身で運動してふくらんだり縮んだりすることはできない。

⇨筋肉のついたろっ骨と**横隔膜**で囲まれた空間（胸腔）が広がったりせまくなったりすることで，肺に空気が出入りする。
→うすい筋肉でできている。

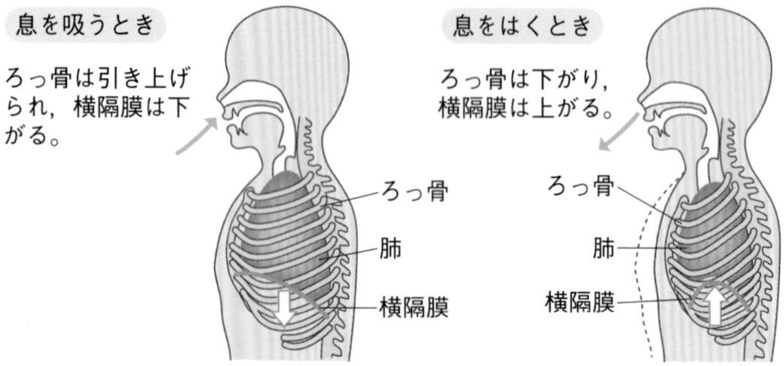

発展　細胞の呼吸と呼吸器官での呼吸

多細胞生物では，呼吸での気体の交換について２つの過程がある。細胞の呼吸（内呼吸）では，組織の細胞と血液の間で酸素と二酸化炭素が交換される。

呼吸器官での呼吸（外呼吸）では，呼吸器官と外界の間で酸素と二酸化炭素が交換される。

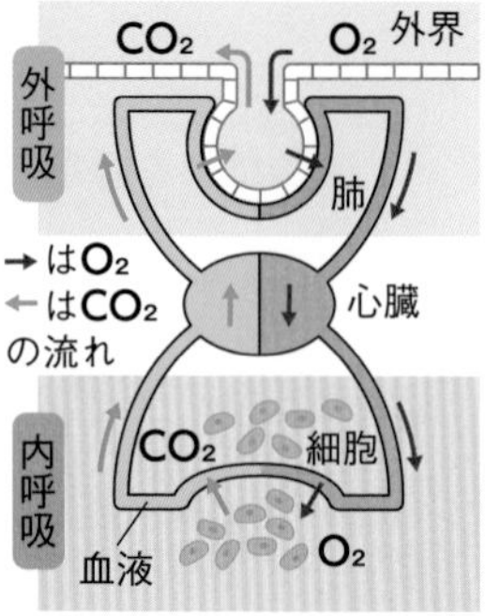

2 肺による呼吸

肺に吸いこむ空気を吸気，肺から体外に出される空気を呼気という。呼気にも酸素はふくまれている。

重要

❶**肺胞**…肺をつくっている小さな袋。表面には毛細血管が分布している。

❷**肺胞での気体の交換**…肺胞内の空気から血液中に酸素がとり入れられ，血液中の二酸化炭素を肺胞内に放出する。

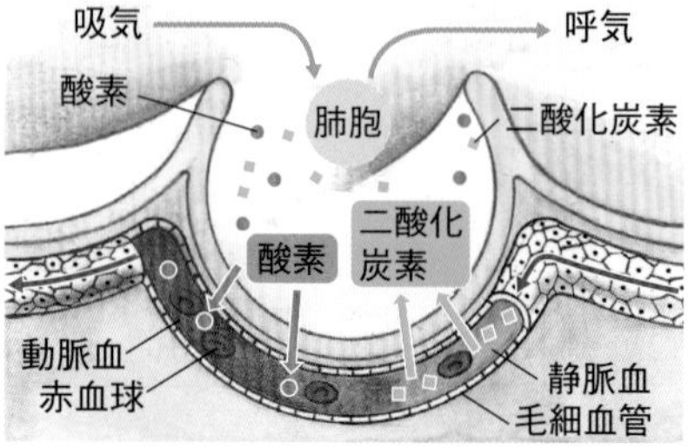

⬆肺胞での気体の交換のしくみ

吸気と呼気の成分

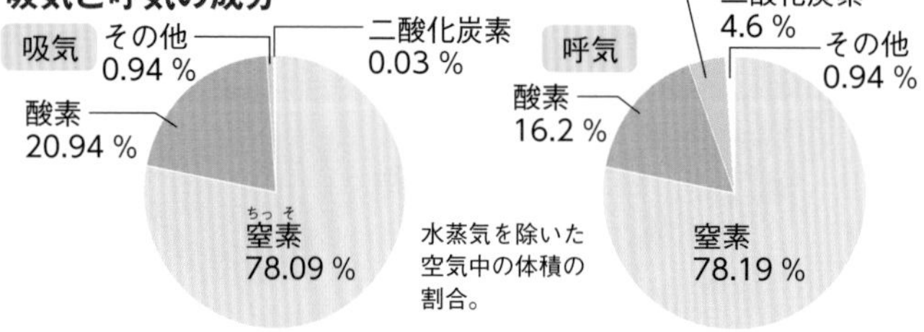

くわしく　肺胞がある利点

肺胞の数は約３～５億個で，内側の全表面積は90 m^2にもなるといわれている。

肺は，このような小さい袋がたくさん集まってできていることで，表面積が非常に大きくなり，酸素と二酸化炭素の交換が効率よく行われる。

3 細胞による呼吸

からだをつくる1つ1つの細胞も呼吸を行っている (➡p.97)。

●**細胞の呼吸**…血液中にとり入れられた酸素は，細胞に運ばれ，栄養分からエネルギーをとり出すときに使われている。このとき，二酸化炭素と水ができ，これが血液によって肺に運ばれて，肺から放出される。

└→「細胞による呼吸」「細胞呼吸」「内呼吸（ないこきゅう）」ともいう。

└→肺から放出される水は，水蒸気の状態で放出される。

栄養分 ＋ 酸素 ⟶ 二酸化炭素 ＋ 水 ＋ エネルギー

発展 ヒトの肺の容量

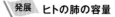

ヒトの肺の容量は，右肺が約1200 cm^3，左肺が約1000 cm^3あるといわれている。左肺が少し小さいのは，心臓があるためである。

なお，1回の呼吸で出入りする空気の量は，400～500 cm^3ほどであるが，最後の方に吸いこんだ空気は肺まで行かないで，はき出されてしまう。

重要実験 ペットボトルで肺の模型をつくる

方法 ①図のように装置を組み立てる。

・ペットボトルは底を切りとったものを使う。

・ペットボトルは胸腔，ゴム膜は横隔膜，ゴム風船は肺，ストローは気管に見立てたものである。

②ゴム膜をつまんで次のことを試す。

a ゴム膜を下の方へ引っ張る。

b ゴム膜を引っ張るのをやめる。

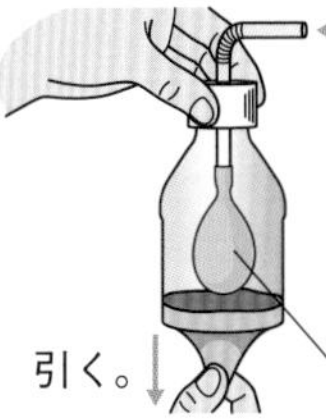

空気
ゴム膜を下に引くと，ゴム風船に空気が入る。
引く。
ふくらむ。

結果 a ゴム風船に外から空気が入って，ふくらんだ。

b ゴム風船はしぼんだ。

考察 肺に見立てたゴム風船は，横隔膜を表すゴム膜を引っ張ることでふくらみ，ゴム膜をはなすとしぼむことから，空気を出し入れしていることがわかる。このことから，肺も同じようなしくみで空気の出し入れをしていると考えられる。

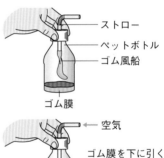

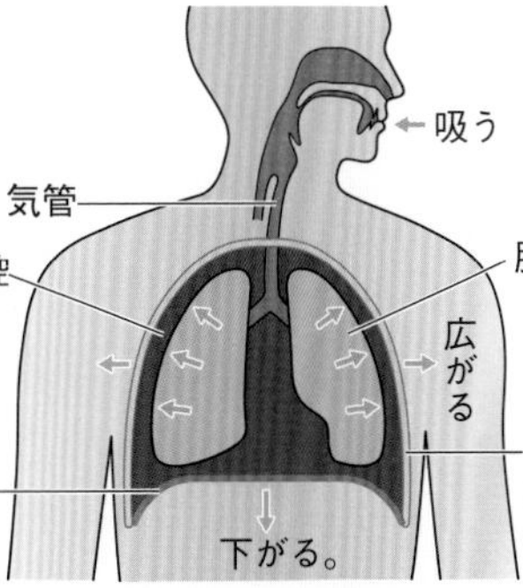

3 血液の循環

教科書の要点

1 **心臓のつくりとはたらき**
◎心臓は，全体が厚い筋肉でできている。
⇨筋肉が規則正しく収縮して，血液をからだ全体に送っている。

2 **血液の循環**
◎心臓→大動脈→全身の毛細血管→大静脈
→心臓→肺動脈→肺の毛細血管→肺静脈→心臓

3 **血液のはたらき**
◎血液の成分─血球…**赤血球**・**白血球**・**血小板**
　　　　　　└**血しょう**（一部は**組織液**となる。）

1 心臓のつくりとはたらき

心臓は，胸のやや左下にある筋肉でつくられたにぎりこぶしくらいの大きさの袋である。

❶**ヒトの心臓のつくり**…心臓の内部は，筋肉の壁によって4つの部屋に分かれている。

・部屋は，上側に左右の心房，下側に左右の心室。

ここに注目　ヒトの心臓のつくり

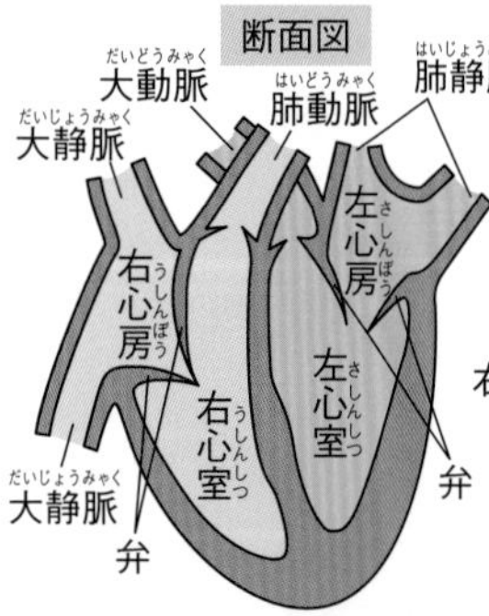

心房と心室が交互に収縮と拡張をくり返すことによって，血液は送り出される。

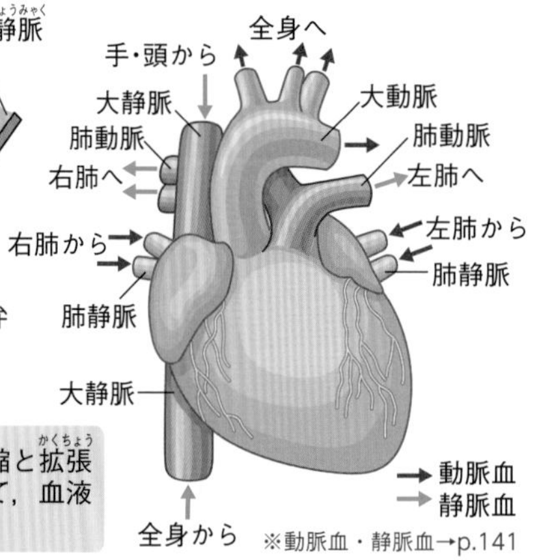

※動脈血・静脈血→p.141

くわしく　心臓の収縮

心臓は，心筋という筋肉でできていて，毎分3～5Lの血液を大動脈に送り出している。これは，心筋が一定のリズムで強く収縮しているからである。この収縮は，毎分60～80回くり返されており，生きている間は休むことはない。心房・心室間と心室・動脈間には弁があって，血液の逆流を防いでいる。

この収縮につれて起こる電気的変化を，皮膚上の電極を通じてとり出して記録したものが心電図で，心臓病の診断に利用されている。

心房と心室の上下の位置関係を忘れることがあると思うけど，心室は心房のさらに奥にあるイメージで，「奥の寝室（心室）」と覚える方法もあるよ。

・右心室の壁の筋肉よりも，左心室の壁の筋肉が厚くなっている。
⇨左心室の方が，全身へ血液を送り出すために，より大きな力が必要であるため。

❷心臓のはたらき…規則正しく収縮する運動（拍動）によって，全身に血液を送る。

ヒトの心臓のはたらき

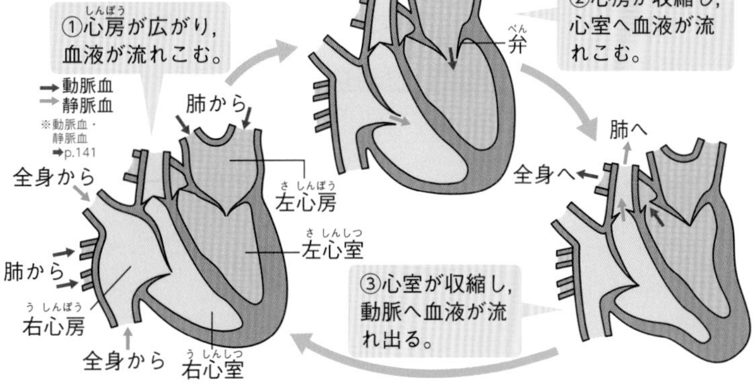

▶動画 心臓のはたらき

2 血液の循環

ヒトのからだには，２つの大きな血液の循環ルートがある。

❶循環系…血液の通り道である血管と，血液を循環させるポンプの役割をはたす心臓などをまとめて，循環系という。

❷心臓…収縮して，血液に圧力（➡p.175）をかけ，血液の流れをつくり出す。

❸血液の流れ…血管内を，一定方向に流れ続けている。

生活 AED（自動体外式除細動器）

AEDとは，心臓がけいれんを起こし，血液を流すポンプの機能がはたらかない状態（心室細動という）になったときに，心臓に電気ショックを与え，正常な拍動にもどすための機器である。

操作方法を音声でガイドしてくれるので，一般市民でもガイドにしたがって使用でき，設置場所もふえている。

比較 ヒトの血管の種類と特徴

動脈	静脈	毛細血管
心臓から送り出される血液が通る血管。	心臓にもどる血液が通る血管。	動脈と静脈をつなぐ細い血管。
特徴 ①血管の壁が厚い。 ②からだの深い部分に分布。 ③脈拍が力強く感じられる。  	特徴 ①血管の壁がうすい。 ②からだの浅い部分に分布。 ③血液の逆流を防ぐ弁がところどころにある。 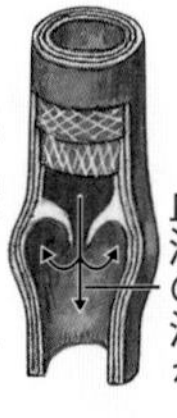 	特徴 ①うすい一層の細胞からなる。 ②壁を通して，血しょうなどが自由に出入りできる。 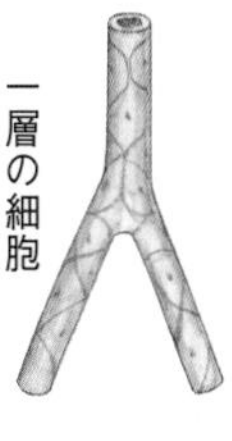

❹**動脈・静脈・毛細血管**…動脈は枝分かれしてしだいに細くなり，やがて網目状の毛細血管となって静脈につながる。

❺**ヒトの血液循環**…ヒトの血液循環は，大きく分けて肺循環と体循環の２つに分けられる。

重要

a **肺循環**…心臓を出てから，肺を通って心臓へもどる道すじ。

心臓（右心室）→肺動脈→肺の毛細血管→肺静脈→心臓（左心房）

・**はたらき**…肺で二酸化炭素を放出し，酸素をとり入れる。

b **体循環**…からだの各部分を通って，心臓へもどる道すじ。

心臓（左心室）→大動脈→全身の毛細血管→大静脈→心臓（右心房）

・**はたらき**…全身の細胞に酸素や栄養分を与え，二酸化炭素や不要物を受けとる。

比較 肺循環と体循環

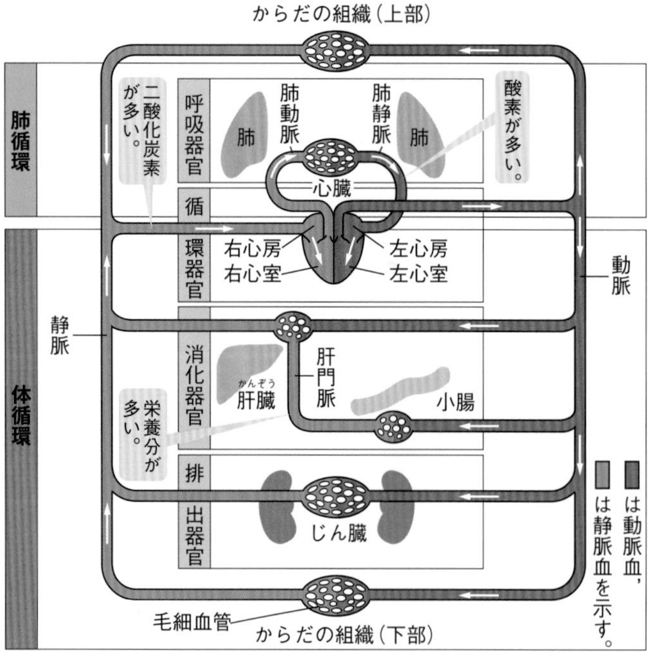

発展 動脈や静脈の太さ

ヒトの血管のおよその太さは，ふつうの動脈で内側の直径が約４mm，ふつうの静脈で内側の直径が約５mmである。

しかし，最も太い動脈は内側の直径が約25 mm，最も太い静脈では内側の直径が約30 mmもある。病気やけがなどでこれらの太い動脈や静脈が破れた場合は大出血となり，命にかかわることになる。

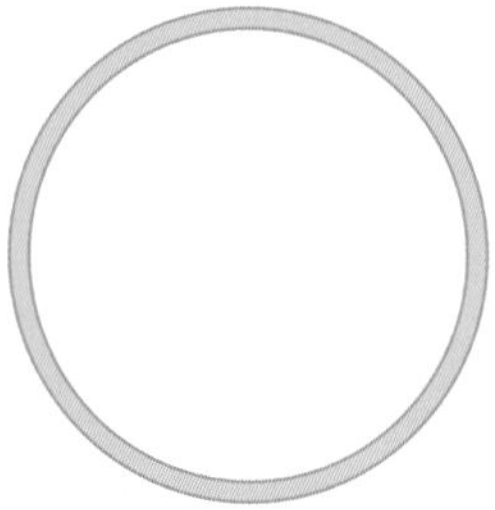

※内側の直径が30 mmの円。
こんなに太い血管が体内にある！

発展 血圧

心臓から規則正しく送り出される血液は，動脈の中では規則的に変化する圧力を保ちながら流れていく。この圧力が血圧である。血圧は，心臓から遠ざかるほど低くなるので，血圧をはかるときはふつう，うでの動脈ではかる。

静脈では血圧が低くなるので，ほとんど脈は感じられない。

肺循環で血管をめぐる血液と，体循環で血管をめぐる血液は，別の血液ではないからね。まちがえないように。

❻動脈血と静脈血

a **動脈血**…肺で酸素を得た，あざやかな赤色の血液。
肺静脈→心臓→大動脈と流れている（肺から全身の毛細血管まで流れている）。

b **静脈血**…各組織で酸素を放出した，黒ずんだ赤色の血液。
大静脈→心臓→肺動脈と流れている（全身の毛細血管から肺まで流れている）。

⇨静脈血に酸素をふきこんでいくと，あざやかな赤色にもどる。

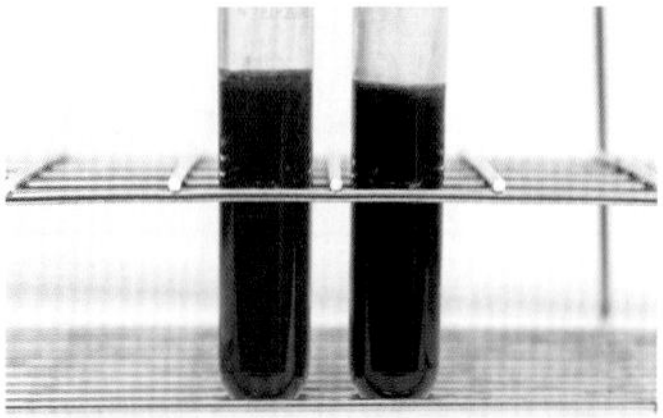

⬆動脈血（左）と静脈血（右）　©コーベット

テストで注意　血管と血液の関係

動脈血は動脈中を流れるとは限らない。肺動脈には，静脈血が流れ，肺静脈には動脈血が流れている。

3 血液のはたらき

血液はヒトの体重の約７％を占め，全身の細胞に酸素や栄養分を運び，できた二酸化炭素や不要な物質を排出器官に運んでいる。

(1) 血液の成分

❶血球…血液中の固形の成分。赤血球，白血球，血小板の３つがある。

❷血しょう…血液中の透明な液体。淡黄色をしている。

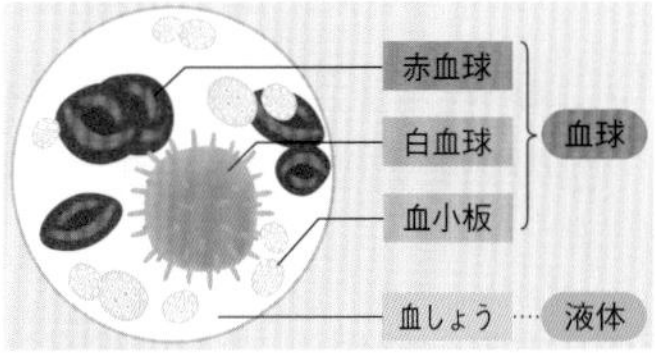

⬆血液の成分

発展　毛細血管の径より大きな赤血球

毛細血管はとても細く，ところにより赤血球の直径（約0.008 mm）の方が大きい場合もある。このようなとき，赤血球は，折りたたまれた状態で毛細血管を通りぬける。

(2) 各成分の特徴とはたらき

❶赤血球…骨の中の骨髄でつくられる１個の細胞。血球では最も多くふくまれる。

- **形**…哺乳類では，中央にくぼみのある円盤状。核はない（カエルなどの赤血球には核がある）。
- **はたらき**…ヘモグロビン（血色素）という赤い物質をふくみ，酸素を運ぶ。
- **ヘモグロビン**…鉄をふくんだ物質。赤血球が赤色をしているのは，ヘモグロビンをふくんでいるため。⇨血液が赤いのは，赤色の赤血球をたくさんふくんでいるため。

ここに注目　ヘモグロビンのはたらき

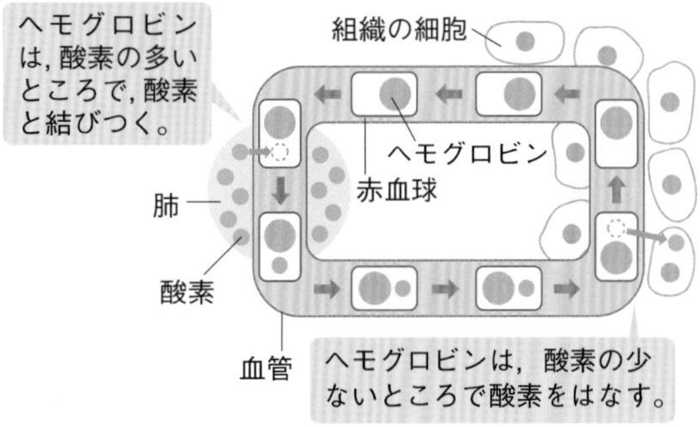

❷**白血球**…赤血球と同じく，１個の細胞。

・**形**…アメーバ状で，赤血球よりも大きい。核がある。

・**はたらき**…体内に入ってきた細菌(さいきん)やウイルスなどの異物(いぶつ)を分解する。

❸**血小板**…ある種類の細胞の一部がちぎれてできたもの。

・**形**…不定形。赤血球よりも小さく，核がない。

・**はたらき**…血液の凝固(ぎょうこ)（出血したときに血が止まるなど）に関係する。

❹**血しょう**…淡黄色(たんおうしょく)の透明(とうめい)な液体。約90％が水。

・**はたらき**…栄養分をとかしこみ，各組織へ運ぶ。また，細胞の呼吸で生じた二酸化炭素，不要物を運びさる。

(3) **組織液**(そしきえき)…血しょうの一部が，毛細血管からしみ出し，細胞の間にたまったもの。血しょうと組織液の成分はほぼ同じ。

(4) **細胞と組織液での物質交換**(こうかん)…細胞は組織液をなかだちにして，物質の交換を行っている。

❶**酸素や栄養分**…血液中の酸素や栄養分は組織液に入り，組織液から細胞膜(さいぼうまく)を通して，細胞にとり入れられる。

❷**二酸化炭素や不要物**…細胞から組織液中に出された二酸化炭素や不要物は血管に入り，血液により運搬(うんぱん)される。

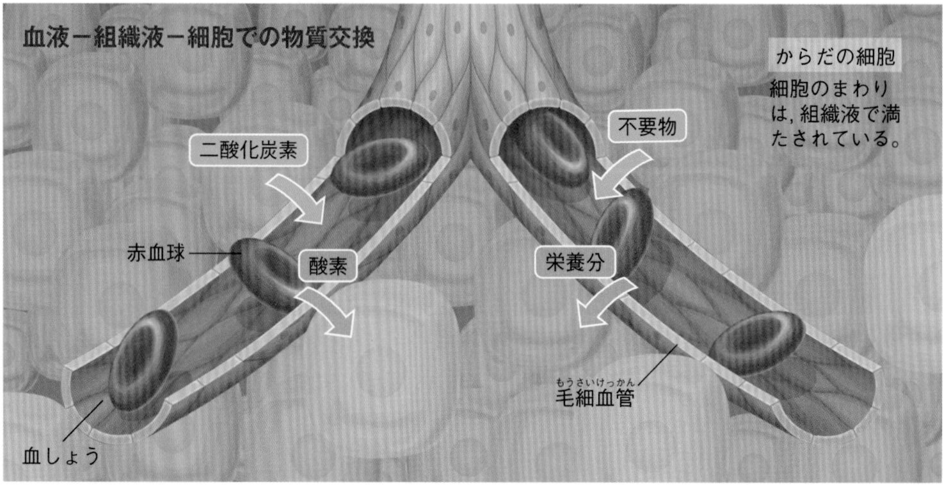

発展 出血が止まるしくみ

太い血管が切れるなどして出血した場合は，なかなか出血は止まらないが，小さなけがによる出血では，やがて出血は止まる。

細い血管が傷ついて出血が起こると，血小板は，数秒後には血管の傷ついた場所の表面に集まり，たがいにくっつき（凝集(ぎょうしゅう)という），すみやかに血栓(けっせん)とよばれる小さいかたまりをつくって，傷口の血を止めるはたらきをする。（実際には，いろいろな物質が関係し，もっと複雑なしくみで出血が止まる。）

くわしく リンパ液とリンパ管

● リンパ液…リンパ管内を流れる液。組織液の一部がリンパ管内に入り，リンパ液となる。

● リンパ管…壁(かべ)がうすく，先端(せんたん)は毛細血管の間に入りこんでいる。リンパ管はしだいに集まって太い管になり，最後は首の下で静脈につながる。

重要観察

血液の流れの観察

目的 ヒメダカの尾びれの毛細血管と，その中の血液がどのように流れているかを調べる。

方法 ①チャックつきのポリエチレンの袋に水を少量入れ，その中にヒメダカを入れる。

②顕微鏡（倍率は100～150倍）でヒメダカの尾びれの毛細血管と，その中を流れている血液や血球のようすを観察する。

注意 ●観察が終わったら，すぐに水そうにはなす。

結果 赤血球はころころ転がるように一定方向に流れている。

考察 赤血球が毛細血管の中を転がるように，一定方向に流れていることから，血液は心臓から流れ出ると，血管内を流れる方向は一定である。

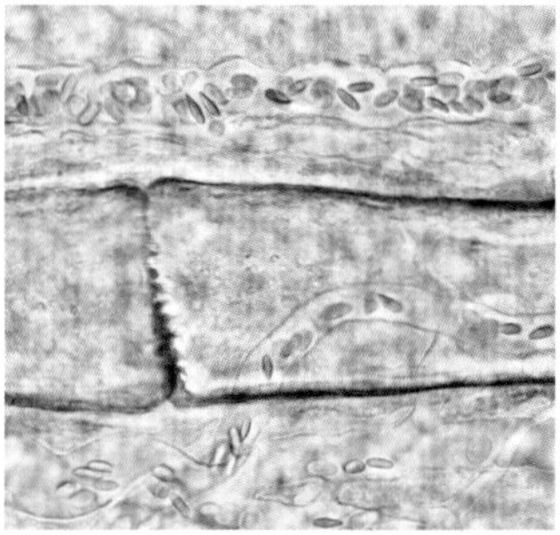

⬆ヒメダカの尾びれの毛細血管を流れる血液のようす　©OPO/Artefactory

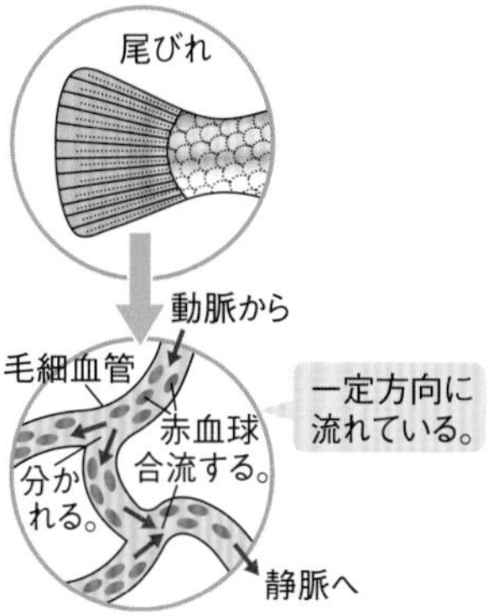

生活

Column わたしたちのからだを病原体などから守るしくみは?

大昔からヒトは病原体とのたたかいをくり返してきた。そうした中で，細胞レベルの高度で複雑なからだを守るしくみを獲得してきた。皮膚をはじめとするさまざまな防御をすりぬけて，病原体などの異物がわたしたちの体内に侵入した場合に，それを撃退するしくみのことを**免疫**といい，おもに白血球がはたらく。

●免疫のしくみ…細菌などの異物が体内に侵入すると，白血球の一種のマクロファージなどが直接異物をとりこみ，分解してとり除く。さらに異物が**抗原**として認識されると，リンパ球（白血球の一種）のうちの**B細胞**がはたらきを強め，**抗体**をつくり出す。抗体は抗原に特異的に結びつき，抗原を無毒化する。抗体はタンパク質であり，あらゆる抗原に対抗するために，体内では何億種類もの抗体をつくり出すことができる。免疫にかかわるほかのリンパ球の**T細胞**，ＮＫ（ナチュラルキラー）細胞なども活発にはたらく。

●抗原を記憶して対抗する…一度はたらきを強めたＢ細胞やＴ細胞は，**記憶細胞**としてリンパ節などの体内に残り，再び同じ抗原が侵入すると，短時間で抗体を大量につくり出す。一度感染した病原体に感染しにくくなったり，感染しても症状が軽めで済んだりするのはそのためである。

4 排出のしくみ

教科書の要点

1 不要物の排出	◎排出系…**じん臓**・ぼうこう・輸尿管などの器官。 ⇨不要物を体外に排出するはたらきをする。
2 じん臓のつくりとはたらき	◎はたらき…毛細血管の血液から**尿素**などの不要物をとり除く。 ◎とり除かれた不要物…尿として体外に排出される。
3 汗せん	◎皮膚の汗せんから血液中の不要物がこし出され，汗となって体外に出される。
4 肝臓のつくりとはたらき	◎はたらき…栄養分を貯蔵する，有害な物質を無害な物質にするなどの，多くのはたらきをする。

1 不要物の排出

細胞のはたらきにより，からだの中でさまざまな不要物がつくられるので，それらを体外に出す（排出する）必要がある。

❶不要物の排出

a **水**…体内で使われ，余分なものは体外へ排出される。

b **二酸化炭素**…血液によって肺へ運ばれ，体外へ排出される。

c **アンモニア**…有害な物質なので，肝臓で毒性の少ない尿素などに変えられて，排出器官を通して体外へ排出される。

❷排出器官…不要物を体外に捨てるはたらきをする器官。じん臓・ぼうこう・輸尿管など。⇨まとめて排出系という。

2 じん臓のつくりとはたらき

日常生活では，胃や腸のように意識することはないかもしれないが，じん臓もきわめて重要な器官である。

発展　尿素・尿酸の合成

タンパク質は窒素（N）をふくむ物質なので，消化により分解されるとアンモニア（NH_3）などの窒素化合物ができる。これらは人体にとって有害な物質なので，肝臓で二酸化炭素と結びつくことで，尿素や尿酸などの比較的毒性の少ない物質につくり変えられてから，排出される。

くわしく　尿素

タンパク質が分解されて生じたアンモニアと二酸化炭素と水が結びつくことでできる。

$$2NH_3 + CO_2 + H_2O \rightarrow \underset{(尿素)}{CO(NH_2)_2} + 2H_2O$$

尿にふくまれていて，おとなが1日に排出する尿素の量は，25～30 mg。

ここに注目　じん臓のつくりとはたらき

▶じん臓の位置はしっかりつかんでおこう。

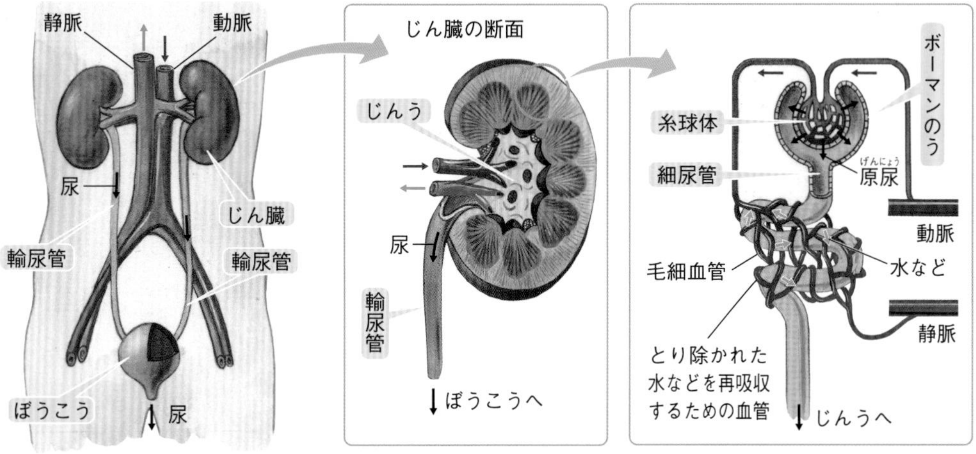

❶じん臓のつくり

a 位置と形…腰の上部の背骨の両側に1対ある。にぎりこぶしくらいの大きさ（長さ約10 cm）をしている。ソラマメ形で，色は暗い赤色。

b つくり…太い血管とつながり，内部は毛細血管が複雑に入りくんでいる。

❷じん臓のはたらき

・血液から，**尿素**などの不要物をとり除く。

⇨とり除かれたものは輸尿管を通って，ぼうこうに一時ためられたあと，尿道を通って体外へ排出される。

・血液中の余分な水分や塩分を尿中に排出する。

⇨その結果，血液中の塩分の濃度を一定に保つ。

発展　じん臓でのろ過と再吸収

じん臓に入ってきた血液は，糸球体でろ過される。その際，血球や粒の大きなタンパク質の分子などはそのまま血液中に残るが，ブドウ糖やアミノ酸など粒の小さな分子は，尿素などの不要な物質とともにいったんこし出され，原尿となる。

その後，からだに有用なブドウ糖やアミノ酸などは再び毛細血管に吸収され，結果的に不要なものだけが排出される。

健康診断などで尿を調べるのは，本来ならほとんど尿に混じることのない物質がふくまれていると，病気の可能性があり，その手がかりとなるからである。

3 汗せん

不要物として排出された汗であるが，体温調節のはたらきもしている。

❶汗せんのつくり…皮膚に通じる長い管をもち，その根もとは糸玉状になっており，毛細血管が分布している。

発展　汗せんの種類

汗せんには，エクリンせんとアポクリンせんという2種類がある。エクリンせんはほぼ全身に分布しているが，アポクリンせんは特定の部位（わきの下など）に分布している。また，出される汗の性質も異なる。

❷**汗せんのはたらき**…血液中の不要物を水とともにこし出し，汗とする。汗の成分は尿(にょう)の成分とほぼ同じ（→水(90 %)，尿素，アンモニアなど。）だが，尿よりもずっとうすい（→約99 %は水。）。

・汗は，蒸発するときに体表から多くの熱をうばい，体温を調節するのに役立っている。適切に汗をかくことができないと，からだに熱がこもり，命にかかわる場合がある。

・大量の汗をかいたときは，水分とともに塩分も失われるので，塩分の補給も必要である。

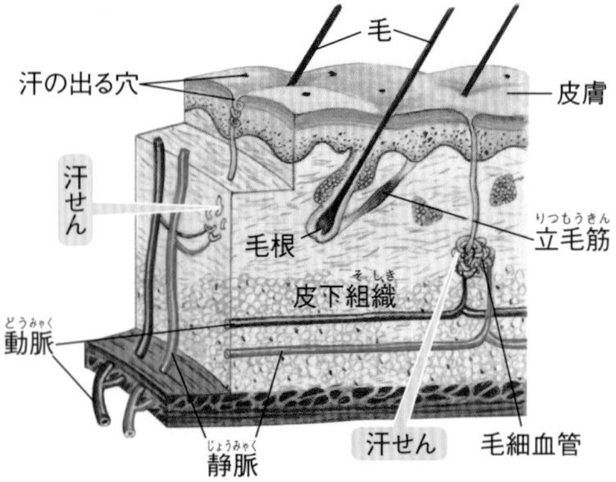

⬆汗せんのつくり

4 肝臓(かんぞう)のつくりとはたらき

肝臓と同じようなはたらきをする化学工場をつくるとしたら，非常に大規模な工場になるといわれるほど，肝臓はさまざまなはたらきをしている。

❶**肝臓のつくり**…ヒトの内臓の中で，最も大きな器官。内部には毛細血管(もうさいけっかん)が多く分布している。

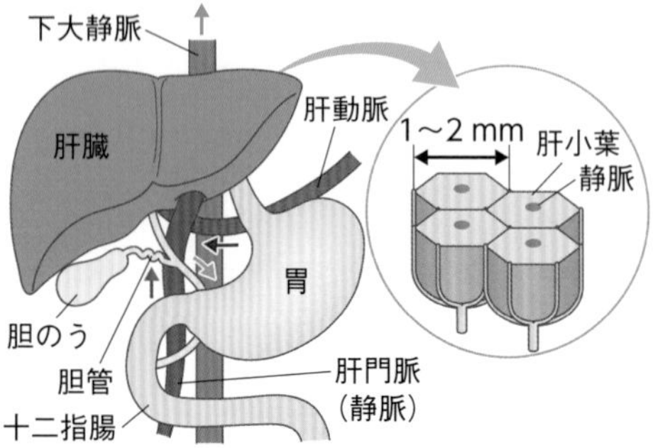

⬆肝臓のつくりと，肝臓付近の臓器
（すい臓は省略してある。）

重要

❷**肝臓のおもなはたらき**

a **栄養分をたくわえる**…ブドウ糖をグリコーゲンとしてたくわえたりする。（必要に応じてブドウ糖にもどし，血液中に送り出す。）

b **胆汁(たんじゅう)をつくる**…胆汁は，脂肪(しぼう)の消化(しょうか)を助ける。

⇨胆汁は胆のうにたくわえられる。

c 体内の有害な物質を無害な物質に変える。

例・アンモニア…尿素(にょうそ)などに変える。
・エタノール…アセトアルデヒド→酢酸(さくさん)と変わり，最終的には，水と二酸化炭素に分解。

エタノールは，お酒にふくまれるよ。毎日たくさんのお酒を飲んだり，一気に多量のお酒を飲むと，肝臓でのエタノールの分解が追いつかずに，肝臓の機能をそこなうことになるよ。

発展 肝臓の構造

肝臓は，約50万個もの肝小葉(かんしょうよう)という構造単位が集まってできている。また，それぞれの肝小葉は，約50万個の肝細胞(かんさいぼう)からなると考えられている。したがって，肝臓は大変な数の細胞が集まってできている臓器である。

なお，ヒトの肝臓は，7割ほどを切除しても再生する能力がある。

生活 肝臓はがまん強い?

肝臓は「沈黙(ちんもく)の臓器」といわれる。異常が現れても痛みなどの症状(しょうじょう)が出ることがあまりなく，そのため肝臓の異常に気づいたときには病気がかなり進んでいることがある。年齢(ねんれい)が上がれば，定期的な検診(けんしん)を受けることが望ましい。

チェック 基礎用語 次の〔　　〕にあてはまるものを選ぶか，あてはまる言葉を答えましょう。

1 消化と吸収～ 2 呼吸のはたらき

解答

□(1) 食物中の栄養分としては，おもに炭水化物・〔　　　〕・脂肪があり，これらは有機物である。
(1) タンパク質

□(2) 消化液の中にふくまれ，栄養分を化学的に分解するはたらきをもつ物質を〔　　　〕という。
(2) 消化酵素

□(3) 小腸の内側の壁のひだには，たくさんの〔　　　〕がある。
(3) 柔毛

□(4) デンプンは最終的に〔　　　〕に分解され，タンパク質は最終的に〔　　　〕に分解される。そして，(3)の中の〔　　　〕に吸収される。
(4) ブドウ糖，アミノ酸，毛細血管

□(5) ヒトの呼吸系は，気管→〔　　　〕→肺とつながっている。
(5) 気管支

□(6) (5)の先は枝分かれして，その先端は無数の小さな〔　　　〕につながる。
(6) 肺胞

□(7) うすい筋肉でできている〔　　　〕とろっ骨で囲まれた空間が広がったりせまくなったりして，肺に空気が出入りする。
(7) 横隔膜

3 血液の循環～ 4 排出のしくみ

□(8) ヒトの血液循環には体循環と〔　　　〕がある。
(8) 肺循環

□(9) 心臓にもどる血液が流れる血管は〔 静脈　動脈 〕である。
(9) 静脈

□(10) 肺で酸素を得た，あざやかな赤色の血液を〔　　　〕，各組織で酸素を放出した，黒ずんだ赤色の血液を〔　　　〕という。
(10) 動脈血，静脈血

□(11) 血液の固形の成分は，〔　　　〕，〔　　　〕，血小板である。
(11) 赤血球，白血球(順不同)

□(12) 赤血球は〔　　　〕という色素をふくんでおり，〔　　　〕を運ぶはたらきがある。
(12) ヘモグロビン，酸素

□(13) アンモニアは有害なので，〔　　　〕で毒性の少ない尿素などに変えられる。
(13) 肝臓

□(14) 尿素などの不要物は〔　　　〕で血液からとり除かれ，尿として〔　　　〕に一時ためられてから，体外に排出される。
(14) じん臓，ぼうこう

1 感覚器官のしくみ

教科書の要点

1. **刺激を受けとるしくみ**
◎外界からの刺激は，**感覚器官**で受けとられ，神経を通って脳に伝わり，はじめて刺激として感じる。

2. **目のつくりと刺激**
◎ 光 →角膜→ひとみ→水晶体（レンズ）→網膜→ 神経 →脳

3. **耳のつくりと刺激**
◎ 音 →鼓膜→耳小骨→うずまき管→ 神経 →脳

4. **鼻のつくりと刺激**
◎ においのもとになる物質 →においの物質を受けとる細胞→ 神経 →脳

5. **皮膚のつくりと刺激**
◎ものにふれた刺激を受けとる部分，痛みや温度などの刺激を受けとる部分→ 神経 →脳

1 刺激を受けとるしくみ

テレビを見る場合，わたしたちは光と音を受けとっている。

❶**感覚器官**…外界から光や音などの刺激を受けとる器官。

・目（視覚），耳（聴覚），鼻（嗅覚），舌（味覚），皮膚（触覚，温度感覚，痛覚）など。

・感覚器官は，刺激の種類に応じて，それぞれの刺激を受けとりやすいつくりになっている。

❷**受けとった刺激**…神経を通って脳に伝わり，はじめて刺激として感じとる。

くわしく 味覚

ものを食べたときに味を感じる感覚のこと。味には，甘味・塩味・酸味・苦味・うま味の5種類がある。

発展 盲点

盲点は，神経の束が眼球から出る点。光の刺激を受けとる細胞がないため，盲点上に結んだ像は見えない。

2 目のつくりと刺激

ものからの光が目に届くと，ものを見ることができる。

(1) 目のつくりと各部分のはたらき

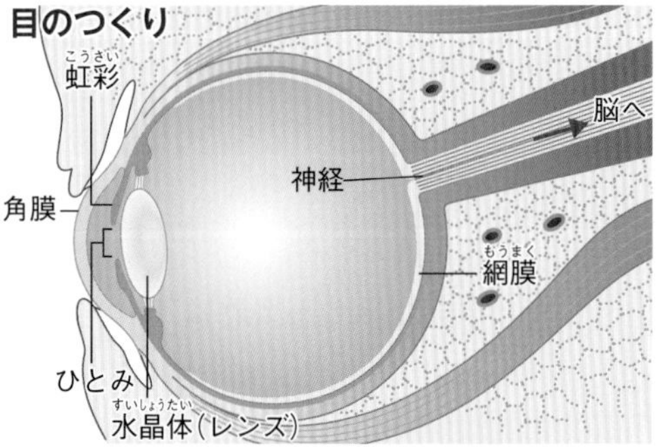

❶**角膜**…眼球の前方にあるおわん状の膜。透明で，血

管は通っていない。表面は涙でおおわれている。

❷**虹彩**…周囲の明るさに応じてのび縮みし，ひとみの大きさを変えて，水晶体（レンズ）に入ってくる光の量を調節する。

❸**ひとみ**…虹彩に囲まれた部分。

❹**水晶体（レンズ）**…筋肉によってふくらみを変え，網膜上にピントのあった像を結ぶ。⇨凸レンズである。

❺**網膜**…光の刺激を受けとる細胞が並んだ膜。

(2) ものが見えるしくみ

❶角膜，ひとみを通った光は，水晶体（レンズ）で屈折して，網膜上で像を結ぶ。
→網膜に写る像は倒立の実像。

❷網膜では，光の刺激を信号に変えて，神経（視神経）を通して脳に送る。

❸脳では信号を受けとり，ものが見えたと判断する。
→脳で正立の像に補正している。

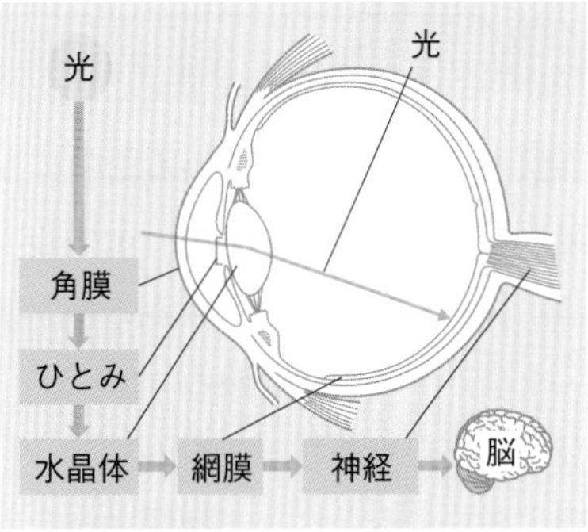

⬆ものが見えるしくみ

生活 近視・遠視・乱視

近視眼では，水晶体（レンズ）を通った光が網膜の前でピントを結ぶ（遠くのものがぼやける）。逆に，網膜のうしろでピントが結ばれるような目を遠視眼という（近くのものも遠くのものも見えづらい）。角膜の曲面が一様でないために，像がひずんで見える目が乱視眼である。これらの補正に，眼鏡やコンタクトレンズを用いる。

3 耳のつくりと刺激

音は，空気などの振動が伝わることで聞こえると学習した。

(1) 耳のつくり…音を鼓膜まで導く部分（外耳）と，音を伝える耳小骨やうずまき管などからなる。

⇨鼓膜の奥の耳小骨がある部分を中耳，中耳のさらに奥のうずまき管などがある部分を内耳という。

❶**鼓膜**…音の振動（空気の振動）をとらえて，振動する膜。

❷**耳小骨**…鼓膜の振動をうずまき管に伝える小さな骨。3種類の小さな骨からなる。

❸**うずまき管**…音の刺激を受けとる細胞がある。

(2) 音が聞こえるしくみ

❶空気の振動である音（音波）が，鼓膜を振動させる。

❷鼓膜の振動は，耳小骨に伝わり，さらにうずまき管に伝わる。

❸うずまき管から神経（聴神経）を通して，脳に信号が伝わり，はじめて音として感じる。

発展 耳のはたらき

耳は，音の刺激を受けとるだけではなく，からだの傾きや回転を感じる器官でもある。そのためのつくりが内耳にあるが，その部分が不調になるとめまいを感じるなどして，生活に支障が出ることがある。

耳のつくり

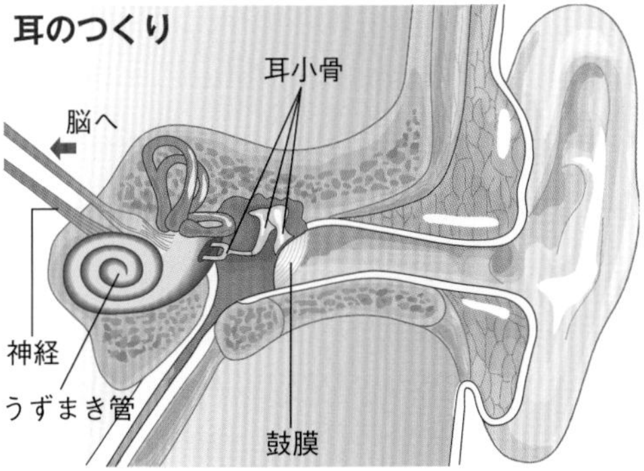

4 鼻のつくりと刺激

においは，命にかかわる情報にもなる。わたしたちは，どのようにしてにおいを感じているのだろうか。

(1) **鼻のつくり**…鼻の奥の方の上部に，においの物質を受けとる細胞がある。

(2) **においを感じるしくみ**

❶においのもとになる物質（一般に揮発性があり，油にとけやすい）が，鼻に入る。
　└→蒸発しやすい性質。

❷においの物質を受けとる細胞（嗅細胞）に，においのもととなる物質がふれる。

❸においの物質を受けとる細胞から，神経を通して脳に信号が送られ，においとして感じる。

⇨嗅細胞は疲労しやすく，同じにおいを長い時間かいでいると，感じにくくなる。

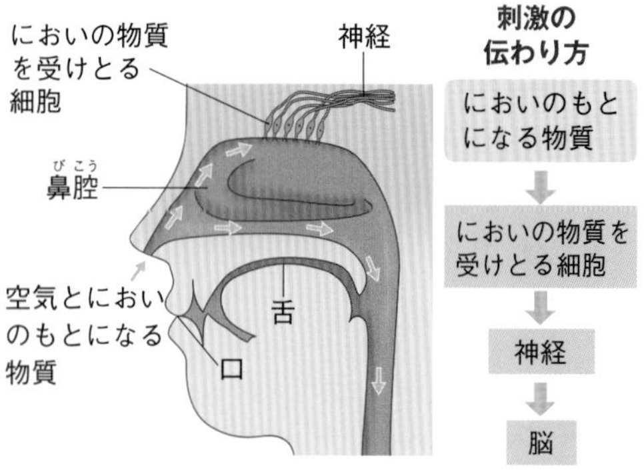

⬆ヒトの鼻のつくりとにおいを感じるしくみ

生活 動物の嗅覚はすごい？

イヌの嗅覚は，ヒトの数百万倍も優れていて，その嗅覚を活用している警察犬や災害救助犬などはよく知られている。

ところで，クマをはじめ，野生の動物には嗅覚が発達したものが多い。したがって，例えば山へキャンプなどに行ったときに，食べ残した肉や魚などからにおいがもれないようにしておかないと，においをかぎつけたクマに襲われる可能性もあるので，注意が必要である。

5 皮膚のつくりと刺激

皮膚はからだを保護し，発汗による体温の調節などを行うが，大切なはたらきをする感覚器官でもある。

(1) **皮膚の感覚点**…次のように区別される。

❶さわられたり，ものにふれたりした（圧力➡p.175）刺激を受けとる点

❷あたたかさ（皮膚の温度より高い温度）の刺激を受けとる点

❸冷たさ（皮膚の温度より低い温度）の刺激を受けとる点

❹痛さの刺激を受けとる点⇨4つのうちでは最も密に分布。

(2) **皮膚での感覚の生じるしくみ**

❶それぞれの感覚点で刺激を受けとる。

❷感覚点で刺激を信号に変え，神経を通して脳に伝える。

❸脳に信号がきて，はじめて温度などを感じる。

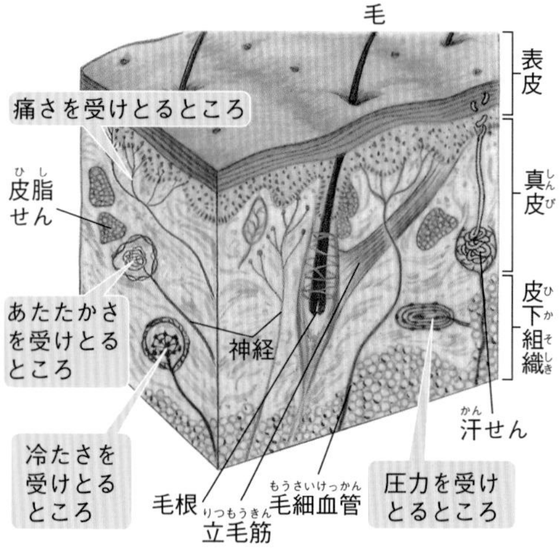

⬆ヒトの皮膚のつくりと４種類の感覚点

重要実験　刺激に対する魚の反応

目的　水そうに入れたメダカを使い，外から与(あた)えられた刺激に対してどのように反応するのかを調べる。

方法　①水を静かにかきまわして流れを起こし，メダカの泳ぐ向きを調べる。
②水そうのまわりの縦じま模様の紙を動かす。
③音を立てずに，水そうの上や横に手をかざしたときのメダカの反応を調べる。

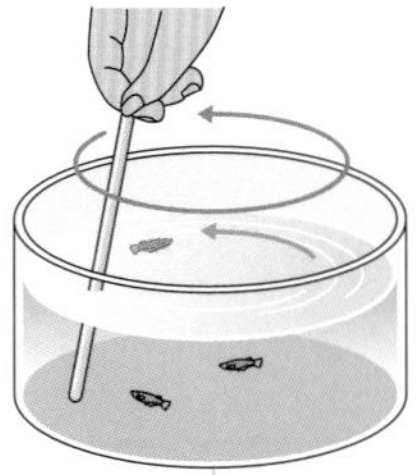

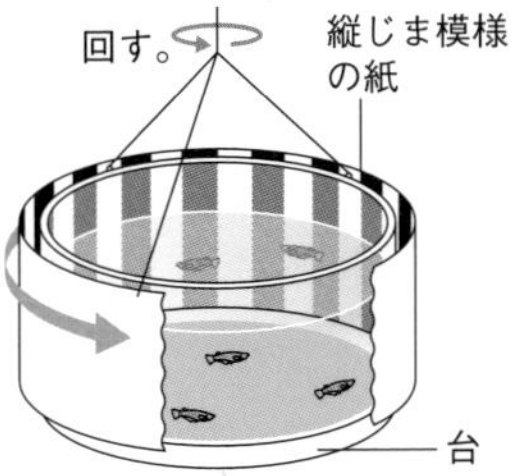

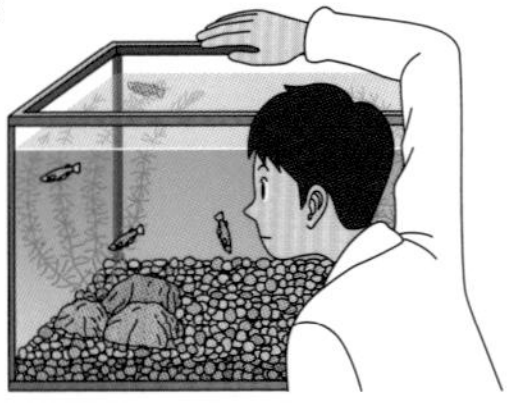

結果 ➡
① メダカは流れにさからって泳ぐ。
② メダカは模様とともに動く。
③ メダカは危険をさける動きをする。

考察 ➡
① メダカは水の流れを体表で感じとっている。
② メダカは周囲のものの動きを目で感じとっている。
③ メダカは周囲のものの動きを目で感じとっている。

・メダカは体表や目で受けとった刺激にすばやく反応している。
・①より，メダカは流れる水の中では同じ位置を保つように泳ぐようだ。したがって，②の行動は，まわりの模様に追いつくように泳がなければ下流に流されることになるので，それを避(さ)けるための反応と考えられる。

Column　心の感覚も磨(みが)こう！

思考　生活

　辞書で「感覚」を引くと，「物事を感じとる心のはたらき」という説明もある。理科と関係のある話なの？　と思うかもしれないが，ちょっと考えてみよう。
　ヒトは，身のまわりから受けとる情報（刺激）の８～９割は視覚によって得ているといわれる。わたしたちは目をつぶった状態では，外を一人で歩くことはできないだろう。しかし，視覚に障害がある人の中には，白い杖(つえ)がふれたことで得られる情報や，点字ブロックの感触(かんしょく)を頼(たよ)りに１人で歩いている人もいる。もし，点字ブロックをふさぐように自転車や看板(かんばん)が置いてあったらどうだろうか？　また，自分の目のかわりとなる盲導犬(もうどうけん)を連れた人もいる。悪気(わるぎ)はなくても「かわいい」となでまわしたりするのはどうだろうか？　点字ブロックの意義や，盲導犬の役割を感じとり，自分なりにできることを考えてみることが大切である。これは視覚の障害だけに限らず，さまざまな場面についていえることである。

2 刺激と反応

教科書の要点

1 ヒトの神経系

◎神経細胞が集まって，ヒトの神経系をつくっている。

◎神経系─┬**中枢神経**…脳，脊髄
　　　　└**末しょう神経**…**感覚神経**，**運動神経**

2 刺激の伝わり方

◎ 刺激 →感覚器官→感覚神経→中枢神経→運動神経→筋肉→ 反応

3 反射

◎**反射**…外界からの刺激に対して，無意識に起こる反応。生まれつきそなわっているもの。

4 行動のしくみ

◎感覚器官，脳，神経，筋肉，骨格の密接なつながりのもとで起こる。

1 ヒトの神経系

ヒトが複雑な思考や記憶，創造などの活動を行えるのは，非常に発達した神経系をもっているからである。

(1) **神経細胞**…神経系をつくっているもとになる細胞。糸のような突起をもっている。

(2) **神経系**…神経細胞の集まり。中枢神経と末しょう神経からなる。

❶**中枢神経**…神経細胞が多く集まっている部分で，脳と脊髄からなる。からだの中で判断や命令を行う。
⇨末端からくる信号を受けとり，処理する。

❷**末しょう神経**…中枢神経から細かく枝分かれした神経で，感覚神経と運動神経からなる。

a **感覚神経**…感覚器官が受けとった刺激を中枢神経に伝える神経。

b **運動神経**…中枢神経からの命令を筋肉などの運動器官に伝える神経。

発展 自律神経

末しょう神経の中で，からだの状態の調節のために，無意識にはたらく神経のまとまりを自律神経系という。（例 見知らぬ人に話しかけたりするときに，無意識に心臓の拍動が速くなる。）

さらに自律神経は，そのはたらきから大きく２つに分けることができる。緊張しているときにはたらく「交感神経」と，リラックスしているときにはたらく「副交感神経」である。

発展 神経を伝わる信号の速さ（運動神経の例）

ヒトの運動神経では，１秒間に60～70 mの速さで信号は伝わる。

- ネコ…78 m/s
- ウサギ…61 m/s
- タコ…4.5 m/s

ヒトの神経細胞と神経系

※脳や脊髄は，神経細胞が多く集まっている部分である。

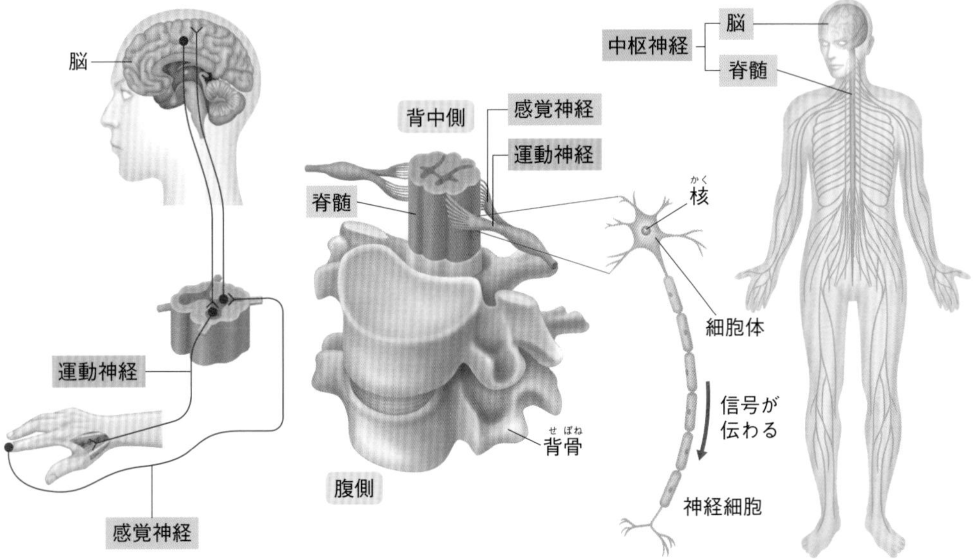

2 刺激の伝わり方

刺激は非常に短い時間で神経を伝わる。

(1) 外からの刺激が伝わって，反応する順序

重要

❶**外からの刺激を受けとる**…外からの刺激が感覚器官（目，耳，鼻，皮膚など）に与えられると，感覚器官の感覚細胞（刺激を受けとる細胞）で，刺激が神経を伝わる信号（興奮など）に変えられる。

❷**感覚神経をへて中枢神経へ**…信号は，感覚神経をへて，中枢神経に伝えられる。

❸**中枢神経で処理・判断**…中枢神経では，それに応じた処理・判断を行い，反応を起こすように命令を出す。

❹**運動神経をへて筋肉へ**…中枢神経からの命令の信号は，運動神経をへて筋肉（運動器官）に達する。

❺**命令の信号により反応を起こす**…筋肉が信号により収縮し，からだが反応（運動）する。

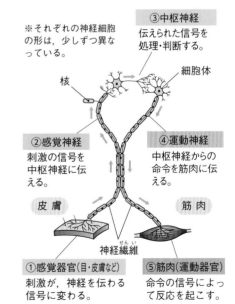

※それぞれの神経細胞の形は，少しずつ異なっている。

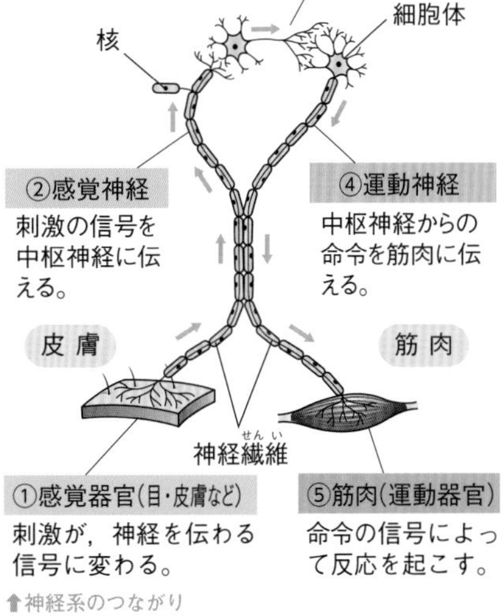

⬆神経系のつながり

(2) 脳と脊髄

❶脳のはたらき…刺激を受け，それをもとに判断し運動の命令を出す。また，思考したり記憶したりもする。

⇨脳はそのはたらきによって，大脳，中脳，小脳，間脳，延髄などに分けられる。

❷脊髄のはたらき

a 脊髄反射の中枢である。

b 脳とからだの各部との間の，信号のやりとりのなかだちをする。

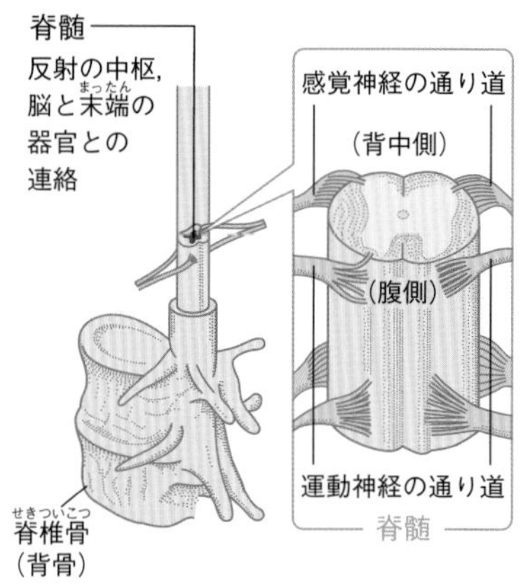

⬆脊髄のつくりとおもなはたらき

3 反射

からだを危険などから守るときは，一瞬の判断が必要となる。

(1) **反射**…外から加えられたある刺激に対して，意識とは直接関係なく，刺激を受けてすぐ起こる反応。ヒトには生まれながらにそなわっている。

例・食物を口に入れるとだ液が出てくる。
・熱いものに手がふれると，瞬間的に手を引っこめる。
・目の前にボールがとんでくると，思わず目をつぶる。
・ひざの下をたたくと，ひざがはね上がる。（膝蓋けん反射という。）

くわしく 条件反射

条件反射は，何回かの経験を通してつくり上げられた反応である。

条件反射には，大脳（脳の中で最も大きい部分）の灰白質が重要なはたらきをしている。

ここに注目 反射のしくみ

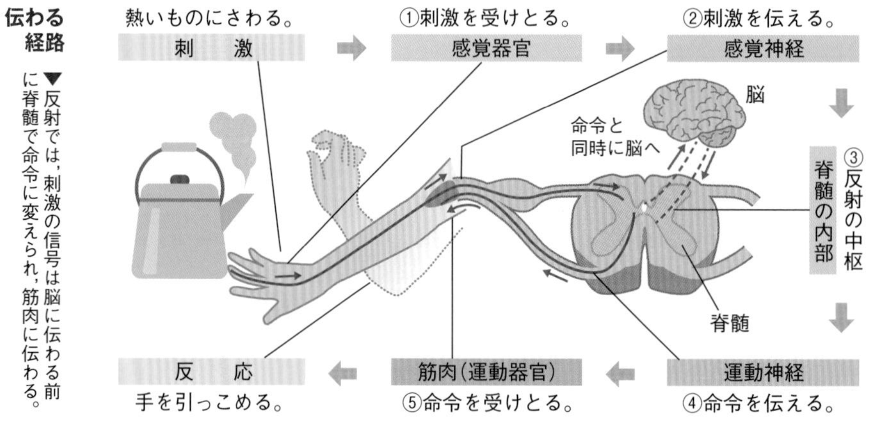

❶**特徴**…決まった刺激に対して，決まった部分に決まった形で反応が起こる。

❷**命令が出されるところ**…大脳以外の中枢神経（脊髄など）から命令が出される。⇨命令は大脳に関係していない。

(2) 反射のしくみ

❶感覚器官からの信号は，脳に伝わる前に，脊髄などで命令に変えられ，筋肉（運動器官）に伝えられる。

❷信号の伝わる経路が短いので，反応に要する時間が短い。

⇨からだを危険から守るのにつごうがよい。

テストで注意　ひとみの大きさの変化も反射

ひとみの大きさは，自分で意識して変えることはできない。暗いところから明るいところに行くと，ひとみはすばやく小さくなる。これは，目の中に入る光の量が急にふえるのを防ぐためである。この，明るさによってひとみの大きさが変化する反応も，生まれながらにもっている反射の一種（瞳孔反射）である。

4 行動のしくみ

ヒトが意識してする行動は，感覚器官，脳，神経，筋肉，骨格の密接なつながりのもとで起こる。例えば，上から棒が落ちてくるのを見て，とっさに手を出したとする。この行動は次のようにして起こる。

❶感覚器官で，外からの刺激を受けとり，神経を伝わる信号に変える。

❷信号は，感覚神経で脳へ伝わる。

❸信号を受けた脳は，刺激に応じた判断をして命令を出す。

❹命令は運動神経をへて，骨格についている筋肉に伝わる。

❺骨格についている筋肉は，対になった一方の筋肉が収縮し，もう一方の筋肉がゆるんで反応を起こす。

くわしく　目や耳で受けとった刺激

目や耳といった頭部にある感覚器官で受けとった刺激は，ほとんどの場合，脊髄を通らずに直接脳に伝わり，脳で感覚が生じて判断する。そして，命令が脊髄を通って手やあしなどに伝わり，反応が起こる。

動画　刺激の伝わり方

行動のためのしくみ

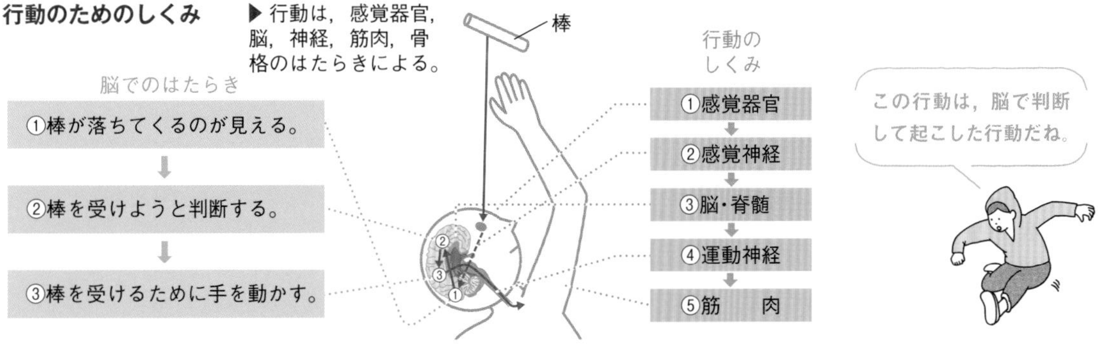

▶ 行動は，感覚器官，脳，神経，筋肉，骨格のはたらきによる。
棒
脳でのはたらき
①棒が落ちてくるのが見える。
②棒を受けようと判断する。
③棒を受けるために手を動かす。
行動のしくみ
①感覚器官
②感覚神経
③脳・脊髄
④運動神経
⑤筋　肉
この行動は，脳で判断して起こした行動だね。

重要実験　刺激に対する反応を調べよう

目的　刺激を受けとってから，反応するまでに，どのくらい時間がかかるのかを調べる。

方法1
①2人1組になり，Aはものさしを落とす人，Bはつかむ人にする。
②Aはものさしの上端をもち，Bはものさしの0の目盛りのところに指をそえて，いつでもつかめるようにものさしに注目する。
③Aは，Bの準備ができたことを確認し，合図を送ることなく，ものさしをはなす。
Bは，すぐにものさしをつかみ，0の目盛りのところからどのくらいの距離でつかめたかを調べる。これを何回かくり返す。
④ものさしが落ちるのを見てから，つかむまでのおよその時間を次の対応目盛りから求める。

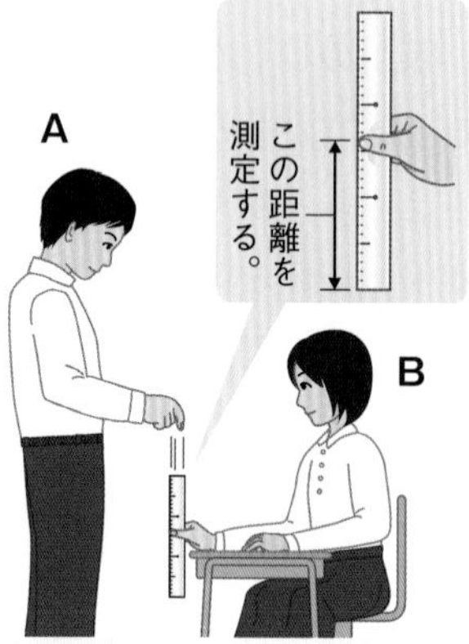

⬇対応目盛り

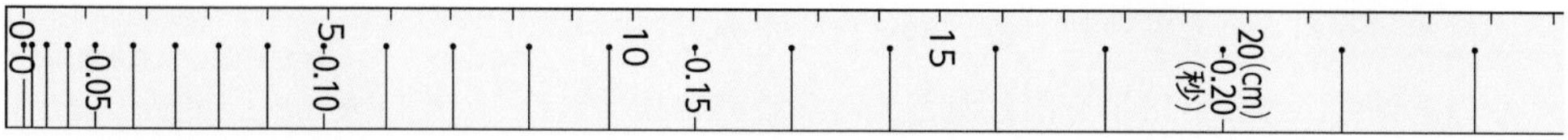

結果と結論1　(結果の例)

回数	1	2	3	4	5
ものさしの目盛り (cm)	16.8	19.2	21.5	17.4	17.9

・ものさしの0の目盛りからつかんだ位置までの距離の5回の平均は，18.56 cmで，平均の反応時間は約0.195秒となった。

方法2
①背中合わせに輪をつくり，となりの人の手首をにぎる。
②最初の人は，ストップウォッチをスタートさせるのと同時に，ストップウォッチを持っていない手でとなりの人の手首をにぎる。にぎられた人は，さらにとなりの人の手首をにぎる。(おたがい手は見ない。)
③最初の人はストップウォッチを逆の手に持ちかえておき，自分の手首がにぎられたらストップウォッチを止める。

結果と結論2　(結果の例　人数20人)

回数	1	2	3
全体の時間 (秒)	5.67	5.24	5.58
1人あたりの時間 (秒)	0.28	0.26	0.28

・ストップウォッチを持ちかえているので，最初の人の時間もふくまれる。⇨全体の時間を20人で割る。
・片方の手をにぎられてから，逆の手でとなりの人の手をにぎるまで，1人あたり約0.27秒かかった。

3 からだが動くしくみ

教科書の要点

1 骨格と筋肉による運動	◎うでの屈伸と筋肉…2つの筋肉が交互に縮むことによって，うでをのばしたり曲げたりすることができる。
2 ヒトの骨格	◎はたらき…からだ全体の形をつくる（からだを支える）・内部の器官の保護・筋肉による運動。 ◎骨は生きた細胞（骨の細胞）でできている。
3 ヒトの筋肉	◎けんで骨につながり，骨を動かす。

1 骨格と筋肉による運動

うでをさわると，筋肉と骨格を感じることができる。

❶ヒトのうでやあしの骨格と筋肉

- 骨を中心にして，両側に一対の筋肉がある。
- 筋肉の両端は，**けん**になっていて，関節をへだてて2つの骨に結びつく。
  ⇨一方はしっかりとした骨（肩甲骨や骨盤など），他方は動かされる骨（とう骨や尺骨など）に結びつく。
- **けん**…筋肉を骨に結びつけている組織。白色で非常にじょうぶな繊維からなる。

くわしく 骨格と関節

動物のからだを支えたり，保護したりしている骨組みを骨格という。

骨と骨どうしが，動きやすい形で結合している部分は関節という。となりあった骨と骨のふれあう面は，軟骨でできており，すきまには関節液がたまっている。そのため関節は，なめらかに動く。

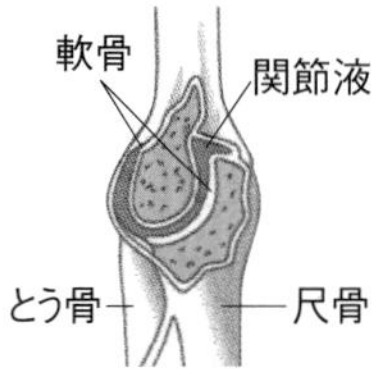

⬆ひじの関節の断面

ここに注目 うでの動きと筋肉のようす

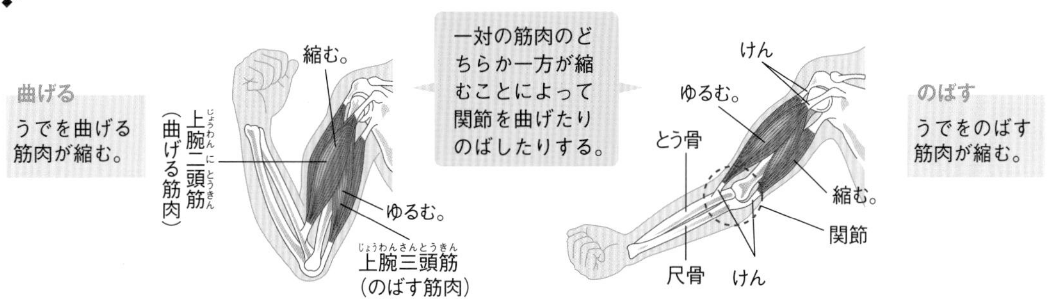

重要

❷うでやあしの曲げのばし…1つの筋肉は，決まった方向にしか収縮できない。

⇨一対の筋肉の，一方の筋肉が縮み，もう一方の筋肉がゆるむことによって，うでやあしの曲げのばしができる。

復習 外骨格

節足動物のように，からだの外部をおおう骨格を外骨格ということを中学1年で学習した。

外骨格に対して，ヒトをふくむ脊椎(せきつい)動物のように，からだの内部にある骨格を内骨格という。

2 ヒトの骨格(こっかく)

骨格は，脳や内臓などを守っている。

❶ヒトの骨格のはたらき

・からだ全体の形をつくっている基本。

・からだの内部にある，やわらかい器官（脳や肺など）を保護している。

・骨についている筋肉によって運動する。

❷骨の細胞(さいぼう)…骨は，骨の細胞が血液中からリン酸カルシウム（骨の原料）やタンパク質などをとりこんでかたくなったもの。

⇨骨は生きた細胞であり，骨の中にも血管が通り，栄養分と酸素が運ばれている。

3 ヒトの筋肉(きんにく)

筋肉も，細胞(さいぼう)が集まってできている。

(1) 筋肉の種類

❶骨についている筋肉…収縮(しゅうしゅく)したりゆるんだりすることで，関節のところでからだを曲げられる。
（→骨格筋という。）

❷骨についていない筋肉…胃，腸などの，内臓を動かす筋肉。
（→内臓筋という。）

(2) 筋肉の成分とはたらき

❶成分…大部分がタンパク質でできている。

❷はたらき…命令によって収縮したりゆるんだりする。
（→運動神経から伝えられる。）

ヒトの全身の骨格と筋肉

▶背骨をはじめいろいろな骨格があり，筋肉がついている。

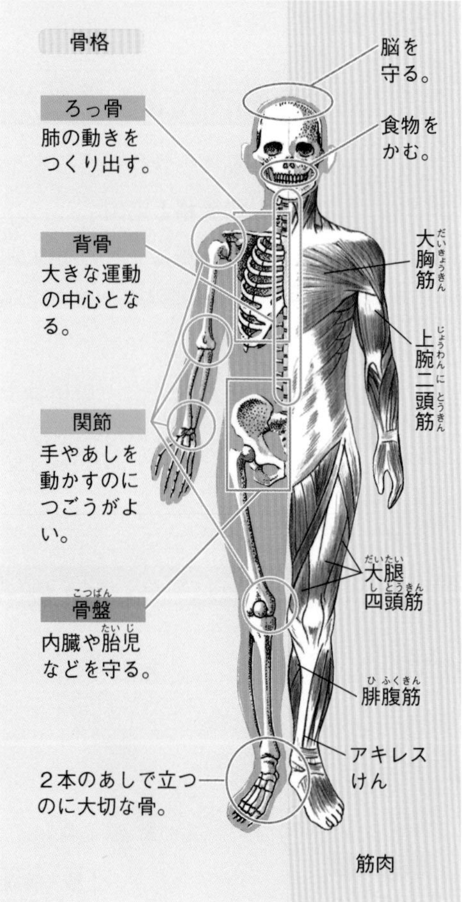

重要観察　骨格と筋肉の関係を調べる

目的　ニワトリの手羽先を用いて，骨と筋肉のつながり方などを調べる。

方法　①ニワトリの手羽先の皮を，解剖ばさみやカッターナイフなどを使ってはいで，骨や筋肉のようすを観察する。

②いろいろな筋肉を引っぱって，どこがどのように動くかを調べる。

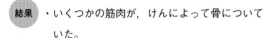

注意　●皮をはぐときは脂肪分ですべりやすいので，手を切ったりしないように気をつけること。

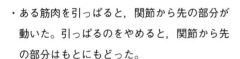

結果
- いくつかの筋肉が，けんによって骨についていた。
- ある筋肉を引っぱると，関節から先の部分が動いた。引っぱるのをやめると，関節から先の部分はもとにもどった。

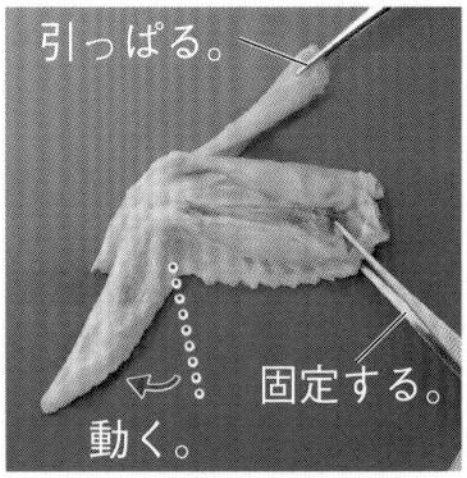

考察
- 関節をはさんで２つの骨にまたがってついている筋肉のはたらきにより，関節から先の部分が動く。

写真２点は©コーベット

Column　将来のために「ロコモ」について知っておこう　生活

消化のための「消化器官」などに対して，からだを動かすための器官を「運動器官」という。運動器官は，筋肉，骨格などからなり，これらの１つでもうまく機能しなくなると，からだ全体の動きに影響が生じる。

中学生は成長期の時期だが，骨や筋肉の量は20～30代がピークで，運動器官は積極的に運動や生活活動を行わないとおとろえてしまう。場合によっては，高齢になるにつれて思うように動けなくなるおそれがある。この，運動器官がおとろえ，日常生活の「立つ」「歩く」などの動作が困難になる状態のことを**ロコモティブシンドローム**（略称「ロコモ」）という。日本では70歳以上の95％以上の人があてはまるといわれていて，年齢が高くなってからあわてないためにも，若いうちからの運動習慣などの対策が大切である。

●中学生のうちから気をつけたいこと…不健康な生活は，肥満ややせ過ぎにつながり，ロコモになる危険性を高めてしまうので，ロコモ予防には運動習慣とともに，食生活にも気をつけることが重要である。肥満による体重の増加は，腰やひざに負担をかけ，関節の変形症などにつながり，過度なダイエットは骨や筋肉の量が減るため，**骨粗鬆症**（骨が軽くもろくなる）や，**サルコペニア**（筋量や筋力の低下）につながる。

「人生100歳時代」とまでいわれるようになった長寿国の日本。中学生にとってはまだ気にしすぎることではないといえるが，ある程度若いときからの運動などのとり組みの差が，将来，大きな差になることもあるということは意識しておこう。　（※「フレイル」という言葉についても調べてみよう。）

重要観察

イカを解剖してからだのつくりを調べる

目的 無脊椎動物（軟体動物）のイカを解剖して，からだのつくりについて調べる。

➡泳いでいるイカ
©アフロ

方法 ①イカをバットにのせて，全体のようすを観察する。

⇨あし（うで）の根もとのところも観察する。

②腹側（ろうとのある側）を上にして，外とう膜の下からはさみを入れ，内臓を傷つけないように注意しながら，先端まで切り開く。

⇨えらや内臓を観察する。骨についても調べる。

③内臓と外とう膜を切り離し，口からスポイトで色水を注入する。

⇨どのような経路で排出されるかを観察する。

ポイント

●②の外とう膜を切り開くとき…からだの中心の線（正中線）に沿って，切り開いていく。

結果 ①・先端には三角形のひれがある。

・外とう膜におおわれた部分のすぐ下に，目やろうとがある。

・口の位置はあしの根もとの中央部で，するどくとがった板状のあごが，上下にある。

②・えら，胃，腸，肝臓，墨袋などがあった。

・背骨などの骨はなかった。

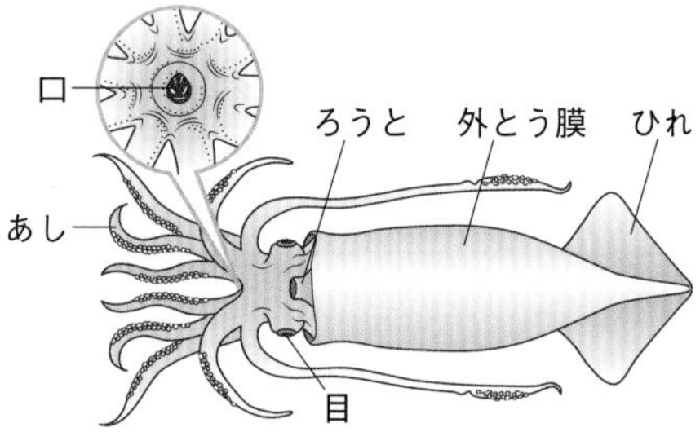

注意

●透明な骨のようなもの…背側の中心の線に沿って，透明で，かたくて細長いものがあるが，背骨ではない。（イカの祖先のからだにあった貝殻が，痕跡として現在のイカにも残っていると考えられている。）

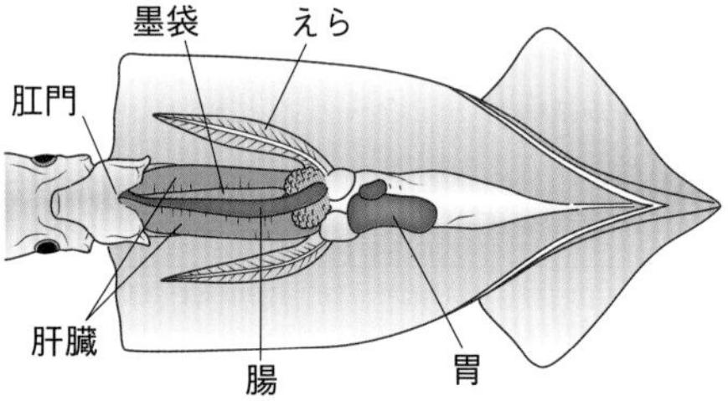

③口→胃→腸を通り，肛門から排出された。

結論 ・消化系の器官として，口，胃，腸，肝臓，肛門などがある。

⇨ヒトと似ている。

・呼吸するための器官はえらである。⇨ヒトとは異なる。

・からだに骨はない。（内骨格はない。）⇨ヒトとは異なる。

・発達した目がある。（ヒトの目と同じような構造である。）

イカの脳は，からだの大きさから考えると，かなり発達しているそうだよ。

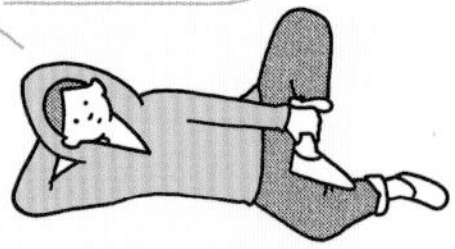

チェック 基礎用語 次の〔　〕にあてはまるものを選ぶか，あてはまる言葉を答えましょう。

1 感覚器官のしくみ

解答

	解答
□(1) 目や耳，皮膚など，外界から刺激を受けとる器官を〔　　〕器官という。	(1) 感覚
□(2) 光の刺激の伝わり方は，〔　　〕→ひとみ→〔　　〕→網膜→神経→脳である。	(2) 角膜，水晶体（レンズ）
□(3) 光の刺激を受けとる細胞がある部分は，〔　　〕である。	(3) 網膜
□(4) 音の刺激を受けとる細胞は，〔 鼓膜　うずまき管 〕にある。	(4) うずまき管
□(5) 鼻でにおいを感じる部分から，神経を通して〔　　〕に信号が送られ，はじめてにおいとして感じる。	(5) 脳

2 刺激と反応

	解答
□(6) 神経細胞が多く集まっている部分で，末端からくる信号を受けとり，処理をするのは〔　　〕神経である。	(6) 中枢
□(7) 〔　　〕神経は，中枢神経から細かく枝分かれした神経で，感覚神経と運動神経からなる。	(7) 末しょう
□(8) 感覚器官が受けとった刺激を中枢神経に伝える神経は，〔　　〕である。	(8) 感覚神経
□(9) 中枢神経からの命令を筋肉に伝える神経は〔　　〕である。	(9) 運動神経
□(10) 外界からの刺激に対し，無意識に起こる反応を〔　　〕といい，反応に要する時間が〔 短い　長い 〕。	(10) 反射，短い

3 からだが動くしくみ

	解答
□(11) 筋肉を骨に結びつけている組織を〔　　〕という。	(11) けん
□(12) 筋肉の両端は，〔　　〕をへだてて２つの骨に結びつく。	(12) 関節
□(13) うでの曲げのばしをするとき，うでの一対の〔　　〕が交互に縮むことで，うでがのびたり曲がったりする。	(13) 筋肉
□(14) 骨格には，脳や肺などの器官を〔　　〕するはたらきがある。	(14) 保護

定期テスト予想問題 ①

時間 40分
解答 p.307

得点 /100

1節／生物のからだをつくる細胞

1 右の図のA～Cは，生物の細胞(さいぼう)を顕微鏡(けんびきょう)で観察し，スケッチしたものである。次の問いに答えなさい。 【3点×9】

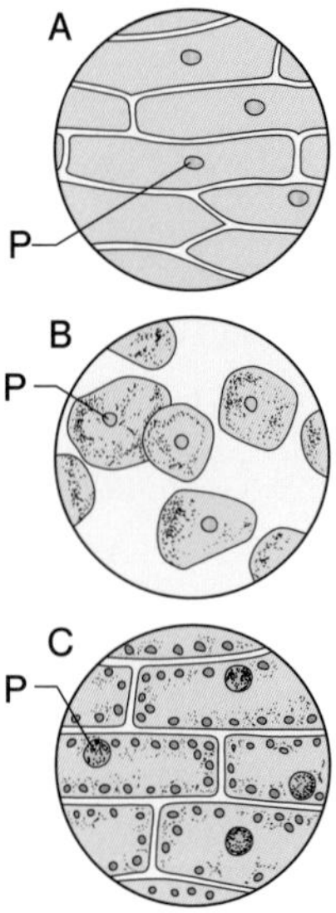

(1) A～Cの細胞は，それぞれ次のア～ウのどの部分の細胞か。

A〔　　　〕 B〔　　　〕 C〔　　　〕

ア オオカナダモの葉　イ タマネギの表皮　ウ ヒトのほおの内側の粘膜(ねんまく)

(2) PはA～Cの細胞に共通してある。Pを観察するときに用いる染色液を1つ書け。〔　　　〕

(3) からだが多くの細胞からできている生物を何というか。〔　　　〕

(4) (3)の生物を，次のア～エから2つ選べ。〔　　　〕〔　　　〕

ア ゾウリムシ　イ ミジンコ　ウ アメーバ　エ ツバキ

(5) 顕微鏡観察で倍率を高くした場合，見える範囲(はんい)と視野の明るさはどうなるか書け。 見える範囲〔　　　〕 視野の明るさ〔　　　〕

1節／生物のからだをつくる細胞

2 右の図は，動物の細胞と植物の細胞のつくりを模式図(もしきず)で示したものである。次の問いに答えなさい。 【3点×9】

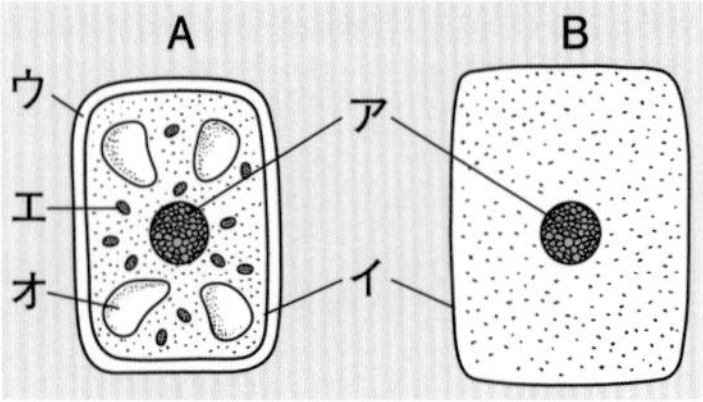

(1) AとBのどちらにもある，ア，イの部分の名称(めいしょう)を書け。

ア〔　　　〕 イ〔　　　〕

(2) Aの細胞にだけ見られる，ウ～オの部分の名称を書け。

ウ〔　　　〕 エ〔　　　〕 オ〔　　　〕

(3) 動物の細胞は，A，Bのどちらか。〔　　　〕

(4) 植物の葉肉組織(ようにくそしき)や動物の上皮(じょうひ)組織などは，［ ① ］や［ ② ］が同じ細胞が集まってつくられている。［　　］にあてはまる語句を書け。 ①〔　　　〕 ②〔　　　〕

(5) いくつかの種類の組織が集まり，特定のはたらきをする部分を何というか。〔　　　〕

2節／植物のからだのつくりとはたらき

3 植物の光合成(こうごうせい)に関する実験を行った。次の問いに答えなさい。 【(1)4点，ほかは3点×4】

〈実験〉①次の図のように，新鮮(しんせん)なタンポポの葉を試験管Aに入れ，ストローで息を十分にふきこみゴム栓(せん)をする。試験管Bは，息だけをストローで十分にふきこみゴム栓をする。

②試験管A，Bを直射日光に30分ほど当てる。

③試験管A，Bのゴム栓を開け，それぞれにすばやく薬品Xを少量入れる。

④再びゴム栓をして，試験管A，Bをよく振る。

〈結果〉試験管Bの方だけが，中の薬品Xが白くにごった。

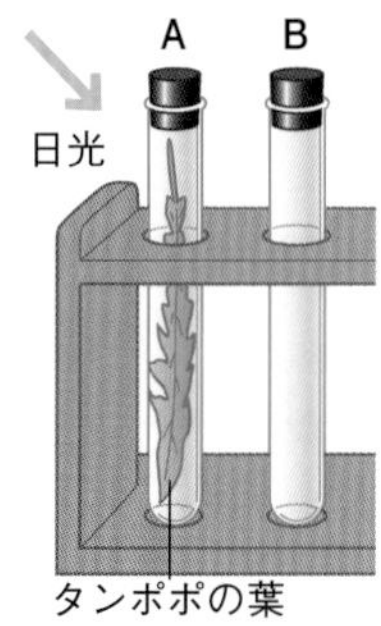

思考 (1) 結果に差が出た要因と考えられる，試験管AとBで1つだけちがっている条件は何か。簡単に答えよ。〔　　〕

(2) 試験管に入れた薬品Xは何か。その名称を書け。〔　　〕

(3) 試験管Aの中では，光を当てたあと，ある気体が少なくなっていたと考えられる。何という気体か，気体名を書け。〔　　〕

(4) タンポポの葉における光合成では，(3)の気体とある物質から，デンプンなどの栄養分をつくる。ある物質とは何か，物質名を書け。また，光合成が行われたのは，葉の細胞の何というつくりか，名称を書け。　物質名〔　　〕 つくり〔　　〕

2節／植物のからだのつくりとはたらき

4 **右の図は，植物の光合成と呼吸を模式的に表したもので，Bのはたらきは夜間も行われる。次の問いに答えなさい。** 【3点×5】

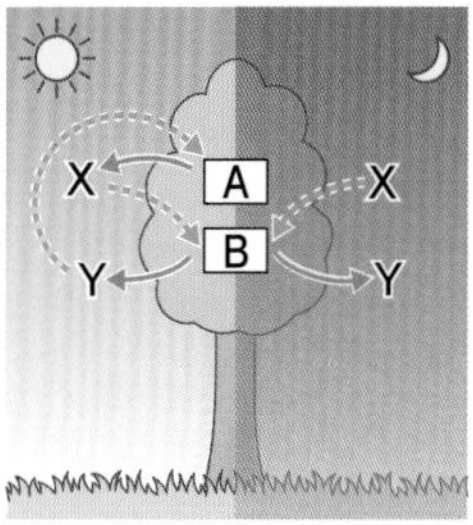

(1) 図中のXとYは気体を表している。それぞれの気体名を書け。

X〔　　〕 Y〔　　〕

(2) 昼間にさかんなはたらきは，A，Bのどちらか。また，それは光合成と呼吸のどちらか。　記号〔　　〕 はたらき〔　　〕

(3) 気体のXとYが植物に出入りする，葉にあるつくりの名称を書け。〔　　〕

2節／植物のからだのつくりとはたらき

5 **右の図1は，ホウセンカの茎の横断面と，その一部を拡大したもので，図2はツバキの葉の断面の一部である。次の問いに答えなさい。** 【3点×5】

図1

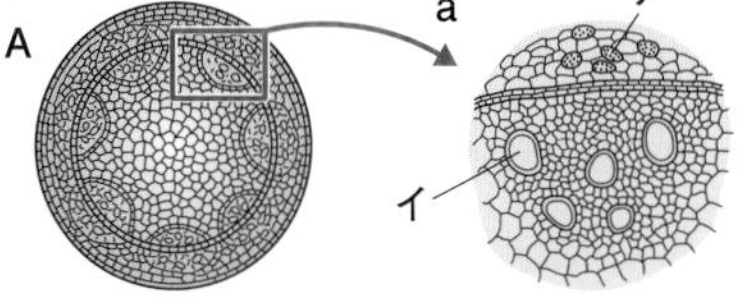

(1) **図1**のAで拡大した部分(**図1**のa)の名称を書け。

〔　　〕

図2

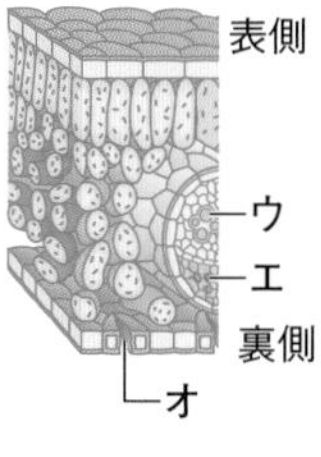

(2) **図1**と**図2**で，根から吸収した水や水にとけた養分の通る管はどれか。ア〜エから2つ選べ。〔　　〕〔　　〕

(3) **図1**のaの，アの管の名称を書け。〔　　〕

(4) **図2**のオの部分を通して，水はどのような状態で放出されるか答えよ。

〔　　〕

定期テスト予想問題 ②

時間 40分
解答 p.307

得点 /100

3節／動物のからだのつくりとはたらき①

1 右の図は，ヒトの消化系と一部の拡大図を示したものである。次の問いに答えなさい。 【(2)5点，ほかは3点×7】

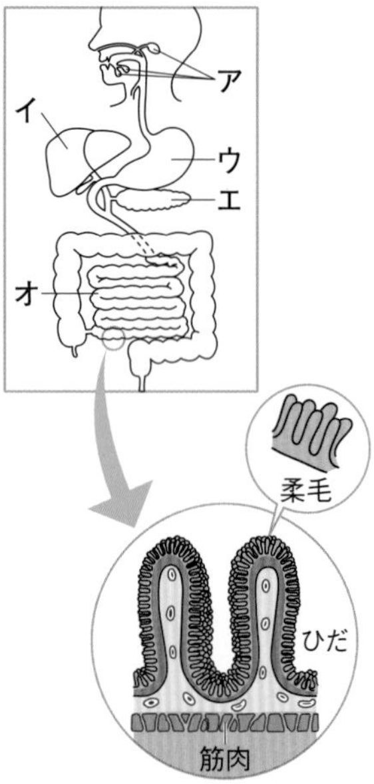

(1) 図のアの器官から，何という消化液が出されるか。〔　　　　〕

(2) 試験管にデンプン溶液とうすめた(1)の消化液を入れ，約40 ℃で10分間あたためたあとにヨウ素液を加えたときの変化について書け。

〔　　　　　　　　　　〕

(3) すい液をつくっている器官は，ア～オのどれか。また，その器官の名称を書け。　記号〔　　　　〕　器官名〔　　　　〕

(4) 図のオの内側の壁にはたくさんのひだがあり，その表面の柔毛から，消化された多くの栄養分が吸収されている。次の文の〔　　〕にあてはまる語句を書け。

消化された栄養分のうち，〔 ① 〕と〔 ② 〕は，毛細血管に吸収され，〔 ③ 〕と〔 ④ 〕は柔毛内で再び脂肪に合成されて，リンパ管に吸収される。

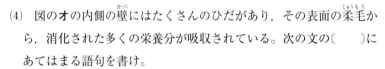

①〔　　　　〕 ②〔　　　　〕 ③〔　　　　〕 ④〔　　　　〕

3節／動物のからだのつくりとはたらき①

2 右の図は，ヒトの肺のつくりを示したものである。次の問いに答えなさい。 【4点×6】

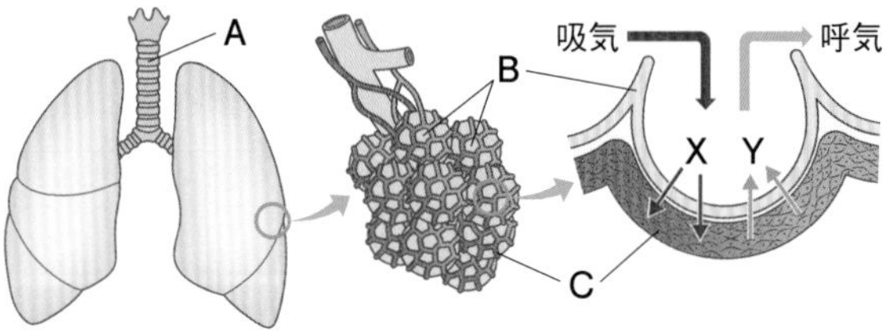

(1) Aの管の名称を書け。〔　　　　〕

(2) ヒトの肺は，Bのような小さな袋が多数集まってできている。この小さな袋を何というか，名称を書け。〔　　　　〕

(3) (2)の袋が多数集まって肺ができていることは，肺で気体の交換をする上でどのような利点があるか。簡単に書け。〔　　　　　　　　　　〕

(4) Cは(2)の袋をとりまく血管である。何とよばれる血管か。〔　　　　〕

(5) 袋から血液中にとりこまれる物質Xと，血液中から袋に出される物質Yは，それぞれ何か。

X〔　　　　〕 Y〔　　　　〕

3節／動物のからだのつくりとはたらき①

3 **右の図は，ヒトの血液循環の道すじを，模式的に表したものである。次の問いに答えなさい。** 【(5)6点，ほかは3点×4】

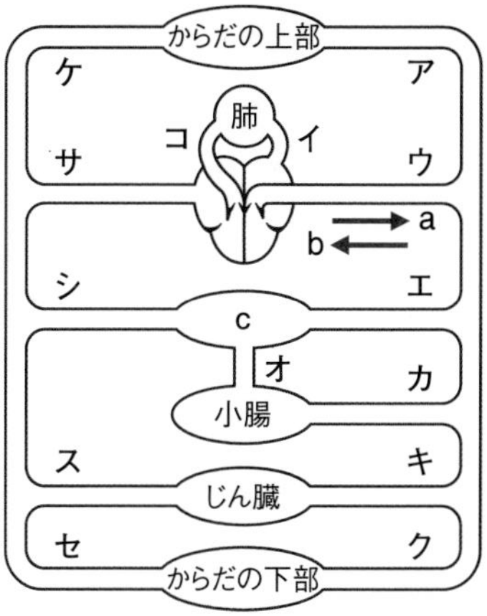

(1) 血液の流れる向きは，図中のaかbか。〔　　　〕

(2) 図中のcの器官の名称を書け。〔　　　〕

(3) cの器官のはたらきとして正しいものを，次のア～エから1つ選び，記号で書け。〔　　　〕

ア　尿素をつくる。　イ　酸素を放出する。

ウ　尿素をこしとる。　エ　胃液をつくる。

(4) 二酸化炭素を最も多くふくむ血液が流れる動脈をア～セから1つ選び，記号で答えよ。〔　　　〕

思考 (5) 赤血球の中央がくぼんだ円盤状の形は，赤血球のはたらきの面で有利と考えられている。その理由について〔　〕にあてはまる言葉を答えよ。

球状の場合よりも酸素にふれる〔　　　〕が大きくなるから。

4節／動物のからだのつくりとはたらき②

4 **感覚器官について，次の問いに答えなさい。** 【4点×4】

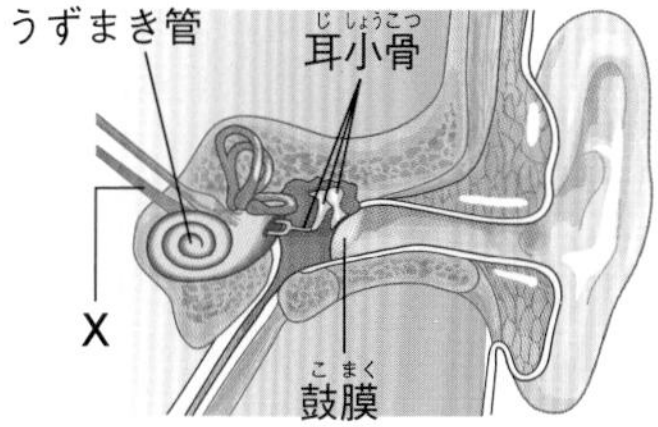

(1) 右の図は，ヒトの耳のつくりを表したものである。音の刺激を受けとる細胞がある部分はどこか。図中の3つのつくりから1つ選び，書け。〔　　　〕

(2) 図中のXは何を表しているか。〔　　　〕

(3) ヒトの目で，光の刺激を受けとる細胞がある部分はどこか。名称を書け。〔　　　〕

(4) ヒトが最終的に「ものが見えた」「音を感じた」と判断している部分はどこか。〔　　　〕

4節／動物のからだのつくりとはたらき②

5 **右の図は，ヒトの刺激や命令の信号が伝わる神経を表したものである。次の問いに答えなさい。** 【(1)4点，(2)は各6点】

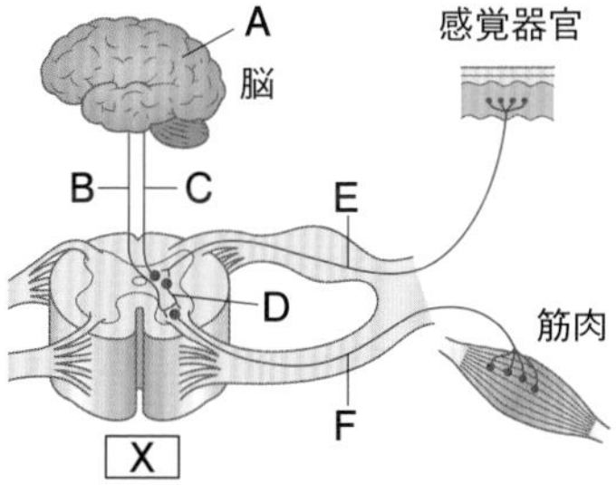

(1) 図のXは，何を表したものか。〔　　　〕

思考 (2) 次の①，②の反応が起こるとき，刺激や命令の信号はどのような順で伝わるか。図中の記号を順に書け。

① うしろから背中をつつかれたので，振り返った。

感覚器官 →〔　　　〕→ 筋肉

② 熱いフライパンに手がふれ，思わず手を引っこめた。

感覚器官 →〔　　　〕→ 筋肉

探究する Column

脳がだまされているの？ それとも脳がすごいの？

わたしたちは，身のまわりにある情報の大部分を目から得ているが，実際には目の網膜で受けた刺激が脳に伝わり，処理されることで視覚となる。しかし，そのままのものが見えているとは限らない。

疑問 駅の通路の床に誘導案内のようなものが置いてあり，「こんなところにあると邪魔じゃないか？」と思った。しかし，そばに行って見ると，床には絵が貼ってあるだけだった。なぜそのように見えたのだろうか。

⬆駅の通路の誘導案内　提供：京浜急行電鉄

現象1 形・大きさ比べ

＊答えを考えてから，ものさしを使って確かめよう。

❶下の図のAとBのテーブルで，上の面の形を比べると，どのように見える？

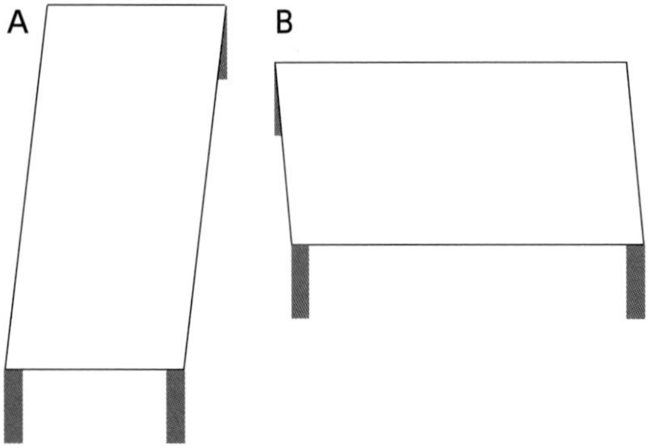

❷下の図のCとDの車で，大きいのはどっち？

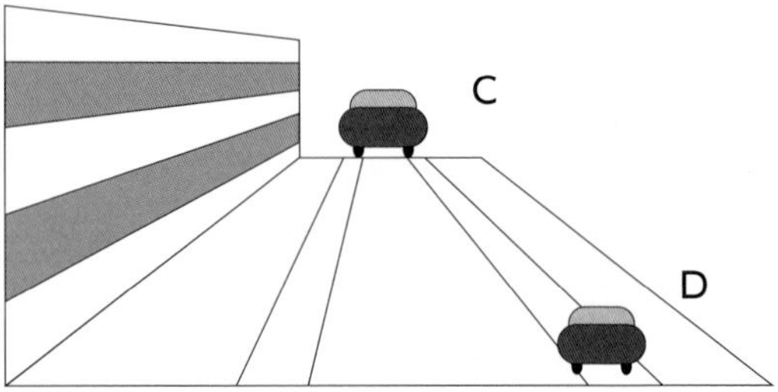

現象2 平面が立体に見える

上の写真の駅の通路の誘導案内は，直方体の掲示板とその手前の大きな矢印が立体的に見える。実際には，床にあるのは平面の図で，どこからでも立体的に見えるわけではない。

⬆駅の通路の誘導案内をちがう角度から見たようす　提供：マイナビニュース

考察1　現象1で，図の形や大きさが実際とちがって見える要因を考える

❶は，Aの方が細長く見えたけど，AとBの面の各辺の長さは同じだった。❷は，Cの方が大きく見える気がしたけど，2台は同じ大きさだった。

※見え方は人によって異なります。

【❶でテーブルのあしがない場合はどうだろうか】【❷で背景のななめの線がない場合はどうだろうか】

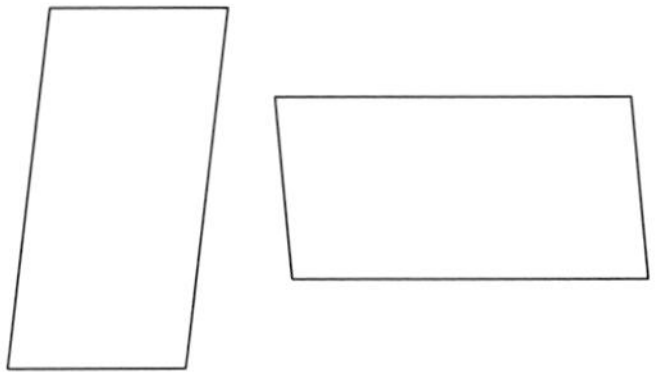

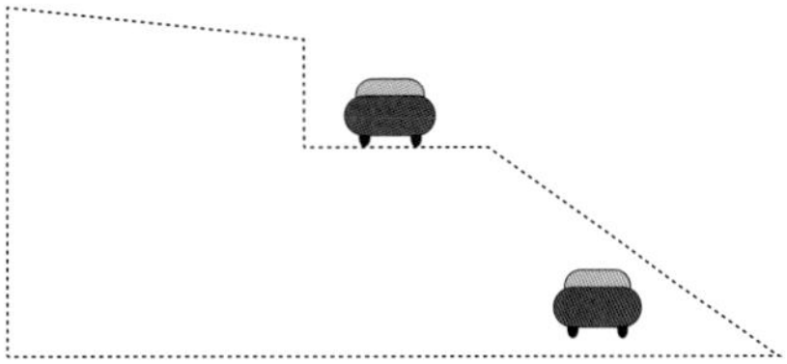

テーブルのあしや背景のななめの線をとると，図の立体感や奥行きがなくなり，形や大きさは実際のものに近づいて見える。⇨図の立体感や奥行きが，見え方に影響していると考えられる。

解説　線の長さや図形の形が，実際とは異なったものに見えてしまう現象を錯視といい，脳での情報の処理がかかわっている。テーブルのあしやななめの線があることで，遠近法の性質（遠くにあるものは小さく，近くにあるものは大きく見える）にしたがって脳が奥行き（立体感）を補っているために錯視が起きている。

（❶はシェパードの錯視，❷は回廊錯視とよばれる。）

考察2　現象2で，平面の図が立体的に見える要因を考える

床の平面図そのものは，ななめに引きのばされた不自然な形に見えるけど，目からの角度と距離によっては，床から浮き出たように見えるね。平面図は，光の当たり方や影のようすを考えてかかれているね。

線の角度や光と影のつけ方によって，ある角度と距離から見ると立体的に見えるのだと考えられる。現象1と同じように，脳が立体物だと認識して，遠近感を補正しているのかもしれない。

解説　錯視を利用して平面図が立体的に見えるようにしたものは，ほかにも道路の横断歩道や縁石，競技場などでの広告に用いられていることがある。錯視は脳が生じさせる現象で，脳がだまされているという考え方もある。しかし，実際にわたしたちが生きている世界（三次元の世界）に合うように，脳が視覚の情報を補正して，正しく認識しようとしているすごいことだともいえる。

中学生のための

勉強・学校生活アドバイス

正しい暗記のしかた

「勉強ってなんでこんなに覚えることがたくさんあるんだろ…。」

「オレも暗記苦手。でも，**1つ1つの用語をバラバラに覚えるより，関連づけて覚えた方が覚えやすくなる**よ。」

「？」

「例えば，“細胞膜”とか“細胞壁”とかって文字をただ覚えるんじゃなくて…」

「うんうん。」

「“細胞膜の外側が細胞壁だな”とか，“細胞壁の方がかたくて植物だけにあるんだな”とかもいっしょに覚えるってこと。」

「なるほど！」

「大和くんが言ってるのは**“有意味暗記”**ってやつね。意味のわからないものを覚えるよりずっと効率的な方法よ。」

「ちなみに先輩は，どうやって暗記してました？」

「**覚えたいことを書いた紙を，自分がよく目にするところにはってた**かな。自分の部屋のドアとかトイレとか。」

「そっか。それなら自然と目に入ってきますね！」

「あとは**問題を解きながら覚える**とか。**まちがえた問題は記憶に残る**し，そうやってくり返し解くうちに自然と，ね。」

「オレ，覚えてからじゃないと問題問いちゃいけない気持ちになってました。」

「まあ，覚えやすい方法は人それぞれちがうから，自分に合う方法をさぐってみるといいよ。」

「はい！」

「それからもう1つ。どんな暗記法でも，覚えた知識はくり返し使ったり覚え直したりすることで定着するの。」

「ふむふむ。」

「…だから，テスト前に一度に覚えようとするんじゃなくて，ふだんから少しずつ暗記しておくことが大切よ。」

「た…たしかに。…よし。今日から少しずつでも頑張ります！」

3章

天気とその変化

1 気象の観測

教科書の要点

1 気象観測の方法

◎**気温**…地上約1.5 mの高さで，風通しのよい日かげではかる。
◎**湿度**…乾球温度計と湿球温度計の示度差から求める。
◎**気圧**…アネロイド気圧計や水銀気圧計などではかる。
◎**風向・風力**…風向は風のふいてくる方位で表し，風向計や煙のたなびく方向で判断する。風力は風力階級表で判断する。
◎**雲量**…空全体を10として，雲がおおっている割合で表す。
◎**降水量**…雨などの降水の量。mm単位で表す。

2 天気と気象要素

◎天気は，気温や湿度，気圧にともない，1日の中でも変化する。

3 天気図の見方

◎**天気図**…地図上に天気図記号や前線，等圧線をかきこんだもの。
◎**等圧線**…気圧が等しい地点を結んだ曲線。気圧1000 hPaを基準にして，4 hPaごとに引かれている。
◎**気圧配置**…高気圧や低気圧など，気圧の分布のようす。
◎**高気圧**…周囲より気圧が高い部分。
◎**低気圧**…周囲より気圧が低い部分。

1 気象観測の方法

気温や湿度，気圧など，ある時刻での大気の状態を表す要素を気象要素という。

(1) 気温と湿度のはかり方

❶**気温**…ふつう地面から約1.5 mの高さの空気の温度を指す。
❷**気温のはかり方**…温度計の球部を地上約1.5 mの高さに置き，風通しのよい日かげではかる。
❸**湿度**…空気のしめりけの度合いを表す値。
❹**乾湿計**…乾球温度計と湿球温度計からなる。湿球温度計は球

くわしく 自動で計測する工夫

気温・湿度・気圧から風向・風速，降水量など，あらゆる気象データが自動で計測されている。センサーで読みとられたデータはデータ処理装置で観測データに変換される。数値で表しにくい晴れとくもりの判断では，日照時間に置きかえるなど，さまざまな工夫が行われている。

部を布で包み，布の先を水につけてしめらせておく。

⇨水が蒸発するときに温度が下がるため，乾球の示度（しど）（→示す温度）より湿球の示度の方が低くなる。

❺**湿度のはかり方**…乾球の示度と，乾球と湿球の示度の差から，湿度表を使って湿度を求める。

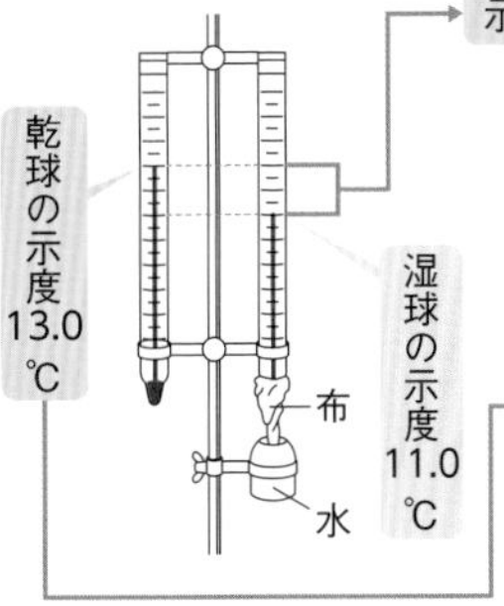

示度の差 13.0−11.0＝2.0〔℃〕

〈湿度表の一部〉

乾球の示度〔℃〕	乾球と湿球との差〔℃〕 0.0	0.5	1.0	1.5	2.0
16	100	95	89	84	79
15	100	94	89	84	78
14	100	94	89	83	78
13	100	94	88	82	77
12	100	94	88	82	76
11	100	94	87	81	75

湿度は77 %

(2) 気圧と風のはかり方

❶**気圧**（➡p.178）…大気（→地球をとりまく気体。）による圧力（あつりょく）。地表では約1気圧。

❷**気圧のはかり方**…アネロイド気圧計や水銀気圧計を用いる。

❸**風向のはかり方**…風向は風向計を使ってはかったり，煙（けむり）のたなびく方向で判断したりする。

❹**風力（ふうりょく）のはかり方**…風速や周囲の風のふき方から，風力階級表（➡p.183）で判断する。

(3) 雲のようすと降水量のはかり方

❶**雲のようす**…雲形（うんけい）や雲量（うんりょう）を観測する。

・**雲形**…雲の形。10種類の雲形に分けて表す。

・**雲量**…空全体を10として，雲がおおっている割合で表す。

雲量	0〜1	2〜8	9〜10
天気	快晴	晴れ	くもり

❷**雲量と天気**…降水（こうすい）がないときの天気は雲量で決まる。

❸**降水量**…雨，雪，あられ，ひょうなどの降水の量。雨以外のものはとかして水にし，mm単位で表す。

⬆雲量0〜1（快晴）

⬆雲量2〜8（晴れ）

写真2点は©学研写真資料

テストで注意 風向は16方位

風向は風がふいてくる方向。西からふく風は「西風」で，南東からふく風は「南東の風」になる。

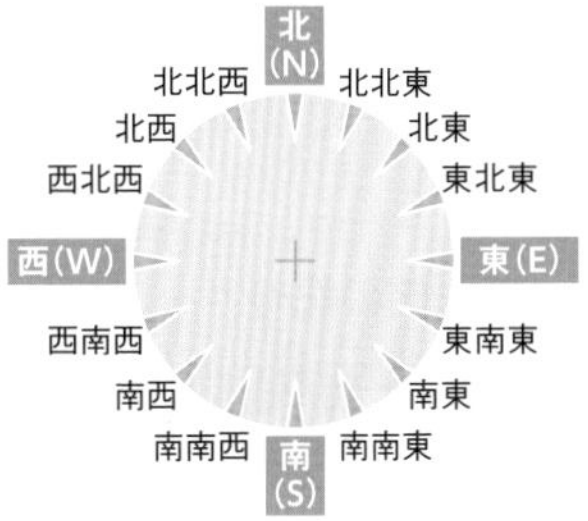

くわしく 天気は日射とは無関係

日が差していても，雨が降っていれば天気は雨となる。また，雲量1なら太陽が雲にかくれていても快晴になり，雲量9なら雲のすきまから日が差していてもくもりとなる。

くわしく 10種類の雲（十種雲形（じっしゅうんけい））

雲の種類は5000 m以上にできる上層雲（じょうそううん），2000〜7000 mの中層雲（ちゅうそううん），2000 m以下の下層雲（かそううん）に大きく分けられる（➡p.206）。

上層雲	巻雲（けんうん），巻積雲（けんせきうん），巻層雲（けんそううん）	積雲（せきうん），乱層雲（らんそううん），積乱雲（せきらんうん）
中層雲	高積雲（こうせきうん），高層雲（こうそううん）	
下層雲	層雲（そううん），層積雲（そうせきうん）	

2 天気と気象要素

気温，湿度，気圧は1日の中でも変化し，これらにともなって天気は変化する。

❶晴れの日の気温と湿度の変化

・**気温**…日の出前が最低となり，昼過ぎに最高となる。

・**湿度**…ふつう，気温の変化の逆になる。

❷くもりや雨の日の気温と湿度の変化…晴れの日と比べて，気温・湿度の変化は小さい。

❸気圧の変化…気圧が低くなると，天気は悪くなる。

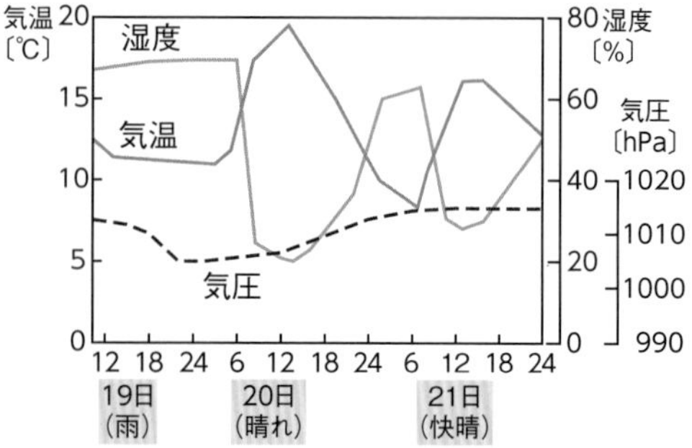

⬆気温，湿度，気圧の1日の変化

3 天気図の見方

天気図からさまざまな地点や地域の天気を読みとることができる。

(1) 天気図の記号

❶天気図…各観測地点での，ある時間の天気図記号を記入し，前線や等圧線をかきこんだもの。

❷天気図記号の表し方…○の中に天気を表し，矢の向きで風向，矢羽根の数で風力を表す。必要に応じて，気温や気圧も書きそえる。

天気図の作成

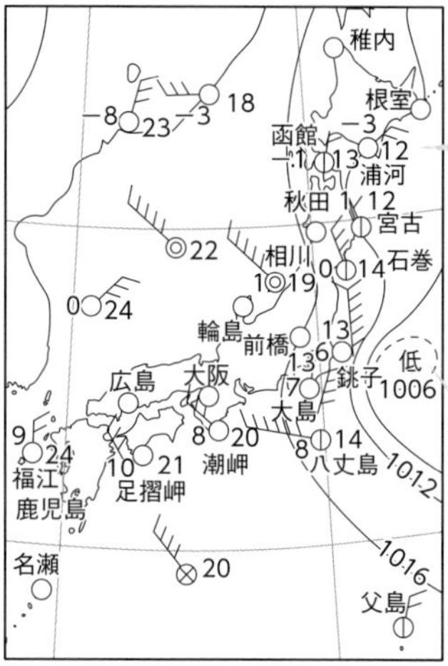

①データをもとに，各地の天気（天気，風向・風力，気圧）を記入する。

②高気圧，低気圧，前線などを記入する。

ここに注目 天気図記号の表し方

天気記号（天気の表し方）

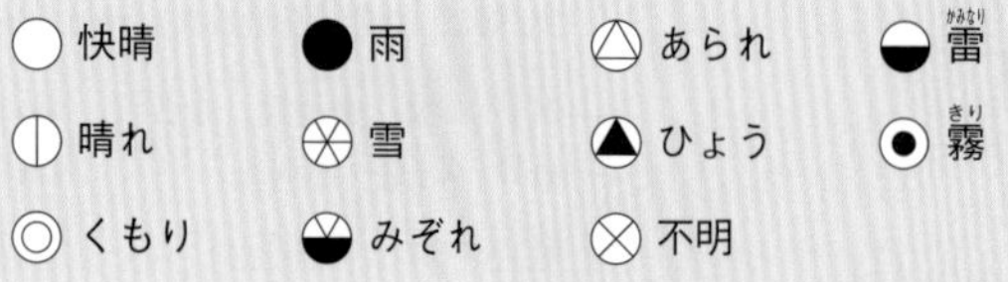

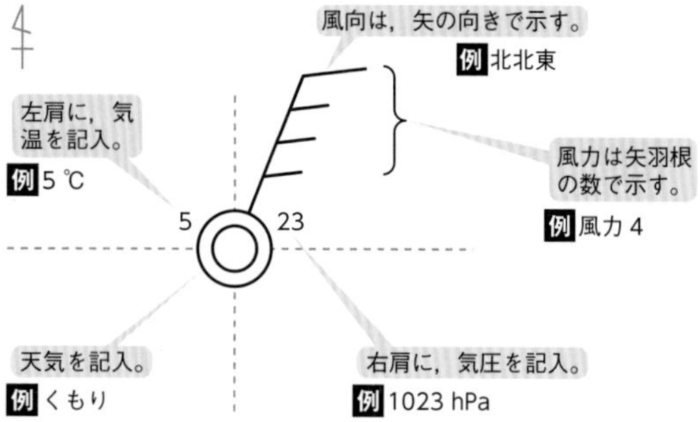

学研ニューコース［参考書］
【中２理科】
教科書内容対照表

この対照表の使い方

この対照表は，教科書の中のそれぞれの内容が，本書のどのページにのっているかを示したものです。この対照表を使って，教科書と関連づけながら，本書で効果的な学習を進めてください。

啓林館
未来へひろがるサイエンス２

学研ニューコース【中２理科】内容対照表

教科書(単元)の内容	ニューコースのページ
生物の体のつくりとはたらき	
１章　生物の体をつくるもの	90～100
２章　植物の体のつくりとはたらき	102～124
３章　動物の体のつくりとはたらき	126～146
４章　動物の行動のしくみ	148～160
地球の大気と天気の変化	
１章　地球をとり巻く大気のようす	170～179
２章　大気中の水の変化	186～196
３章　天気の変化と大気の動き	180～184, 198～206, 208～209
４章　大気の動きと日本の四季	210～220, 222～225

教科書(単元)の内容	ニューコースのページ
化学変化と原子・分子	
１章　物質の成り立ち	30～43
２章　物質の表し方	44～48
３章　さまざまな化学変化	50～66, 78～80
４章　化学変化と物質の質量	68～77
電流とその利用	
１章　電流の性質	234～264
２章　電流の正体	282～292
３章　電流と磁界	266～280

東京書籍
新しい科学 2

学研ニューコース【中 2 理科】内容対照表

教科書(単元)の内容	ニューコースのページ
単元 1　化学変化と原子・分子	
第 1 章　物質のなり立ち	30～48
第 2 章　物質どうしの化学変化	50～56
第 3 章　酸素がかかわる化学変化	57～66
第 4 章　化学変化と物質の質量	68～77
第 5 章　化学変化とその利用	78～80
単元 2　生物のからだのつくりとはたらき	
第 1 章　生物と細胞	90～100
第 2 章　植物のからだのつくりとはたらき	102～124
第 3 章　動物のからだのつくりとはたらき	126～146
第 4 章　刺激と反応	148～160
単元 3　天気とその変化	
第 1 章　気象の観測	170～184, 186～189
第 2 章　雲のでき方と前線	190～196, 198～206
第 3 章　大気の動きと日本の天気	208～220, 222～225
単元 4　電気の世界	
第 1 章　静電気と電流	282～292
第 2 章　電流の性質	234～264
第 3 章　電流と磁界	266～280

大日本図書
理科の世界 2

学研ニューコース【中 2 理科】内容対照表

教科書(単元)の内容	ニューコースのページ
単元 1　化学変化と原子・分子	
1 章　物質の成り立ち	30～48, 54～56
2 章　いろいろな化学変化	50～53, 57～66
3 章　化学変化と熱の出入り	78～80
4 章　化学変化と物質の質量	68～77
単元 2　生物の体のつくりとはたらき	
1 章　生物をつくる細胞	90～100
2 章　植物の体のつくりとはたらき	102～124
3 章　動物の体のつくりとはたらき	126～146, 148～160
単元 3　電流とその利用	
1 章　電流と回路	234～264
2 章　電流と磁界	266～280
3 章　電流の正体	282～292
単元 4　気象のしくみと天気の変化	
1 章　気象観測	170～174
2 章　気圧と風	175～184
3 章　天気の変化	186～196, 198～206, 208～209
4 章　日本の気象	210～220, 222～225

学校図書
中学校　科学２

学研ニューコース【中２理科】内容対照表

教科書（単元）の内容	ニューコースのページ
2-1　化学変化と原子・分子	
第１章　物質のなりたちと化学変化	30〜48, 50〜53, 57〜62
第２章　化学変化と物質の質量	54〜56, 68〜77
第３章　化学変化の利用	63〜66, 78〜80
2-2　動植物の生きるしくみ	
第１章　生物のからだと細胞	90〜100
第２章　植物のつくりとはたらき	102〜124
第３章　動物のつくりとはたらき	126〜146, 148〜160
2-3　電流とそのはたらき	
第１章　電流と電圧	234〜264
第２章　電流と磁界	266〜280
第３章　電流の正体	282〜292
2-4　天気とその変化	
第１章　大気の性質と雲のでき方	175〜182, 186〜196
第２章　天気の変化	170〜174, 182〜184, 198〜206
第３章　日本の天気	198, 208〜220, 222〜225

教育出版
自然の探求　中学理科２

学研ニューコース【中２理科】内容対照表

教科書（単元）の内容	ニューコースのページ
単元１　化学変化と原子・分子	
１章　化学変化と物質の成り立ち	30, 33〜48, 54〜56
２章　いろいろな化学変化	31〜32, 50〜53, 57〜66, 78〜80
３章　化学変化と物質の質量	68〜77
単元２　生物の体のつくりとはたらき	
１章　生物の細胞と個体	90〜100
２章　植物の体のつくりとはたらき	102〜124
３章　動物の体のつくりとはたらき	126〜146, 148〜160
単元３　気象とその変化	
１章　気象の観測	170〜171, 175〜182
２章　空気中の水の変化	186〜196
３章　低気圧と天気の変化	172〜174, 182〜184, 198〜206
４章　日本の気象	208〜220
５章　大気の躍動と恵み	222〜225
単元４　電気の世界	
１章　電流と電圧	234〜264
２章　電流と磁界	266〜280
３章　静電気と電流	282〜292

(2) 等圧線と気圧の読み方

❶**等圧線**…気圧が等しい地点を結んだ曲線。

❷**等圧線のきまり**

・気圧1000 hPaを基準にして，4 hPaごとに引く。

・20 hPaごとに太線にする。

❸**気圧の読み方**

・等圧線上の地点は，その等圧線の値が気圧となる。

・等圧線上にない地点の気圧は，右の図のように2本の等圧線の離(はな)れぐあいから比を使って求める。

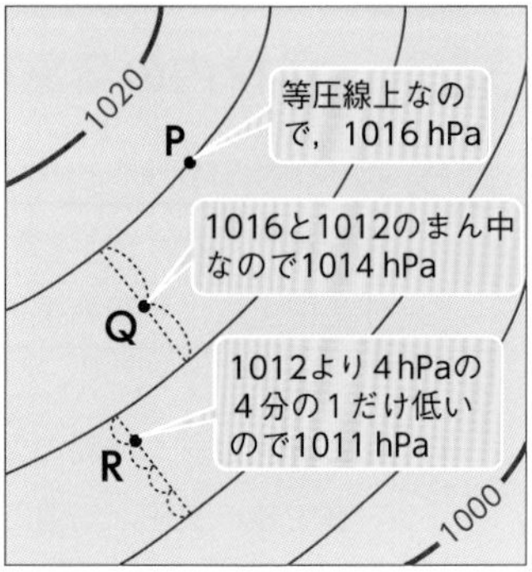

⬆気圧の読み方

(3) 気圧配置(きあつはいち)

❶**気圧配置**…高気圧や低気圧など，気圧の分布のようす。

重要

❷**高気圧**…等圧線が閉じている部分で，内部にいくほど気圧が高くなっている部分。

❸**低気圧**…等圧線が閉じている部分で，内部にいくほど気圧が低くなっている部分。

❹**気圧の谷**…2つの高気圧の間にある，気圧の低い部分。

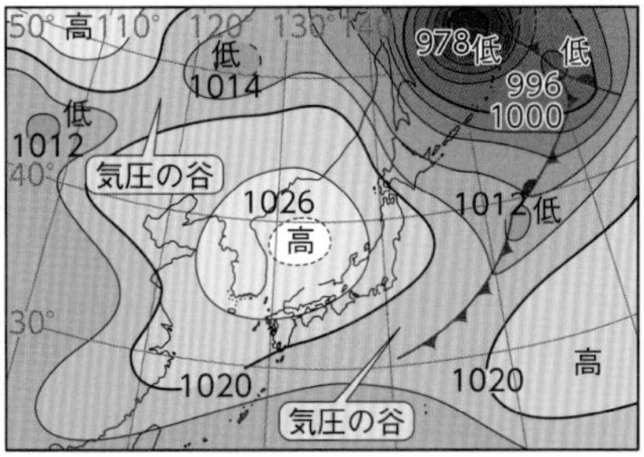

くわしく **等圧線の性質**

①途中(とちゅう)で枝分かれしたり，消えたりすることはない。

②全体としてなめらかな曲線である。

③たがいに交わることはない。

④観測地点に気圧の値を記入するときは1000の位と100の位を省略することがある。

例 1013 hPa→13

くわしく **高気圧は何hPa以上？何hPa以下なら低気圧？**

高気圧と低気圧には基準となる数値はない。周囲より気圧が高い場所は高気圧，低い場所は低気圧になる。そのため，「今回発生した高気圧が，以前発生した低気圧よりも気圧が低い」という場合もある。

Column **最新の気象(きしょう)観測方法**

気象庁(きしょうちょう)が運用する「地域気象観測システム」。Automated Meteorological Data Acquisition Systemを略してAMeDAS（アメダス）とよばれている。全国の約1300か所に配置され，降水量，風向，風速，気温，日照時間などの気象データを自動で観測している。

ほかにも，気象レーダーや気象衛星(きしょうえいせい)ひまわり，海洋気象観測船，海洋気象ブイなど，さまざまな高度観測システムから得られる膨大(ぼうだい)なデータは，気象災害の防止・軽減に重要な役割を果たしている。

重要観察　学校内の気象観測

方法　①学校内の数か所～十数か所で気象を観測する。

②各場所でのデータを表にかきこむ。

③地図上に，観測結果を天気図記号でかきこむ。

④毎日決まった時間の気象要素(きしょうようそ)を継続(けいぞく)して観測する。気圧，気温，湿度を折れ線グラフにまとめる。

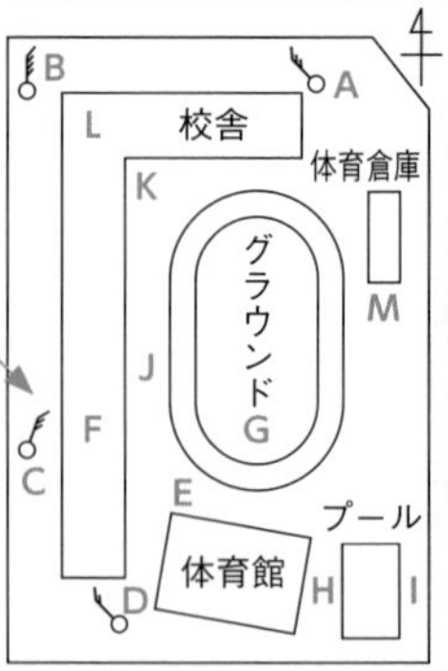

場所	気温	湿度	風向	風力
A	4.9 ℃	44 %	北西	3
B	3.6 ℃	47 %	北	4
C	4.2 ℃	45 %	北北東	3
D	4.8 ℃	43 %	北西	2
E				
F				
G				
H				
I				
J				
K				
L				
M				

結果

月日	4月12日								4月13日						
時刻〔時〕	3	6	9	12	15	18	21	24	3	6					
気圧〔hPa〕	1001.4	1001.2	1007.4	1006.8	1009.0	1005.2	1002.1	1000.4	1000.2	1004.2					
気温〔℃〕	3.8	4.3	4.9	10.2	14.4	9.2	7.2	6.3	5.8	9.2					
湿度〔%〕	64	52	44	33	25	36	39	41	64	52					
天気	晴れ	晴れ	快晴	快晴	快晴	晴れ	晴れ	くもり	くもり	雨					
風向	北北西	北西	北西	北北西	北	北東	東北東	東	北東	東南東					
風力	3	4	3	2	2	4	3	4	3	4					

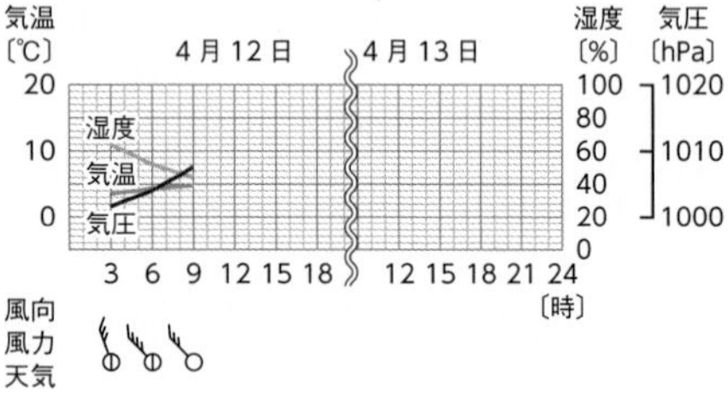

Column　風向計をつくってみよう

風向は絶えず変化している。変化している風向の平均を求めるには，風向を視覚的にとらえるのがいちばんである。これに使う風向計は，下のような方法で比較的(ひかくてき)簡単につくることができる。自分で実際に観測することで，風向がどのように変化しているかがつかめる。

① ボールペンのキャップに厚紙でつくった矢羽根を接着剤(せっちゃくざい)ではりつける。

② 重心(じゅうしん)のつり合いをとるため，軽い方にクリップなどをつけて調節する。

③ 針金で回転軸(じく)をつくり，ダンボールにとりつける。

④ 方位を書いた紙をはり，矢羽根を回転軸にのせて方位を合わせる。

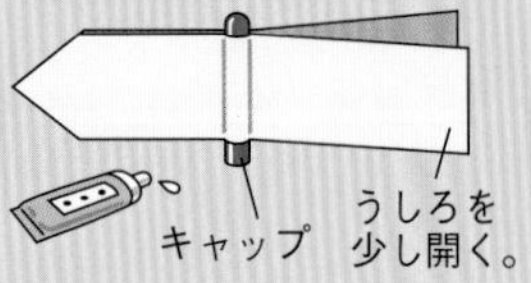

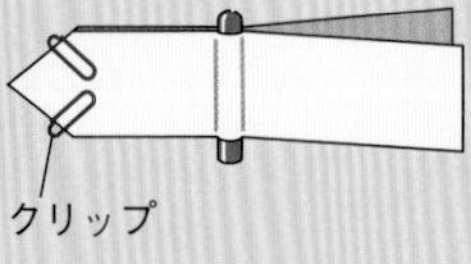

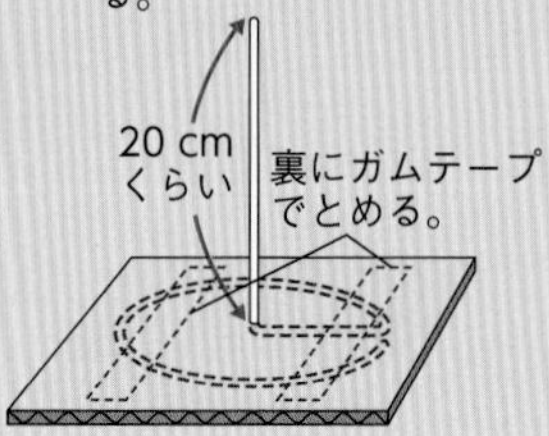

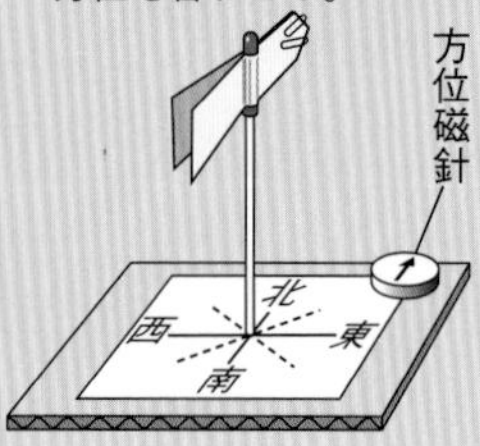

2 圧力と大気圧

教科書の要点

1 圧力

◎**圧力**…単位面積（1 m^2など）あたりの面を垂直に押す力。単位は**パスカル**（記号**Pa**）。

$$\text{圧力〔Pa〕}=\frac{\text{面を垂直に押す力〔N〕}}{\text{力がはたらく面積〔m}^2\text{〕}}$$

2 大気の圧力

◎**大気圧**…大気が物体におよぼす圧力。**気圧**ともいう。

◎ 1気圧は1013 hPa（ヘクトパスカル）。

1 圧力

けずった鉛筆を指ではさむと，とがった側の指の方が痛い。このように，押す力のはたらきは押す面の面積に関係する。

(1) 圧力の表し方

❶**圧力**…単位面積（1 m^2など）あたりの面を垂直に押す力。

❷**圧力の単位**…**パスカル**（記号**Pa**）を用いる。N/m^2（ニュートン毎平方メートル）を用いることもある。

❸**圧力を求める公式**…圧力は，力の大きさを，力を受ける面の面積で割れば求めることができる。

重要

$$\text{圧力〔Pa〕}=\frac{\text{面を垂直に押す力〔N〕}}{\text{力がはたらく面積〔m}^2\text{〕}}$$

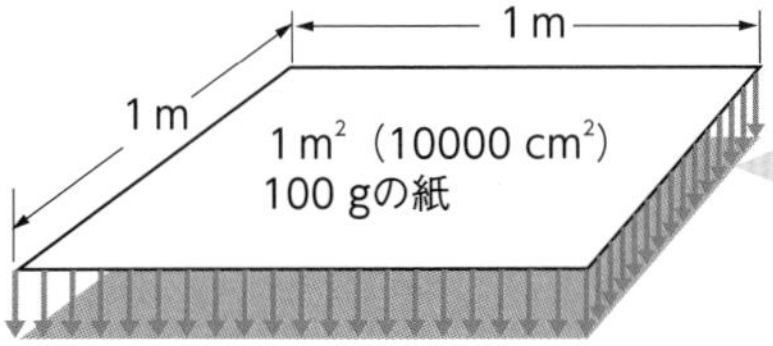

約100 gの物体にはたらく重力が1 Nなので，1 m^2が100 gの紙を置くと1 Paの圧力がはたらく。

くわしく PaとN/m²

1 m^2の面積の面を1 Nで押すときの圧力が1 N/m^2＝1 Paである。

復習 重力

地球が，その中心に向かって物体を引く力。100 gの物体にはおよそ1 Nの重力がはたらいている。

発展 パスカル

フランスの数学者・物理学者・宗教家。「パスカルの原理」という物理学上の重要な原理を発見した。圧力の単位のパスカルは，彼の名前にちなんでつけられたものである。

また，パスカルは「人間は考える葦である。」という有名な言葉を残した。

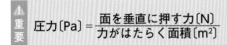

(2) 加える力・面積・圧力の関係

❶**加える力と圧力**…力を受ける面積が一定ならば，圧力は加える力の大きさに比例する。⇨力の大きさが大きいほど，圧力は大きくなる。

❷**面積と圧力**…加える力の大きさが一定ならば，圧力は力を受ける面積に反比例する。⇨面積が大きいほど，圧力は小さくなる。

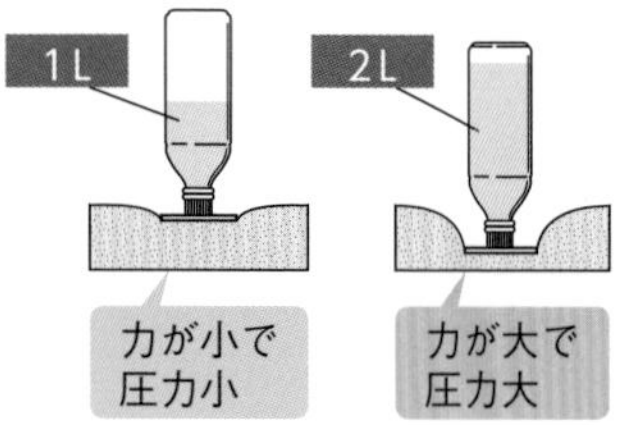

⬆加える力と圧力の関係

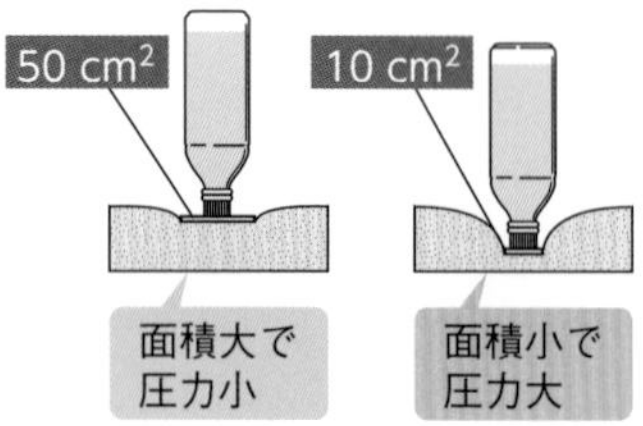

⬆力を受ける面積と圧力の関係

(3) 日常生活での圧力…わたしたちはふだん，力を受ける面積を変えた道具を活用して，目的に合う圧力を得ている。

❶**圧力を大きくする例**

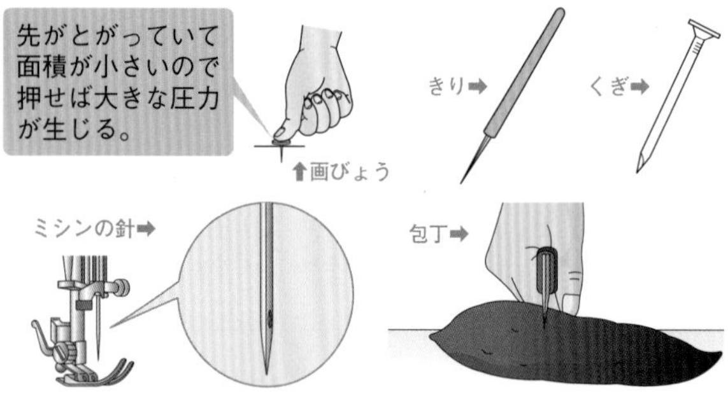

先がとがっていて

押せば大きな圧力

ミシンの針➡

❷**圧力を小さくする例**

⬇トラックのタイヤ
何本ものタイヤで接地面積を大きく
して圧力を小さくしている。

⬆スキー板とかんじき

テストで注意 机やスポンジのへこみぐあい

下の図のように，同じレンガを机の上に置いた場合と，スポンジの上に置いた場合を考える。机はへこまないが，スポンジは大きくへこむ。このような場合には，変形が大きいからといって，圧力が大きいとかんちがいすることのないようにしよう。

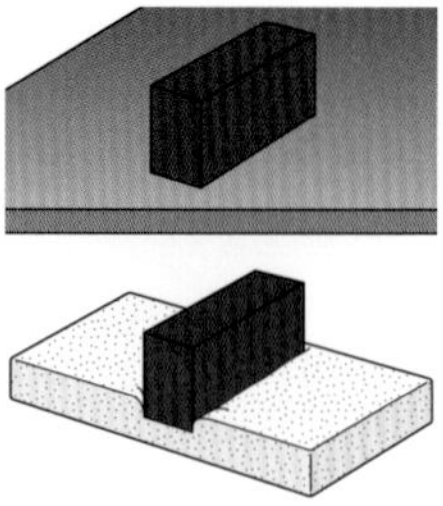

くわしく スキー板と靴(くつ)の圧力

体重が50 kg（重力500 N）の人について，スキー板をはいた場合と靴をはいた場合で圧力を比較(ひかく)する。

① 170 cmのスキー板（両足の底面積は $2500\ \mathrm{cm^2} = 0.25\ \mathrm{m^2}$ とする）

$$圧力 = \frac{体重（重力）}{底面積} = \frac{500}{0.25} = 2000\,〔\mathrm{Pa}〕$$

② 25 cmの靴（両足の底面積は $400\ \mathrm{cm^2} = 0.04\ \mathrm{m^2}$ とする）

$$圧力 = \frac{体重（重力）}{底面積} = \frac{500}{0.04} = 12500\,〔\mathrm{Pa}〕$$

これより，靴による圧力は，スキー板による圧力の6倍以上になるので，やわらかい雪の上を靴で歩くと，雪にめりこみやすく歩きにくいことがわかる。

トレーニング　重要問題の解き方

圧力を求める問題

例題　右の図のように，スポンジの上に1辺が10 cmの正方形の板を置き，その上に2 Lの水を入れたペットボトルを逆さまに置いた。このとき，板からスポンジにはたらく圧力はいくらか。なお，ペットボトルと板の重さは無視できるものとし，水の密度を1.00 g/cm^3，100 gの物体にはたらく重力の大きさを1 Nとする。

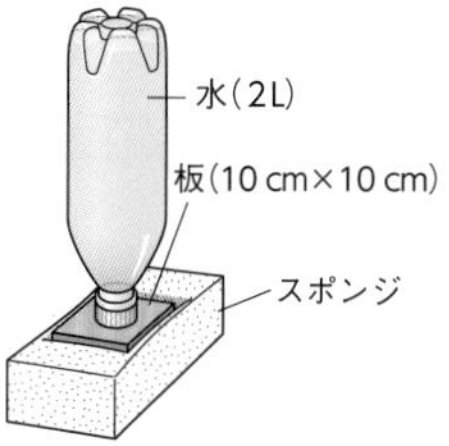

ヒント　加える力の大きさと力がはたらく面積を算出し，圧力の公式に代入する。

①加える力：2 Lの水の質量は2000 gより，はたらく重力の大きさは20 N。

②力がはたらく面積：板は1辺が10 cm＝0.1 mの正方形なので，0.1 × 0.1＝0.01 m^2

①，②より，圧力＝$\dfrac{\text{面を垂直に押す力}}{\text{力がはたらく面積}}$の式に代入して，$\dfrac{20〔N〕}{0.01〔m^2〕}$＝2000〔Pa〕

答え　2000 Pa（または，2000 N/m^2）

重要実験　加える力・力のはたらく面積と物体の変形のしかたを調べる

方法　①右の図のように，スポンジの上に板を置き，板の上に水を入れたペットボトルをのせて，スポンジのへこみぐあいを測定する。

②水の量と板の面積を変えて，スポンジのへこみぐあいを調べる。

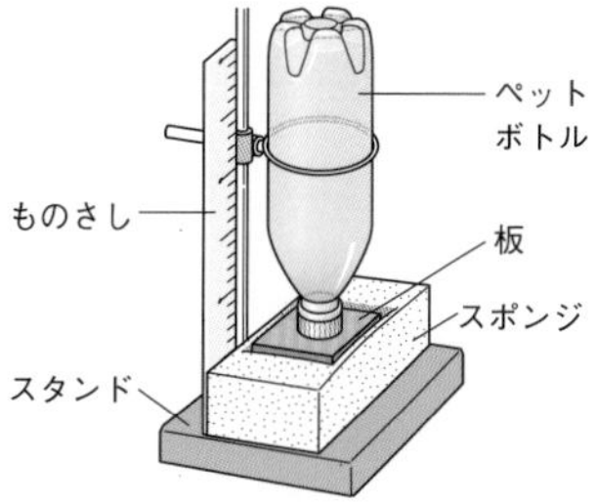

結果

	水の量	板の面積	スポンジのへこみぐあい
a	1.5 L	5 cm × 10 cm＝50 cm^2	1.3 cm
b	1.5 L	10 cm × 10 cm＝100 cm^2	0.6 cm
c	2.0 L	5 cm × 10 cm＝50 cm^2	1.6 cm
d	2.0 L	10 cm × 10 cm＝100 cm^2	0.8 cm

考察　・aとb，cとdの比較から，水の量（加える力）が同じとき，面積が小さいほどへこみぐあいは大きい。

・aとc，bとdの比較から，面積が同じとき，水の量が多い（加える力が大きい）ほどへこみぐあいは大きい。

⇨力のはたらき（圧力）は，加える力が大きいほど，また力のはたらく面積が小さいほど，大きくなる。

2 大気の圧力

空気には重さがある。地表は大気（空気の厚い層）の底にあるため，地表では大気の重さによる圧力が生じている。

❶**大気圧**…大気が物体におよぼす圧力。単に**気圧**とよぶこともある。

❷**大気圧の性質**

・大気圧は標高が高いところほど小さい。

・大気圧はあらゆる方向から面に垂直にはたらく。

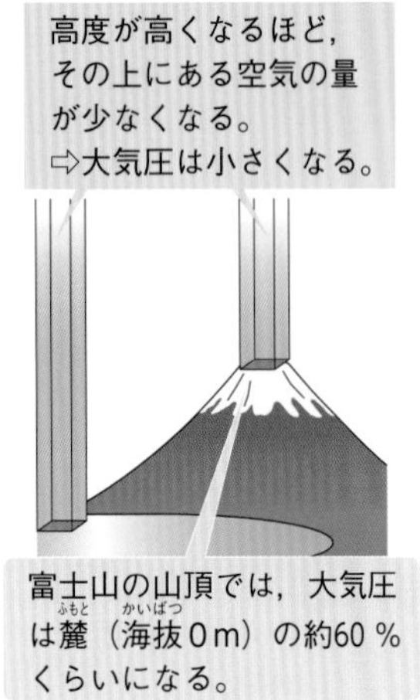

高度が高くなるほど，その上にある空気の量が少なくなる。
⇨大気圧は小さくなる。
富士山の山頂では，大気圧は麓（海抜0 m）の約60 %くらいになる。

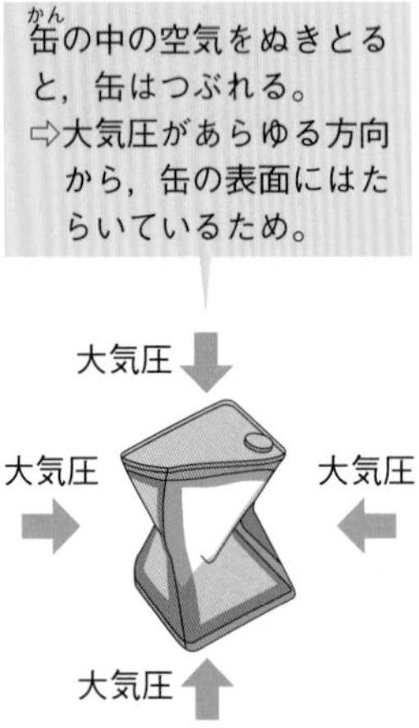

缶の中の空気をぬきとると，缶はつぶれる。
⇨大気圧があらゆる方向から，缶の表面にはたらいているため。
大気圧
大気圧
大気圧
大気圧

❸**大気圧の単位**…**ヘクトパスカル**（記号**hPa**）。

1 hPa = 100 Pa　⇨h（ヘクト）は，100倍を表す語。

❹**1気圧**…大気圧は，海面（海抜0 m）で1013.25 hPaであり，これを1気圧という。1気圧≒1013 hPa。

⇨1気圧 = 1013.25 hPa = 101325 Pa

思考 わたしたちが大気圧でつぶれないのはなぜ?

海面では，空気の重さによって1 m^2の面に約10万Nもの力がかかっていることになる。これは，1 m^2の面に約1000万g＝約1万kgの物体がのっていることに相当する。

わたしたちの頭の上の面積を約200 cm^2とすると，頭の上には約200 kgの物体がのっていることになる。わたしたちがつぶれないのは，大気圧はあらゆる方向からはたらいていて，また，わたしたちのからだの中からも同じ大きさの力で押し返しているためである。

水中で生じる水の重さによる圧力は水圧といって，水深が深いほど大きくなるよ。

くわしく 海面付近の大気圧を1気圧にする理由

大気圧は，高さによって大きさが変わる。そのため，海面の高さの大気圧を1気圧と決めて基準にしている。

Column 山頂で菓子袋がふくらむ理由　生活

密閉したスナック菓子の袋を山の麓から高い山の山頂に持っていくと袋がふくらむ。これは，山の麓に比べて山頂は大気圧が小さく，外側から袋を押す力が小さくなるためである。

⬆山の麓では

⬆高い山の山頂では

写真2点は©アフロ

❺空気の重さ…空気にも重さ（質量）があり，下のような実験で確かめることができる。空気の重さにより，大気圧が生じる。

空気１L⇨約1.2 g
空気１m^3⇨約1.2 kg（はたらく重力は約12 N）

発展 水銀の柱を基準にした大気圧の単位

大気圧の単位には，hPa 以外に mmHg（水銀柱ミリメートル）があり，１気圧は760 mmHgになる。760 mmHgのHg は水銀の元素記号で，mm は高さを表す単位。760 mmHg とは「水銀を760 mm 押し上げることのできる大きさの圧力」という意味になる。

重要実験 空気１Lの質量の求め方

方法 ①スプレーの空缶に空気をつめる。　②質量をはかる。　③空気を１L出す。　④その後質量をはかる。

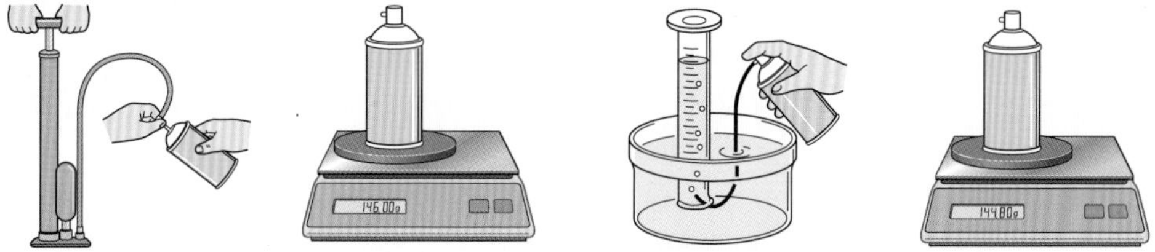

結果と考察 ②では146.0 g，④では144.8 gとなった。⇨空気１Lの質量　146.0－144.8＝1.2〔g〕

Column トリチェリの実験

イタリアのトリチェリ（1608～1647年）が行った実験で，これが大気圧を発見した最初の実験である。

右の図aのように，一端を閉じた長さ１mのガラス管に水銀を満たし，ガラス管の口を押さえて水銀そうの中に逆さに立てて指を離す。すると，bのように，管内の水銀は水銀面から約76 cmのところで止まり，管内の上部に真空ができる。管内の76 cmの水銀柱によって生じる圧力と，下の容器の水銀の上面にかかる大気圧がつり合っているからだ。

これより，水銀柱による圧力を求めれば，大気圧をはかることができる。ちなみに，大気圧が等しい地点では，水銀の入っているガラス管の太さに関係なく，水銀柱の高さは同じになる。

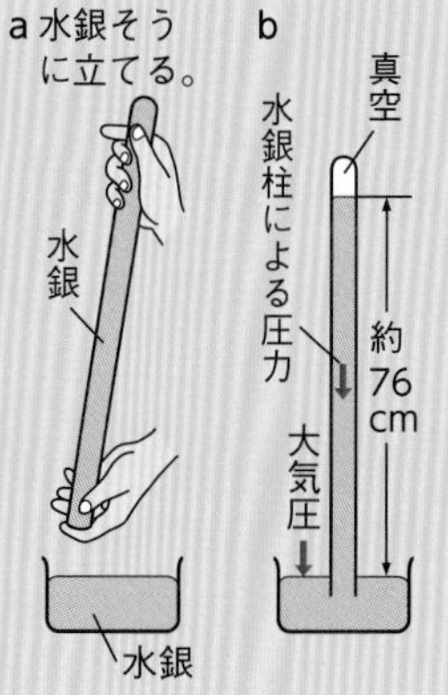

3 気圧と風

教科書の要点

1 気圧の変化
◎気圧は場所や時刻，高さによって変化する。
◎海面からの高さが高いほど，気圧は低くなる。

2 風のふき方
◎風は，気圧が高いところから低いところへふく。
◎等圧線の間隔がせまいところほど，強い風がふく。

3 風の表し方
◎**風向**…風のふいてくる向き。
◎風向と風力は，天気図記号の矢羽根の向きと数で表す。

4 高気圧・低気圧と風
◎高気圧のまわりの風…高気圧の中心から，時計回りにふき出す。
◎低気圧のまわりの風…低気圧の中心へ，反時計回りにふきこむ。

1 気圧の変化

気圧は場所や時刻，高さによって変わる。

❶**場所と気圧**…場所により，気圧は異なっている。同一時刻で各地の気圧をはかり，地図上に等圧線を引くと，気圧の分布がわかる。

❷**時刻と気圧**…同じ場所でも，時刻によって気圧は変化する。時刻によって気圧が変化するのは，風による空気の移動や太陽光による影響などを受けるためである。

・**風と気圧**…一般に，気圧の変化にともない，風の強さや向きが変化する。

・**天気と気圧**…気圧の変化とともに天気も変化することが多い。

❸**高さと気圧**…気圧は，そこより上にある空気の重さによって生じる。したがって，海面からの高さが増すと，気圧は低くなる。

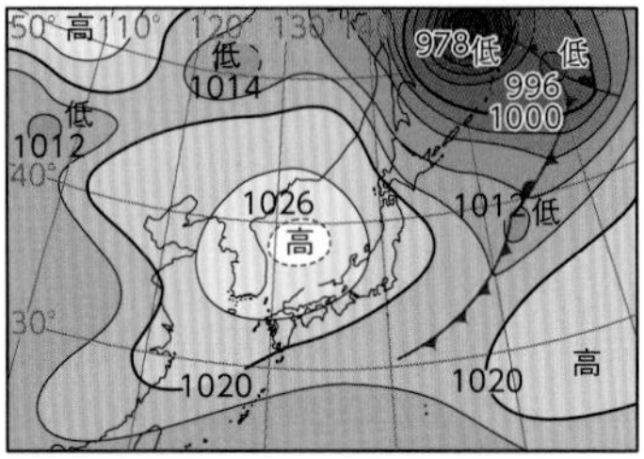

⬆等圧線のようす…気圧が高いところが明るくなるように示している。

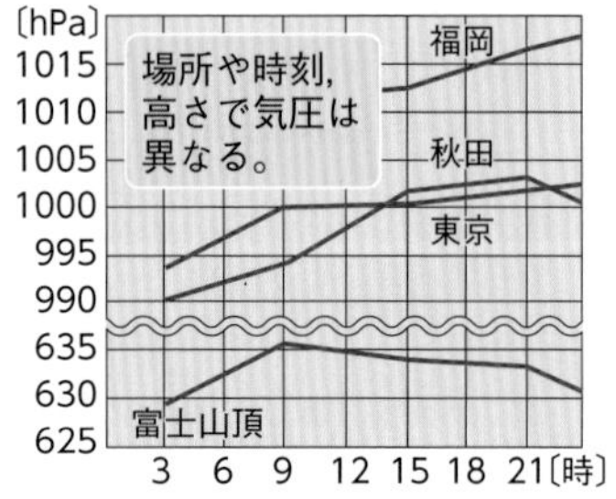

⬆各地の１日の気圧の変化

ここに注目 高さと気圧の関係

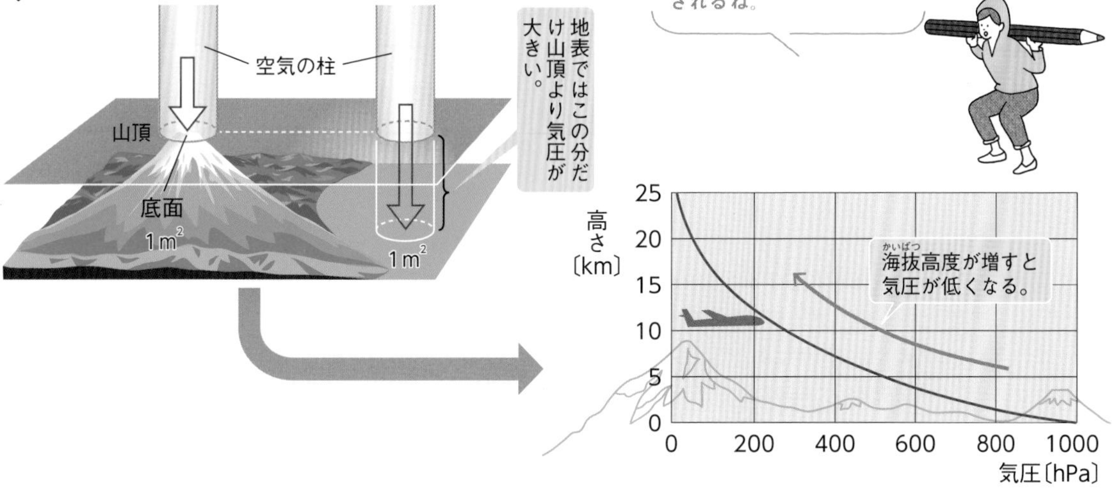

a 高さによって気圧が減少する割合…高さが約10 m増すごとに，気圧は約1.2 hPaずつ低くなる。ただし，この数値は，海面から数kmの高さまでしかあてはまらない。

b 高さによる気圧の補正…高さが異なる場所で測定した気圧は，海面での値に修正して比較する。天気図の等圧線は，海面での値に修正した気圧を使用している。(海面更正という。)

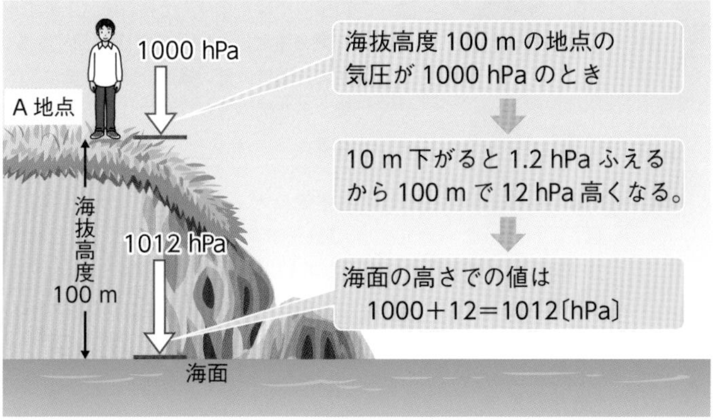

⬆気圧を海面での値に直す

発展 高さと気温の変化

地表から約11 kmまでを対流圏といい，ここから上に成層圏，中間圏，熱圏がある。対流圏では高さが高くなると温度は一定の割合で下がっていくが，成層圏では気温は上がっていく。中間圏では再び温度は下がっていき，熱圏では逆に上昇する。

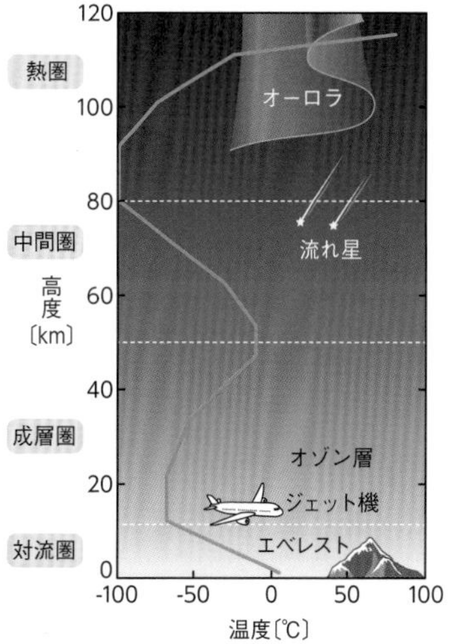

Column 気圧の変化がからだにおよぼす影響

生活

人間のからだはさまざまな部分でまわりのいろいろな状態を検知し，調整を行っている。周囲の気圧が変化すると，人によってはからだがその影響を大きく受けてしまうことがある。例えば，耳には圧力やからだの回転，傾きを感じる部分がある。圧力が変化するとこれらのはたらきのバランスがくずれ，フラフラしたりめまいを起こしたりすることがある。

気圧の変化によって起こるものとして，旅客機中の体調の変化がある。旅客機が1万mを超える高度を飛行しているとき（機外の気圧は約260 hPa，気温は約−50 ℃），客室は与圧装置（気圧を調節する装置）によって0.8気圧程度に保たれている。通常，体内の余分な気体はからだから排出されるが，旅客機内でこれが排出されないと，体内で膨張し，内臓などを圧迫して痛みを感じる。また肺が圧迫されると呼吸困難になることがある。持病のある人，特に高齢者で循環器系の疾患をもつ人には，気圧の低い環境は体力的な負担が大きく，旅客機による長時間の旅ができないこともある。

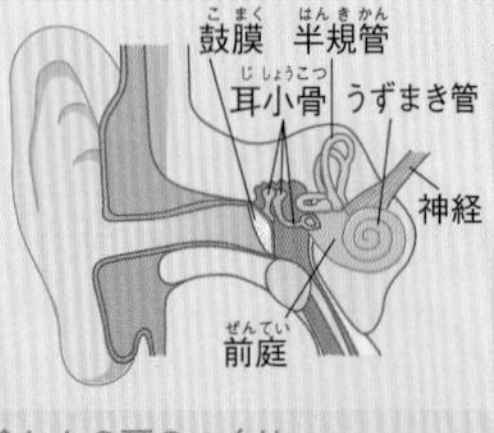

⬆ヒトの耳のつくり

⬆上空を飛行する旅客機

写真は ©Shutterstock

2 風のふき方

風は気圧の高いところから低いところへふく。

(1) **風**…空気が移動する現象。気圧の差があると起こる。

❶**風のふき方**…気圧の高い場所から低い場所に向かってふく。

❷**風の強さ**…同じ距離間の気圧の差が大きいほど，強い風がふく。

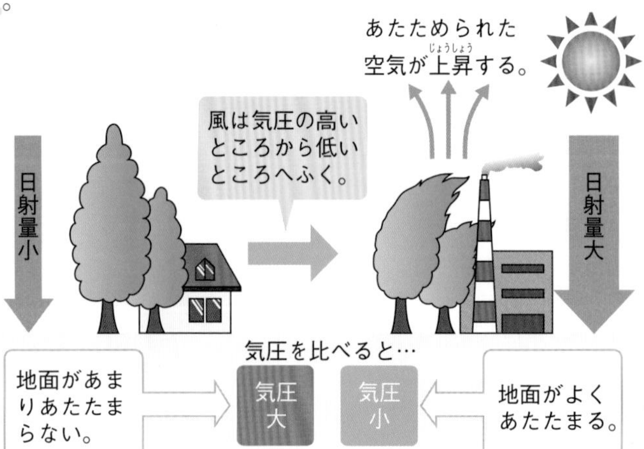

くわしく 気圧のちがいが生じる原因

気圧のちがいは，日射量のちがいが原因となって起こる。地表面が受けとる日射量は，緯度や経度，地形，天気などのちがいによって異なり，これにより温度差が生じる。温度の高い場所では空気が膨張して軽くなり，上昇気流（上昇する空気の流れ）が生じて気圧が低くなる。逆に，温度の低い場所では下降気流（下降する空気の流れ）が生じ，気圧が高くなる。

空気はたくさんある（気圧が高い）方から少ない（気圧が低い）方へ移動するんだね。

(2) **等圧線と風**…風向・風力は等圧線と深い関係がある。

❶**等圧線と風向の関係**…風向は等圧線に対して垂直にならないで，少しずれてふく。⇨地球の自転による影響。
└→地球が北極と南極を結ぶ軸を中心に1日1回転していること。

・**北半球での風向**…等圧線に対して垂直の方向より右にそれる。

・**南半球での風向**…等圧線に対して垂直の方向より左にそれる。

❷**等圧線と風力の関係**…等圧線の間隔がせまいほど強い風がふき，風力が大きくなる。

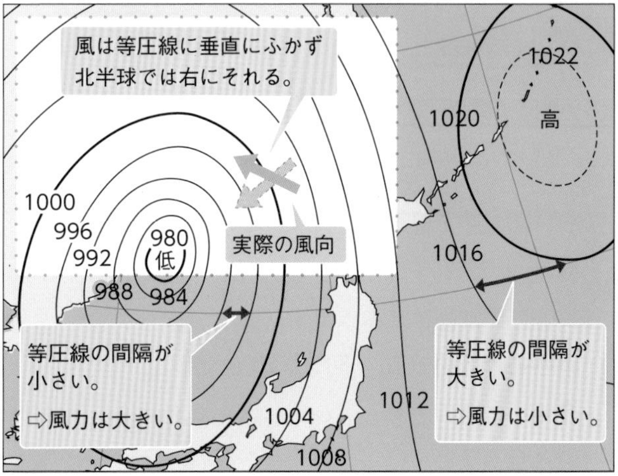

⬆等圧線と風向・風力の関係

3 風の表し方

風向は風がふいてくる方向で表す。例えば，南風とは一般に，南の方向からふくあたたかい風を指す。

❶**風向**…風がふいてくる向き。天気図記号では，矢の向きで表す。

❷**風力**…風の強さを，風速や物体におよぼす力で表したもので，0～12の13段階の風力階級で表す。天気図記号では，矢羽根の数で表す。

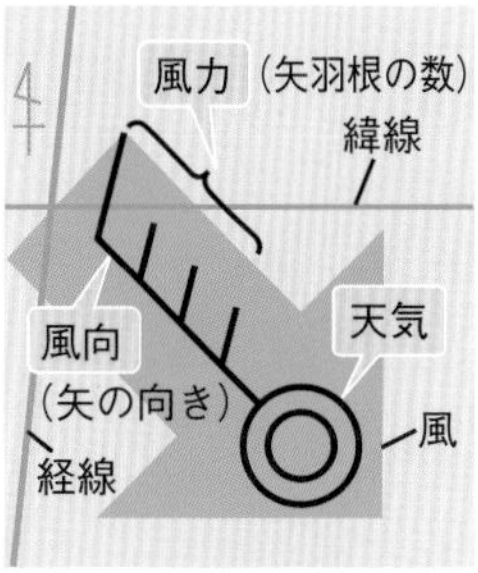

❸**風速**…空気が1秒間に動く距離。単位はm/s。

❹**風向の測定方法**…建物などの影響を避けるために，開けた場所で，地上10 mの高さに風向計を置いて調べる。たえず変化しているので，10分間で最も多く指した方向を16方位で表す。

❺**風速の測定方法**…地上10 mで10分間の平均を求める。

風力階級表

風力	陸上のようす	風速〔m/s〕
0	静か。けむりがまっすぐのぼる。	0.0~0.2
1	けむりがなびく。	0.3~1.5
2	顔に風を感じる。木の葉がゆれる。	1.6~3.3
3	木の葉や細い枝がたえず動く。旗がはためく。	3.4~5.4
4	砂ぼこりが立ち，紙片が舞い上がる。小枝が動く。	5.5~7.9
5	葉のしげった木がゆれる。池や沼の水面に波がしらが立つ。	8.0~10.7
6	木の大枝が動く。電線が鳴る。かさはさせなくなる。	10.8~13.8
7	樹木全体がゆれる。風に向かって歩きにくい。	13.9~17.1
8	木の小枝が折れる。風に向かって歩けない。	17.2~20.7
9	人家の煙突が倒れたり，かわらがはずれたりする。	20.8~24.4
10	樹木が根こそぎ倒れ，人家に大損害が起こる。	24.5~28.4
11	めったに起こらないような，広い範囲の大損害が起こる。	28.5~32.6
12	被害が甚大になる。大型の台風など，記録的な損害が起こる。	32.7~

4 高気圧・低気圧と風

一般に，高気圧のまわりは天気がよく，低気圧のまわりは天気が悪い。これは，まわりの空気の動きと関係している。

重要

(1) 高気圧と風のふき方（北半球の場合）

❶**風向**…高気圧の中心から，右回りに風がふき出す。

⇨時計回りにふき出す。

❷**中心付近の気流**…**下降気流**が生じる。

❸**中心付近の天気**…雲が生じにくく，天気がよい。

(2) 低気圧と風のふき方（北半球の場合）

❶**風向**…低気圧の中心へ，左回りに風がふきこむ。

⇨反時計回りにふきこむ。

❷**中心付近の気流**…**上昇気流**が生じる。

❸**中心付近の天気**…雲ができやすく，天気が悪い。

テストで注意　上空の空気の流れは逆

低気圧の中心付近の上空では，地表付近とは逆に空気が周囲にふき出すように流れる。また，高気圧の中心付近でも，上空の空気の流れは地表とは逆になり，まわりから空気がふきこむように流れている。

発展　南半球では逆回り

高気圧や低気圧の周囲の風の動きは，南半球では北半球と逆になる。

- 高気圧…中心から反時計回りに風がふき出す。
- 低気圧…中心に向かって時計回りに風がふきこむ。

動画　高気圧・低気圧と大気の動き

比較　高気圧・低気圧と風

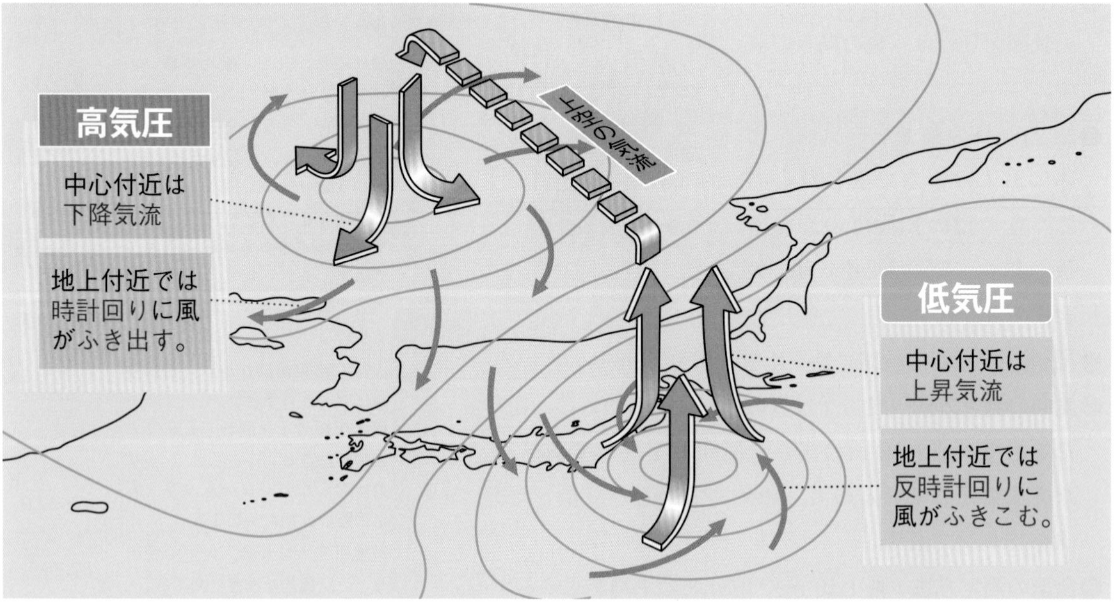
高気圧
中心付近は下降気流
地上付近では時計回りに風がふき出す。
上空の気流
低気圧
中心付近は上昇気流
地上付近では反時計回りに風がふきこむ。

チェック 基礎用語 次の〔　　〕にあてはまる言葉を答えましょう。

1 気象の観測

□(1) 気温は，地上約〔　　〕の高さで測定する。
□(2) 風のふいてくる方向を〔　　〕という。
□(3) 雨が降っていない雲量8の天気は〔　　〕である。
□(4) ◎の天気記号で表される天気は〔　　〕である。
□(5) 気圧は，〔　　〕や水銀気圧計などではかる。
□(6) 気圧の等しい点を結んだ曲線を〔　　〕という。
□(7) 等圧線が閉じている部分で，内部に行くほど気圧が高くなっている部分を〔　　〕，内部に行くほど気圧が低くなっている部分を〔　　〕という。

2 圧力と大気圧

□(8) 単位面積あたりの面を垂直に押す力のことを圧力といい，

$$\text{圧力} = \frac{\text{面を垂直に押す力}}{〔\quad\quad〕}$$ で表される。

□(9) 圧力の単位には，〔　　〕（記号Pa）を用いる。また，1 Pa =〔　　〕N/m^2である。
□(10) 大気の圧力のことを〔　　〕といい，あらゆる向きから物体の面に〔　　〕にはたらく。1気圧は〔　　〕hPaである。
□(11) 海面からの高さが増すほど，気圧は〔　　〕くなる。

3 気圧と風

□(12) 風がふくのは，2地点間に〔　　〕があるからである。
□(13) 等圧線の間隔がせまいところほど，風力は〔　　〕。
□(14) 北半球の高気圧の中心付近では，風は〔　　〕にふき出している。
□(15) 低気圧の中心付近で生じている気流は〔　　〕である。

解答

(1) 1.5 m
(2) 風向
(3) 晴れ
(4) くもり
(5) アネロイド気圧計
(6) 等圧線
(7) 高気圧，低気圧
(8) 力がはたらく面積
(9) パスカル，1
(10) 大気圧（気圧），垂直，1013
(11) 低（小さ）
(12) 気圧の差
(13) 大きい
(14) 時計回り（右回り）
(15) 上昇気流

1 空気中の水蒸気

教科書の要点

1 露点

◎**露点**…空気の温度を下げていったとき，ふくまれている水蒸気の一部が凝結して水滴となるときの温度。

2 飽和水蒸気量

◎**飽和水蒸気量**…1 m^3の空気が，その温度でふくむことのできる水蒸気の量の最大限度。

3 湿度

◎**湿度**…空気のしめりぐあい。%で表す。

$$\text{湿度〔\%〕}=\frac{1\ m^3\text{の空気にふくまれる水蒸気の質量〔}g/m^3\text{〕}}{\text{その空気と同じ気温での飽和水蒸気量〔}g/m^3\text{〕}}\times 100$$

◎空気の温度が露点に達したとき，この空気1 m^3にふくまれる水蒸気の質量はその温度での飽和水蒸気量に等しく，湿度は100％である。

1 露点

氷水を入れたコップを室内に置くと，コップの表面の空気が冷やされて，水滴がつくことがある。

❶**露点**…水蒸気をふくむ空気の温度を下げていくと，やがて水蒸気の一部が凝結して水滴（露）となる。このときの温度を露点という。

⇨空気中にふくまれる水蒸気の質量が多いと，露点は高くなる。

❷**凝結**…気体の状態の物質（→水蒸気など）が液体へ変わること。

❸**露点のはかり方**…金属製のコップの表面を観察しながら，右の図のようにしてコップを冷やす。コップの表面に水滴がつき始めたときの温度を読みとる。

⇨この温度が露点。

テストで注意 露点の特徴

露点は，そのときの気温の高低には関係がなく，空気中にふくまれる水蒸気の質量で決まる。したがって，空気中にふくまれる水蒸気の質量が多いほど，露点は高くなる。

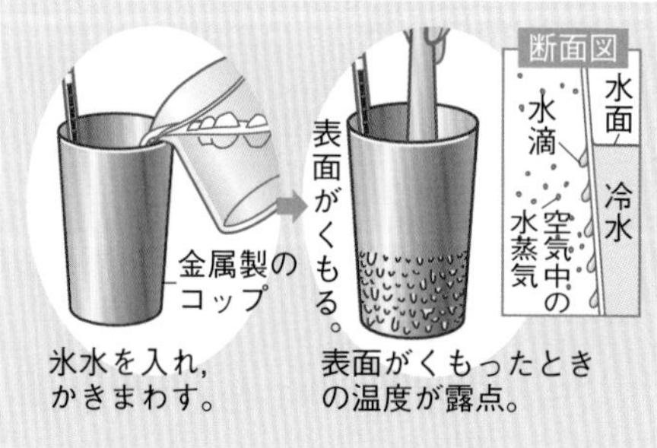

⬆露点のはかり方

2 飽和水蒸気量

空気中にどのくらいの量の水蒸気をふくむことができるかは，その空気の温度によって異なる。

❶飽和水蒸気量…1 m^{3}の空気が，その温度でふくむことのできる水蒸気の最大の質量。

❷飽和水蒸気量と露点の関係

①水蒸気をふくんだ空気の温度が下がると，水蒸気はしだいに飽和状態に近づく。

②やがて空気は水蒸気で飽和する（露点に達する）。

③さらに温度が下がると，ふくみきれない水蒸気は凝結し始める。

⇨露点は，空気中にふくまれる水蒸気が飽和状態に達したときの温度と考えてよい。

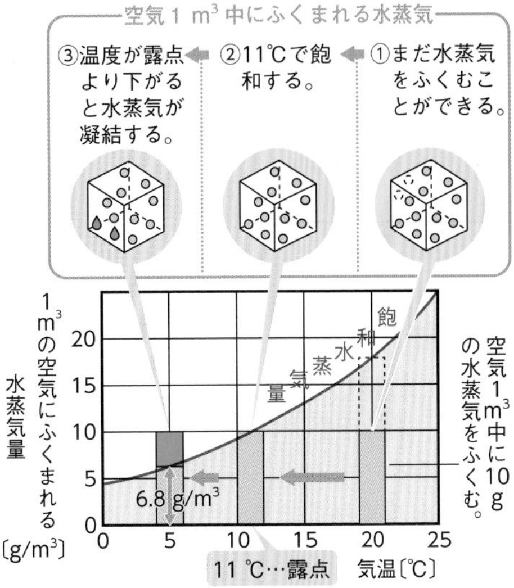

空気 1 m^3 中にふくまれる水蒸気
③温度が露点より下がると水蒸気が凝結する。
②11℃で飽和する。
①まだ水蒸気をふくむことができる。
1 m^{3}の空気にふくまれる水蒸気量〔g/m^3〕
飽和水蒸気量
空気1 m^{3}中に10 gの水蒸気をふくむ。
6.8 g/m^3
11 ℃…露点
気温〔℃〕

⬇気温と飽和水蒸気量の関係

気温〔℃〕	0	5	10	15	20	25	30
飽和水蒸気量〔g/m^3〕	4.8	6.8	9.4	12.8	17.3	23.1	30.4

気温が高いほど ⬇ 飽和水蒸気量は大きくなる。

くわしく 飽和と不飽和

ある物質を，それ以上ふくむことができない状態を飽和（飽和状態）といい，飽和に達していない状態を不飽和（不飽和状態）という。

トレーニング 重要問題の解き方

出てくる水の質量を求める問題

例題 上の表を見て，20 ℃で1 m^{3}あたり10.0 gの水蒸気をふくんでいる空気を5℃まで冷やしたとき，1 m^{3}の空気中に出てくる水の質量は何gか。

ヒント まず，5℃での飽和水蒸気量を考える。

上の表より，5℃での飽和水蒸気量は6.8 g/m^3。

20.0 ℃で空気1 m^{3}あたりにふくまれている水蒸気の質量は10.0 gなので，5℃まで冷やしたときに1 m^{3}の空気中に出てくる水の質量は10.0－6.8＝3.2〔g〕

答え 3.2 g

3 湿度

湿度は，ある空気がふくむことができる水蒸気のうち，実際にどのくらいの水蒸気がふくまれているのかを表す。

❶**湿度**…空気のしめりぐあい。1 m^{3}の空気中に飽和水蒸気量の何％の水蒸気がふくまれているかを表す値。

重要

$$湿度〔\%〕=\frac{1\,m^3の空気にふくまれる水蒸気の質量〔g/m^3〕}{その空気と同じ気温での飽和水蒸気量〔g/m^3〕}\times 100$$

❷湿度が100％のとき…水蒸気の質量は飽和水蒸気量と同じ。

❸湿度が100％になったときの温度…露点。

発展 相対湿度と絶対湿度

このページであつかっている湿度を相対湿度という。これに対して，1 m^{3}の空気にふくまれている水蒸気の質量をグラム単位で表した値を絶対湿度という。ふくまれる水蒸気の質量が同じでも，温度が異なると空気のしめりぐあいは異なってしまうため，絶対湿度には，空気のしめりぐあいがわかりにくいという欠点がある。

トレーニング 重要問題の解き方

湿度を求める問題

気温〔℃〕	15	20	25	30	35
飽和水蒸気量〔g/m^3〕	12.8	17.3	23.1	30.4	39.6

例題 (1) 気温30 ℃で，1 m^{3}中に15.2 gの水蒸気をふくむ空気の湿度は何％か。整数で答えよ。

(2) 露点が15 ℃，気温が20 ℃の空気の湿度は何％か。整数で答えよ。

ヒント (1) 30 ℃のときの飽和水蒸気量を求める。(2) 露点が15℃となる水蒸気の質量を求める。

(1) 表より，30 ℃の空気の飽和水蒸気量は，30.4 g/m^3。湿度の公式より，

$$湿度=\frac{15.2}{30.4}\times 100=50〔\%〕$$

(2) 露点が15 ℃ということは，この空気にふくまれる水蒸気の質量は15 ℃の空気の飽和水蒸気量と同じ。したがって，表より，12.8 g/m^3。現在の気温は20 ℃なので，20 ℃の空気の飽和水蒸気量は，表より，17.3 g/m^3。湿度の公式より，$湿度=\frac{12.8}{17.3}\times 100=73.9\cdots〔\%〕$

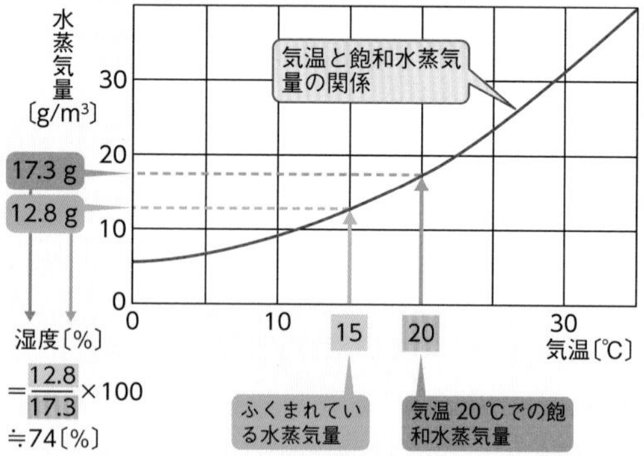

答え (1) 50 %　(2) 74 %

重要実験

湿度が100 %になる実験

目的 金属製のコップを冷やしていって，コップの表面がくもり始めるときの温度を調べる。

方法 ①金属製のコップにくみ置きの水を入れ，水温をはかる。

ポイント

●くみ置きの水を使う…水温と気温を同じにしたいため。これで水温をはかることでコップの表面にふれている空気の温度を知ることができる。

②コップの水の中に少しずつ氷水を入れ，水温を下げていく。

③コップの表面がくもり始めたときの水温をはかる。

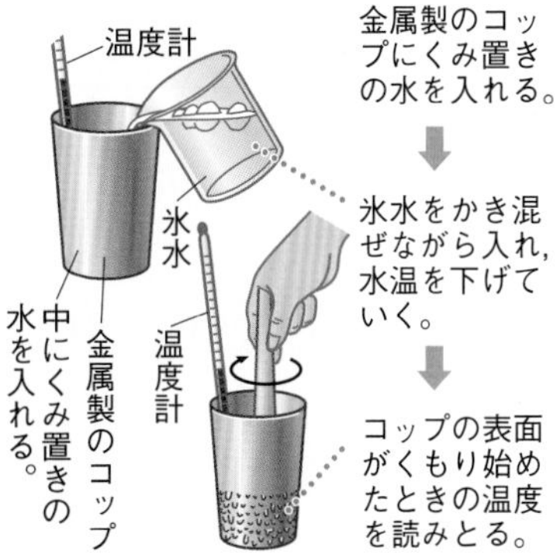
温度計
金属製のコップにくみ置きの水を入れる。
氷水
中にくみ置きの水を入れる。
金属製のコップ
温度計
氷水をかき混ぜながら入れ，水温を下げていく。
コップの表面がくもり始めたときの温度を読みとる。

注意

●水温はゆっくり下げていく。

●コップの表面にわずかにくもりが現れたときの水温をすばやく読みとる。

●水温を測定するとき，コップに息をふきかけないこと…くもりのできる温度を正確にはかるため。

④コップの水を捨て，表面を乾(かわ)いた布でふいてから，①～③をくり返す。3～4回実験し，その平均値を出す。

⑤ほかのグループの平均値と比較(ひかく)してみる。

結果

測定回数	1回目	2回目	3回目	4回目	平均
水温〔℃〕	8.2	8.1	7.9	8.1	8.1

考察

・測定した水温は，室内の空気の湿度が100 %になるときの温度（露点）を表している。
⇨結果から，湿度が100 %になるときの温度（露点）は8.1 ℃。

・各グループとも同じような温度だった。

結論

・空気を湿度が100 %になるまで冷やさないと，凝結(ぎょうけつ)は起こらない。

・同一室内の空気は，湿度が100 %になる温度（露点）が同じ。つまり，1 m^3の空気にふくまれる水蒸気の質量は室内のどこでも等しい。

2 雲のでき方

教科書の要点

1 霧や露，霜のでき方	◎霧…空気中の水蒸気が水滴となり，空気中に浮かんだもの。 ◎露…空気中の水蒸気が水滴となり，地上の物体についたもの。 ◎霜…空気中の水蒸気が氷の結晶となり，地上の物体についたもの。
2 雲のでき方	◎空気が上昇すると膨張して温度が低下する。気温が露点以下になると，水蒸気が水滴となり，雲ができる。
3 雨や雪のでき方	◎雲をつくる水滴や氷の粒が落下して，雨や雪となる。
4 大気中の水の循環	◎水は状態変化で氷（固体）→ 水（液体）→ 水蒸気（気体）と変化しながら，たえず循環している。

1 霧や露，霜のでき方

気温が下がると，空気中の水蒸気が凝結して，霧や露，霜となって現れる。

(1) 霧のでき方

❶霧…水蒸気が水滴となり，空気中に浮かんでいるもの。

❷霧のでき方…地表近くの空気が冷やされて露点以下になると，水蒸気が凝結し，小さい水滴となって空気中に浮かび，地表面をおおう。

⇨霧ができるためには「地表近くの空気が露点以下に冷える」「空気中に多くの凝結核がある」「湿度が高い」「風が弱い」などの条件が必要。

(2) 露のでき方

❶露…水蒸気が水滴となり，地上の物体についたもの。

❷露のでき方…空気の温度が露点以下になると，空気中の水蒸気の一部が凝結して水滴となり，地面や植物などにつく。

くわしく 凝結核

水蒸気が凝結するときに芯になる空気中の小さな浮遊物。土の粒子や車の排気ガス，工場のけむりなど。

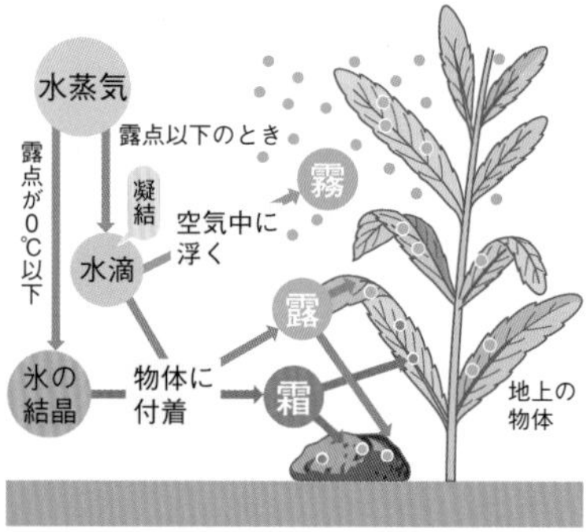

⬆霧や露，霜のでき方

❸**露のできやすい時期**…特に風の弱い晴れた夜などは，地面や植物などが冷えやすいので，よく露ができる。日本では，夏から秋にかけてできやすい。

(3) 霜のでき方

❶**霜**…水蒸気が氷の結晶となり，地上の物体についたもの。

❷**霜のでき方**…冬などに露点が0℃以下であると，水蒸気が直接氷の結晶となって地上の物体につく。

Column 霧の種類

霧は，そのでき方によっておもに次のような4種類に分けることができる。

①**放射霧（朝霧）**…晴れた夜，地表が放射（熱や光を外に放つこと）によって冷え，地表近くの空気が露点以下になってできる霧。

②**移流霧（海霧）**…水蒸気を多くふくんだあたたかい空気が，冷えた地表面や海上を移動するとき，冷やされてできる霧。

③**蒸気霧**…冷たい空気が，あたたかい水面上に流れこみ，水面から蒸発した水蒸気が冷やされてできる霧。川で見られる川霧など。

④**滑昇霧（上昇霧）**…しめった空気が山腹に沿ってふき上げられ，冷やされてできる霧。

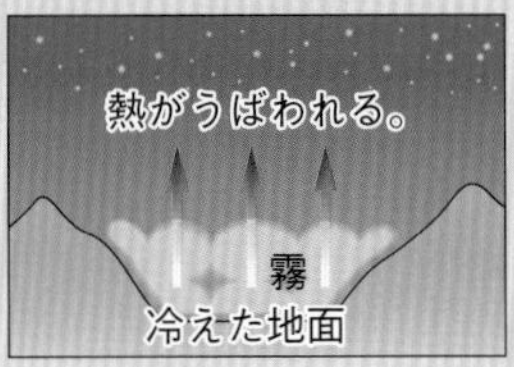

↑①放射霧

↑②移流霧

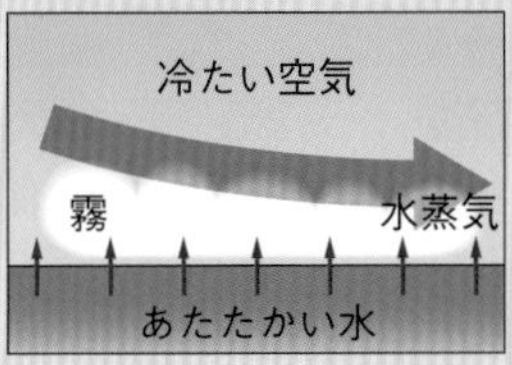

↑③蒸気霧

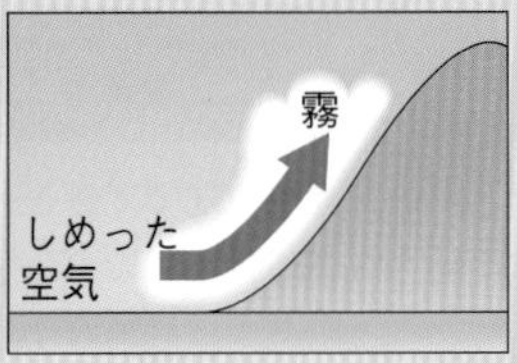

↑④滑昇霧

生活 もや

1 km以上の視界がない場合を霧というのに対して，1 km以上の視界がある場合をもやという。

発展 霧の粒の大きさ

霧の粒の直径は，霧のできる場所やでき方によって異なるが，一般的には0.001～0.1 mm程度である。1 km以上先が見えなくなるために必要な水の量は，空気1 m^{3}中に0.02 gくらいといわれているが，粒の小さな霧ではもっと少なくても見えなくなる。

発展 霜柱

霜柱は，土の中の水分がこおったもので，空気中の水蒸気が直接氷の結晶となった霜とは異なる。霜柱は，まず地表近くの水がこおり，そこに次々と下の水が吸い上げられてこおるため，柱状になる。

©kker／PIXTA

思考 霧と雲はどうちがう?

霧も雲も，水蒸気から水滴ができ，空気中に浮いている点では同じだが，できる場所がちがう。

- **雲**…上昇気流によって空気が上昇し，膨張して冷えることでできた水滴や氷の粒が上空に浮かんだもの。
- **霧**…空気が地表付近で冷やされてできた水滴が地表付近に浮かんだもの。

2 雲のでき方

上空で空気が膨張し，ふくみ切れなくなった水蒸気が水滴となって浮かぶことで，雲ができる。

❶**空気の膨張・圧縮と温度変化**…空気は膨張すると温度が下がり，圧縮されると温度が上がる。

❷**水蒸気の凝結**…水蒸気をふくんだ空気の温度が下がり（湿度は上がる），温度が**露点**に達すると，空気中の水蒸気が飽和状態になる。さらに温度が下がると，水蒸気の一部が凝結して水滴ができる。

❸**雲**…小さな水滴や氷の粒が，上空で浮かんでいるもの。

重要

❹**雲のでき方**

①**空気が上昇**…空気のかたまりが上昇する。この流れを**上昇気流**という。

②**温度が下がる**…上空ほど気圧が低いので，空気はだんだん膨張し，温度が下がる。

③**飽和状態に近づく**…温度が下がるにつれ，空気中の水蒸気は飽和状態に近づく。

④**水蒸気が凝結**…温度が露点以下になると，水蒸気の一部が凝結して水滴となる。

⑤**雲ができる**…水滴や氷の粒が浮かぶ。
→温度が0℃以下になるとできる。

発展 膨張・圧縮と温度変化

空気の膨張・圧縮で温度が変化するのは，まわりとの熱の出入りがない状態のとき。圧縮されるときは，外から力を受けとるためにエネルギーが増えて温度が上がる。一方，膨張するときは外に力を与えるために空気自身のもつエネルギーが減り，温度が下がる。

動画 雲のでき方

雲のでき方

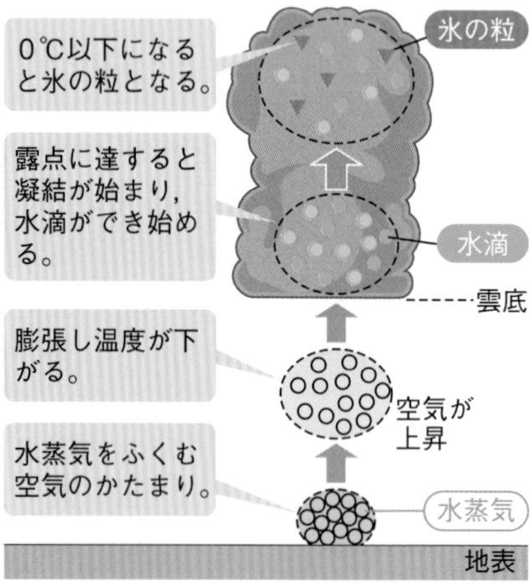

雲をつくる上昇気流

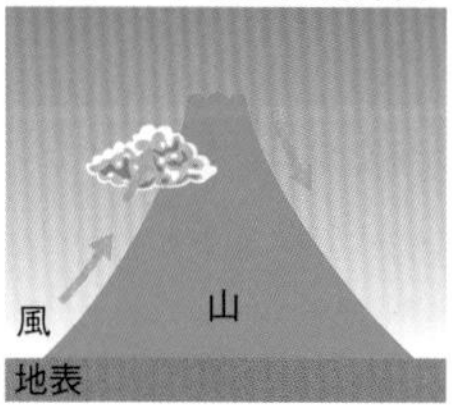

●**風が山にふき当たってできる上昇気流**…雲は，風が上昇する方にできる。

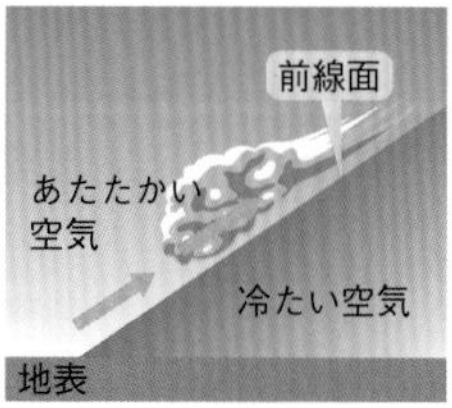

●**前線面にできる上昇気流**…あたたかい空気が冷たい空気の上に上がり，雲が発生する。

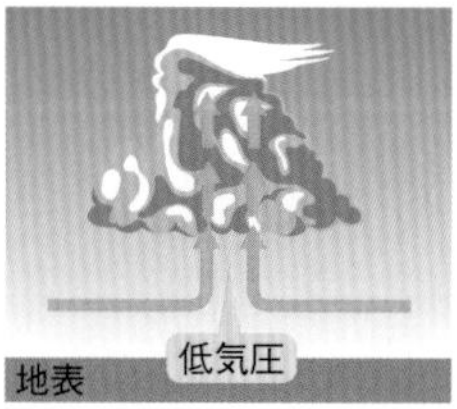

●**低気圧でできる上昇気流**…低気圧の中心付近にできる上昇気流で，雲ができる。

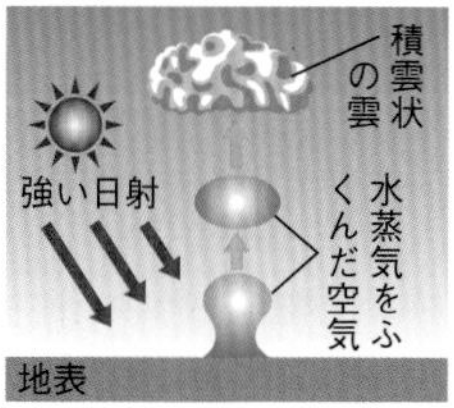

●**強い日射による上昇気流**…地面付近の空気があたためられて上昇し，積雲状の雲をつくる。

重要実験

雲をつくる実験

思考

目的 簡易真空容器の内部の気圧を変化させ，ビニル袋(ぶくろ)内部の気温の変化や雲のできるようすを調べよう。

方法1 ①簡易真空容器の中に，デジタル温度計を入れたビニル袋と気圧計を入れる。
②ハンドルをすばやく引いて気圧を下げる。
③ハンドルを押(お)して気圧を上げる。
④②と③のときに温度をはかり，温度変化を調べる。

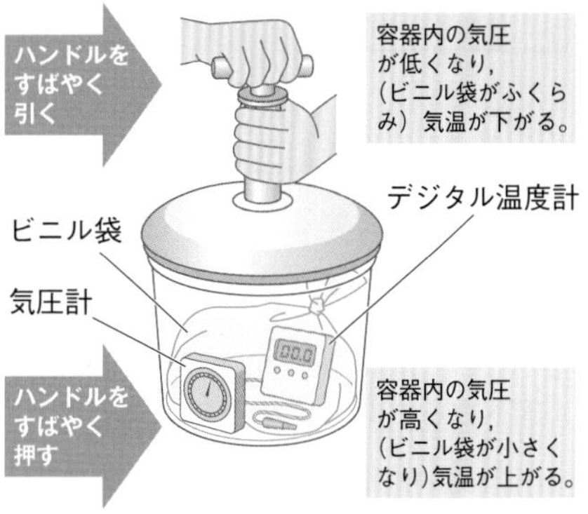
ハンドルをすばやく引く
容器内の気圧が低くなり，（ビニル袋がふくらみ）気温が下がる。
デジタル温度計
ビニル袋
気圧計
ハンドルをすばやく押す
容器内の気圧が高くなり，（ビニル袋が小さくなり）気温が上がる。

方法2 ①簡易真空容器の中に，内部を水でぬらし，少量の線香(せんこう)のけむりを入れたビニル袋と気圧計を入れる。
②ハンドルをすばやく引いて内部の気圧を下げ，ビニル袋内のようすを観察する。
③ハンドルをすばやく押して内部の気圧を上げ，ビニル袋内のようすを観察する。

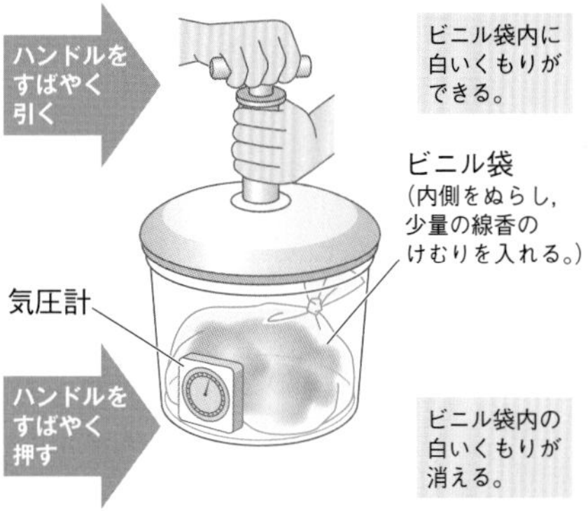
ハンドルをすばやく引く
ビニル袋内に白いくもりができる。
ビニル袋
（内側をぬらし，少量の線香のけむりを入れる。）
気圧計
ハンドルをすばやく押す
ビニル袋内の白いくもりが消える。

結果1 ・ハンドルを引く（気圧を下げる）と温度が下がり，ハンドルを押す（気圧を上げる）と温度が上がった。

結果2 ・ハンドルを引く（気圧を下げる）とビニル袋の内側が白くくもった。
・ハンドルを押す（気圧を上げる）とビニル袋の内側のくもりが消え，透明(とうめい)になった。

考察 ハンドルを引くとビニル袋の内側がくもったのは，内部の気圧が下がって温度が下がり，露点以下になって空気中の水蒸気の一部が水滴になった（雲ができた）ためと考えられる。

結論 ・気圧が下がる（空気が膨張する）と，空気の温度が下がる。
・空気の温度が下がると，空気中の水蒸気の一部が水滴に変わり，雲ができる。

チェック
(1) 空気が上昇するときと同じ温度と圧力の変化を示すのはハンドルを引いたとき？　押したとき？
(2) 結果2の，ハンドルを押したときの変化から，下降気流と雲についてどんなことがいえる？

答え (1) ハンドルを引いたとき　(2) 下降気流では雲はできにくい。

3 雨や雪のでき方

水滴(すいてき)や氷の粒(つぶ)が集まって大きくなると，落下して雨や雪になる。

❶**雲をつくっている粒**…雲は，小さな水滴や氷の粒でできている。

❷**雨**…水滴や，氷の粒がとけて水滴となり，地上に落ちてきたもの。

❸**雨のでき方**

①**雲の粒が成長する**…雲をつくる水滴や氷の粒がまわりの水蒸気をとりこんだり，たがいにぶつかったりするなどして成長し，大きくなる。

②**落下する**…大きくなった水滴や氷の粒が，上昇気流(じょうしょうきりゅう)で支えきれなくなると落下する。気温が高いと氷の粒がとけて水滴になる。

❹**雪のでき方**…地上付近の気温が低いと，氷の粒はとけずに地上まで落下する。

くわしく 雲の粒と雨粒の大きさ

雲の粒の直径は約0.02 mmと非常に小さい。雨粒の直径は，雲の粒の直径の数倍から100倍といわれている。

- **霧雨(きりさめ)のような細かい雨**…直径0.2～0.5 mm。
- **雷雨(らいう)などの強い雨**…大きいものでは直径5～6 mm。

発展 雪の結晶

結晶には，六角形を基本としてさまざまな形がある。どのような形になるかは，結晶が成長するときの温度や湿度(しつど)によって決まってくる。

©shutterstock

雲のでき方と雨や雪

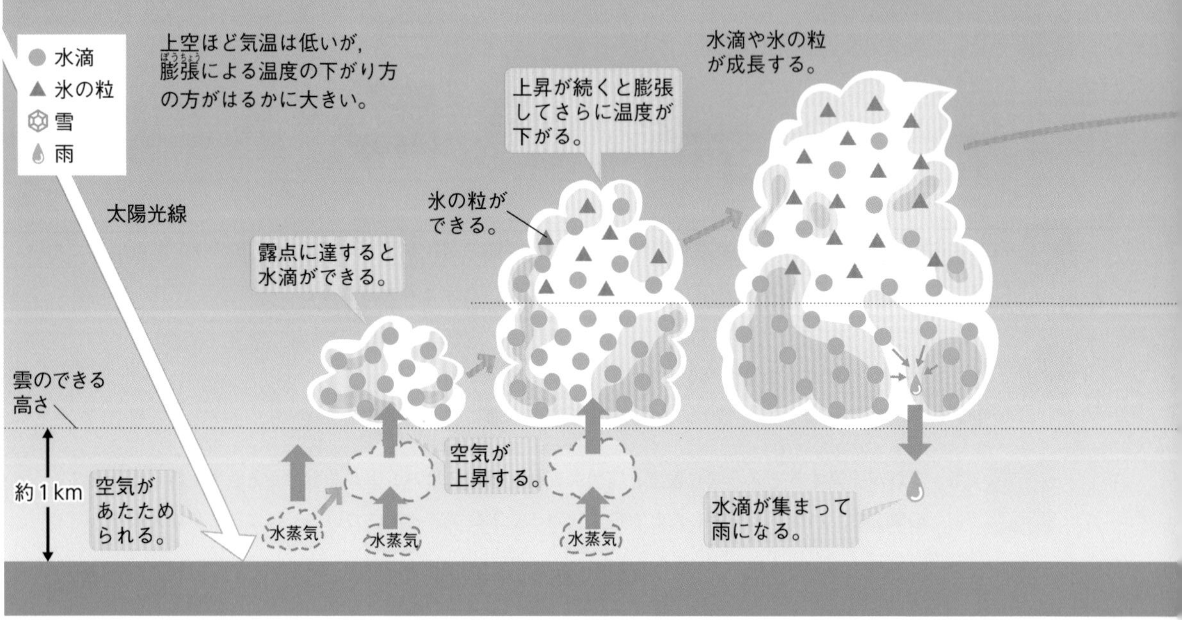
水滴
氷の粒
雪
雨
上空ほど気温は低いが，膨張(ぼうちょう)による温度の下がり方の方がはるかに大きい。
太陽光線
露点に達すると水滴ができる。
氷の粒ができる。
上昇が続くと膨張してさらに温度が下がる。
水滴や氷の粒が成長する。
雲のできる高さ
約1 km
空気があたためられる。
水蒸気
水蒸気
空気が上昇する。
水蒸気
水滴が集まって雨になる。

❺雲の形と降水…雲の形によって，雨の降り方にはちがいがある。

a　**水平方向に広がった雲**
…ゆるやかな上昇気流の中で生じる。
⇨広い地域に弱い雨が長時間降り続く。
例 乱層雲

b　**垂直方向に発達した雲**
…激しい上昇気流の中で生じる。
⇨せまい地域に強い雨が短時間降る。
例 積乱雲

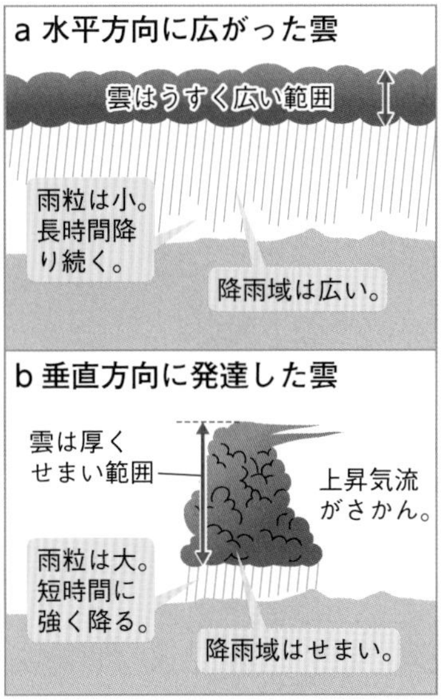
a 水平方向に広がった雲
雲はうすく広い範囲
雨粒は小。長時間降り続く。
降雨域は広い。
b 垂直方向に発達した雲
雲は厚くせまい範囲
上昇気流がさかん。
雨粒は大。短時間に強く降る。
降雨域はせまい。

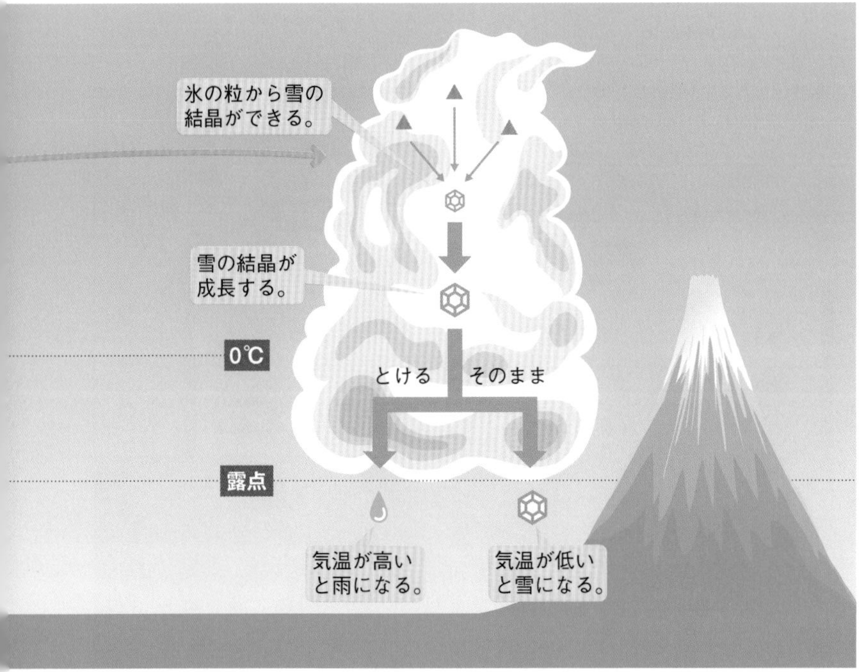
氷の粒から雪の結晶ができる。
雪の結晶が成長する。
0℃
とける
そのまま
露点
気温が高いと雨になる。
気温が低いと雪になる。

発展　雨粒の落ちる速さ

雨粒は，一般に大きいものほど空気や風の影響を受けにくくなるので，落ちる速さが速くなる。

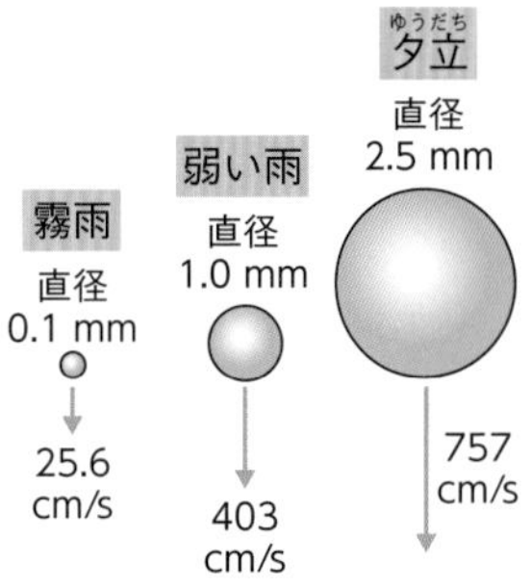
霧雨
直径 0.1 mm
25.6 cm/s
弱い雨
直径 1.0 mm
403 cm/s
夕立
直径 2.5 mm
757 cm/s

発展　対流圏

地表から上空約11 kmまでを対流圏といい，ここでは上空にいくほど温度が下がる（➡p.181）。ほとんどの雲は対流圏で発生する。

発展　成層圏

対流圏より上の上空50 kmまでを成層圏といい，ここでは上空に行くほど温度が上がる（➡p.181）。成層圏では通常は雲ができない。

- **対流圏**…地上から約11 km
- **成層圏**…対流圏の上～50 km
- **中間圏**…50～80 km
- **熱圏**…80～800 km

4 大気中の水の循環

水は気体・液体・固体と状態を変えながら循環している。

❶**水の状態変化**…水は地球上では**気体**（水蒸気）・**液体**（水）・**固体**（氷）の３つの状態で存在する。

❷**水の循環**…地球上の水は，次の蒸発・凝結・降水をくり返しながら，たえず循環している。水の状態変化や循環は，太陽のエネルギーがもとになっている。

・**蒸発**…地表の水は，太陽の熱によって陸地や海水の表面から蒸発し，空気中にまじっていく。

・**凝結**…空気中の水蒸気の一部は，凝結によって水滴になり，雲をつくる。

・**降水**…雲をつくっている粒（水滴や氷の粒）は，やがて降水として地表にもどる。

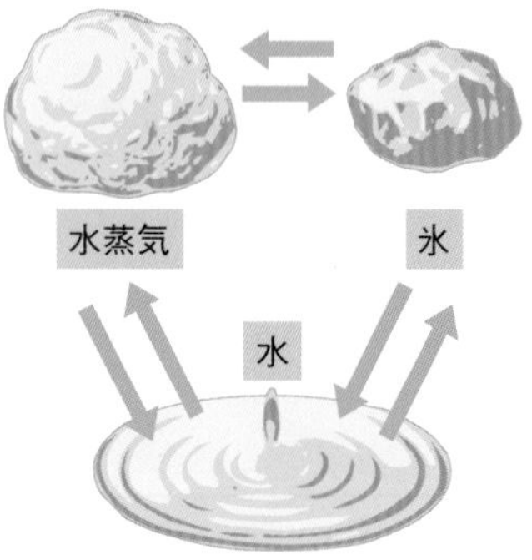

⬆水の状態変化

くわしく 蒸発量と降水量

水はつねに循環しているため，地球全体で見ると，年間を通しての地表からの蒸発量と降水量は等しくなっている。

くわしく 天気の変化が起こるわけ

天気の変化は水の循環と，大気の動きによって生じる風のはたらきで起こる。水の循環も大気の動きも，そのもとになっているのは太陽からのエネルギーである。

くわしく 降水

雲をつくっている水滴や氷の粒が大きくなって落下し，地表まで降ってきたものをまとめて降水という。

水の循環のようす

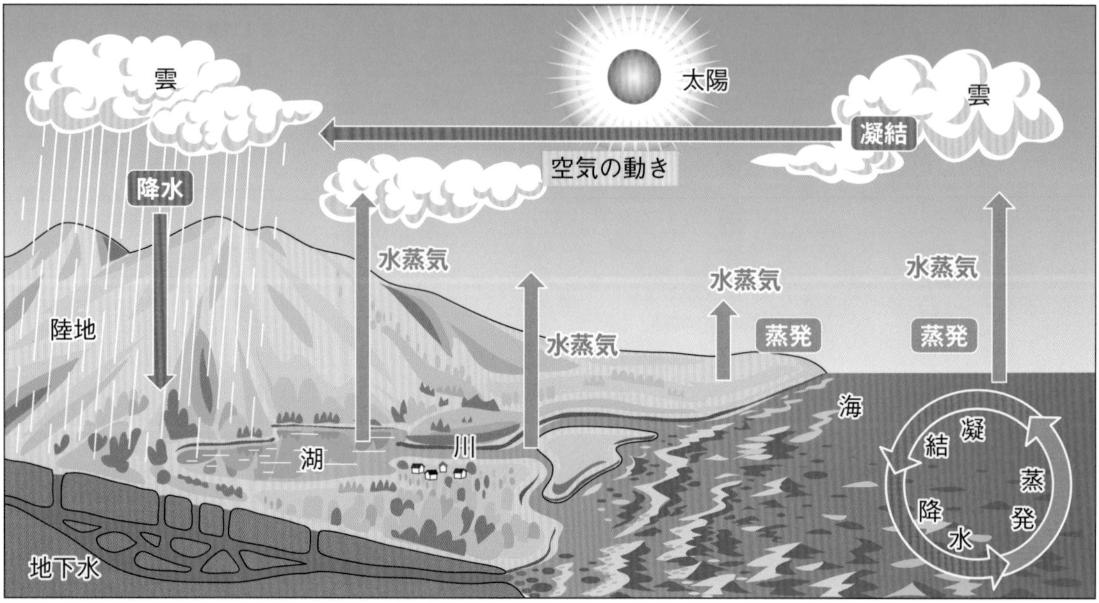

チェック 基礎用語　次の〔　　〕にあてはまる言葉を答えましょう。

1 空気中の水蒸気

	解答
□(1) 空気中にふくまれている水蒸気が凝結し始める温度を〔　　〕という。	(1) 露点
□(2) 空気中にふくまれている水蒸気の質量が多いほど，露点は〔　　〕くなる。	(2) 高
□(3) $1\,m^3$の空気が，その温度でふくむことのできる水蒸気の質量の最大限度を〔　　〕という。	(3) 飽和水蒸気量
□(4) 空気のしめりぐあいを〔　　〕という。飽和水蒸気量の何%の水蒸気がふくまれているかで表す。	(4) 湿度
□(5) 湿度（相対湿度）は，次の公式で求められる。	(5) 飽和水蒸気量

$$\text{湿度〔\%〕}=\frac{1\,\text{m}^3\text{の空気にふくまれる水蒸気の質量〔g/m}^3\text{〕}}{\text{その空気と同じ気温での〔　　〕〔g/m}^3\text{〕}}\times 100$$

2 雲のでき方

□(6) 地表近くの空気が冷やされて露点以下になり，水蒸気が凝結してできた小さな水滴が空気中に浮かび，地表面をおおったものを〔　　〕という。	(6) 霧
□(7) 空気の温度が露点以下になり，空気中の水蒸気が凝結して地面や植物などについたものを〔　　〕という。	(7) 露
□(8) 空気のかたまりが上昇すると，その空気はだんだん膨張し，温度が〔　　〕，飽和状態に近づく。	(8) 下がり
□(9) 水滴や氷の粒が上空で浮かんでいるものが〔　　〕である。	(9) 雲
□(10) 雲をつくる水滴が成長して落ちてきたものや，雪の結晶が，落下してくる途中でとけたものが〔　　〕である。	(10) 雨
□(11) 激しい上昇気流で生じた，垂直に発達した雲からは，〔　　〕地域に大粒の雨がふる。	(11) せまい
□(12) 地球の水は蒸発→〔　　〕→降水をくり返して循環している。	(12) 凝結

1 気団と前線

教科書の要点

1 **気団の種類と性質**

◎**気団**…気温や湿度がほぼ一様な大きな空気のかたまり。

◎日本付近の気団…**シベリア気団**・**小笠原気団**・**オホーツク海気団**の３種類がある。

2 **前線の種類と性質**

◎**前線**…２つの気団がぶつかってできる**前線面**と地面が接する部分。

◎前線の種類

温暖前線　**寒冷前線**　**停滞前線**　**閉塞前線**

1 気団の種類と性質

日本の気候は３つの大きな気団からの影響を受ける。

❶**気団**…大陸や海の上などでは，長期間空気がとどまるとその空気の気温や湿度がほぼ一様になる。このような大きな空気のかたまりを気団という。

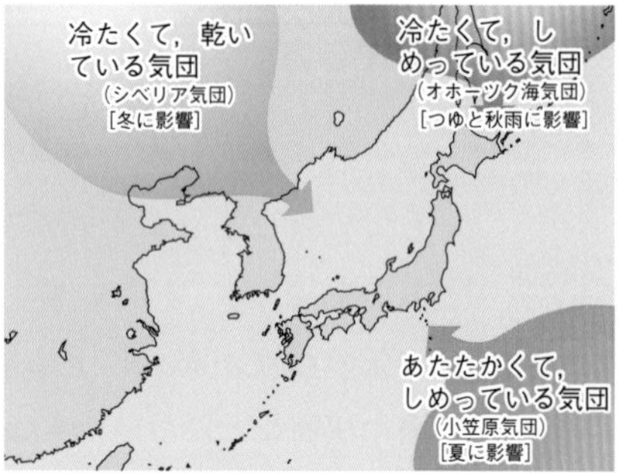

⬆日本付近のおもな気団

重要
・**緯度と性質**…高緯度の気団⇨気温が低い。
　低緯度の気団⇨気温が高い。
・**海陸と性質**…陸上の気団⇨乾いている。
　海上の気団⇨しめっている。

❷**日本付近の気団**

気団	発達する季節	特徴
シベリア気団 (冷たくて，乾いている)	おもに冬	冬にふく北西の季節風は，シベリア気団の空気が流れ出したもの。日本海側に大雪をもたらす。
小笠原気団 (あたたかくて，しめっている)	おもに夏	夏にふく南，または南東の季節風は，小笠原気団の空気が流れ出したもの。
オホーツク海気団 (冷たくて，しめっている)	つゆ・秋雨	つゆ（梅雨），秋雨の季節に関係のある気団。長雨を降らせる原因となる。

2 前線の種類と性質

暖気と寒気の境目が前線。種類やでき方，性質をまとめよう。

❶**前線面**…気温や湿度などが異なる２つの気団がぶつかってできる面。

❷**前線**…前線面と地表面が交わるところ。線状になる。前線の両側では，気象要素が大きく異なる。前線付近では前線面に沿って上昇気流が生じており，天気が悪い。

❸**寒冷前線**…寒気の勢力が暖気よりも強い前線。

❹**温暖前線**…暖気の勢力が寒気よりも強い前線。

❺**停滞前線**…寒気と暖気の勢力がほぼ等しいときにできる前線。ほとんど移動しないで同じ場所に停滞していることが多い。

❻**閉塞前線**…寒冷前線が温暖前線に追いついてできる前線。温暖前線と寒冷前線の間にある暖気は上空に押し上げられる。

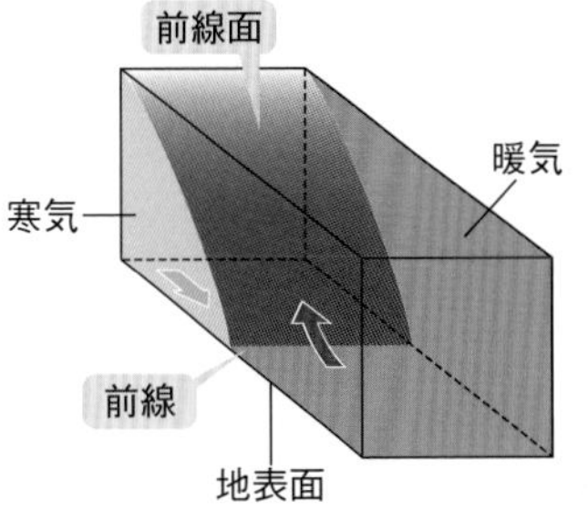

発展　前線のできる場所

前線は，冷たい空気である寒気と，あたたかい空気である暖気がぶつかる場所にできる。前線のできる位置は，緯度が30～60°付近で，ちょうど日本付近にあたる。この位置は，夏はやや北に上がり，冬は南に下がる。

比較　前線の断面図

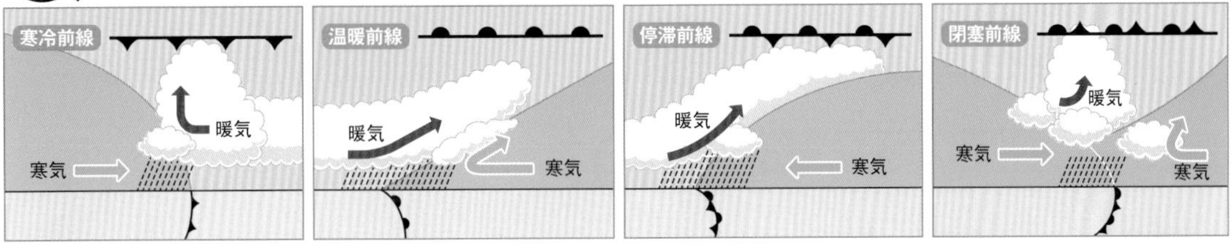

重要実験　前線面のモデルをつくる実験

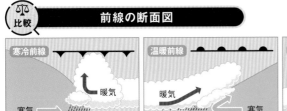

動画　前線面のモデルをつくる実験

方法　①透明な水そうに仕切りをし，冷たい空気とあたたかい空気を入れる。　②仕切りをとる。

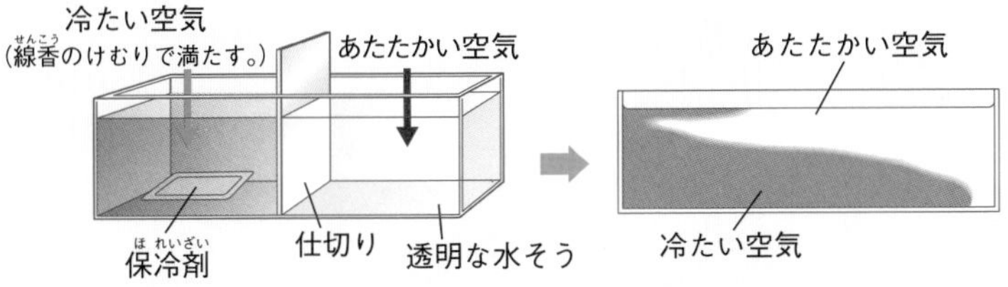

結果　冷たい空気が下に，あたたかい空気が上にいき，境界面が変化する。

2 前線と天気の変化

教科書の要点

1 温暖前線と天気の変化	◎**温暖前線の天気の変化**…広い範囲に，おだやかな雨が降る。
2 寒冷前線と天気の変化	◎**寒冷前線の天気の変化**…せまい範囲に，強い雨が降り，突風がふく。
3 停滞前線・閉塞前線と天気の変化	◎**停滞前線の天気の変化**…前線が動かず，ぐずついた天気が続く。 ◎**閉塞前線の天気の変化**…厚い雲が生じ，強い雨が降る。風も強い。
4 温帯低気圧	◎**温帯低気圧**…中緯度帯に生じる前線をともなう低気圧。 ◎発達しながら東へ進み，閉塞前線ができるとやがて消滅する。
5 天気の移り変わり	◎**天気の移り変わり**…およそ西から東へと移り変わる。 ◎**高気圧・低気圧と天気の変化**…高気圧が近づくと一般に天気がよくなる。低気圧が近づくと一般に天気は悪くなる。

1 温暖前線と天気の変化

前線の種類によって天気の変化のしかたは異なる。

❶**温暖前線のつくり**…暖気が寒気の上にゆっくりとはい上がり，寒気を後退させて進む。⇨広い範囲に，**乱層雲**のような水平に発達した層状の雲ができる。

重要

❷**温暖前線と天気の変化**

a **前線の接近時**…雲がしだいに低く厚くなり，しとしとと弱い雨が長時間続く。

b **前線の通過時**…おだやかな雨が降り続く。

c **前線の通過後**…天気は回復。気温が上がり，風が東寄りから南寄りに変わる。

温暖前線が通り過ぎると，暖気におおわれるね。

比較 **温暖前線のつくり**

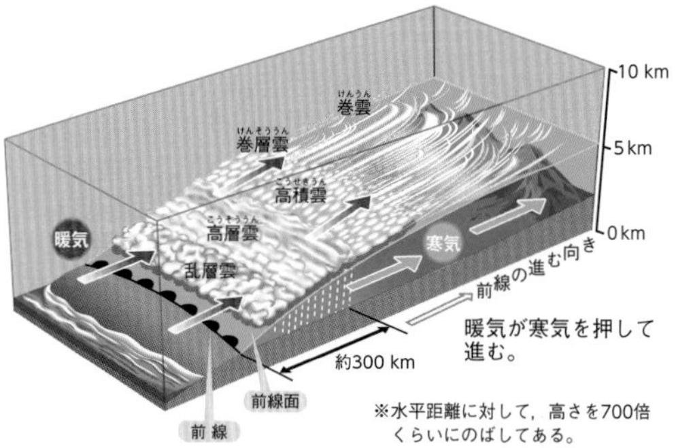

※水平距離に対して，高さを700倍くらいにのばしてある。

2 寒冷前線と天気の変化

寒冷前線の通過時は，温暖前線と比べて天気の変化が激しい。

❶**寒冷前線のつくり**…寒気が暖気の下にもぐりこんで，暖気を押し上げながら進む。

⇨前線面に強い**上昇気流**が生じ，せまい範囲に，積雲や**積乱雲**のように垂直に発達する雲ができる。

重要

❷**寒冷前線と天気の変化**

a **前線の接近時**…垂直に発達した雲が現れ，全天をおおう。

b **前線の通過時**…強い雨が降る。ときには突風がふき，雷やひょうが降ることもある。

c **前線の通過後**…雨は短時間でやみ，天気は回復。気温が下がり，風が南寄りから北寄りに変わる。

発展 温暖前線と寒冷前線の速さと雨の降る範囲

寒冷前線は寒気が暖気を勢いよく押し上げながら進むため，20～30 km/hで進む温暖前線よりも進む速さが速く，30～40 km/hである。

雨の降る範囲は，温暖前線では前方300 kmくらい，寒冷前線では後方70 kmくらいになる。

比較 **寒冷前線のつくり**

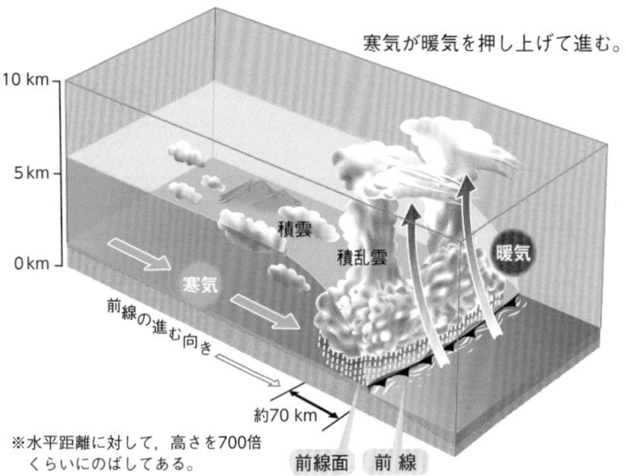

※水平距離に対して，高さを700倍くらいにのばしてある。

観測データから見た寒冷前線通過時の現象

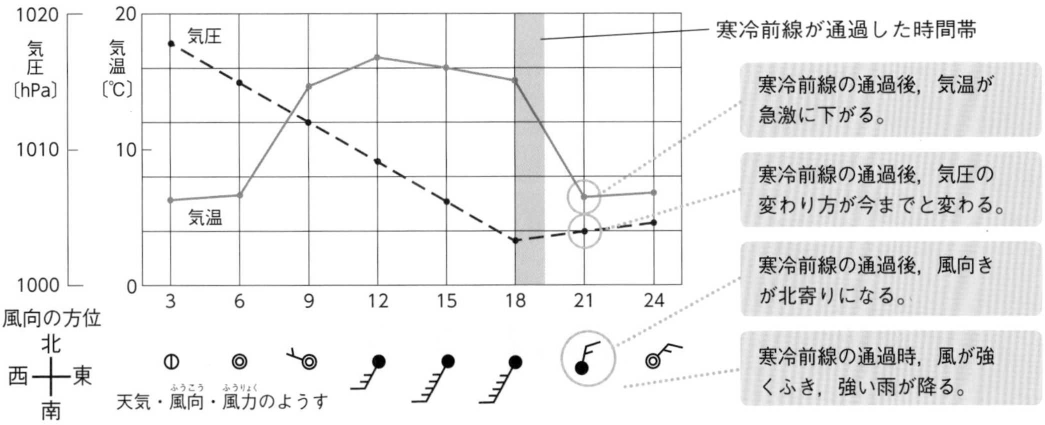

3章／天気とその変化
3節／前線と天気の変化

3 停滞前線・閉塞前線と天気の変化

停滞前線・閉塞前線での天気の変化は次のようになる。

❶**停滞前線**…東西にのび，暖気と寒気の勢力が等しいのでほとんど動かない。

❷**停滞前線と天気の変化**

・**雲**…水平に発達した層状の雲。

・**天気**…ぐずついた天気が続く。特に前線の北側では長雨になる。

❸**閉塞前線**…寒冷前線が温暖前線に追いつき，寒気が暖気を地表からもち上げてできる。

⬇閉塞前線（寒冷型）の構造（断面図）

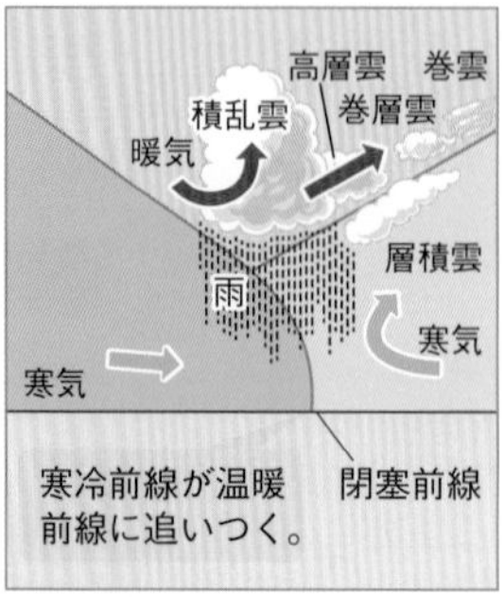

4 温帯低気圧

日本などの中緯度帯では，前線をともなう温帯低気圧が発生する。

❶**温帯低気圧**…中緯度帯で発生する低気圧で，中心から南西の方向に寒冷前線，南東の方向に温暖前線がのびる。

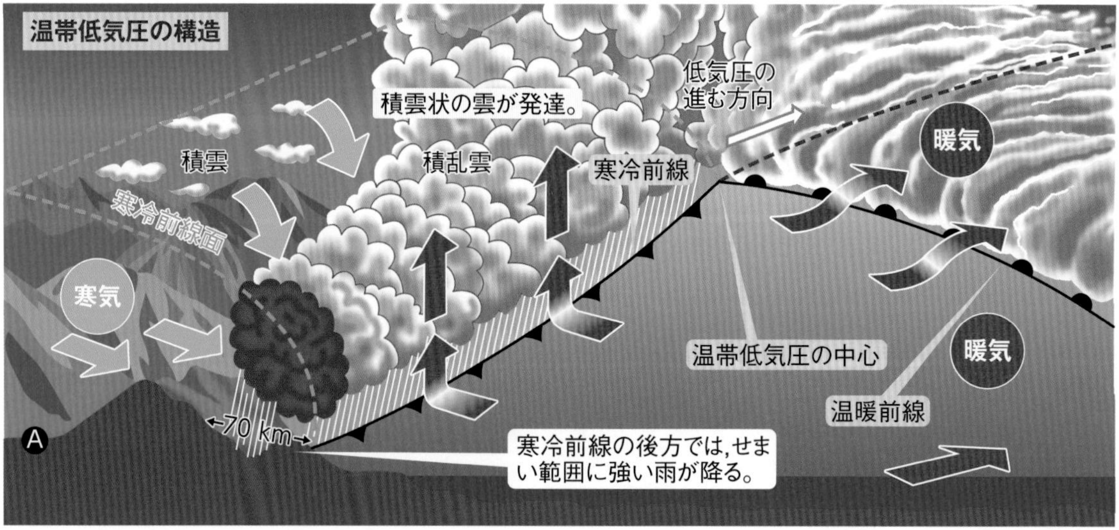

くわしく 梅雨前線と秋雨前線

夏前には，日本付近で寒気と暖気がぶつかり合い，停滞前線が日本付近にとどまってつゆ（梅雨）となる。同様に，秋も日本付近に停滞前線がとどまって秋雨となる。つゆの時期の停滞前線を梅雨前線，秋雨を降らせる停滞前線を秋雨前線という。（➡p.215，216）

くわしく 閉塞前線のでき方

温帯低気圧は，おもに南東に温暖前線，南西に寒冷前線をともないながら進む。これらの前線は，低気圧の中心を軸に左回り（反時計回り）に回っているが，寒冷前線の方が温暖前線よりも速いので，やがて追いつき，閉塞前線となる。

温帯低気圧の一生

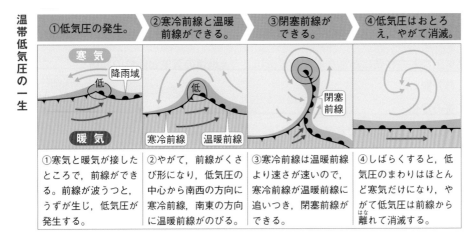

①低気圧の発生。	②寒冷前線と温暖前線ができる。	③閉塞前線ができる。	④低気圧はおとろえ，やがて消滅。

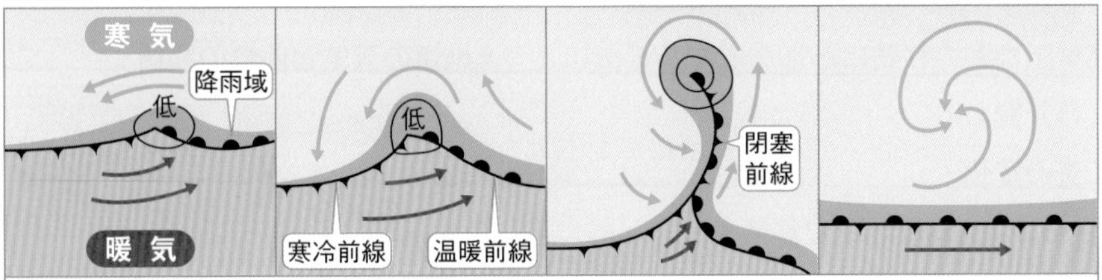

①寒気と暖気が接したところで，前線ができる。前線が波うつと，うずが生じ，低気圧が発生する。	②やがて，前線がくさび形になり，低気圧の中心から南西の方向に寒冷前線，南東の方向に温暖前線がのびる。	③寒冷前線は温暖前線より速さが速いので，寒冷前線が温暖前線に追いつき，閉塞前線ができる。	④しばらくすると，低気圧のまわりはほとんど寒気だけになり，やがて低気圧は前線から離れて消滅する。

⇨前線と低気圧は一体となって変化していく。

❷**暖気と寒気**…前線の南側は暖気，北側は寒気におおわれる。

❸**雲のようす**…温暖前線の前方に水平に雲が発達し，寒冷前線の後方に垂直に雲が発達している。

❹**雨の降る地域**…温暖前線の前方の広い範囲，寒冷前線の後方のせまい範囲。

❺**温帯低気圧の一生**…前線上で発達した温帯低気圧は，発達しながら東へ進み，閉塞前線ができるとやがて消滅する。

発展 温帯低気圧の速さ

温帯低気圧は，日本付近ではおもに西から東へ，40 km/hほどで動く。夏は動きがやや遅く，冬には動きがやや速くなる傾向がある。

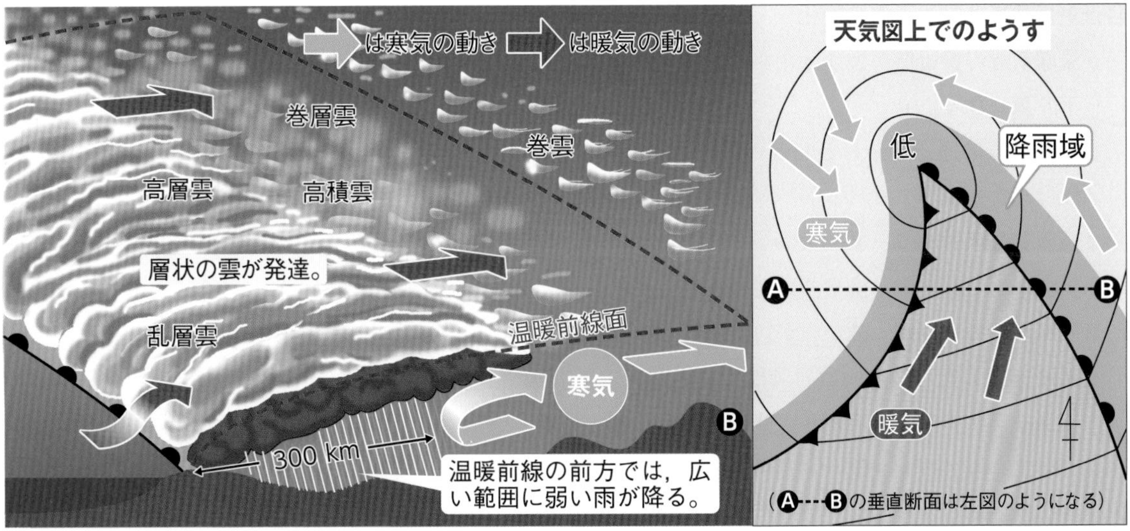

5 天気の移り変わり

低気圧と前線，高気圧などの移動にともなって，天気はおよそ西から東へと移り変わる。

❶高気圧の移動と天気の変化

・およそ西から東へ，20～40 km/hで移動する。

・一般に高気圧が近づくと，天気がよくなる。

❷低気圧・前線の移動と天気の変化

・およそ西から東へ，40 km/hで移動する。

・前線が通過するごとに，急激な天気の変化が起こる。

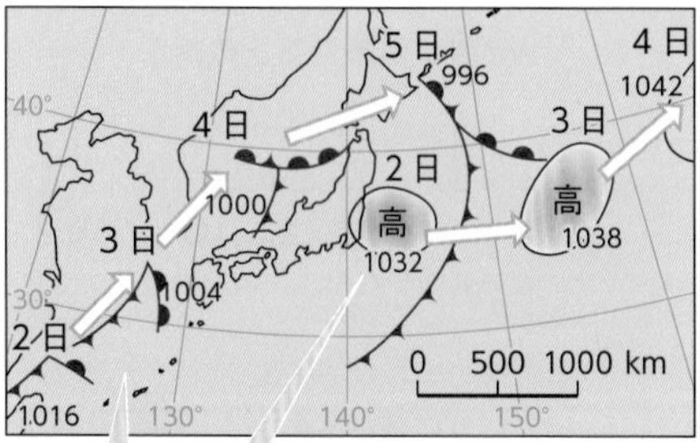

◀左の天気図は，ある年の4月2日から5日までの低気圧・前線や高気圧の動きをまとめたものである。

低気圧・前線や高気圧はおおよそ，西から東へ移動する。 ➡ それにともなって，天気も西から東へと移り変わる。

❸低気圧の通過時の天気の変化

a 温暖前線の接近時…雲がしだいに低く厚くなり天気が下り坂になる。

b 温暖前線の通過時…しとしとと弱い雨が長時間続く。風は東寄り。

c 温暖前線の通過後…雨はやみ，天気はしだいに回復。気温が上がり，風は南寄りに変わる。

d 寒冷前線の通過時…強い雨が短時間降る。

e 寒冷前線の通過後…雨は短時間でやみ，天気は回復。気温が急に下がり，風が北寄りに変わる。

A地点の天気と前線の関係

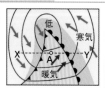

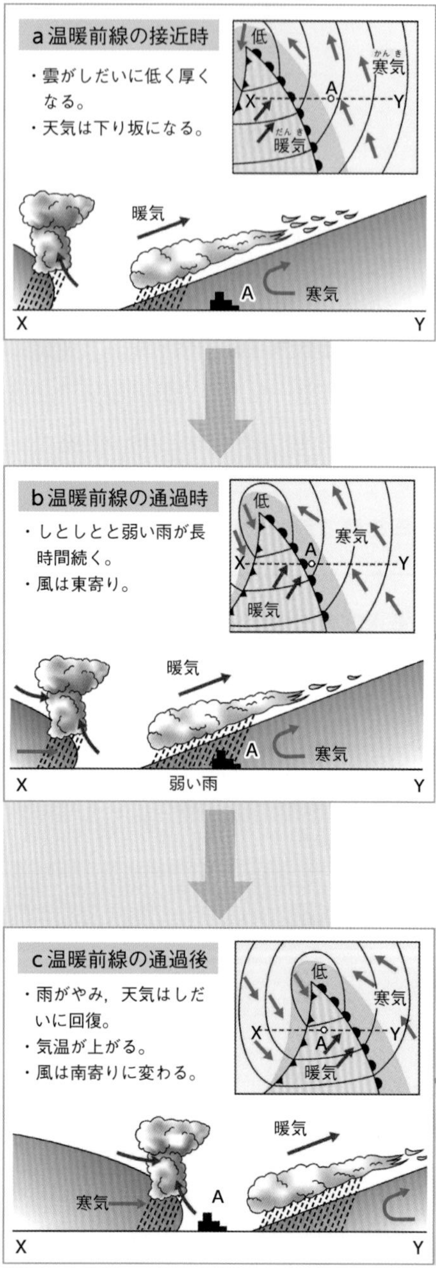

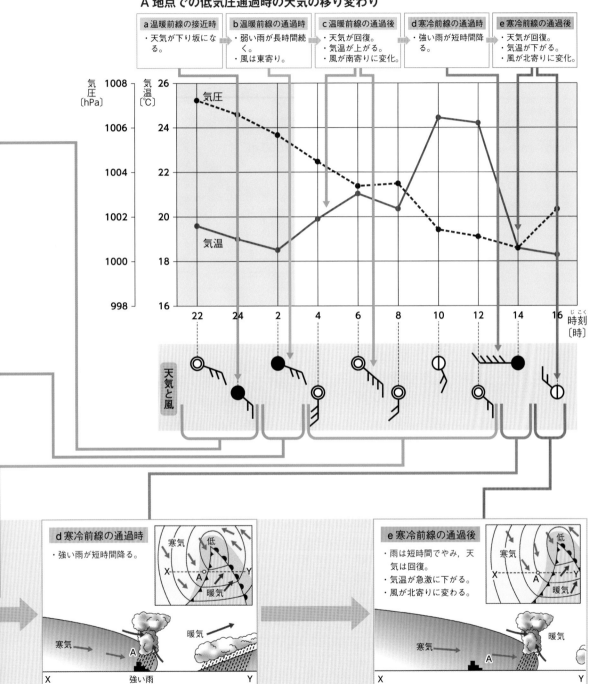

A地点での低気圧通過時の天気の移り変わり

a 温暖前線の接近時
・天気が下り坂になる。

b 温暖前線の通過時
・弱い雨が長時間続く。
・風は東寄り。

c 温暖前線の通過後
・天気が回復。
・気温が上がる。
・風が南寄りに変化。

d 寒冷前線の通過時
・強い雨が短時間降る。

e 寒冷前線の通過後
・天気が回復。
・気温が下がる。
・風が北寄りに変化。

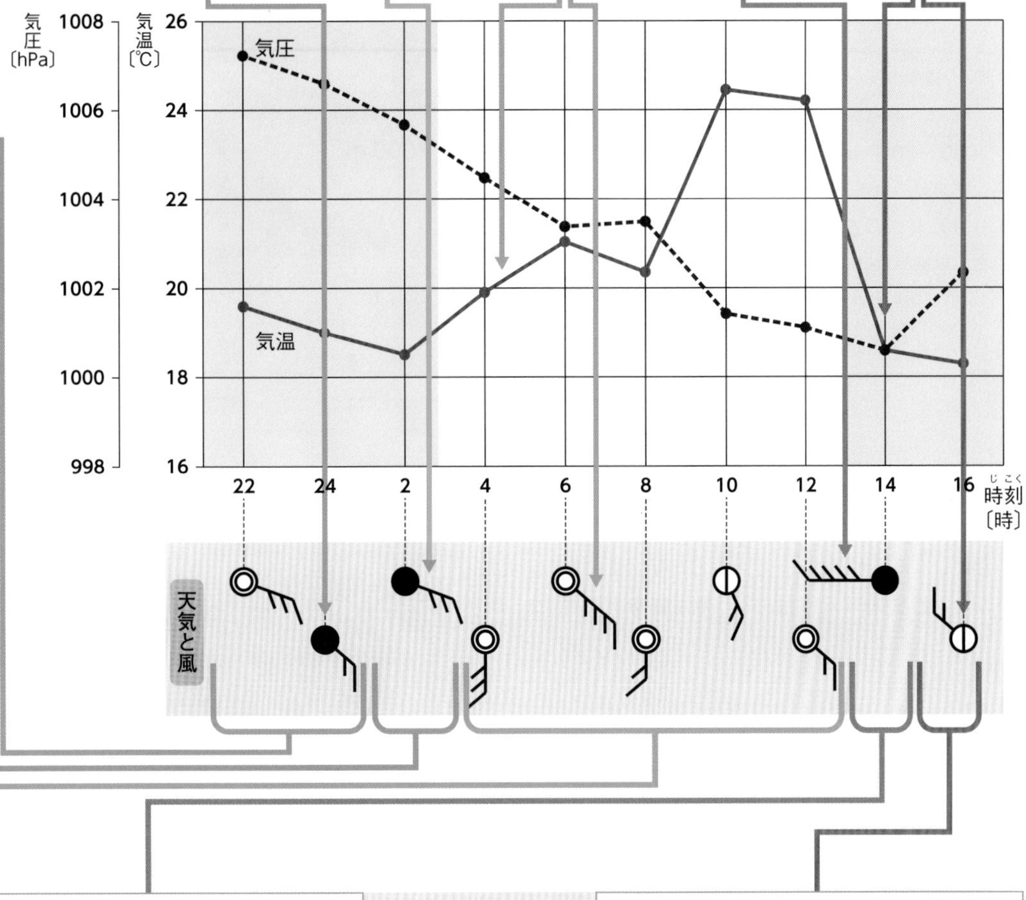

d 寒冷前線の通過時
・強い雨が短時間降る。

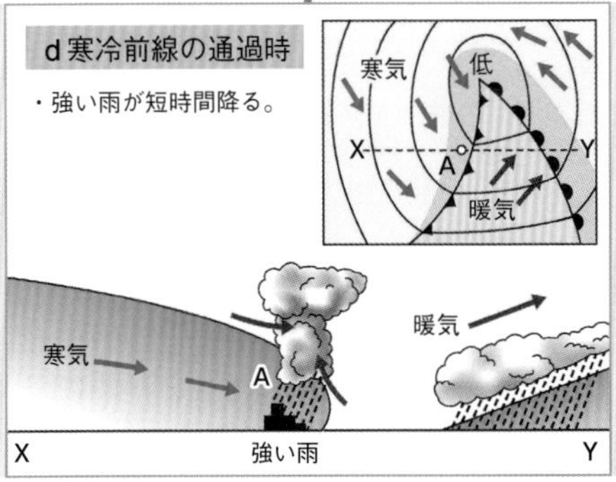

e 寒冷前線の通過後
・雨は短時間でやみ，天気は回復。
・気温が急激に下がる。
・風が北寄りに変わる。

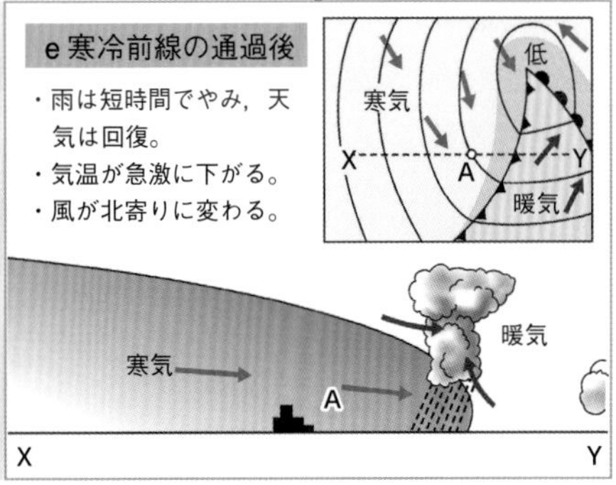

Column 雲で天気を予測する

雲にはさまざまな種類があり，雲の種類やその移り変わりを観察することで，天気を予測することができる。

●10種類の雲

雲は，おもに5000 m以上の高さにできる**上層雲**，2000～7000 mの高さにできる**中層雲**，2000 m以下の高さにできる**下層雲**と，できる高さによって3種類に分けられている。さらに，水平方向に広がる雲を**層雲型**，垂直方向に広がる雲を**積雲型**という。このような雲形は，国際的な分類法で10種類に分類されており，これを「十種雲形」という。旅客機の飛行高度がおよそ10000 mだから，上層雲のできる高さが同じくらいで，そのほかの雲は下の方に見えることになる。

さまざまな種類の雲は，それぞれ性質やできやすい気象条件が異なっている。例えば，温暖前線が近づいてくると，空には巻雲→高積雲→高層雲の順に雲が現れ，最後には乱層雲が現れて，しとしとと弱い雨が続くようになることが多い。このように，雲を観察することで，これからどのように気象が変化するかを，ある程度予測することができる。

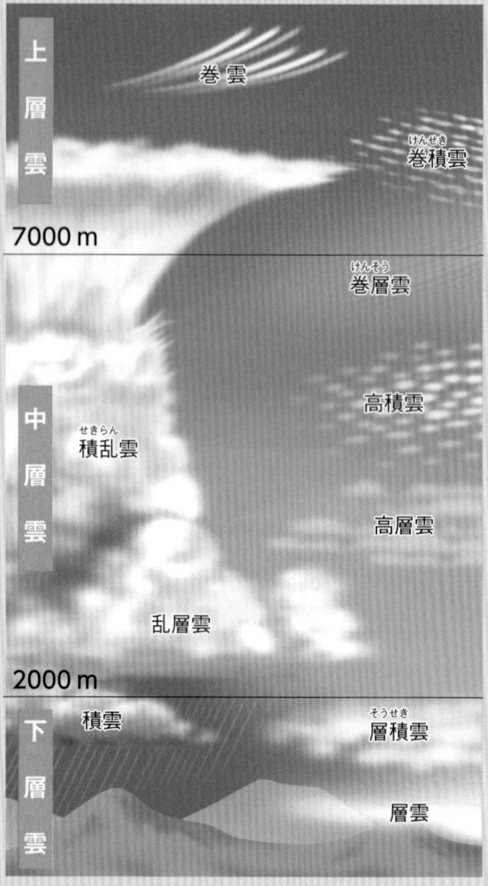

日本付近で発生する高さ		名　前	別　名
上層雲	5000 m 以上	巻雲（けんうん）	すじ雲
		巻積雲（けんせきうん）	うろこ雲，いわし雲，さば雲
		巻層雲（けんそううん）	うす雲
中層雲	2000 ～ 7000 m	高積雲（こうせきうん）	ひつじ雲，むら雲，まだら雲
		高層雲（こうそううん）	おぼろ雲
下層雲	地表付近～ 2000 m	層雲（そううん）	きり雲
		層積雲（そうせきうん）	うね雲，くもり雲
上層・中層・下層にできる雲		積乱雲（せきらんうん）	入道雲（にゅうどうぐも），かみなり雲
		乱層雲（らんそううん）	あま雲
		積雲（せきうん）	わた雲，入道雲（にゅうどうぐも）

※分類上は，積乱雲・積雲は下層雲，乱層雲は中層雲のグループに入る。

チェック 基礎用語 次の〔　〕にあてはまるものを選ぶか，あてはまる言葉を答えましょう。

1 気団と前線

	解答
□(1) 大陸や海の上などでは，長時間空気がとどまると，その空気の気温や湿度がほぼ一様になる。このような大きな空気のかたまりを〔　　〕という。	(1)気団
□(2) 高緯度の地域で発生する気団の気温は一般的に〔　　〕い。	(2)低
□(3) 乾いているのは〔 陸上　海上 〕の気団で，しめっているのは〔 陸上　海上 〕の気団である。	(3)陸上，海上
□(4) 寒気の勢力が暖気よりも強い前線を〔　　〕という。	(4)寒冷前線
□(5) 寒気と暖気の勢力がほぼ等しいときにでき，ほとんど移動しない前線を〔　　〕という。	(5)停滞前線
□(6) 暖気の勢力が寒気よりも強い前線を〔　　〕という。	(6)温暖前線

2 前線と天気の変化

□(7) 前線面に強い上昇気流が生じ，積雲や積乱雲のように垂直に発達する雲ができるのは〔　　〕前線である。	(7)寒冷
□(8) 前線が通過するときに，雷や強い雨が降ったり，ときには突風がふいたりするのは〔　　〕前線である。	(8)寒冷
□(9) 前線面にゆるやかな上昇気流が生じ，水平に発達した雲ができるのは，〔　　〕前線である。	(9)温暖
□(10) 寒冷前線が温暖前線に追いついて，寒気が暖気を地表面からもち上げてできる前線を〔　　〕という。	(10)閉塞前線
□(11) 〔　　〕前線が通過すると雨がやみ，しだいに天気が回復して気温が上がり，風が南寄りに変わる。	(11)温暖
□(12) 〔　　〕前線が通過すると雨がやみ，天気が回復して気温が急激に下がり，風が北寄りに変わる。	(12)寒冷
□(13) 低気圧が近づくと，天気は〔 晴れ　くもりや雨 〕が多い。	(13)くもりや雨
□(14) 高気圧が近づくと，天気は〔 晴れ　くもりや雨 〕が多い。	(14)晴れ

1 大気の動き

教科書の要点

1 大気の動き

◎赤道付近では，上昇気流が発生し，気圧が低くなりやすい。

◎中緯度帯では西寄りの**偏西風**，低緯度帯では東寄りの**貿易風**がふく。

2 季節風

◎冬の季節風…大陸から海へ，北西の季節風がふく。

◎夏の季節風…海から大陸へ，南東の季節風がふく。

3 海陸風

◎日中…海から陸地に向かって，海風がふく。

◎夜…陸地から海に向かって，陸風がふく。

1 大気の動き

地球全体の大気の循環は，太陽のエネルギーによって起こっている。

(1) 気圧と緯度

❶赤道付近では，あたためられた空気によって上昇気流が発生するため，気圧が低くなりやすい。

❷緯度30°付近では，下降気流によって，気圧が高くなりやすい。

❸緯度60°付近では，上昇気流によって気圧が低くなりやすい。

❹極付近（→北極・南極）では，下降気流によって気圧が高くなりやすい。

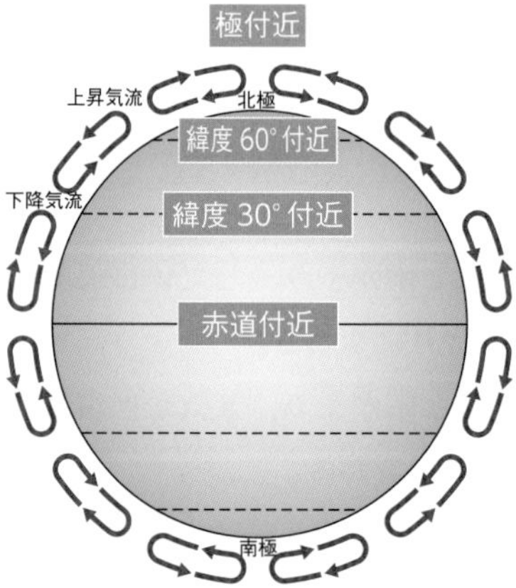

くわしく 緯度による地球の分け方

地球は緯度によって3つの地域に分けられる。緯度が0～30°の地域を低緯度帯，30～60°の地域を中緯度帯，60～90°の地域を高緯度帯という。

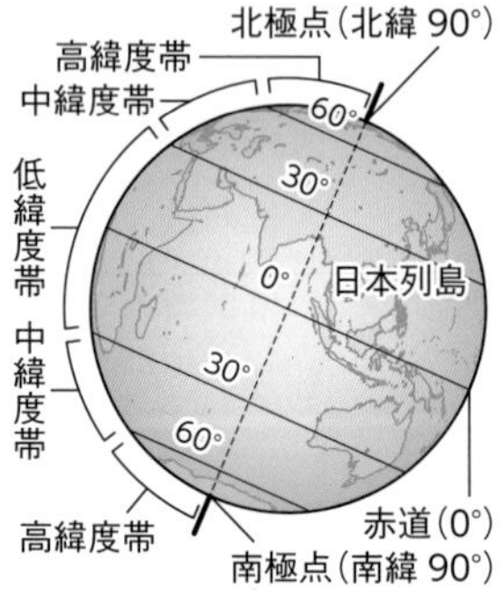

(2) 大気の動き

❶**赤道付近の動き**…赤道付近ではあたためられた空気によって上昇気流が発生する。

❷**低緯度帯の動き**…地表付近で，東寄りの風（**貿易風**）が発生する。

❸**中緯度帯の動き**…日本をふくむ中緯度帯の上空では，西から東に向かって**偏西風**が発生する。

⇨天気が西から東に変わっていく原因となる。

❹**高緯度帯の動き**…地表付近で，偏西風とは逆向きの風（極偏東風）が発生する。

❺**極付近の動き**…極付近では冷えた空気によって下降気流が発生する。

地球の大気の流れ

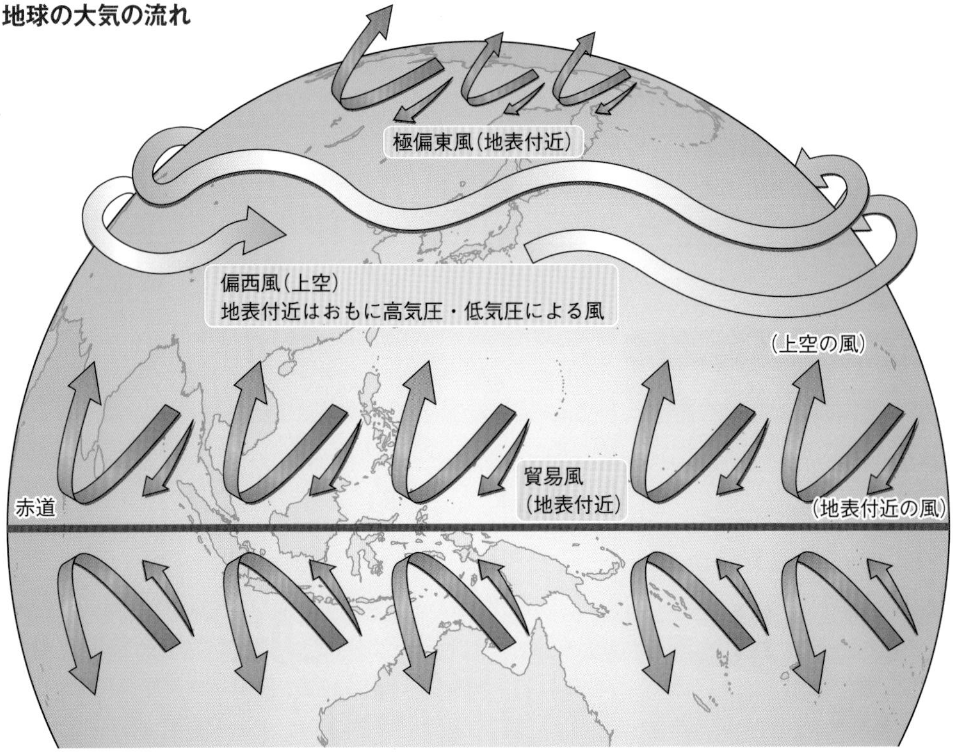

発展 ジェット気流

偏西風は，中緯度高圧帯と高緯度低圧帯付近で最も強くふいており，これをジェット気流という。ジェット気流は強いときには100 m/sにもなる。長距離を飛ぶジェット機は，西から東に飛ぶときにはこのジェット気流を利用するため，少ない燃料で速く飛ぶことができる。

発展 エルニーニョ現象

太平洋の海面水温が，東側が高く，西側が低くなる状態が1年以上続く現象で，干ばつや大雨などの世界的な天候の異常の原因と考えられている。

エルニーニョ現象は，赤道上を東から西にふく貿易風が弱まり，あたためられた海水が東側にとどまることが原因で起こるため，日本では冷夏暖冬の傾向が見られる。

2 季節風

一年中同じ方向にふく偏西風などとはちがい，季節によってふく方向が異なる季節風とよばれる風もある。

❶**季節風**…大陸と海の上の空気の温度差によってふく，季節によって特徴的な風。

・**大陸**…海に比べてあたたまりやすく，冷えやすい。

・**海**…大陸に比べてあたたまりにくく，冷えにくい。

⇨大陸と海の性質のちがいで，空気の温度差が生じる。
└→大陸の地面と海の海水

❷**冬の季節風**…日本付近では大陸から海へ，北西の季節風がふく。

・**大陸上の空気**…冷えた大陸によって空気が冷やされて重くなり，下降気流が生じる。　⇨高気圧ができる。

・**海上の空気**…海は大陸よりも冷えにくいため，海上の空気の方が大陸よりあたたかくなり，上昇気流が生じる。
⇨低気圧ができる。

❸**夏の季節風**…日本付近では海から大陸へ，南東の季節風がふく。

・**大陸上の空気**…あたたかい大陸によってあたためられた空気は軽くなり，上昇気流が生じる。　⇨低気圧ができる。

・**海上の空気**…海は大陸よりもあたたまりにくいため，海上の空気の方が大陸より冷たくなり，下降気流が生じる。
⇨高気圧ができる。

春にふく春一番や，
冬にふく木枯らしなども
季節風だよ。

風は気圧が高いところから
低いところに向かって
ふくんだったね。

比較　日本付近の季節風

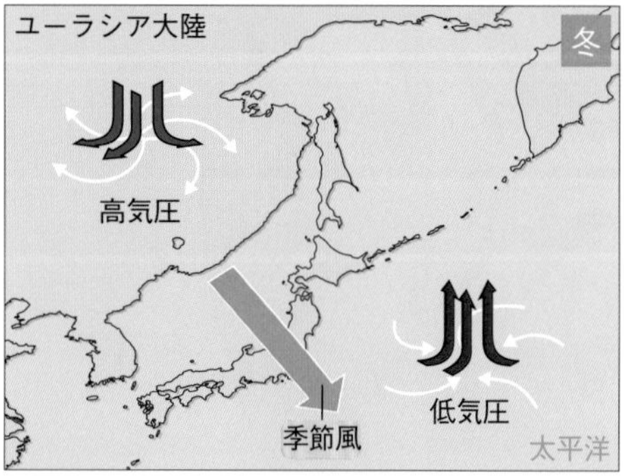

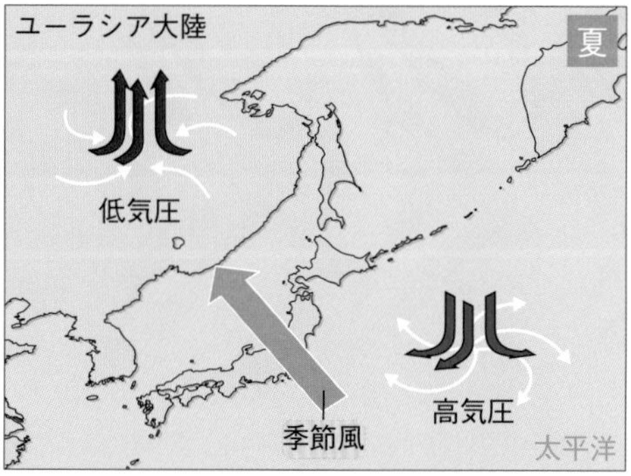

❹**冬の季節風の特徴**…ユーラシア大陸からの季節風は冷たく乾燥しているが，あたたかい日本海上で大量の水蒸気をふくむ。

⇨日本海側に大量の雪を降らせる。

⇨太平洋側にやってくるときには乾燥した風となり，晴天をもたらす。

❺**夏の季節風の特徴**…太平洋からの季節風は，もともとあたたかく多くの水蒸気をふくんでいる。

⇨しめったあたたかい風をもたらすため，蒸し暑くなる。

思考 朝や夕方に無風になることがあるのはなぜ?

日中の海風と夜の陸風が入れかわる朝方と夕方に，風がほとんどない状態になる。これをなぎといい，朝に起こるなぎを朝なぎ，夕方に起こるなぎを夕なぎという。

陸地の気圧と海上の気圧がほぼ等しくなり，空気の流れがなくなることで生じる。

3 海陸風

海陸風は，季節風と同様に，陸地と海のあたたまりやすさ・冷えやすさのちがいによって生じる。

❶**海陸風**…陸地と海の上の空気の温度差によってふく，1日のうちに風向きが変化する風。

- **陸地**…海に比べてあたたまりやすく，冷えやすい。
- **海**…陸に比べてあたたまりにくく，冷えにくい。

❷**日中の海風**…海から陸地に向かってふく。

- **陸地上の空気**…あたたかい陸地によって空気があたためられて軽くなり，上昇気流が生じて気圧が低くなる。
- **海上の空気**…海は陸地よりもあたたまりにくいため，下降気流が生じて気圧が高くなる。

❸**夜の陸風**…陸地から海に向かってふく。

- **陸地上の空気**…冷えた陸地によって冷やされて重くなり，下降気流が生じて気圧が高くなる。
- **海上の空気**…陸地よりも冷えにくいため，上昇気流が生じて気圧が低くなる。

比較 海風と陸風

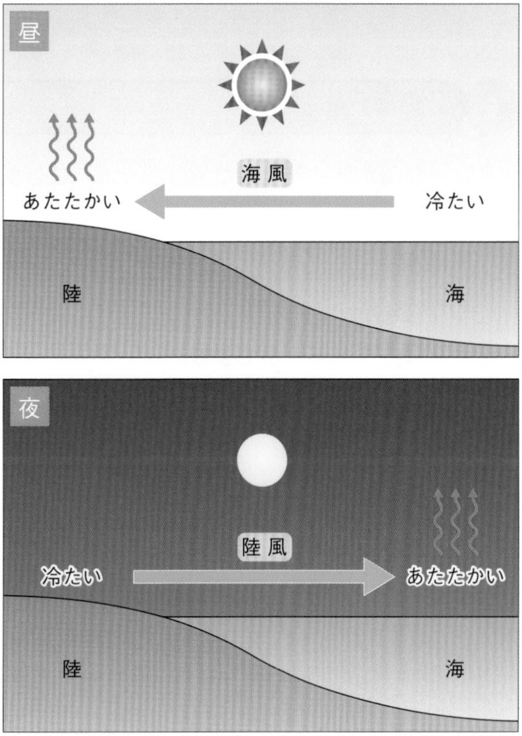

2 日本の天気

教科書の要点

1 冬の天気	◎気圧配置…大陸側に高気圧，太平洋側に低気圧。　⇨**西高東低** ◎天気…北西の季節風。日本海側では雪，太平洋側では晴れが多い。
2 春・秋の天気	◎気圧配置…移動性高気圧と低気圧が，交互にやってくる。
3 つゆの天気	◎気圧配置…**停滞前線**が日本列島付近で東西にのび，雨が降り続く。
4 夏の天気	◎気圧配置…大陸側に低気圧，太平洋側に高気圧。　⇨南高北低
5 台風	◎進路…南の海上では北上。日本付近ではやや東寄りに進む。
6 天気を予測する	◎過去・現在の気象データから，予測することができる。

1 冬の天気

冬に，気温が低く乾燥した気候になるのは気圧配置が原因。

❶**冬の気圧配置**…**西高東低**の気圧配置になる。

・**大陸側**…冷たく乾燥したシベリア高気圧によって，**シベリア気団**ができる。

・**太平洋側**…低気圧ができる。
⇨等圧線が南北にのび，間隔がせまい。

生活 冬日と真冬日

1日の最低気温が0℃未満の日を冬日，最高気温が0℃未満の日を真冬日という。北海道の札幌では，1年のうち真冬日が40日以上にもなる。

画像提供：株式会社ウェザーマップ「気象人」

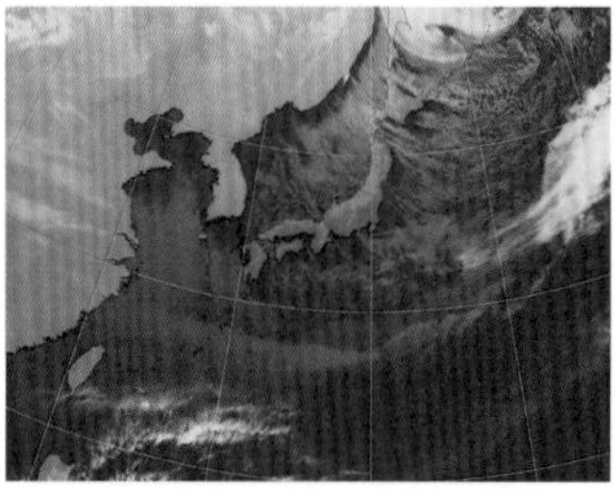

冬の天気図

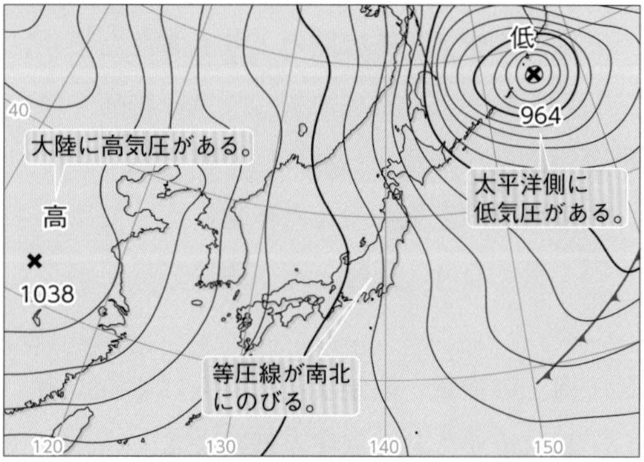

❷冬の天気の特徴

a **季節風**…大陸のシベリア高気圧から太平洋上の低気圧に向かって風がふく。日本では北西の季節風となる。

b **日本海側の天気**…シベリアからの季節風が日本海で大量の水蒸気をふくんでしめった空気となり，日本海側に大量の雪を降らせる。

c **太平洋側の天気**…日本海側に雪を降らせたあと山をこえてふき下りる空気は乾燥し，太平洋側は，晴れの日が多くなる。

発展　フェーン現象

風によって運ばれる空気は，山をこえてふき下りるときに温度が上昇する。そのため，山のふもとでは乾いた高温の空気にさらされ，気温が高くなる。これをフェーン現象という。

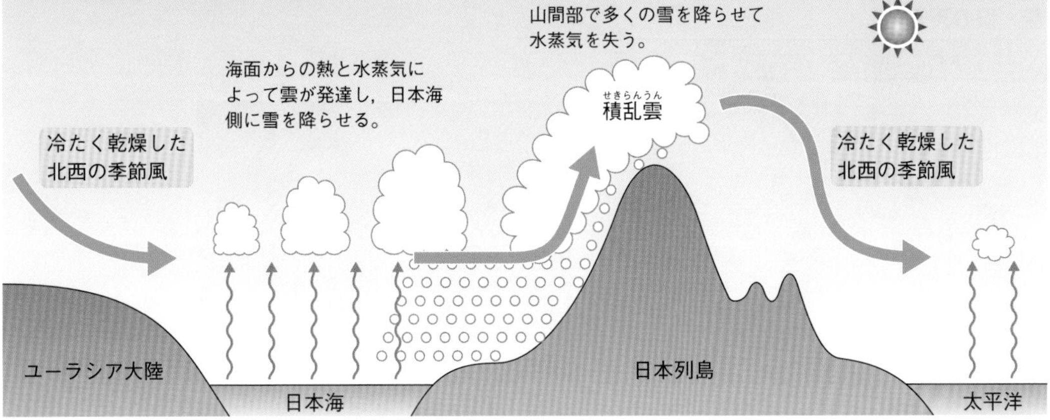

冬の季節風による日本の天気

Column　冬の気象現象　生活

●**寒波**…冬，北から日本付近にやってくる，特に冷たい空気のかたまりを寒波という。高緯度にある冷たい空気のかたまりは，ふだんは偏西風の影響で南下することができないが，勢力が強くなると偏西風を押し下げて南下することがあり，これが寒波となる。寒波がおとずれると，北西の季節風が強く冷たくなり，寒さがいっそうきびしくなる。

●**流氷**…冬になると，中国とロシアの国境付近を流れているアムール川から海に流れこんだ水は，こおってしまう。この氷が割れ，海流に乗って千数百km離れた北海道沿岸にまで流れてきたものを流氷という。流氷は，1月中旬ごろに北海道に流れ着きはじめ，2月には海岸線をおおいつくす。そして，春のおとずれとともにとけて消えていく。

⬆流氷　ⓒ空／PIXTA

2 春・秋の天気

春や秋には，移動性高気圧と低気圧が交互に通過し天気が変わりやすい。

❶春・秋の気圧配置

・冬に勢力を強める**シベリア気団**と，夏に勢力を強める**小笠原気団**の勢力が交代する時期。

・ユーラシア大陸で発生した高気圧と低気圧が，４～７日の周期で交互に西から東に通過していく。 ⇨この移動する高気圧のことを，特に**移動性高気圧**という。

発展　黄砂

モンゴルや中国の砂漠地帯でまい上がった砂が，低気圧によって上空に巻き上げられ，偏西風によって数千km離れた日本まで到達する現象を黄砂という。特に春に起こりやすく，黄砂が起こると空が黄色くなり，ひどいときには視界が悪くなる。

春・秋の天気図

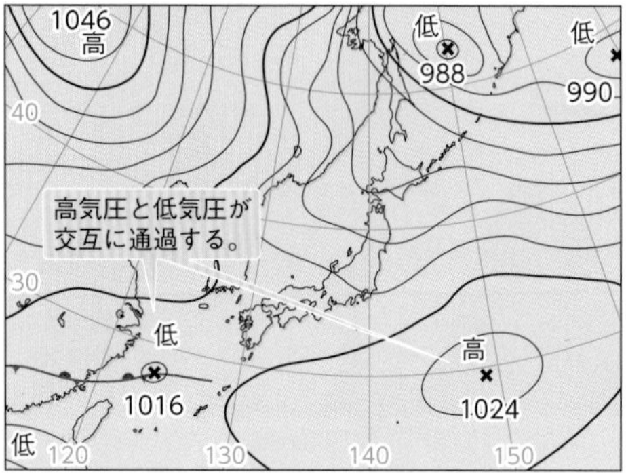

画像提供：株式会社ウェザーマップ「気象人」

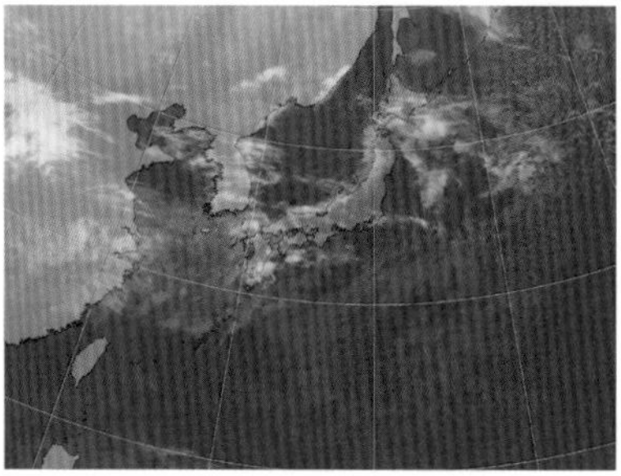

Column　春の気象現象　生活

●**春一番**…冬から春にかけて，東シナ海で発生した低気圧が日本海を通るとき急速に発達すると，そこに南からあたたかい空気がふきこみ，日本列島に強い南風がふくことがある。これを春一番という。

　ただし，春一番は立春（２月４日ごろ）から春分（３月21日ごろ）の間にふく風と決められているため，年によっては春一番がふかないこともある。

●**五月晴れ**…４～７日おきにやってくる移動性高気圧におおわれると天気がよくなり，五月晴れになる。

●**メイストーム**…４～５月に，日本海で発達した低気圧にふきこむ空気の流れが原因で，台風並みの強風がふく現象。

⬆五月晴れ　©photolibrary

❷春・秋の天気の特徴

a **天気**…移動性高気圧と低気圧の影響で，不安定で変わりやすい。

b **停滞前線**…春と夏，夏と秋の季節の変わり目には，日本列島には東西に停滞前線がのびる。6月ごろのものは**梅雨前線**，9月ごろのものは**秋雨前線**とよばれ，くもりや雨の日が多くなる。

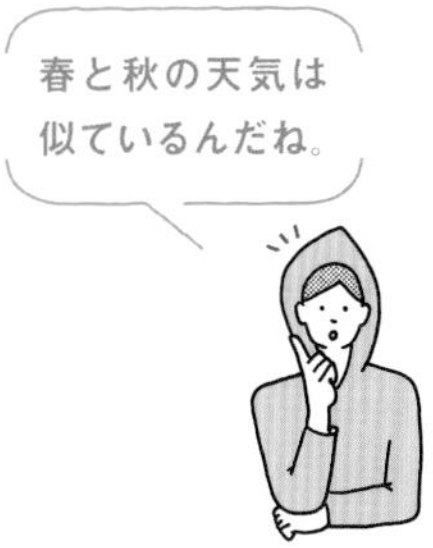

春・秋の気圧配置の変化

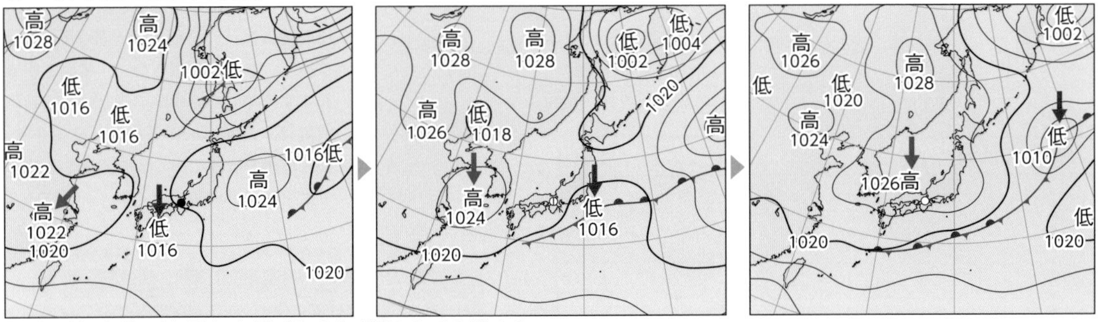

※低気圧（赤い矢印）と高気圧（青い矢印）が西から東へ移動しているのがわかる。
このあと，また新しい低気圧と高気圧が西から移動してくる。

Column 秋の気象現象

生活

●**木枯らし**…大陸にある高気圧から，日本列島の本州付近を通過する低気圧に向けて冷たい空気がふきこむと，日本列島を冷たい北風が横切る。このような，晩秋から初冬にかけてふく冷たい風を木枯らしといい，その年にはじめてふく木枯らしを木枯らし１号という。

●**秋冷え**…秋に日本にやってくる高気圧には，中国の揚子江付近で発生するあたたかい移動性の高気圧のほかに，シベリア付近で発生する冷たい高気圧もある。シベリア付近の高気圧がやってくると，天気がいいのに気温が上がらない秋冷えという現象が起こる。

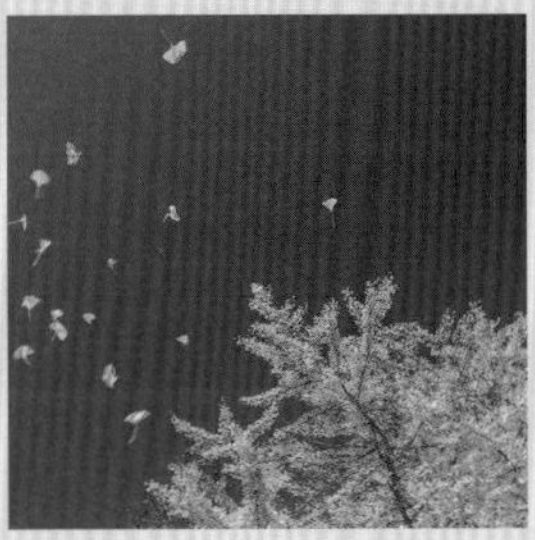

⬆木枯らし　©photolibrary

●**小春日和**…晩秋から初冬にかけて，北西の季節風が弱まって天気がよくなると，太陽の光をあたたかく感じることがある。このような日を小春日和という。英語では“インディアン・サマー”で表される。

小春とは，昔のこよみで10月をさす。そのため，昔のこよみの11月にあたる12月10日以降のあたたかい日は「冬日和」という。

3 つゆの天気

6～7月には，日本列島に停滞前線がいすわり，つゆの原因となる。

❶**つゆ（梅雨）の気圧配置**…オホーツク海気団と小笠原気団の勢力がほぼつり合い，その境界線付近にできた**停滞前線（梅雨前線）**が日本列島に停滞する。

❷**つゆの天気の特徴**…太平洋側からふく季節風で，水蒸気を大量にふくんだ空気が前線に運ばれ，大量の雨が降る。

つゆの天気図

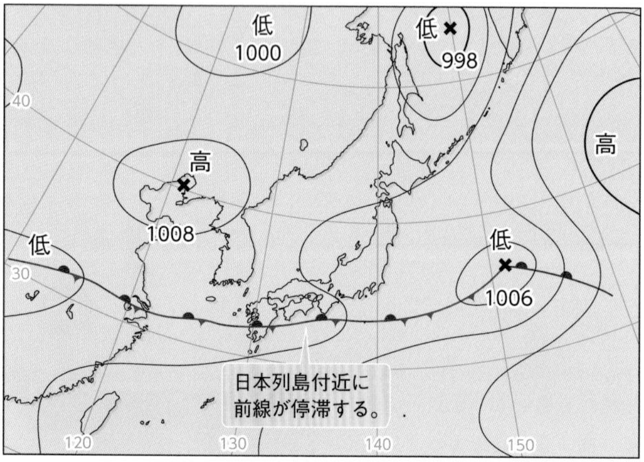

画像提供：株式会社ウェザーマップ「気象人」

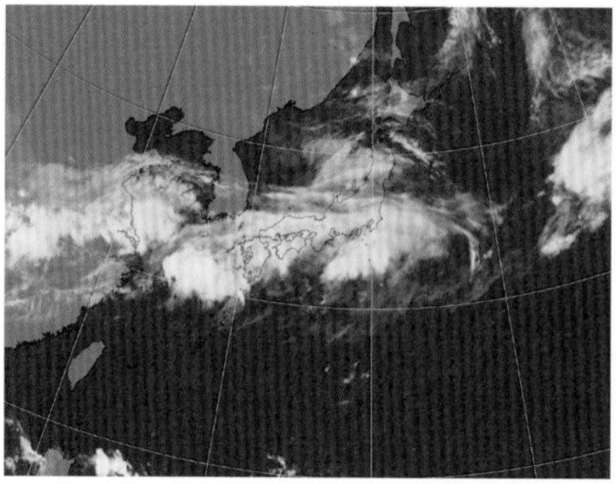

生活 つゆの始まりと終わり

つゆの始まりをつゆ入り，終わりをつゆ明けといい，どちらも地方気象台や気象庁が発表する。ただし，これらの時期がはっきりしない年もあり，その場合は発表されない。

くわしく 秋雨前線

秋のはじめにも，つゆと同じような気圧配置になり，雨が多い時期が1か月ほど続く。これを秋雨といい，秋雨を引き起こす停滞前線を秋雨前線という。秋雨前線は，日本列島に雨を降らせながら，梅雨前線とは逆に少しずつ南下し，やがて太平洋上で消えていく。

Column つゆの気象現象 生活

●**えぞつゆ**…梅雨前線は日本列島に雨をもたらしながら少しずつ北上する間に勢力がおとろえ，北海道に到達する前に消えてしまう。そのため，ふつう北海道にはつゆがない。しかし，梅雨前線の勢力がなかなかおとろえずに北海道まで北上し，雨を降らせることがある。このような現象をえぞつゆという。

●**空つゆ・長つゆ**…例年よりも雨が少ないつゆを空つゆ，逆に期間が長く，多くの雨を降らせるつゆを長つゆという。空つゆは水不足を，長つゆは日照不足や気温の低下を引き起こし，どちらも農作物の成長に悪い影響をおよぼす。

4 夏の天気

夏は，しめりけのある小笠原気団の影響で，高温多湿になる。

❶**夏の気圧配置**…南高北低の気圧配置になる。
・**小笠原気団**をつくる高気圧（太平洋高気圧）の勢力が強まり，日本付近をおおう。
・大陸には低気圧がある。

❷**夏の天気の特徴**…蒸し暑い日が続く。
・**季節風**…太平洋高気圧からあたたかくしめった空気がふき出し，日本付近では南東の季節風がふく。

夏の天気図

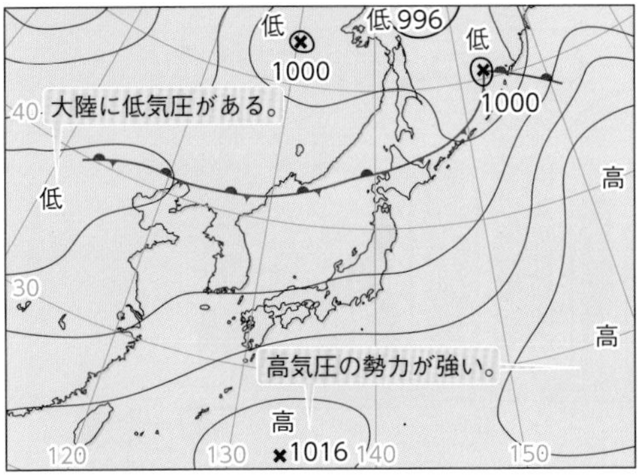

画像提供：株式会社ウェザーマップ「気象人」

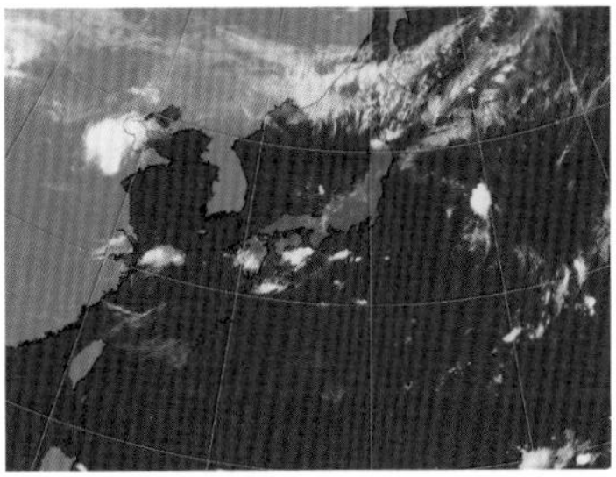

生活 夏日，真夏日，猛暑日

1日の最高気温が25 ℃以上の日を夏日，30 ℃以上の日を真夏日という。さらに，2007年からは35 ℃以上の日を猛暑日とよぶようになった。

発展 ヒートアイランド現象

都市部では，自動車やエアコンから出る熱やコンクリートの道路や建物からの照り返しによって都市の温度が周囲より高くなることがあり，これをヒートアイランド現象という。

Column 夏の気象現象 生活

●**熱帯夜**…夜になっても気温が下がらず，最低気温が25 ℃以上になる夜を熱帯夜という。最近は，都市部を中心にヒートアイランド現象などの影響で真夏日や猛暑日と同様，熱帯夜になる日がふえている。

●**局地的大雨**…せまい範囲で，突然降る豪雨を局地的大雨という。数十分の短時間に数十mm程度の雨量をもたらす。近年多く発生している夏に都市部で起こる局地的大雨は，ヒートアイランド現象による急激な上昇気流が原因の1つになっているという説もある。

⬆局地的大雨　©毎日新聞社／アフロ

5 台風

日本の南の海上で発生した熱帯低気圧が，発達しながら日本列島へ近づくと，台風になる。

❶**台風**…熱帯付近で発生した熱帯低気圧のうち，最大風速が17.2 m/s以上のもの。温帯低気圧と異なり，前線がない。

❷**性質**…中心付近に強い上昇気流があり，大量の雨と強風をともなう。⇨強い風雨が大きな被害をもたらす。

❸**進路**…太平洋高気圧のへりに沿って日本列島付近に北上する。日本付近では偏西風に流されて東寄りに進路を変える。

⇨季節によって，太平洋高気圧の勢力や偏西風の強さが変わるため，進路は季節によって変化する。

生活 台風の名前

インド洋で発生する台風（熱帯低気圧）はサイクロン，北西太平洋（日本の南方）で発生したものをタイフーン，北大西洋や北東太平洋（アメリカ周辺）で発生したものをハリケーンという。

個別の台風は，日本では1号，2号…とよぶのが一般的だが，「ハリケーン・カトリーナ」などのように，人の名前でよぶところもある。また，タイフーンが台風とよばれるようになったという説もある。

画像提供：株式会社ウェザーマップ「気象人」

台風の断面図

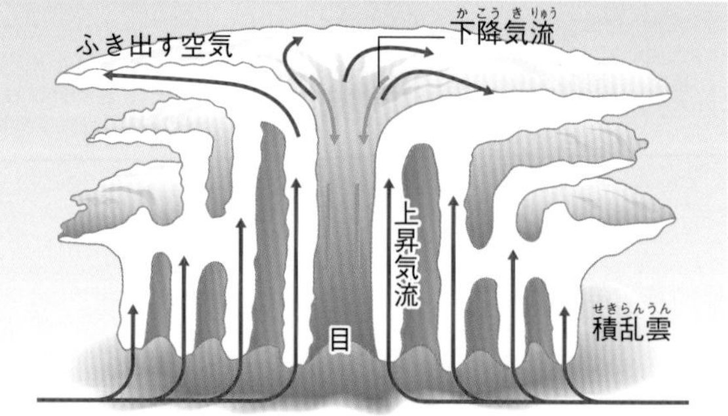

台風の天気図

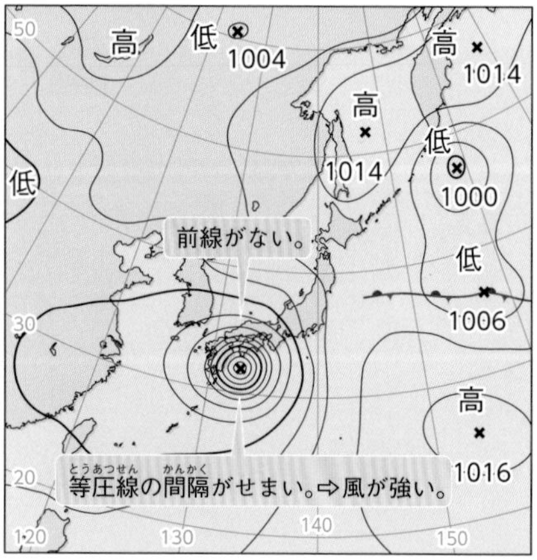

台風の進路 ※月によっては，青い点線の進路をとることもある。

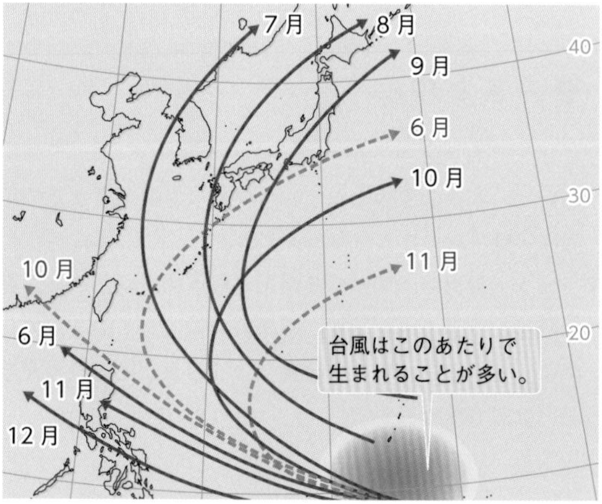

6 天気を予測する

天気を正確に予測するには，さまざまな観測と正確な情報と分析が必要となる。今日の気象データから明日の天気を予測するだけでなく，過去の天気図から翌日の天気を予測することもできる。

❶情報を集める…実際に観測したり，インターネットや新聞を見たりして，天気図や気象データを集める。

❷天気を予想する…集めた情報から，その後の天気と，降水量，気温，湿度などを予想する。

❸結果を確かめる…予想がどの程度当たったかを確かめる。

例 東京の天気を予想する場合
① 西に低気圧がある。
② 天気は西から変化する。 ⇨天気は下り坂になる。
③ 低気圧の西には高気圧がある。 ⇨低気圧の通過後，天気が回復する。

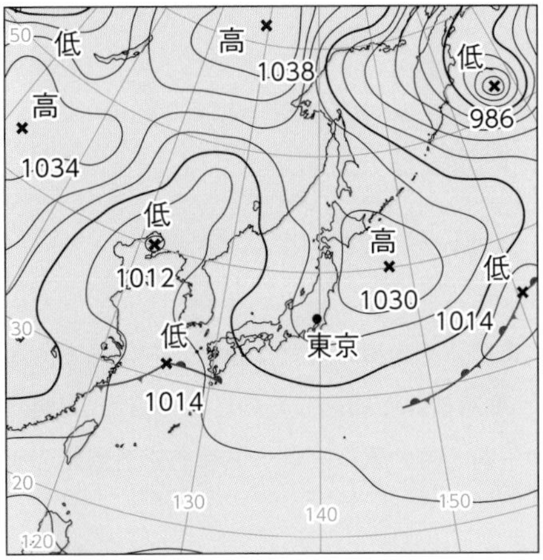

生活 「一時」と「ときどき」

天気予報で使われる「一時」とは，ある天気が予報期間の4分の1未満，続けて見られるときに使われる。これに対して「ときどき」とは，ある天気がとぎれとぎれに起こり，合計時間が2分の1未満になるか，ある天気が続けて起こり，その合計時間が4分の1以上，2分の1未満になるときに使われる。

「くもりときどき雨」の場合は，雨がとぎれとぎれに降る合計時間が12時間未満。雨が続けて降るのは，6時間以上，12時間未満ということだね。

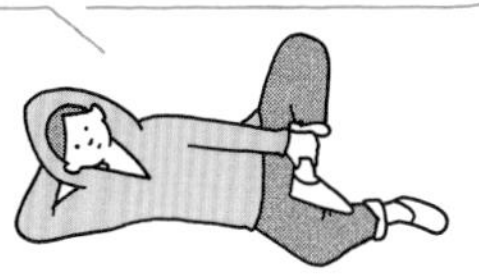

生活 いろいろな天気予報

- **短期予報**…2日後までの天気予報。テレビなどで最もよく見られる。
- **週間予報**…1週間先までの予報。
- **季節予報**…1か月，3か月，半年先までの天気予報。
- **天気分布予報**…全国を数千のます目に分け，天気，気温，降水量などの分布を24時間先まで予報する。

Column 最新の天気予報にはビッグデータとAIを活用！

気象予報には，これまでもさまざまな気象要素が利用されてきたが，現在では，気象衛星や気象観測網が整備され，あつかわれるデータの量も膨大なものとなっている。これらの大量のデータをビッグデータというが，人間がビッグデータを直接分析・活用することは不可能なので，AI（人工知能）を使った気象予報の実用化も進められている。AIを使うことで，これまで気がつかなかった気象要素の関連性が解き明かされれば，予測しにくい局地的大雨や竜巻などの予報など，より正確でさらに役に立つ予報ができるようになると期待されている。

低気圧の通過による天気の変化の問題

例題 図1は，観測地点Xでのある日の気温と天気の変化を示したものである。また，図2のA～Cは，図1の日をふくむ連続した3日間の午前3時における天気図である。次の問いに答えなさい。

(1) 図1の観測をした日と同じ日の天気図は，図2のA～Cのどれであると考えられるか。

(2) 図2のCでは閉塞前線が見られる。一般に閉塞前線ができると，温帯低気圧の勢力はどうなると考えられるか。地表付近にある気団のようすにふれながら説明せよ。

図1

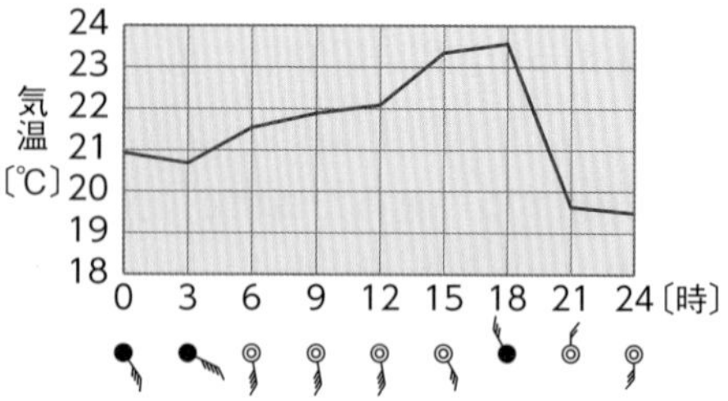

図2

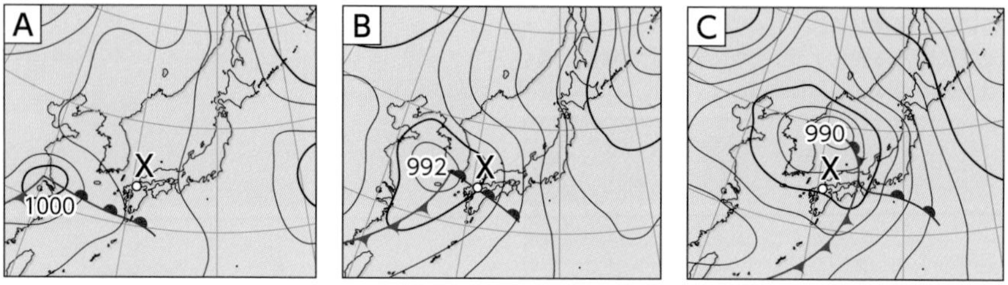

ヒント 前線が通過するときの天気の変化と，前線ができるときの気団のようすをそれぞれ考える。

図1の午前3時の天気は？

(1) 図1の午前3時の天気は雨，風向は東南東で，その後の天気は回復傾向にある。また，図1の18時ごろの天気の変化より，寒冷前線が通過したのはこの日の18時ごろであると考えられる。よって，図1の午前3時の天気図は，温暖前線通過時の天気図Bであると考えられる。

閉塞前線はどうやってできる？

(2) 閉塞前線は，寒冷前線が温暖前線に追いついてでき，このとき2つの前線の間にあった暖気は寒気によって上空に押し上げられる。地表付近が寒気でおおわれると，上昇気流が発生しにくくなり，温帯低気圧の勢力はおとろえると考えられる。

答え (1) B　(2) 地表付近が寒気でおおわれるため，上昇気流が発生しにくくなり，温帯低気圧の勢力はおとろえると考えられる。

チェック 基礎用語

次の〔　　〕にあてはまるものを選ぶか，あてはまる言葉を答えましょう。

1 大気の動き

□(1) 赤道付近では，あたためられた空気によって，〔上昇気流 下降気流〕が発生する。

□(2) 地球上では，中緯度帯では西寄りの風である〔　　　〕がふき，低緯度帯の下層では東寄りの風である〔　　　〕がふく。

□(3) 日本では，ユーラシア大陸と太平洋上の空気の温度差によって季節に特徴的な風が生まれる。これを〔　　　〕という。

□(4) 日本の冬には，ユーラシア大陸から太平洋に向かって〔　　　〕方向からの季節風がふく。

□(5) 日本の夏には，太平洋からユーラシア大陸に向かって〔　　　〕方向からの季節風がふく。

□(6) 日中，海から陸地に向かってふく風を〔　　　〕という。

2 日本の天気

□(7) 冬には，大陸側に〔　　　〕高気圧，太平洋側に低気圧という気圧配置になることが多い。

□(8) (7)の気圧配置になると，〔　　　〕の季節風がふいて日本海側に大量の〔　　　〕を降らせる。

□(9) 春や秋には，〔　　　〕高気圧と低気圧が日本付近に交互にやってきて，西から東に移動していく。

□(10) 初夏のころには，日本付近に停滞前線がとどまり，雨を降らせる。この前線を〔　　　〕という。

□(11) 夏には，太平洋側が〔　　　〕高気圧におおわれ，大陸側に低気圧があるという気圧配置になることが多い。

□(12) (11)の気圧配置になると，〔　　　〕の季節風がふき暑い日が続く。

□(13) 熱帯低気圧のうち，最大風速が〔　　　〕m/s以上のものを台風という。

解答

(1) 上昇気流
(2) 偏西風，貿易風
(3) 季節風
(4) 北西
(5) 南東
(6) 海風
(7) シベリア
(8) 北西，雪
(9) 移動性
(10) 梅雨前線
(11) 太平洋
(12) 南東
(13) 17.2

1 自然の恵みと気象災害

教科書の要点

1 気象がもたらす恵み
◎豊富な雨量によって十分な水資源が得られる。
◎四季の変化は，レジャーや観光産業の発展に寄与している。

2 気象災害
◎台風や局地的大雨による災害，土砂災害などが起こる。
◎災害に対するさまざまな備えや，情報発信が行われている。

1 気象がもたらす恵み

日本では，四季おりおりの景色や気候を楽しむことができる。また，雨による豊富な水量がもたらす恩恵は日本人にとって欠かせないものである。

❶日本の気候の特徴
- 湿潤な気候の地域が多く，一年を通して降水が多い。
- 四季がはっきりしている。
- つゆ（梅雨）の長雨や台風による暴風雨など，さまざまな気象現象が見られる。

❷豊富な雨量による恵み…降水量が多く，また森林面積が広いため，山々が水をためこんで，清流や地下水が豊富にある。
⇨豊富な水資源によるさまざまな恩恵がある。

例・飲料水としての利用
・水田への利用
・料理やみそ・しょうゆなどの食文化への利用
・紙・染めものなどの産業への利用
・豊富な森林と美しい景観　など

❸四季の変化による恵み…四季おりおりの景色や気候は，レジャーや観光産業，文化・芸術の発展に寄与している。

⬆水田のようす（秋田県鳥海山）　©photolibrary

⬆しょうゆの蔵（香川県）　©アフロ

⬆藍染（奈良県春日大社）　©アフロ

⬆桜（東京都）

⬆海水浴場（神奈川県三浦海岸）

春の桜，夏の海や山，秋の紅葉，冬の雪景色など，日本では季節ごとに美しい風景が見られるね。

⬆紅葉（山梨県富士河口湖町）

⬆樹氷（山形県蔵王ロープウェイ）

2 気象災害

降水をはじめとする気象現象は，わたしたちにとって大きな災害をもたらすこともある。

(1) さまざまな気象災害

❶**台風による災害**…日本では，夏から秋にかけて毎年のように台風が上陸し，大小さまざまな被害が発生する。

・短時間にもたらされる多量の降水により，河川の水位が上がり，堤防から水があふれ出たり，堤防が決壊して氾濫が起こったりする。
（氾濫：河川の水が勢いよくあふれ出ること。）

⇨氾濫が起こると，住宅地や田畑が浸水したり，停電や断水が起きたりするなど，甚大な被害が出ることもある。
（浸水：水につかること。）

・多量の降水により，低い土地や地下街に浸水などの被害が生じる。

・強風による被害や，強風がもたらす高潮による被害が生じることがある。
（被害：水害や塩害。）

⬆台風の強風で防波堤にふき寄せる波

くわしく 高潮

台風や強い低気圧が通過するときなどに，急激に気圧が低下して海水が吸い上げられたり，強風によって海水が海岸にふき寄せられたりすることで，海水面が異常に高くなる現象。

写真5点は©photolibrary

❷**降水による災害**…梅雨期や秋雨期の発達した停滞前線がもたらす豪雨や，発達した積乱雲による豪雨，台風にともなう豪雨などがある。
→著しい災害が発生した大雨。

・**局地的大雨**…数十分などの短時間に，せまい範囲で，急に強く降り，数十mm程度の雨量をもたらす雨。洪水や，土砂災害を引き起こすことがある。

・**洪水**…河川が増水し，水位が異常に高くなること。日本の山々は急峻なため，大雨による河川の流量の変化が激しく，雨の降り始めから短時間で急激に水位が上がって，水があふれることがある。
→斜面の傾きが急で険しいこと。

❸**豪雪による災害**…日本海側では，冬場に豪雪やなだれなどによる被害が生じることがある。また，交通機関が乱れたり，積雪や凍結した路面が原因で事故が起きたりする。

❹**土砂災害**…多量の降水が原因の１つとなる。

・**がけくずれ**…雨などの影響で，斜面が急激にくずれ落ちる現象。土砂くずれともいう。

・**土石流**…川の上流部で，谷底や山の斜面に堆積する大量の土砂が，水をふくんで，一気に谷や斜面を流れ落ちる現象。

・**地すべり**…斜面に堆積する大量の土砂が，一般に広い範囲にわたって，ゆっくりと斜面を流れ落ちる現象。

(2) 気象災害への対策

❶**堤防・護岸の設置**…河川沿いや海岸線沿いに，コンクリートなどで固めた堤防や護岸を設置することで，洪水や高潮の被害をおさえる。
→土を盛り上げて高くしたものが堤防，地面の高さはそのままのものが護岸。

❷**遊水地の設置**…洪水による河川の氾濫を防ぐために，河川沿いの低地（遊水地）に一時的に水をためて，下流に流れる水量を減らす。遊水地は，ふだんはグラウンドや水田などに利用されている。

❸**ダムの設置**…洪水が起きた際に，河川の上流からの水をダムにため，下流に放流する水量を調節することで，下流での洪水による被害をおさえる。

くわしく **集中豪雨**

同じような場所で数時間にわたり強く降り，100 mm～数百mmの雨量をもたらす雨。

⬆豪雨による洪水被害

発展 **治水**

河川の氾濫を防ぎ，水を有効に活用すること。流量を制御したり，流出する土砂をおさえたり，河川の氾濫を抑制したりする。

⬆洪水時の遊水地（栃木県渡良瀬遊水地）

⬆ダム（京都府日吉ダム）

写真３点は©photolibrary

❹**ハザードマップ**…予想される災害による被害の程度や範囲，避難(ひなん)場所，避難経路などを地図上に示したもの。火山の噴火(ふんか)，洪水，津波(つなみ)，土砂災害などのハザードマップがある。

❺**気象情報**…災害の発生が予想される場合には，気象庁(きしょうちょう)から注意報や警報，特別警報が発表される。また，最新の被害状況や災害発生の危険度などに関する情報が，テレビやインターネットを通じて発信される。

くわしく　気象庁の発表

- **注意報**…災害が発生するおそれがあるときに発表。
- **警報**…重大な災害が発生するおそれがあるときに発表。
- **特別警報**…重大な災害が発生するおそれが著しく高いときに発表。

Column　災害に備えるために　生活

災害が起きた場合にはそれに対応できるよう，避難場所や避難経路の把握(はあく)，災害時にとるべき行動の確認など，ふだんからの備えが必要である。自治体が作成するハザードマップを確認し，ふだんから災害が起こった場合の行動を，家族や地域の人たちと話し合い，備えておくことが大切だ。

⬆洪水ハザードマップ（国立市(くにたちし)2021年1月）（国立市HPより）

チェック　基礎用語　次の〔　　〕にあてはまるものを選ぶか，あてはまる言葉を答えましょう。

1 自然の恵(めぐ)みと気象災害

□(1) 日本では，豊富な雨量により十分な〔　　　〕が得られる。

□(2) 夏から秋にかけて上陸する〔　　　〕の暴風雨により，大小さまざまな被害(ひがい)が生じる。

□(3) 数十分などの短時間に，せまい範囲(はんい)で，急に強く降り，数十mm程度の雨量をもたらす雨を〔　　　〕という。

□(4) 〔　　　〕は，発電の役割だけでなく，洪水(こうずい)が発生した際，下流へ流れ出る水量を調節して，被害をおさえる役割がある。

□(5) 重大な災害が発生するおそれが著しく高いときには，気象庁(きしょうちょう)から〔　　　〕が発表される。

解答

(1) 水資源
(2) 台風(たいふう)
(3) 局地的大雨(きょくちてきおおあめ)
(4) ダム
(5) 特別警報

定期テスト予想問題 ①

時間 40分
解答 p.308

得点 /100

1節／気象の観測

1 ある日の9時，降水はなく，天気は晴れであった。乾湿計の示度は右の図のようになっていた。図は，乾湿計の一部を拡大して示してある。なお，この図の右の表は，湿度表の一部を示したものである。これらをもとに，次の問いに答えなさい。 【(3)8点，ほかは7点×2】

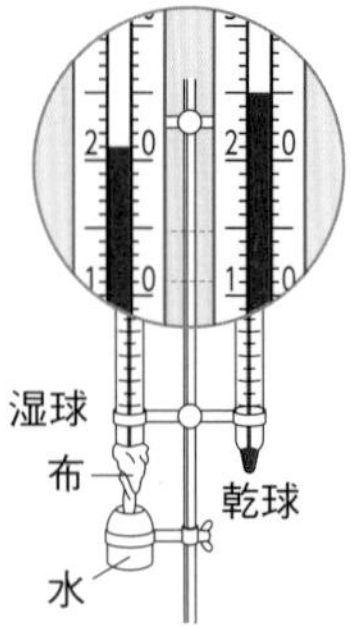

湿度表（一部）

乾球の示度〔℃〕	乾球と湿球の示度の差〔℃〕					
	0.0	1.0	2.0	3.0	4.0	5.0
26	100	92	84	76	69	62
25	100	92	84	76	68	61
24	100	91	83	75	68	60
23	100	91	83	75	67	59
22	100	91	82	74	66	58
21	100	91	82	73	65	57
20	100	91	81	73	64	56

(1) このときの気温は何℃か。〔　　　　〕

(2) このときの湿度は何%か。〔　　　　〕

思考 (3) 湿度表から，乾球と湿球の示度の差が大きいほど，湿度は低くなることがわかる。このことから，水が蒸発するときの温度変化についてわかることを簡単に書け。

〔　　　　　　　　　　　　　　　　　　〕

1節／気象の観測

2 右の図は，日本付近のある日の天気図である。この図をもとに，次の問いに答えなさい。 【7点×6】

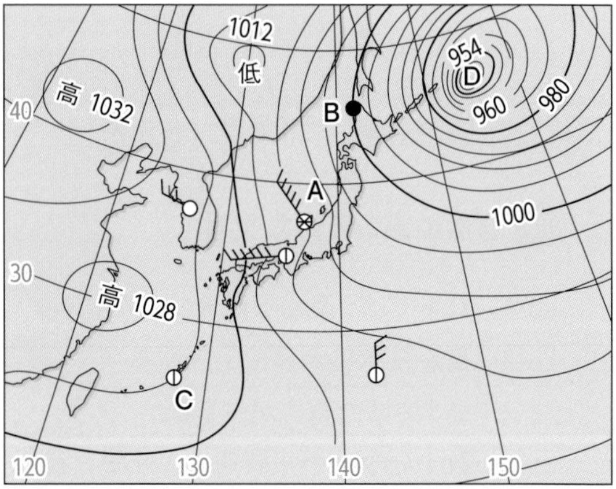

(1) A地点の風向を書け。〔　　　　〕

(2) B地点の天気を書け。〔　　　　〕

(3) C地点の気圧を書け。〔　　　　〕

(4) Dで示されている部分は，高気圧，低気圧のどちらか。〔　　　　〕

(5) B地点とC地点では，どちらの方が風力が大きいと考えられるか。〔　　　　〕

(6) 図のD付近での垂直方向と水平方向の空気の流れを表したものを，ア～エから選べ。

〔　　　　〕

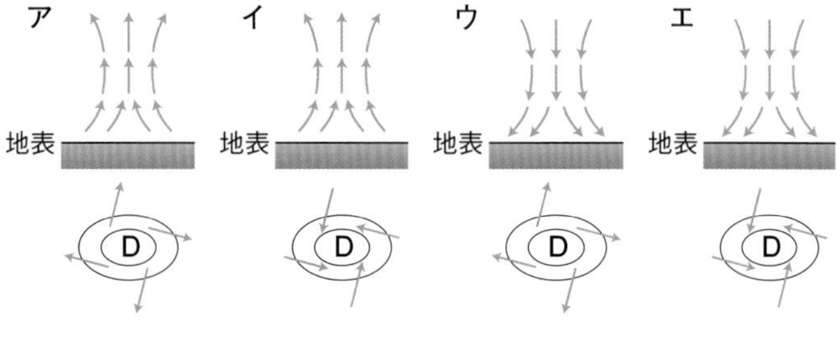

2節／雲のでき方

3 右の図は，ある風の弱い晴れた日の気温と湿度の変化をグラフに表したものである。また，下の表は，気温と飽和水蒸気量との関係を示したものである。次の問いに答えなさい。

【(3)8点，ほかは7点×2】

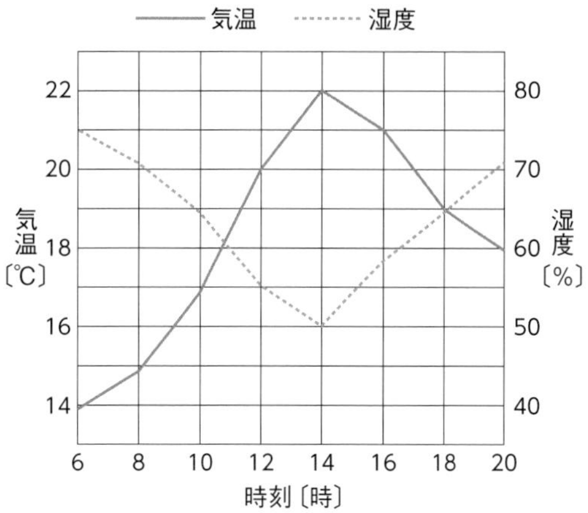

(1) この日の12時の空気の露点は，およそ何℃か。次のア～エから，最も近いものを選び，その記号を書け。〔　　〕

ア 8℃　イ 10℃　ウ 12℃　エ 14℃

(2) この日の14時の空気10 m^3を8℃まで冷やすと，何gの水滴を生じるか。整数値で答えよ。〔　　〕

(3) 翌日の天気はくもりで，14時の気温は18℃だった。このとき，金属のコップに水を入れ，この中に氷水を少しずつ入れて温度を下げていったところ，水温が12℃になったとき，金属のコップがくもり始めた。このときの湿度は何%か。整数値で答えよ。〔　　〕

気温〔℃〕	8	10	12	14	16	18	20	22
飽和水蒸気量〔g/m^3〕	8.3	9.4	10.7	12.1	13.6	15.4	17.3	19.4

2節／雲のでき方

4 内部を水でぬらした丸底フラスコと大型注射器をゴム管でつなぎ，注射器のピストンを急に引くと，フラスコの内部に細かい水滴が生じてくもった。この実験について，次の問いに答えなさい。

【7点×2】

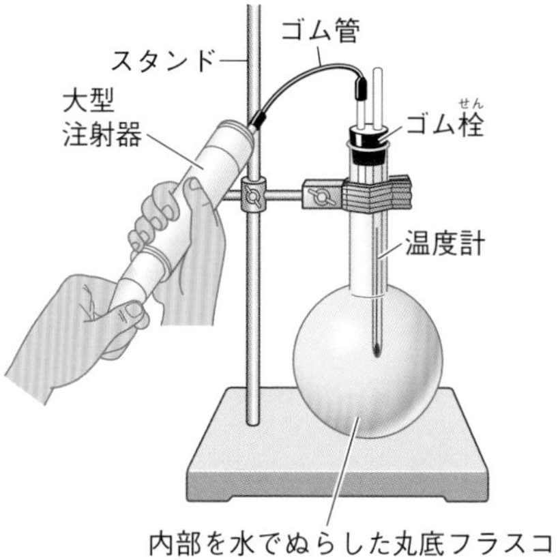

(1) このとき，フラスコ内の空気の温度はどのように変化したか。〔　　〕

(2) この実験から考えて，雲が生じると考えられるのは，次のア～エのどれか。あてはまる記号をすべて書け。〔　　〕

ア 高気圧の中心で空気が下降するとき。

イ 低気圧の中心で空気が上昇するとき。

ウ 風が山脈にぶつかって，山腹に沿って上がっていくとき。

エ 風が山脈をこえて，山腹に沿って降りていくとき。

定期テスト予想問題 ②

時間 40分
解答 p.308

得点 /100

3節／前線と天気の変化

1 **気団や前線について，次の問いに答えなさい。** 【6点×2】

(1) 日本の天気に大きな影響をおよぼす気団について，その性質を正しく述べているのはどれか。次のア～ウから1つ選べ。 〔　　　〕

ア シベリア気団のような高緯度の陸上で発達した気団は，高温で乾燥している。

イ オホーツク海気団のような高緯度の海上で発達した気団は，低温で乾燥している。

ウ 小笠原気団のような低緯度の海上で発達した気団は，高温でしめっている。

(2) ある前線では，寒気が暖気の下に入りこみ，暖気を激しくもち上げるので垂直に発達した雲ができやすく，せまい範囲で強い雨が降ったり突風がふいたりすることが多い。この前線を何というか，その名称を書け。 〔　　　〕

3節／前線と天気の変化

2 **図1は，4月のある日の日本付近における前線と等圧線を示したものである。また図2は，図1のX－Yの位置で，前線面を地表に対して垂直に切ったときの断面図を模式的に示したものである。これについて，次の問いに答えなさい。** 【6点×3】

(1) **図1のP地点は，**現在，南寄りの風がふき，天気は晴れであった。このあと，天気はどのように変化すると考えられるか。風向，気温の変化もふくめて書け。

〔　　　〕

(2) **図2で，**乱層雲を生じているところは**ア～エ**のどこか。 〔　　　〕

(3) **図2の**大気の流れとして正しいのは，下の**ア～エ**のどれか。 〔　　　〕

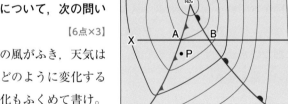

図1

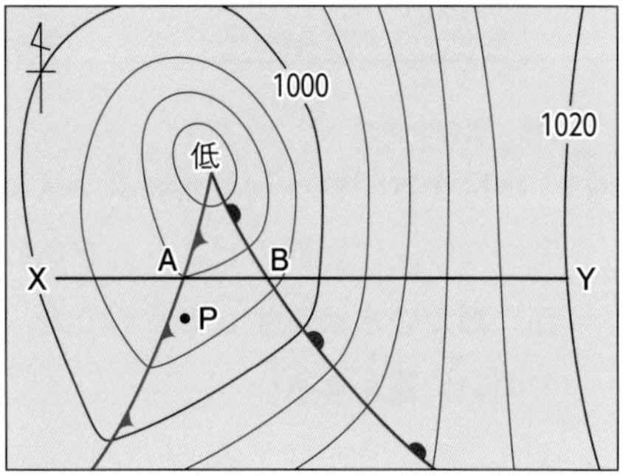

図2

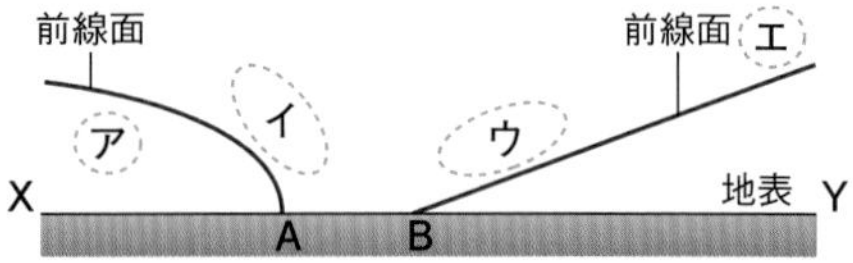

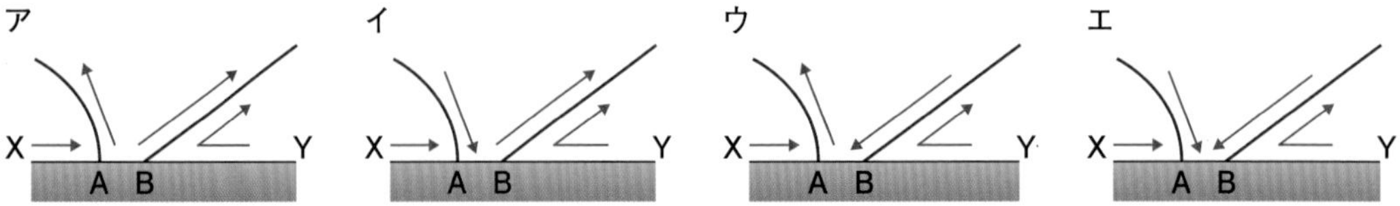

4節／大気の動きと日本の天気

3 **右の図は，地球上の大気の動きを示したものである。次の問いに答えなさい。** 【5点×7】

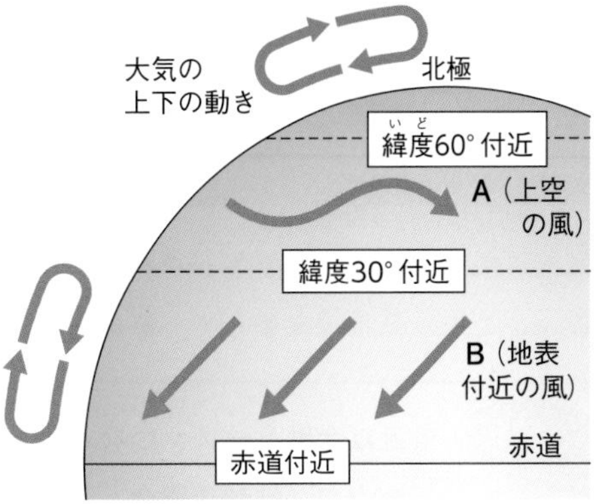

(1) A，Bの風を，それぞれ何というか。その名称を書け。　A〔　　　　〕　B〔　　　　〕

(2) 日本の天気がおもに西から東に移り変わっていくのはA，Bのうち，どちらの風の影響か。記号で答えよ。〔　　　　〕

(3) 次の文は，地球上の緯度による大気の動きについて述べたものである。〔　　〕にあてはまる言葉をア～エから選び，その記号を書け。

緯度30°付近では，〔　　　　〕気流によって，気圧が〔　　　　〕なっている。

赤道付近では，〔　　　　〕気流によって，気圧が〔　　　　〕なっている。

ア　上昇　　イ　下降　　ウ　低く　　エ　高く

4節／大気の動きと日本の天気

4 **右の図は，ある日の天気図である。これについて，次の問いに答えなさい。** 【(3)7点，ほかは4点×7】

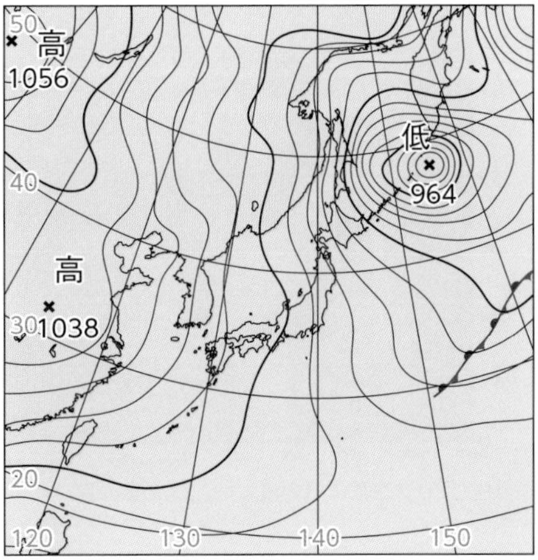

(1) これは，何月の天気図と考えられるか。最も適当なものをア～ウから選び，記号で答えよ。〔　　　　〕

ア　1月　　イ　6月　　ウ　8月

(2) 次の文は，この天気図について説明したものである。〔　　〕にあてはまる言葉を□から選んで書け。

大陸側には〔　　　　〕高気圧があり，日本の太平洋側には低気圧がある。〔　　〕気圧から〔　　〕気圧に向かって〔　　　　〕の季節風がふくため，日本の日本海側では天気は〔　　　　〕の日が多く，太平洋側では〔　　　　〕の日が多くなる。

シベリア	太平洋	低	高	北西	南東	雪や雨	晴れ

思考 (3) この天気図の季節は一般に晴れた日でも洗濯物が乾きにくい。その理由を，「気温」「飽和水蒸気量」という言葉を使って簡単に説明せよ。

〔　　　　　　　　　　　　　　　　〕

3章／天気とその変化

探究する Column

地球温暖化で日本に襲来する台風はどうなる？

気象現象はさまざまな要因が複雑に関係して起こる。近年は，地球温暖化の影響が考えられる場合もある。ここでは気象現象として，毎年日本を襲う台風について考えてみよう。

疑問 最近は台風シーズンになると，毎年のように強い台風への警戒をよびかけるニュースを見る。その中で「地球温暖化」という言葉を耳にしたが，どのような関係があるのだろうか。地球温暖化が進むと日本付近の海水温度も高くなると想像できるが，そのことによりこれまでになかったような猛烈な台風や，より多くの台風が襲来するようになるのだろうか。

資料1 日本付近の海面水温と台風のようす

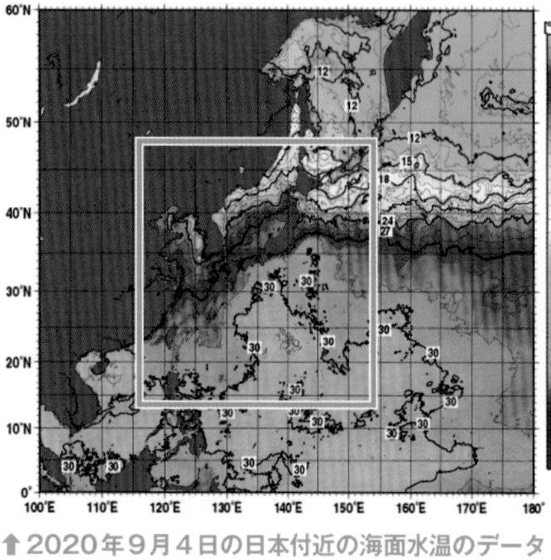

⬆2020年9月4日の日本付近の海面水温のデータ

⬆2020年9月4日の気象衛星画像
（左の図の青い枠の範囲）

衛星画像は，台風の中心気圧が920 hPa近くまで下がった時期のもので，非常に強い台風に発達していたよ。

考察1 日本の南の海上の温度と台風の勢力の関係

資料1の左の図を見ると，日本の南の海上は，赤道付近と同じようなピンク色の範囲が広がり，とても海面水温が高いことがわかる。台風のエネルギー源は海面から蒸発する水蒸気だったから，海面水温が高いとなると，台風の勢力はどうなるのかな？　また，日本に接近する場合にも影響してくるのかな？

資料1・2　提供：気象庁

台風は，日本の南の海上であたためられた海水が水蒸気となる際，上昇気流が発生して生じる。そのため，海水面の温度が高いほど蒸発する海水の量が多くなり，台風にもどんどん水蒸気が供給されるので，発達して勢力の強い台風になり，その勢力が保たれると考えられる。

解説 日本付近の海面水温は，長年の観測から上昇していることがわかっていて，海面水温の上昇には地球温暖化の影響があると考えられている。資料１の気象衛星画像は，2020年の台風10号で，中心付近の気圧は一時期920 hPaまで下がった。九州の西側を通過するときには，ある程度勢力が弱まったので，はじめの想定よりは少ない被害ですんだが，日本のすぐ南の海上が熱帯並みのあたたかさという状態が多くなれば，台風は強い勢力のまま，あるいは，これまでになかったような猛烈な台風が日本に上陸するおそれがあると考えられている。

資料2 台風の発生数と上陸数が多い年（1951年～2020年）

順位	1	2	4	5	6	9
発生数	39	36	35	34	32	31
年	1967	1971 1994	1966	1964	1965 1974 1989	1958 1972 1988 1992 2013

⬆台風の発生数が多い年ランキング

順位	1	2	5
上陸数	10	6	5
年	2004	1990 1993 2016	1954 1962 1965 1966 1989 2018 2019

⬆台風の上陸数が多い年ランキング

考察2 台風の発生数は地球温暖化でふえているといえるか

1980年代後半からは，地球全体の平均気温は少しずつ上昇し続けているといわれている。でも，資料２を見ると，発生数の多い年に1980年代以降の年がずらりと並んでいるわけではないね。2000年代となると９位に2013年が入っているくらいだ。台風の発生数は地球温暖化にあまり関係ないのかな…？

資料２から，地球温暖化がより進んでいると考えられている近年ほど台風の発生数が多いかというと，必ずしもそうとはいえない。ただし，台風の日本への上陸数のデータを見ると，近年の方が多い傾向は感じられる。

２つの資料から，日本の南の海上の海面水温が高いと，台風の発生数がふえるのかどうかはわからないが，台風が発生した場合はより勢力を強めることや，強い勢力のまま日本に接近しやすくなるということは十分考えられる。したがって，発生数がふえなくても油断してはならない。

中学生のための
勉強・学校生活アドバイス

テストの復習は絶対にしよう！

「やっと テスト終わった～！　今日からまた部活に集中できる！」

「その気持ちはわかるけど，テストの復習はできればその日のうちにやるようにするのがいいよ。」

「え，その日のうちですか…？　まだ解答も配られてないのに，どうやって？」

「テスト中に解けなかった問題とか，解けたけど自信がない問題を，問題集やプリントで答えを調べて確認するの。」

「なるほど。でもそのためには，**テスト中にそういう問題に印をつけておかないと**ですね。」

「その通り。調べて答えがわかったら，もう一度自力でノートに解いてみる。これをすべての教科でやるといいよ。」

「テストが返ってきてから復習するんじゃダメですか？」

「ダメじゃないけど，テストが返却(へんきゃく)されるまでには１・２週間ほど間があいちゃうでしょ。」

「ふむふむ。」

「**テスト直後は解けなかった悔(くや)しさとか，正解を知りたいっていう熱意がある**から，そのときに復習すると定着しやすいの。」

「たしかにそうかも。いつもテストが返される頃(ころ)にはすっかり内容も忘れちゃってるし…。」

「それから，テストの点だけじゃなくて，**勉強のやり方もしっかり振(ふ)り返って**ね。」

「勉強のやり方？」

「目標点に届かなかった教科はやり方をどう変えるべきか，とか，各教科の勉強時間の配分は正しかったか，とか。」

「なるほど。部活と同じですね。」

「よかった点，悪かった点をあげて，よかった点は継続(けいぞく)できるように，悪かった点は改善法を考えるようにしましょう。」

「わかりました！　次のテストではもっといい点がとれるように，今日のうちにしっかり復習します！」

4章

電気の世界

1 電気の利用

教科書の要点

1 回路

◎**回路**…電流が流れる道すじ。

◎**電流の流れる向き**…電源の＋極から出て電源の－極に入る。

◎**直列回路**…電流の通り道が，１本になっている回路。

◎**並列回路**…電流の通り道が，途中で２本以上に分かれる部分がある回路。

2 回路図

◎回路図…電気用図記号を使って回路を図で表したもの。

1 回路

直列回路と並列回路の性質と特徴をつかもう。

❶**回路**…電気が流れる道すじ。電源から出て豆電球などを通り，再び電源にもどるように，ひとまわりの道すじとしてつくられる。回路を流れる電気を**電流**という。

・**電源**…回路に電流を流すはたらきをする。例 電池，電源装置 など

・**導線**…電流を流すために使われる金属の線。ふつう導線は電気が通らないものでおおわれている。

❷**電流の流れる道すじ**…電流は，電源の＋極から流れ出て，電源の－極に流れこむと決められている。

復習 回路

小学校では，乾電池の＋極，豆電球，乾電池の－極を導線でつないで豆電球を点灯させた。

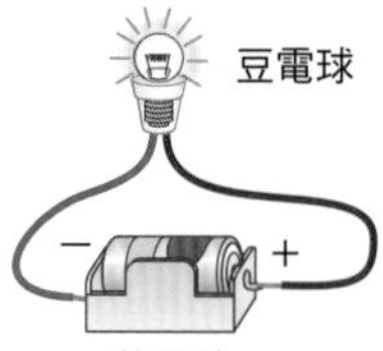

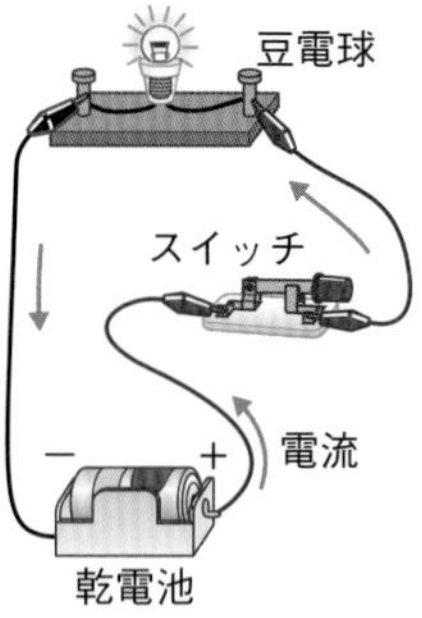

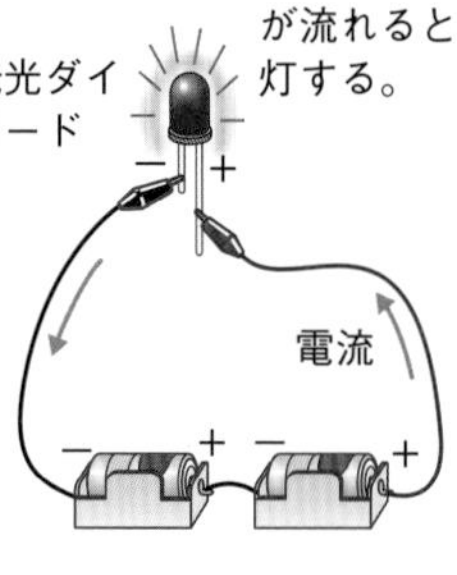

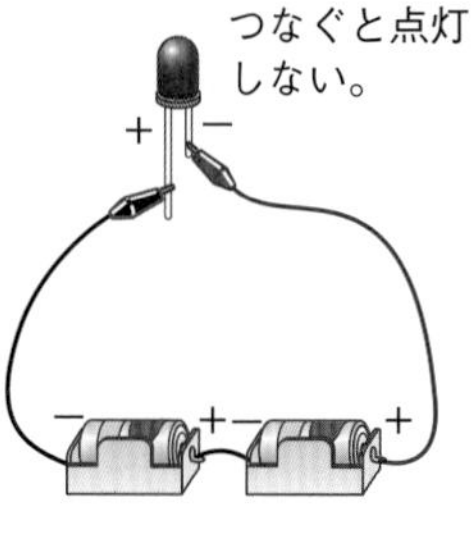

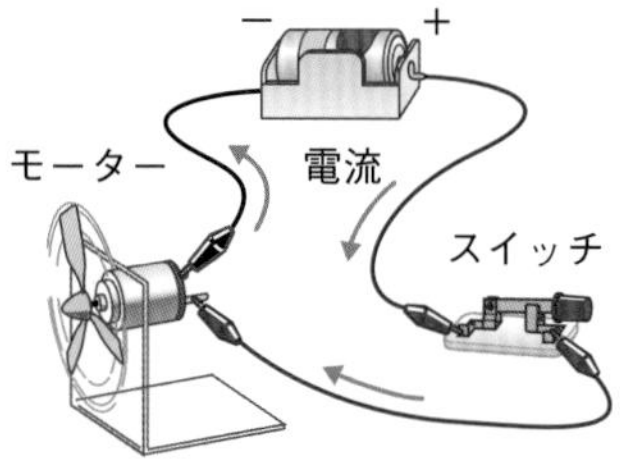

⬆電流の流れる向き

❸直列回路…直列つなぎでできている回路で，電流の通り道が１本になっている。

・**直列つなぎ**…２つ以上の豆電球などを一列に，次々につなぐつなぎ方。

・**回路の一部が切れたとき**…電流の通り道が１本なので，電流が流れなくなり，すべての豆電球が消える。

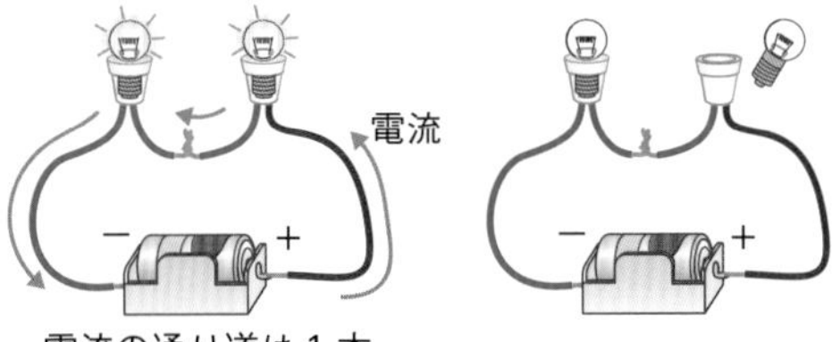

電流の通り道は１本

１つの豆電球をはずすと，ほかの豆電球が消える。

❹並列回路…並列つなぎでできている回路。電流の通り道が，途中(とちゅう)で２本以上に分かれる部分がある。

・**並列つなぎ**…２つ以上の豆電球などの両端(りょうたん)をそれぞれつなぐつなぎ方。

・**回路の一部が切れたとき**…枝分かれしている部分の１本が切れても，ほかの部分の電流は流れ続ける。

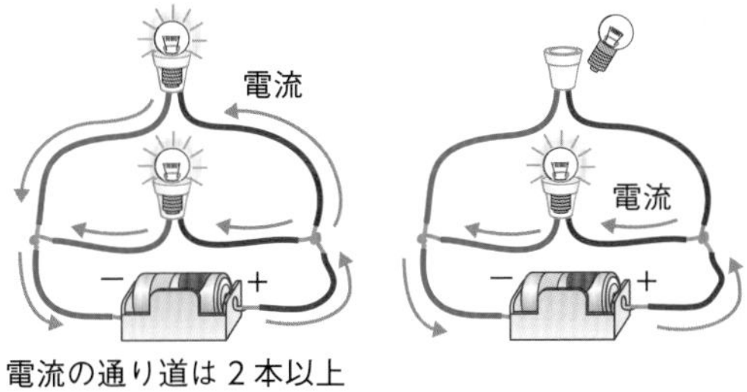

電流の通り道は２本以上

１つの豆電球をはずしても，ほかの豆電球は消えない。

復習　直列つなぎと並列つなぎ

●**直列つなぎ**…乾電池の＋極と別の乾電池の－極をつなぐつなぎ方。

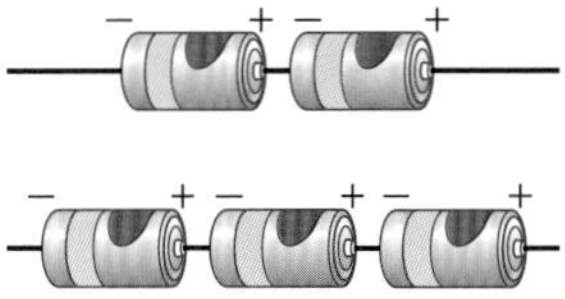

●**並列つなぎ**…乾電池の＋極どうし，－極どうしをまとめてつなぐつなぎ方。

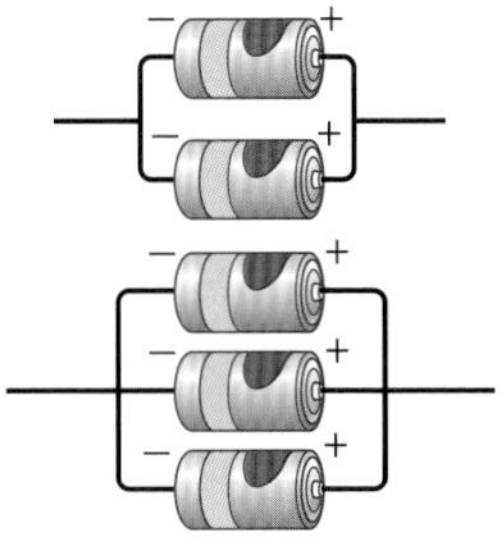

同じ乾電池を２つつなぐとき，並列つなぎより直列つなぎの方が，豆電球は明るくつき，モーターは速く回るんだったね。

Column　生活

家庭で使う電気器具は並列つなぎ

家庭のコンセントや電灯は，すべて並列つなぎである。並列回路では枝分かれしている部分の１本が切れても，ほかの部分の電流は流れるので，それぞれの電気器具を別々に使うことができる。

もし，直列つなぎなら，常にすべての器具を同時に使わなければならない。

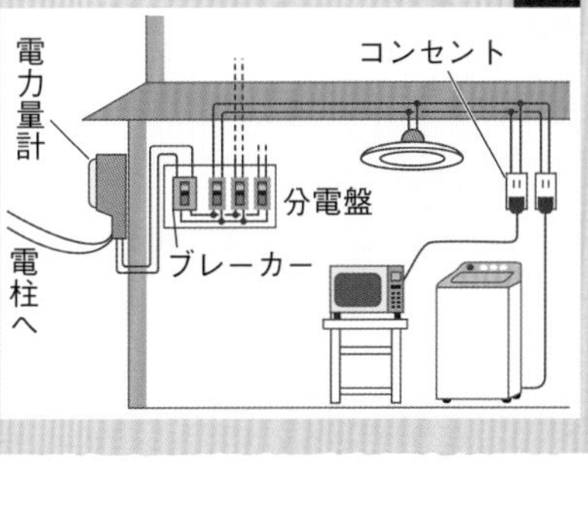

重要実験 豆電球のつなぎ方と回路

目的 豆電球2個を使って，どのようなつなぎ方があるかを調べる。

方法 乾電池1個または2個と豆電球2個を使っていろいろなつなぎ方をして明かりをつけ，そのときの電流の通り道が何本かを調べる。

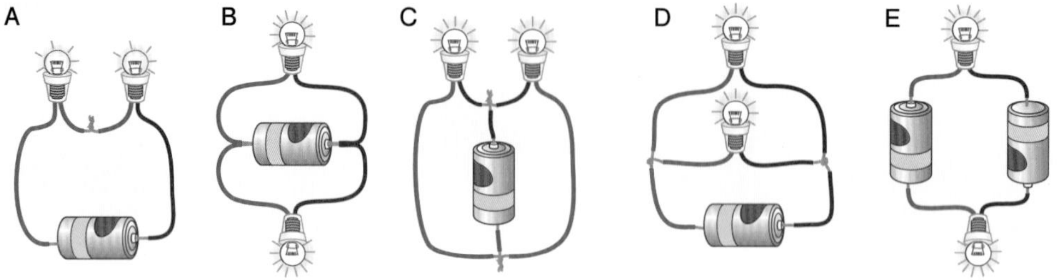

結果 電流の通り道が1本の回路はA，E，
電流の通り道が2本の回路はB，C，Dである。

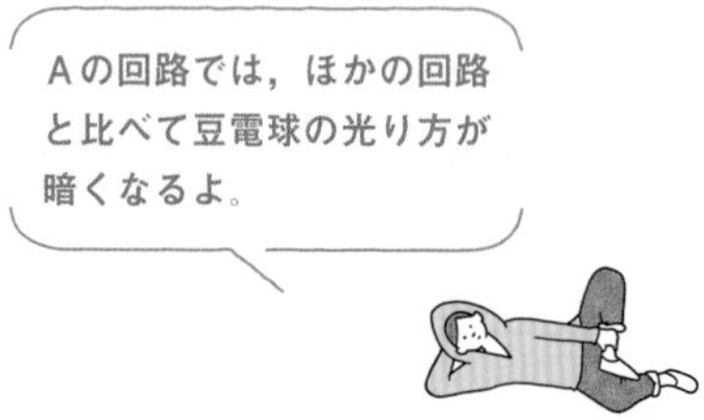

Aの回路では，ほかの回路と比べて豆電球の光り方が暗くなるよ。

実験操作 電源装置の使い方

電源装置は，電圧（➡p.244）の大きさを自由に変えることができ，乾電池のように使用中に電圧が下がることはない。

使い方

①電圧調整つまみを0にする。

②電源スイッチが切れていることを確かめてから電源コードをコンセントにつなぐ。

③回路につないでから電源スイッチを入れ，電圧調整つまみを回して必要な電圧を加える。

④測定が終わったら，電圧調整つまみを0にしてから電源スイッチを切り，電源コードをぬく。

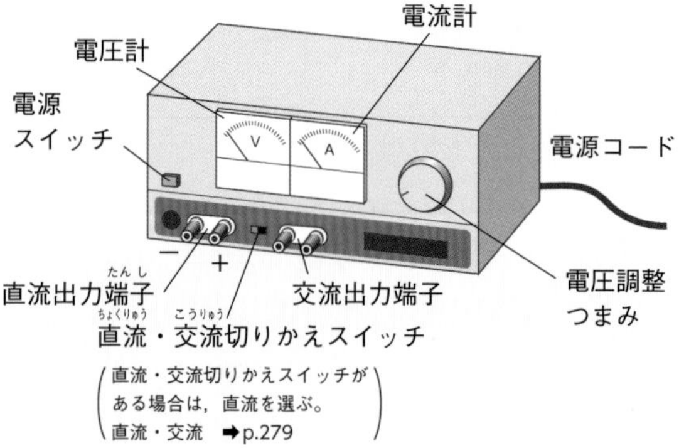

2 回路図

回路は電気用図記号という記号を使って表すことができる。

❶**回路図**…決められた電気用図記号を使って，回路を図で表したものを回路図という。

❷**電気用図記号**

電気器具	電気用図記号	電気器具	電気用図記号
電源 電池 電源装置	長い方が＋極	電流計	Ⓐ
電球	⊗	電圧計	Ⓥ
スイッチ		接続する導線	
電熱線 または 抵抗器		接続しない導線	

❸**回路図で表す**…下の図（実体配線図）の電気器具を電気用図記号に置きかえ，導線は直線で表す。

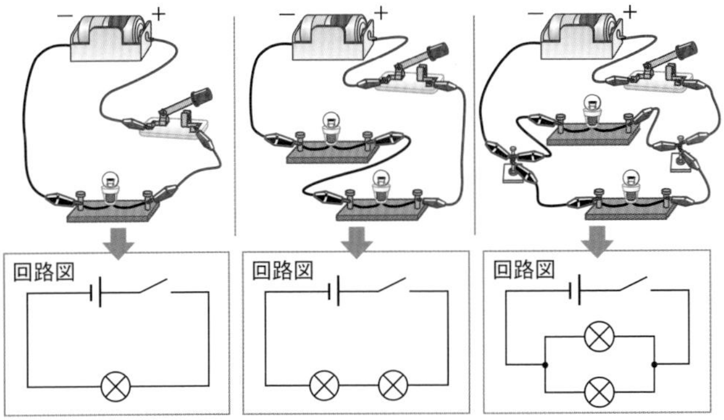

くわしく 素子

回路につなぐさまざまな部品のうち，導線以外の抵抗やコンデンサー，スイッチなど，役割をもつものをまとめて素子とよぶことがある。

くわしく いろいろな回路

複雑な回路も直列つなぎと並列つなぎを組み合わせたものである。

①電流の通り道が2本なので**並列回路**である。

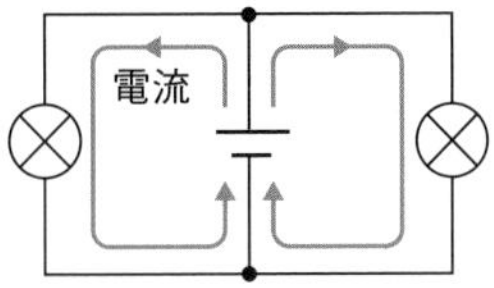

②Aの部分（**並列つなぎ**）を1つと考えればAとBの**直列回路**である。

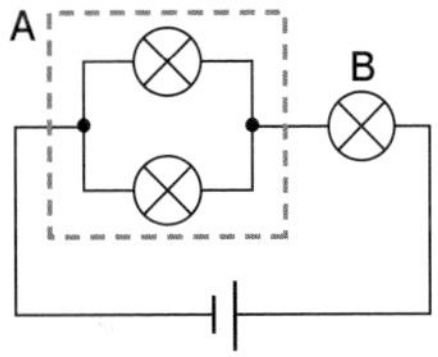

③Aの部分（**直列つなぎ**）を1つと考えれば，AとBの**並列回路**である。

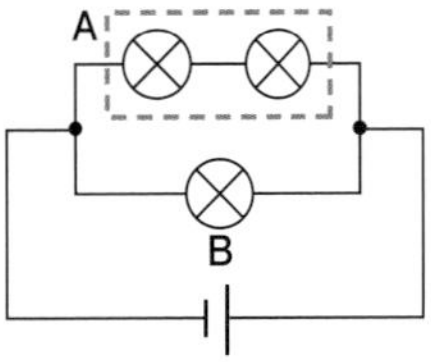

4章／電気の世界　1節／電流のはたらき

2 回路を流れる電流

教科書の要点

1 電流

◎電流の大きさ…電流計を回路に直列につないではかる。電流の大きさは，豆電球などを通る前後で変わらない。

◎電流の単位…**アンペア**（記号A），**ミリアンペア**（記号mA）

1 A＝1000 mA　1 mA＝0.001 A

2 直列回路の電流

◎回路のどの点でも同じ大きさの電流が流れている。

$I_1 = I_2 = I_3$

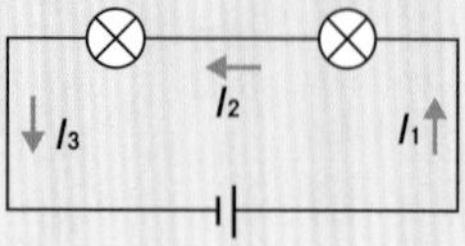

3 並列回路の電流

◎回路のある点に流れこむ電流の和と流れ出す電流の和は等しい。

$I_1 = I_2 + I_3 = I_4$

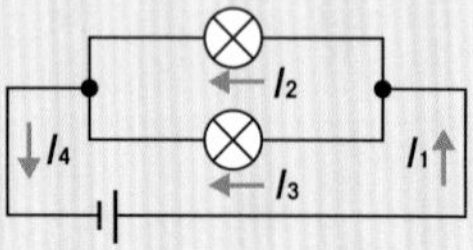

1 電流

回路に流れる電流の大きさは，電流計で調べることができる。

❶**電流の向き**…電源の＋極から流れ出て－極に流れこむ。

❷**電流の大きさ**…流れる電流が大きいほど豆電球は明るい。電流の大きさは豆電球などを通る前と後で変わらない。

❸**電流の単位**…**アンペア**（記号A），**ミリアンペア**（記号mA）。

1 A＝1000 mA　　1 mA＝0.001 A

❹**電流のはかり方**…電流の大きさは**電流計**ではかる。電流計は回路のはかりたい部分に直列につなぐ。

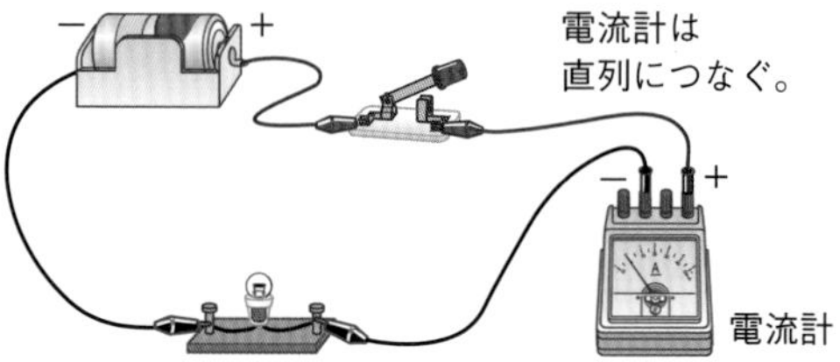

⬆電流計のつなぎ方

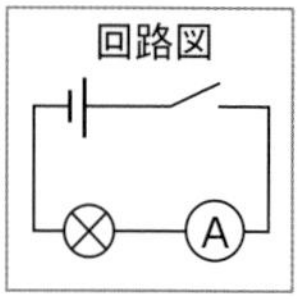

くわしく　電流計をつなぐときの注意

電流計は回路の電流の大きさをはかる器具なので，回路につないだときに回路の電流をさまたげないよう，抵抗（電流の流れにくさ，➡p.252）ができるだけ小さくなるようにつくられている。そのため，電池（電源）に電流計だけをつないだり，回路に並列につないだりすると，電流計に大きい電流が流れて電流計がこわれることがある。

実験操作 電流計の使い方

電流計のつなぎ方

電流計の端子（たんし）のつなぎ方は次のようにして，はかろうとする部分に直列につなぐ。

電流計	＋端子→電源の＋極側 －端子→電源の－極側

注意 電流計を直接電源につないだり，豆電球や抵抗に並列につないではいけない。

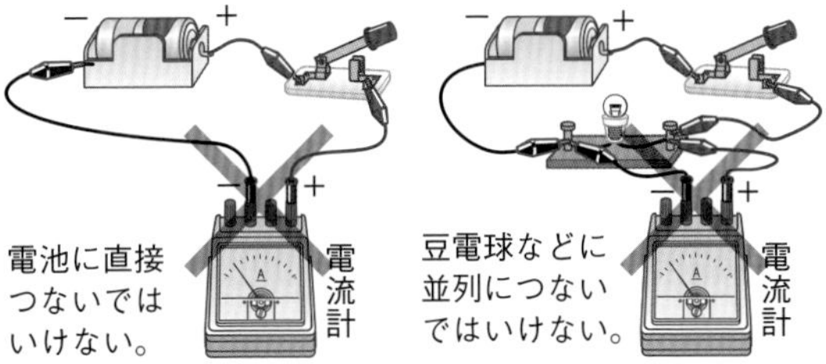

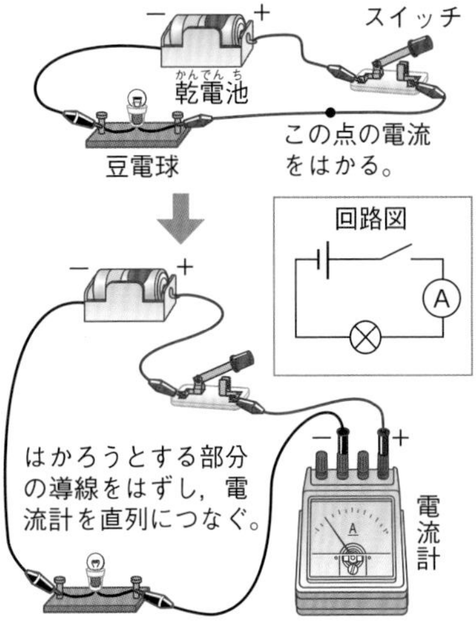

－端子の選び方

①電流の大きさが予想できないときは5Aの端子につなぐ。針の振（ふ）れが小さすぎるときは，スイッチを切り，500 mA，50 mAの端子に順につなぎかえる。

②回路を流れる電流の大きさが予想できるときは，はじめから適切な端子につなぐ。

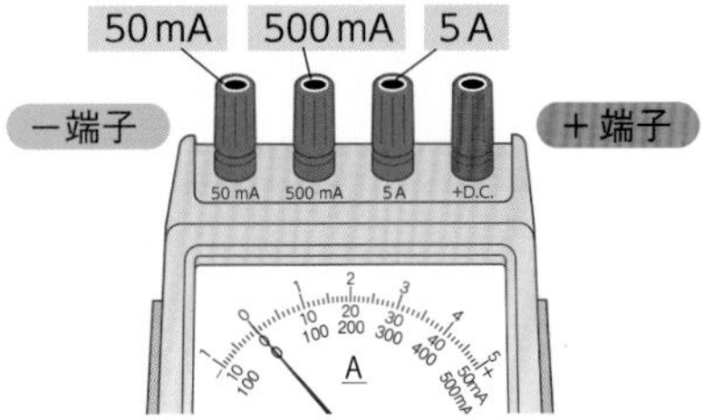

目盛りの読み方

電流計の－端子に示してある数値（5 A，500 mA，50 mA）は，それぞれの端子につないだときに測定できる最大の電流の値なので，使った端子にあった数値を読む。目盛りは正面から見て，最小目盛りの$\frac{1}{10}$まで目分量で読む。

5 A端子………0.1 A（100 mA）
500 mA端子…10 mA
50 mA端子…… 1 mA

⬅それぞれの端子の1目盛りの大きさ

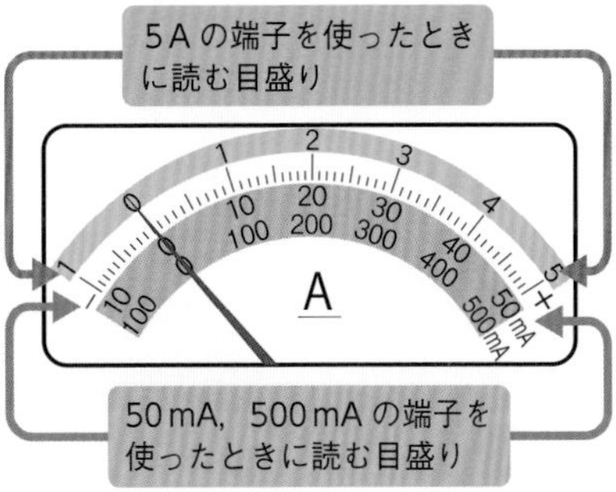

デジタル電流計

つなぎ方はふつうの電流計と同じ。－の端子は1つしかないのでそこにつなぐ。計測した値は数字を読むだけでよい。

2 直列回路の電流

直列回路では，電流の大きさはどこも同じになる。

重要

❶直列回路を流れる電流の大きさ…回路のどの点でも等しい。下の図の直列回路で，A，B，Cの各点で測定した電流の大きさをI_1，I_2，I_3とすると，次のようになる。

$$I_1 = I_2 = I_3$$

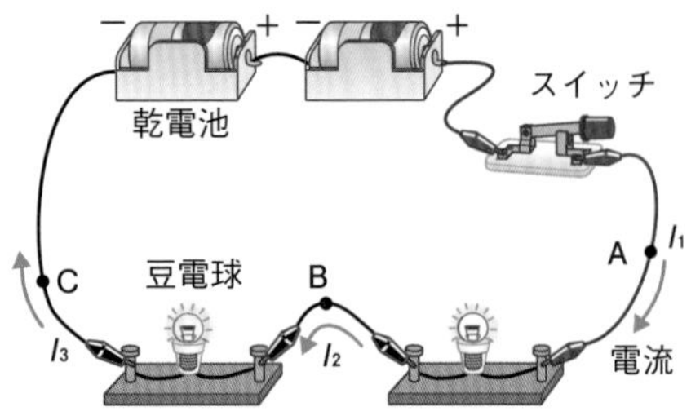

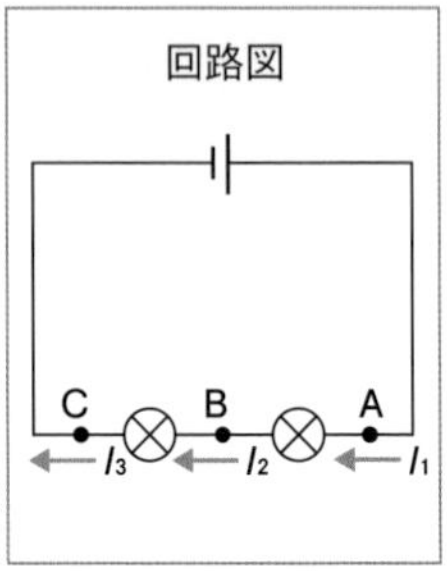

⇨豆電球に電流が流れて，光や熱が出ても電流が小さくなったり，なくなったりしない。電源の＋極から出た電流は同じ大きさのまま電源の－極にもどる。

❷直列回路の電流と水の流れ…電流は下の図のような水の流れと似ている。水の流れの途中に水車を入れると，水車は回るが，水車の前後で水の量がふえたり減ったりしない。水の流れは電流，水車は豆電球にあたる。

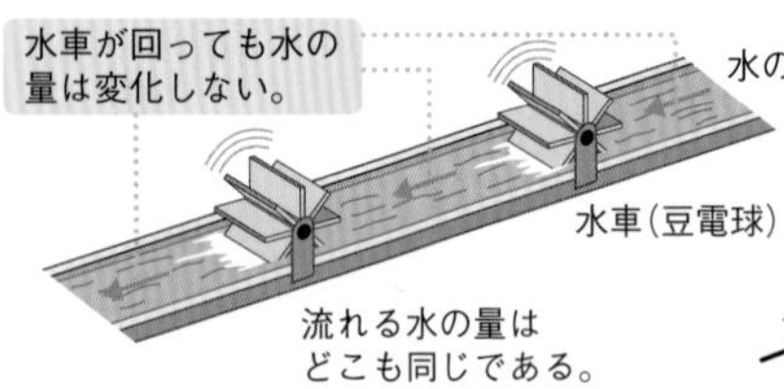

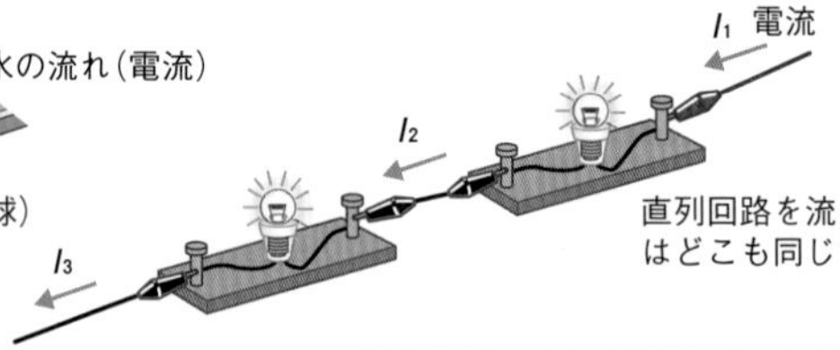

❸直列つなぎの電球の数と電流の大きさ…回路のどの点でも電流の大きさは等しいが，同じ電源と同じ豆電球を使った場合，つなぐ電球の数が多くなるほど，回路を流れる電流は小さくなる。

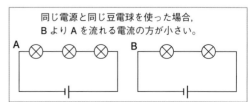

同じ電源と同じ豆電球を使った場合，
Bより Aを流れる電流の方が小さい。

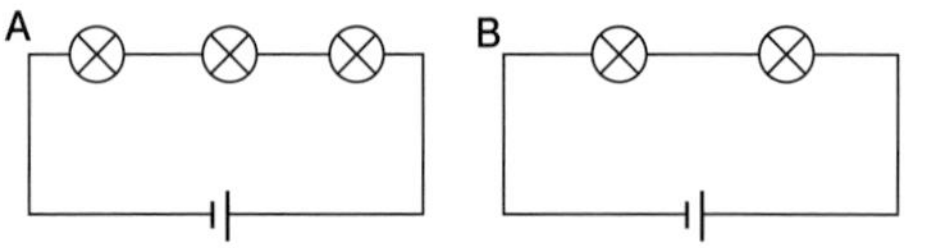

思考 回路を流れる電流の大きさは変わらない?

乾電池に豆電球をつないで明かりをつけたり，モーターをつないで回したりすると，「豆電球やモーターで電気が使われるから，豆電球やモーターを通ったあとの電流は小さくなる」と考えがちである。

しかし，実際に枝分かれのない回路の各点の電流の大きさをはかると，どの点も同じで電流の大きさは変化しない。電流は回路の途中で小さくなったり，なくなったりすることはなく，同じ大きさで流れることをつかんでおこう。

電流の大きさが変化しないのは，電流が電子（➡p.289）というとても小さな粒子の流れであり，豆電球などの器具を通っても，その粒子の数が変化しないことと関係しているよ。

3 並列回路の電流

並列回路では，「流れこむ電流」＝「流れ出す電流」となる。

重要

❶並列回路を流れる電流の大きさ…回路の途中で分かれたときの電流の和は，分かれる前の電流と等しく，分かれたあと再び合流したときの電流とも等しい。

下の図の並列回路で，A～Dの各点で測定した電流の大きさをI_1～I_4とすると，次のようになる。

$$I_1 = I_2 + I_3 = I_4$$

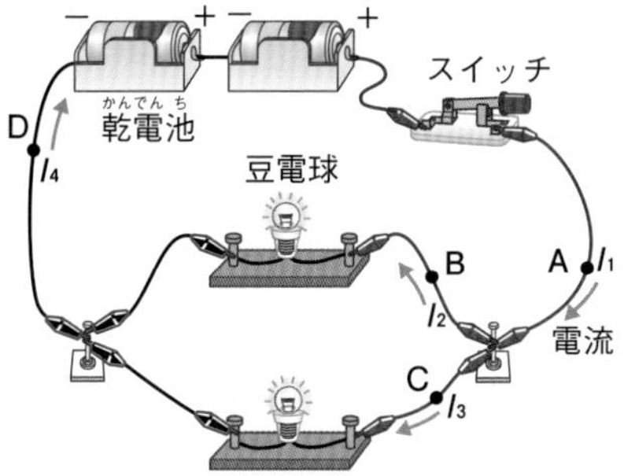

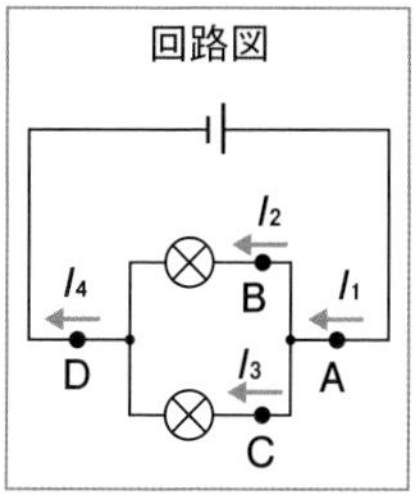

⇨回路の１点に注目すると，その点に流れこむ電流の和とその点から流れ出す電流の和は等しい。

❷並列回路の電流と水の流れ…電流は下の図のような水の流れとよく似ている。途中で水の流れが分かれても，分かれた水を合わせた量は分かれる前の量と等しく，再びいっしょになった水の量とも等しく，水の量は変化しない。

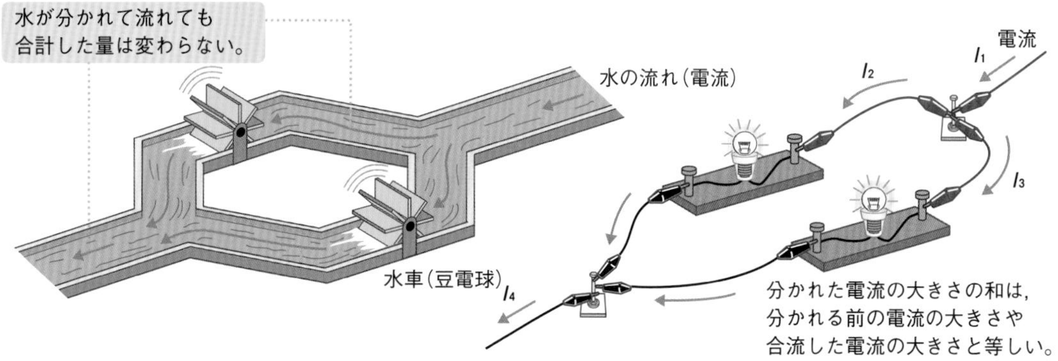

くわしく 電流の大きさのきまり

回路の１点に流れこむ電流の和とその点から流れ出す電流の和は等しいことは，並列回路だけでなく，どんな回路についても成り立つ。このきまりをキルヒホッフの法則という。

①豆電球が１個の回路や直列回路の場合，流れこむ電流と流れ出す電流の道すじがどちらも１本と考えればよい。

②下の図のような複雑な回路で，I_1～I_7の電流について，次の関係が成り立っている。

$I_1 = I_2 + I_3$

$I_3 = I_4 + I_5 = I_6$

$I_2 + I_6 = I_7$

$I_7 = I_1$

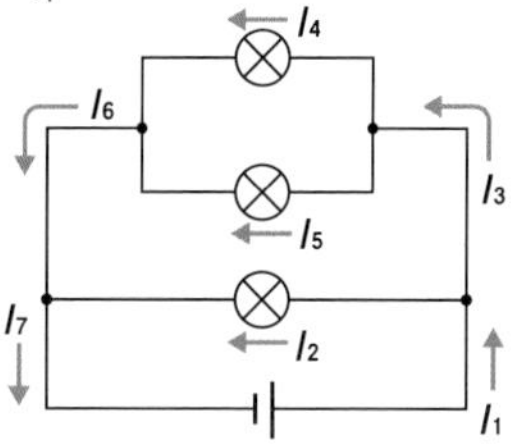

動画 **直列回路と並列回路の電流・電圧**

重要実験　豆電球の明るさを比べる実験

目的　同じ種類の豆電球２個と電源装置を使っていろいろな回路をつくり，豆電球の明るさを比べる。

方法1　①〜③の回路をつくり，電圧（➡p.244）の大きさを1.5 V（乾電池１個分の電流が流れる大きさ）にして，豆電球の明るさを比べる。

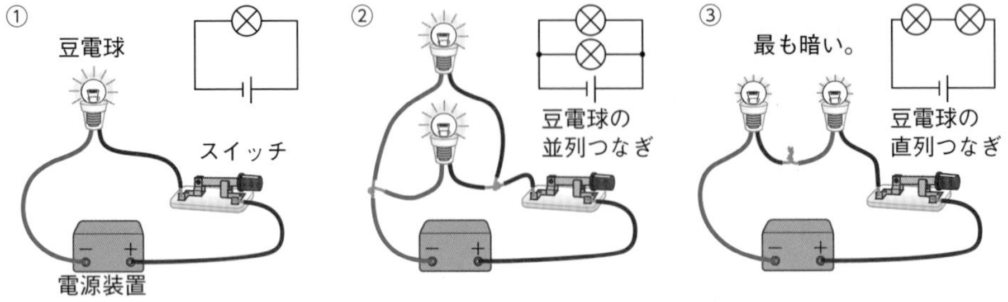

方法2　④〜⑥の回路をつくり，電圧の大きさを3.0 V（乾電池２個を直列つなぎにしたときの電流が流れる大きさ）にして，豆電球の明るさを比べる。

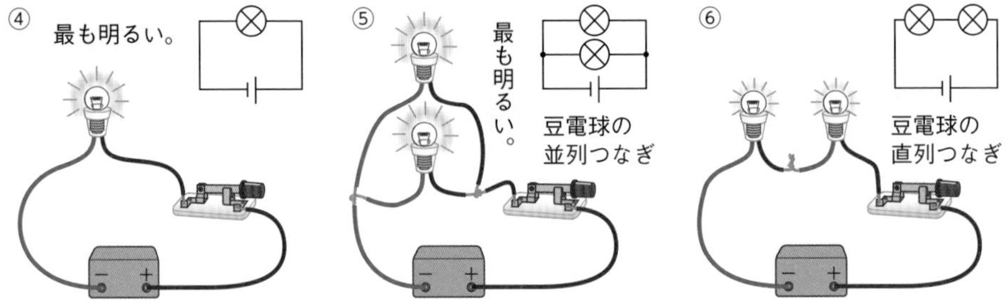

結果1　①と②は同じ明るさ。②と③を比べると，③の方が暗い。⇨豆電球は，並列つなぎの方が明るい。

結果2　④と⑤は同じ明るさ。⑤と⑥を比べると，⑤の方が明るい。⇨豆電球は，並列つなぎの方が明るい。

結論
・豆電球の数を並列つなぎでふやしても，明るさは変わらない。
・豆電球の数を直列つなぎでふやすと，暗くなる。
・回路に流れる電流を大きくすると，豆電球は明るくなる。

重要実験

直列回路と並列回路に流れる電流

目的 直列回路と並列回路の各点を流れる電流の大きさを調べる。

方法1 豆電球２個の直列回路と並列回路をつくり，回路の各点の電流の大きさをはかる。
次の直列回路をつくり，A，B，C点に電流計をつないで電流の大きさをはかる。

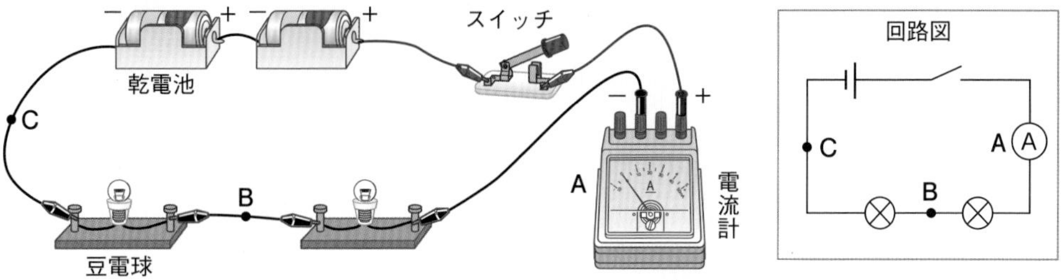

方法2 次の並列回路をつくり，A，B，C，D点に電流計をつないで電流の大きさをはかる。

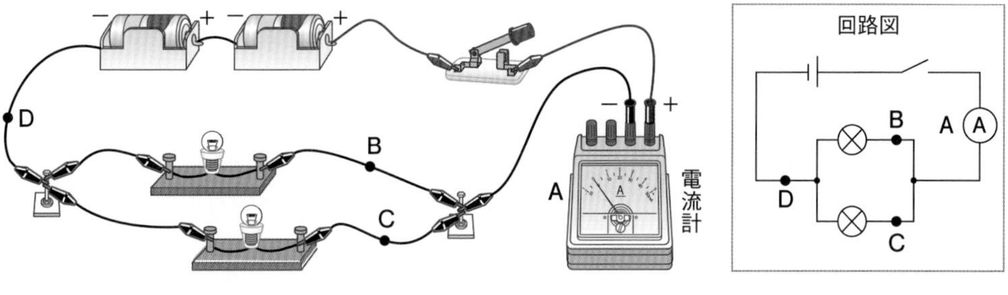

結果1

測定した位置	A	B	C
電流の大きさ〔mA〕	210	210	210

結果2

測定した位置	A	B	C	D
電流の大きさ〔A〕	0.56	0.24	0.32	0.56

結論
・直列回路では，回路のどこでも電流の大きさは同じである。
・並列回路では，分かれた電流の和は，分かれる前の電流の大きさと等しく，再び合流したときの電流の大きさとも等しい。

3 回路に加わる電圧

教科書の要点

1 電圧

◎**電圧**…電流を流そうとするはたらき。電圧が大きいと電流が大きくなり，豆電球は明るくなる。

◎電圧の単位…**ボルト**（記号V）

2 直列回路の電圧

◎各部分に加わる電圧の和は，全体に加わる電圧に等しい。

$$V=V_1+V_2$$

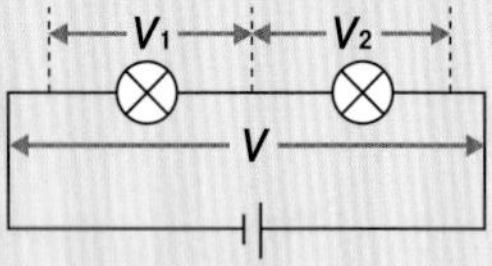

3 並列回路の電圧

◎各部分に加わる電圧と，全体に加わる電圧は等しい。

$$V=V_1=V_2$$

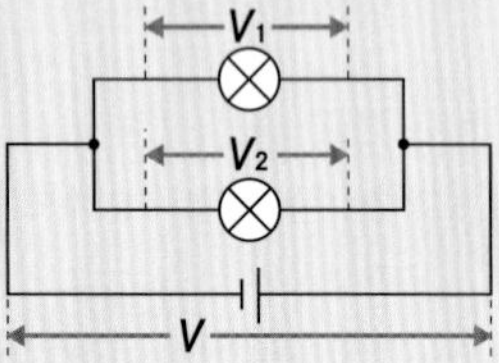

1 電圧

2つの乾電池を直列につないだときに，乾電池が1つのときよりも豆電球が明るくつくのは，電圧が大きくなるためである。

❶**電圧**…電流を流そうとするはたらき。電圧が大きいほどそのはたらきが大きい。

❷**電圧の単位**…**ボルト**（記号V）。例 乾電池の電圧1.5 V

❸**電圧のはかり方**…電圧の大きさは**電圧計**ではかる。電圧計は回路のはかりたい部分に並列につなぐ。

❹**乾電池の直列つなぎと電圧**

…全体の電圧の大きさは，各電池の電圧の和に等しい。

電池の直列つなぎ

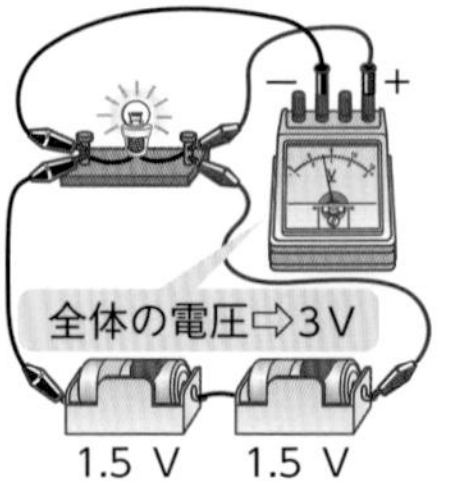

くわしく 電圧計を並列につなぐ理由

電圧計はその中に電流がほとんど流れないようにつくられている。これは，電圧をはかろうとする部分に並列につないでも，回路に影響がないようにするためである。もし電圧計を回路に直列につなぐと，回路に電流が流れなくなる。これは電流が流れやすいようにつくられている電流計とちがう点である。

電流計と電圧計のつなぎ方はちがうね。

実験操作 電圧計の使い方

電圧計のつなぎ方

スイッチを切った状態で，電圧計の端子のつなぎ方を次のようにして，はかろうとする部分（豆電球の両端など）に並列につなぐ。

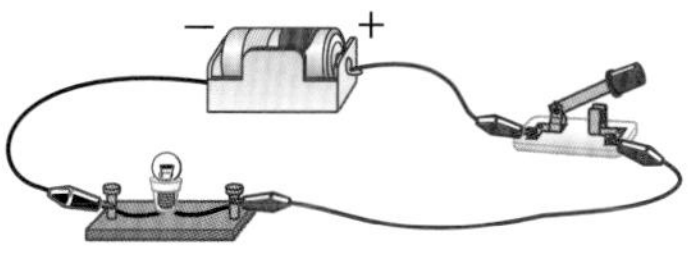

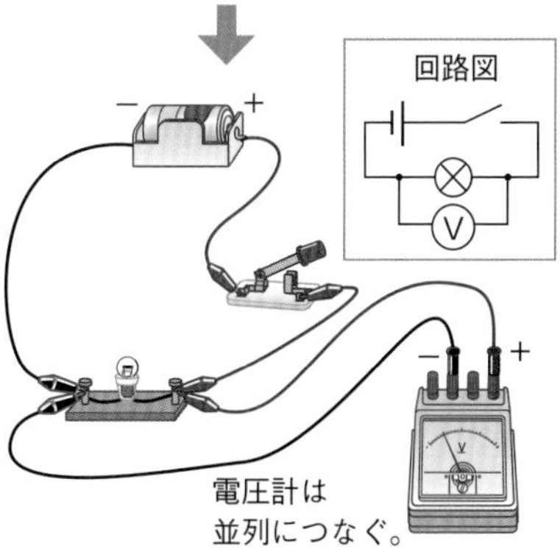

電圧計	＋端子→電源の＋極側
	−端子→電源の−極側

注意 電圧計は回路に直列につないではいけない。直列につなぐと，回路に電流が流れなくなる。

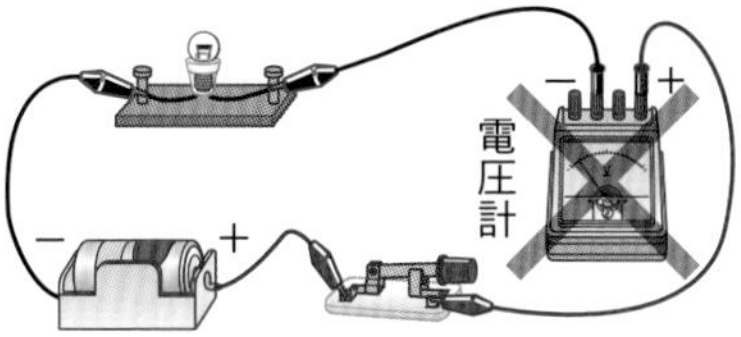

−端子の選び方

①電圧の大きさが予想できないときは300 Vの端子につなぐ。針の振れが小さすぎるときは，スイッチを切り，15 V，3 Vの端子に順につなぎかえる。

②電圧の大きさが予想できるときには，はじめから適切な端子につなぐ。

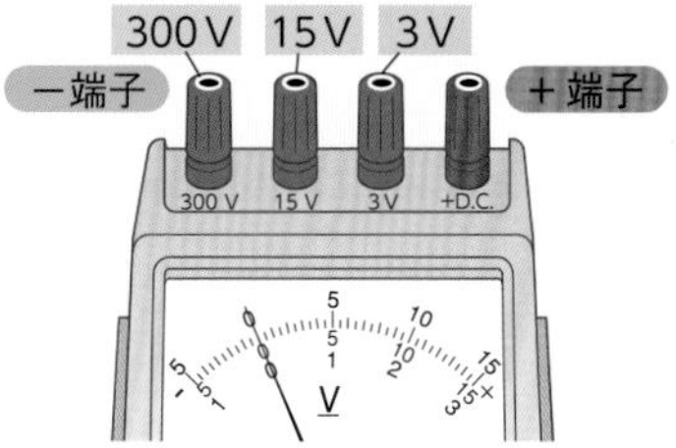

目盛りの読み方

電圧計の−端子に示している数値（300 V，15 V，3 V）は，それぞれの端子につないだときに測定できる最大の電圧の値なので，使った端子にあった数値を読む。目盛りは正面から見て，最小目盛りの$\frac{1}{10}$まで目分量で読む。

300 V端子………10 V
15 V端子………0.5 V
3 V端子………0.1 V

←それぞれの端子の1目盛りの大きさ

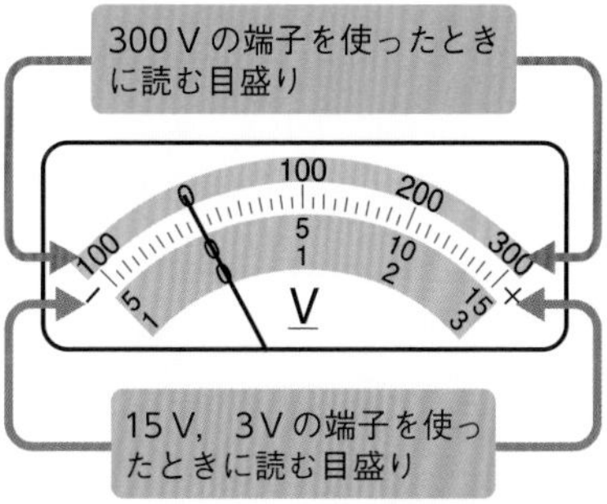

300 Vの端子を使ったときに読む目盛り
100
200
300
5
10
15
1
2
3
V
15 V，3 Vの端子を使ったときに読む目盛り

デジタル電圧計

つなぎ方はふつうの電圧計と同じ。−の端子は1つしかないのでそこにつなぐ。計測した値は数字を読むだけでよい。

2 直列回路の電圧

直列回路の全体の電圧は，各部分の電圧の和になる。

⚠重要

❶直列回路の電圧の大きさ…豆電球などの直列回路では，それぞれの豆電球の両端に加わる電圧（V_1，V_2）の合計は，回路全体に加わる電圧（V）の大きさに等しい。

$$V = V_1 + V_2$$

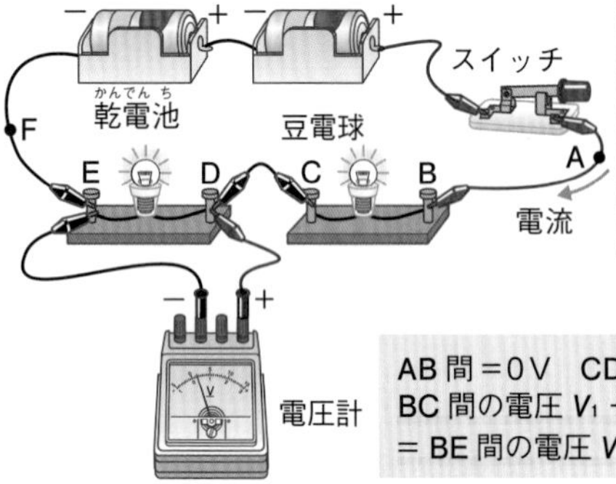

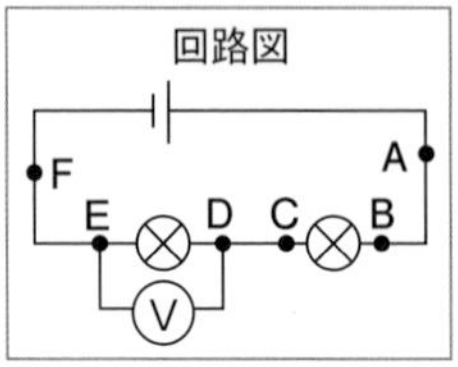

AB 間＝0 V　CD 間＝0 V　EF 間＝0 V
BC 間の電圧 V_1 ＋ DE 間の電圧 V_2
＝ BE 間の電圧 V（電源の電圧）

❷豆電球の数と電圧…直列回路の電圧のきまりは，豆電球が3個以上の回路でも成り立つ。

⇨電源の電圧が一定のとき，直列つなぎにする豆電球の数がふえるほど，豆電球1個に加わる電圧は小さくなる。

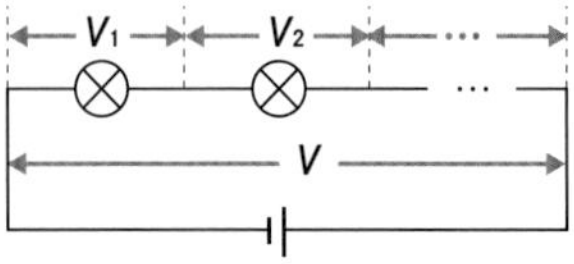

$V = V_1 + V_2 + \cdots$

❸直列回路の電流・電圧と水の流れ…下の図で，電流は水の量，電圧は水の落差にあたる。各豆電球に加わる電圧（落差$_1$と落差$_2$）を合わせると電源の電圧（全体の落差）となる。

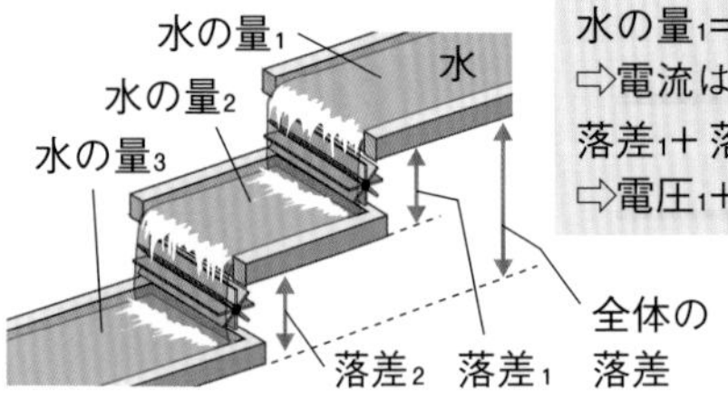

水の量$_1$＝水の量$_2$＝水の量$_3$
⇨電流は一定
落差$_1$＋落差$_2$＝全体の落差
⇨電圧$_1$＋電圧$_2$＝電源の電圧

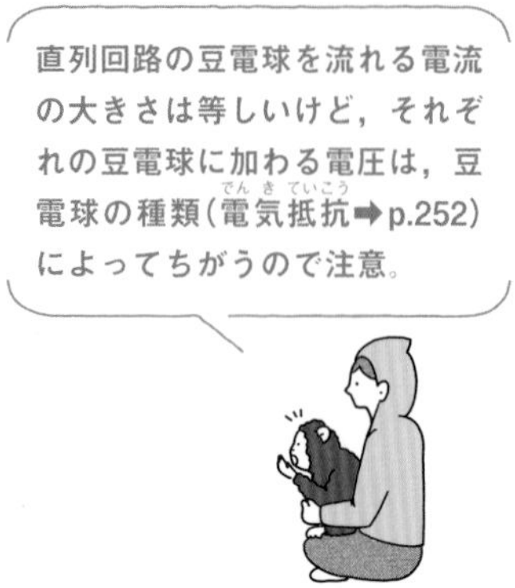

くわしく 導線部分の電圧

回路の導線部分でも，電流が流れるとごくわずかに電圧が生じるが，非常に小さいので，ふつうの電圧計では測定できない。したがって，導線の2点間では電圧が生じないとしている。

発展 電流・電圧のモデル

電流を水の流れにたとえると，電流を流そうとするはたらき（電圧）は，水の流れの落差になる。落差が大きいほど電圧が大きいことを示している。電流の回路を下の図のようなモデルで表したとき，電池は水を流すポンプにあたり，豆電球は水車にあたる。

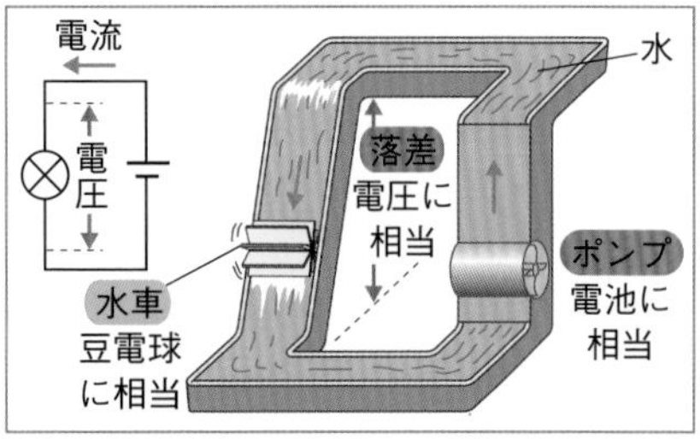

3 並列回路の電圧

並列回路では，「各部分の電圧」＝「電源の電圧」となる。

重要

❶並列回路の電圧の大きさ…並列回路の２つの豆電球の両端に加わる電圧（V_1, V_2）は等しく，電源の電圧（回路全体に加わる電圧 V）とも等しい。

$$V = V_1 = V_2$$

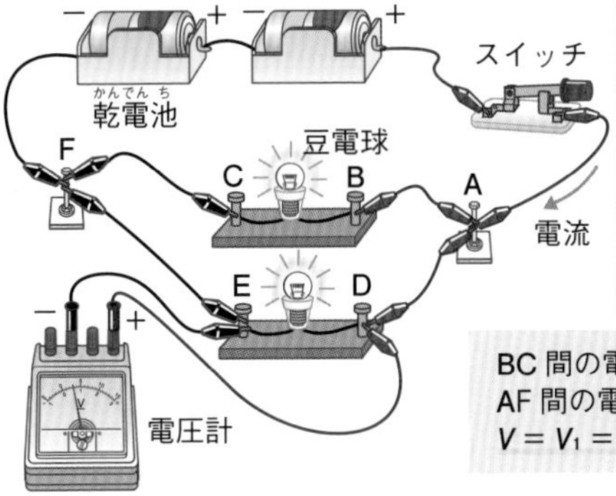

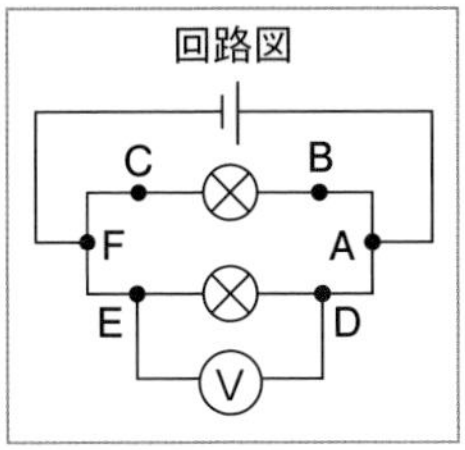

BC 間の電圧 V_1　DE 間の電圧 V_2
AF 間の電圧 V
$V = V_1 = V_2$

❷豆電球の数と電圧…並列回路の電圧のきまりは，豆電球が３個以上の回路でも成り立つ。

⇨豆電球の数がふえても，各豆電球に加わる電圧は等しい。

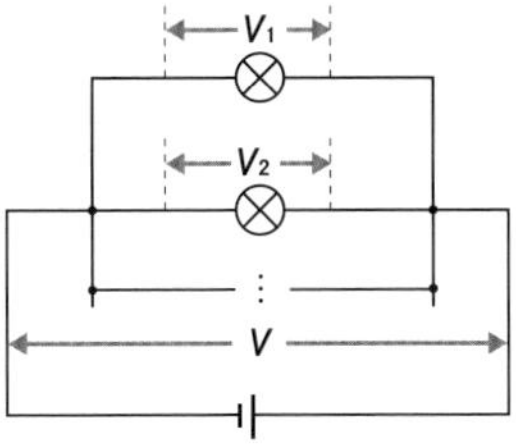

$V = V_1 = V_2 = \cdots$

❸並列回路の電流・電圧と水の流れ…下の図で，電流は水の量，電圧は水の落差にあたる。豆電球に加わる電圧（落差$_1$，落差$_2$）は等しく，電源の電圧（全体の落差）とも等しい。

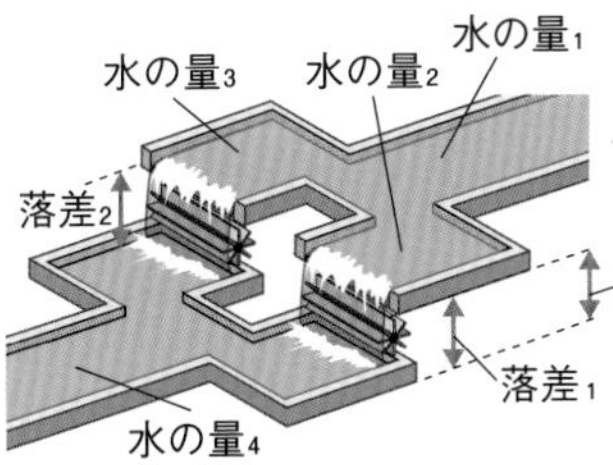

水の量$_1$＝水の量$_2$＋水の量$_3$＝水の量$_4$
⇨電流$_1$＝電流$_2$＋電流$_3$＝電流$_4$
全体の落差＝落差$_1$＝落差$_2$
⇨電源の電圧＝電圧$_1$＝電圧$_2$

並列回路の豆電球に加わる電圧は等しいけど，それぞれの豆電球に流れる電流の大きさは，豆電球の種類（電気抵抗➡p.252）によってちがうので注意。

発展　直列と並列が混じった回路と電圧

①並列つなぎの部分に加わる電圧と豆電球３に加わる電圧の和が電源の電圧 V に等しい。

$V_1 = V_2$

$V = V_1$（または V_2）$+ V_3$

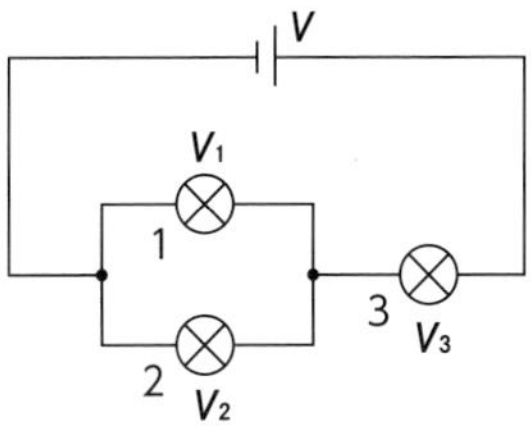

②直列つなぎの豆電球１と２に加わる電圧の和が豆電球３に加わる電圧と等しく，電源の電圧 V にも等しい。

$V = V_1 + V_2 = V_3$

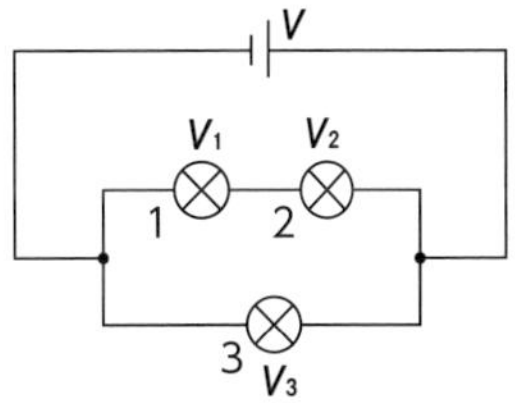

▶動画　**直列回路と並列回路の電流･電圧**

重要実験

直列回路と並列回路の電圧

目的 直列回路と並列回路の各区間に加わる電圧を調べる。

方法1 豆電球２個の直列回路と並列回路をつくり，いろいろな区間の電圧をはかる。

次の直列回路で，右の各区間に電圧計をつなぎ，電圧の大きさをはかる。

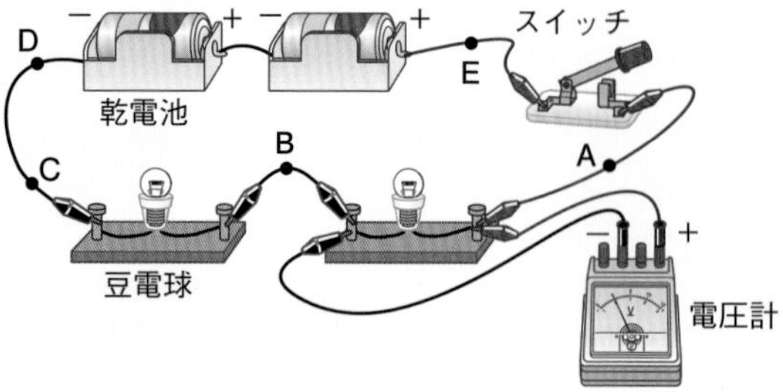

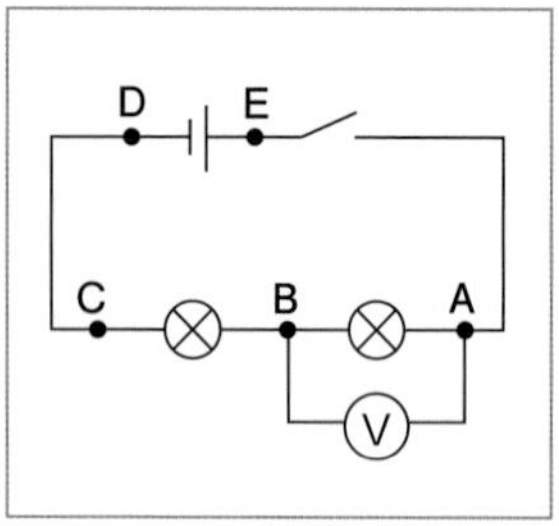

AB 間
BC 間
AC 間
CD 間
DE 間
AE 間

方法2 次の並列回路で，右の各区間に電圧計をつなぎ，電圧の大きさをはかる。

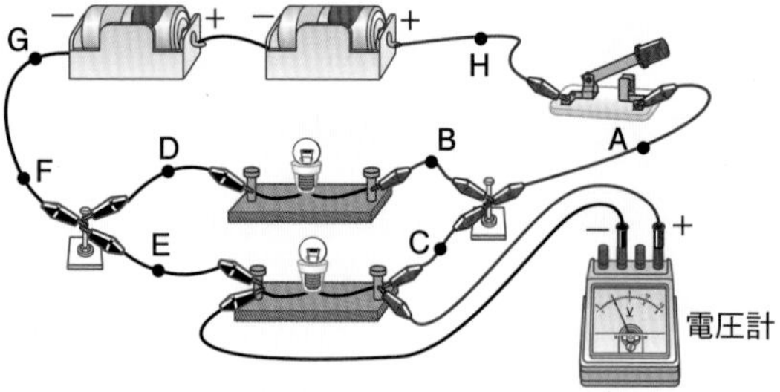

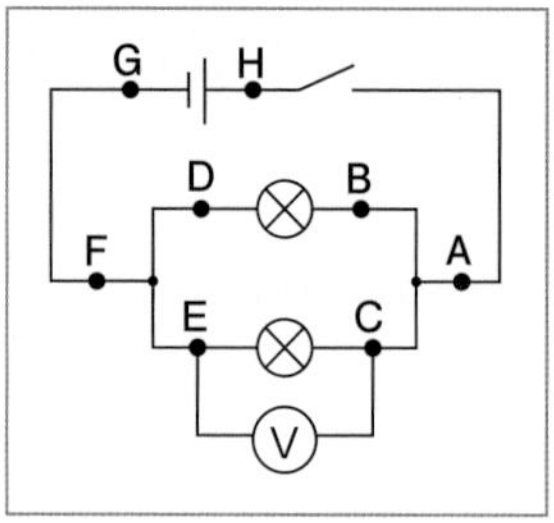

BD 間
CE 間
AF 間
GH 間

結果1

測定した区間	AB間	BC間	AC間	CD間	DE間	AE間
電圧の大きさ〔V〕	1.80	1.10	2.90	0.0	2.90	0.0

結果2

測定した区間	BD間	CE間	AF間	GH間
電圧の大きさ〔V〕	2.90	2.90	2.90	2.90

結論

・直列回路の２つの豆電球に加わる電圧の和は，２つの豆電球全体に加わる電圧に等しく，電源の電圧に等しい。

・並列回路の２つの豆電球に加わる電圧は等しく，電源の電圧に等しい。

・導線の部分には電圧は加わらない。

4 電圧と電流の関係

教科書の要点

1 電圧と電流の関係

◎電圧と電流の関係…比例関係にある。

⇨グラフに表すと原点を通る直線になる。

2 オームの法則

◎**電気抵抗（抵抗）**…電流の流れにくさ。単位は**オーム**（記号Ω）。

◎**オームの法則**…抵抗R〔Ω〕の金属線を流れる電流をI〔A〕，その両端に加わる電圧をV〔V〕として，次の式で表される。

$$V〔V〕=R〔Ω〕\times I〔A〕$$

3 直列回路の抵抗

◎全体の抵抗の大きさは，各抵抗の和。

全体の抵抗$R=R_1+R_2$

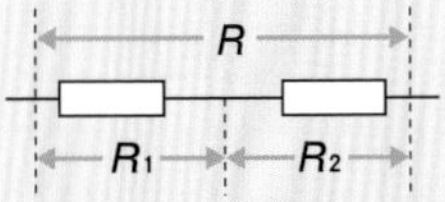

4 並列回路の抵抗

◎全体の抵抗の大きさは，各抵抗より小さい。

全体の抵抗$R<R_1$，全体の抵抗$R<R_2$

$$\frac{1}{R}=\frac{1}{R_1}+\frac{1}{R_2}$$

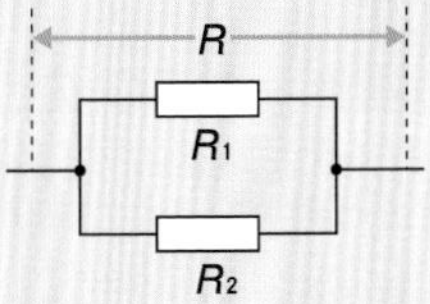

1 電圧と電流の関係

加わる電圧が大きくなると，流れる電流は大きくなる。

❶**電圧と電流の関係の調べ方**…電熱線（または抵抗器），電源装置，電流計，電圧計をつないだ回路をつくって調べる。

⇨電源装置で電圧を変え，電熱線の両端に加わる電圧と流れる電流を測定する。

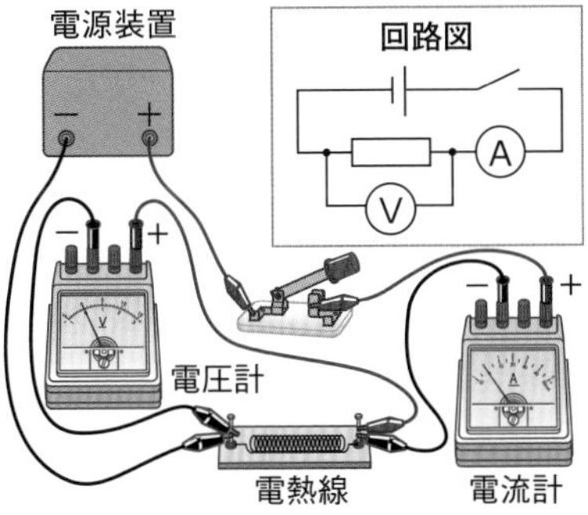

⬆電圧と電流の関係を調べる実験

⇨測定結果をグラフなどに表し，電圧と電流の関係を調べる。

くわしく 電熱線

トースターや電気ストーブ，ヘアドライヤー，アイロンなどの発熱体として使われている金属線で，電流が流れると導線（おもに銅）に比べて非常に発熱しやすい。クロムとニッケルまたはクロムと鉄などの金属を混ぜてつくった合金である。

❷**電圧と電流の関係**…右の図は，２種類の電熱線Ａ，Ｂについて，電熱線の両端に加わる電圧と流れる電流の大きさとの関係を表したグラフである。このグラフから，次のことがいえる。

重要

- **グラフは原点を通る直線である**…電熱線を流れる電流は，その両端に加わる電圧に比例する。
- **グラフの傾き（かたむ）がちがう**…電熱線に加わる電圧の大きさが同じでも，電熱線によって流れる電流の大きさがちがうため。

⇨右の電熱線ＡとＢでは，グラフの傾きが大きい電熱線ＢがＡより電流が流れやすいことを示している。

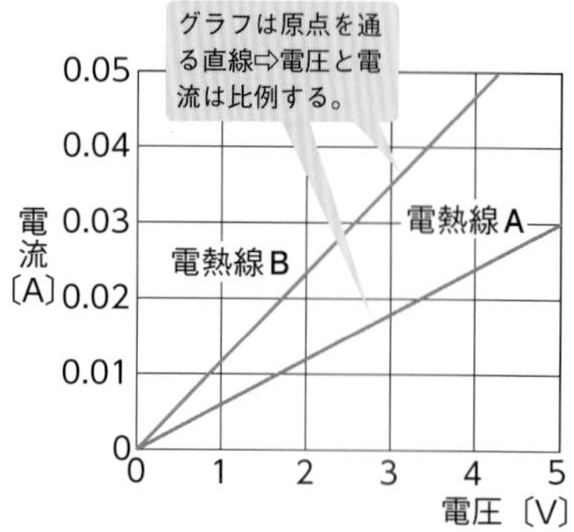

一方の値の大きさを２倍，３倍，…と変化させたとき，もう一方の値の大きさも２倍，３倍，…と変化する関係を，「比例する」というよ。

実験操作

グラフのかき方

電圧と電流のように関係する２つの量が，どのような関係にあるかを調べるためのグラフをかく方法を確認しよう。

●電熱線に加わる電圧の大きさと流れる電流の大きさの関係

電圧〔V〕	0	1	2	3	4	5	6
電流〔A〕	0	0.10	0.22	0.32	0.39	0.50	0.61

グラフのかき方

①横軸（じく）は変化させた量，縦軸はその結果変化した量をとる。

②測定した最大値がかきこめるように目盛りを決める。

③測定値を「・」や「×」で記入する。

④グラフの線をかく。

- 記入した測定値の点が，グラフの線の両側に平均して散らばるように，直線または曲線をかく。
- 測定値には誤差があるので，点を結んで折れ線のグラフにしない。
- グラフは原点を通るかどうかをわかるようにしておく。

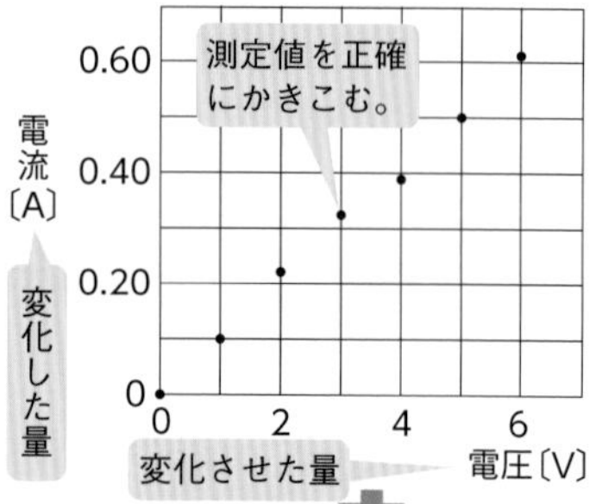

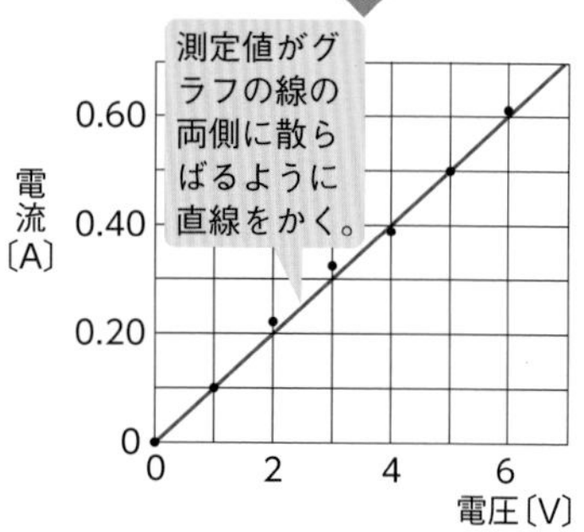

重要実験 電圧と電流の関係を調べる実験

思考

目的 電熱線の両端に加える電圧を変えたとき，電熱線を流れる電流がどのように変わるかを調べる。

方法 ①電熱線 a を使い，右の図の回路をつくる。

②スイッチを入れ，電源装置の電圧を 2，4，6，8 V と変え，それぞれ電流を測定する。

③スイッチを切り，電熱線 a を電熱線 b にとりかえる。

④②と同じようにして，電流を測定する。

注意

●電熱線に電流を流すと発熱するので，電流は測定するときだけ流す。

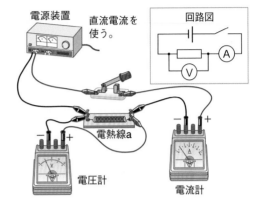

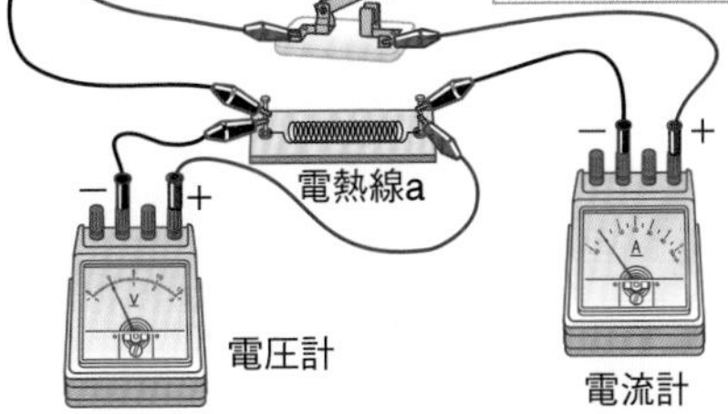

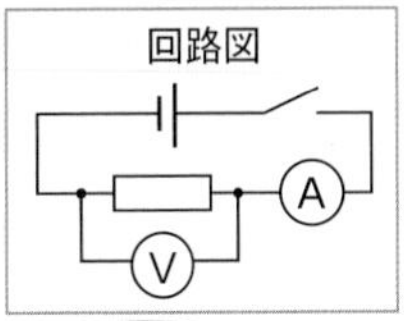

結果 ・実験の結果は，次の表のようになった。

電圧〔V〕		0	2	4	6	8
電流〔A〕	電熱線 a	0	0.07	0.14	0.21	0.28
	電熱線 b	0	0.11	0.23	0.34	0.45

・グラフに表すと，右の図のようになった。

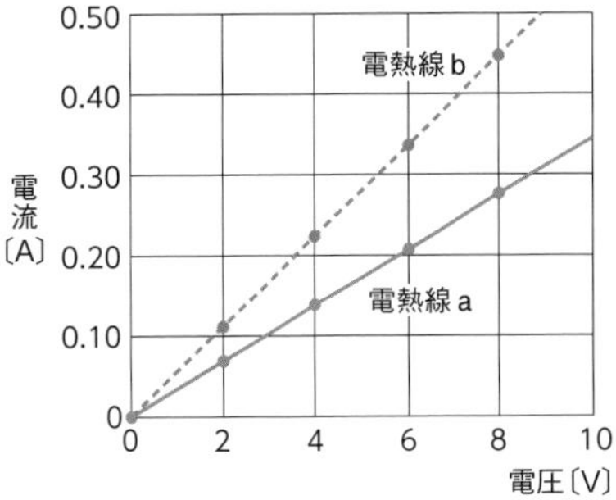

考察 ・電圧と電流の関係を表すグラフは，原点を通る直線となる。

・電熱線を流れる電流は電圧の大きさに比例する。

・電熱線 a，b を比べると，同じ電圧を加えたとき，電熱線 a の方は流れる電流が小さいので，電熱線 b より電流が流れにくいことがわかる。

結論 ・電熱線に流れる電流の大きさは，電圧の大きさに比例する。

・電流が電圧に比例するという関係は，電流の流れにくさの異なる電熱線でも成り立つ。

チェック

(1) 電熱線 a に 10 V の電圧を加えたとき，流れる電流の大きさは約何Aになる？

(2) 電熱線 c は，8 V で 0.30 A の電流が流れる。電熱線 a ～ c を電流が流れにくい順に並べると？

答え (1) 約0.35 A (2) a，c，b

2 オームの法則

電圧，電流，抵抗は「オームの法則」とよばれる関係にある。

❶**電気抵抗**…電流の流れにくさのこと。**抵抗**ともいう。

・抵抗の大きさの単位…**オーム**（記号Ω）

・1Ωは1Vの電圧で1Aの電流が流れる抵抗の大きさ。

・電圧が一定のとき，抵抗が2倍，3倍，…となると電流は $\frac{1}{2}$倍，$\frac{1}{3}$倍，…となる。

❷**オームの法則**…電熱線を流れる電流は，その両端に加わる電圧に比例するという関係。

⇨抵抗R〔Ω〕の金属線の両端にV〔V〕の電圧を加えて電流I〔A〕が流れたとき，次の式が成り立つ。

重要

電圧V〔V〕＝抵抗R〔Ω〕×電流I〔A〕

変形式　電流I＝$\frac{電圧V}{抵抗R}$　抵抗R＝$\frac{電圧V}{電流I}$

くわしく オームの法則のおぼえ方

下の図でおぼえるとよい。例えば抵抗の大きさを求めるときは，図の抵抗の部分をかくす。すると，電圧÷電流となり，抵抗を求める式がわかる。電圧や電流も同じようにすれば式がわかる。

トレーニング 重要問題の解き方

電圧・電流・抵抗を求める問題

例題 (1)　抵抗80Ωの電熱線に電圧を加えると，電流が0.025 A流れた。電熱線に加えた電圧は何Vか。

(2)　抵抗20Ωの電熱線の両端に6Vの電圧を加えたとき，電熱線に流れる電流は何Aか。

(3)　電熱線の両端に9Vの電圧を加えると0.5 Aの電流が流れた。電熱線の抵抗は何Ωか。

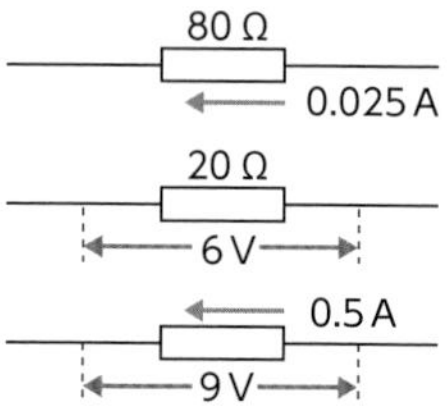

ヒント オームの法則の式に代入する。

(1)　抵抗R＝80 Ω，電流I＝0.025 Aなので，V＝RIの式に代入すると，V＝80〔Ω〕×0.025〔A〕＝2〔V〕

(2)　抵抗R＝20 Ω，電圧V＝6 Vなので，これを$I=\frac{V}{R}$の式に代入すると，$I=\frac{6〔V〕}{20〔Ω〕}$＝0.3〔A〕

(3)　電圧V＝9 V，電流I＝0.5 Aなので，これを$R=\frac{V}{I}$の式に代入すると，$R=\frac{9〔V〕}{0.5〔A〕}$＝18〔Ω〕

答え (1)　2 V　(2)　0.3 A　(3)　18 Ω

❸抵抗と電流・電圧の関係

・**抵抗と電流**…電圧が一定のとき，抵抗が大きいほど電流は流れにくくなり，電流の大きさは抵抗の大きさに反比例する。

例 右のグラフで，2種類の電熱線に6Vの電圧が加わるとき，抵抗の大きい電熱線（20 Ω）の方が流れる電流は小さい（0.3 A）。

・**抵抗と電圧**…電流が一定のとき，抵抗が大きいほど大きな電圧が加わり，電圧の大きさは抵抗の大きさに比例する。

例 右のグラフで，2種類の電熱線に0.4 Aの電流が流れるとき，抵抗の大きい電熱線（20 Ω）の方が加わる電圧は大きい（8V）。

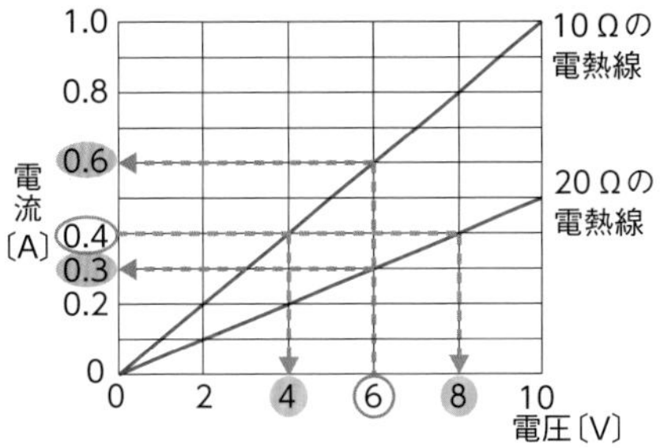

❹物質の種類と抵抗…抵抗の大きさは物質によってちがう。

a **導体**…抵抗が小さく，電流を通しやすい物質。

b **絶縁体（不導体）**…抵抗が大きく，電流を通しにくい物質。

c **半導体**…電気抵抗が導体と絶縁体の中間くらいの物質。

例 ケイ素（シリコン）やゲルマニウム など

❺長さ・太さと抵抗の大きさ…金属線の抵抗は，その長さに比例し，断面積に反比例する。

	物質	抵抗〔Ω〕
導体	銀	0.016
	銅	0.017
	アルミニウム	0.027
	鉄	0.10
	ニクロム（電熱線）	1.1
半導体	ケイ素	約2.5×10^{9}
	ゲルマニウム	約4.6×10^{5}
不導体	ガラス	$10^{15} \sim 10^{17}$
	ゴム	$10^{16} \sim 10^{21}$
	ポリ塩化ビニル	$10^{12} \sim 10^{19}$

（断面積1 mm^2，長さ1 m，温度20 ℃）

⬆いろいろな物質の抵抗

Column 生活

半導体は何に使われているの？

導体と絶縁体の中間の性質をもつため半導体とよばれているが，実は純度の高い半導体は温度が低いとほとんど電気を通さない。ある程度温度が上がると電気を通すようになる。また，ある種の元素などをふくませることで電気を通す温度や電気の通しやすさを変えることができるので，望んだ性能をつくり出すための研究が行われている。

現在，半導体はLSIなどの集積回路をはじめ，各種のセンサー，LEDなど，さまざまなものに利用されており，情報機器はもちろん，身のまわりのあらゆる電気製品になくてはならないもので，生活に欠かせない。

効率的な制御はもちろん，精密なセンサーやエネルギー消費の小さなLEDを使うことで，電気の使用量をおさえ，環境の保全にも役立てられている。

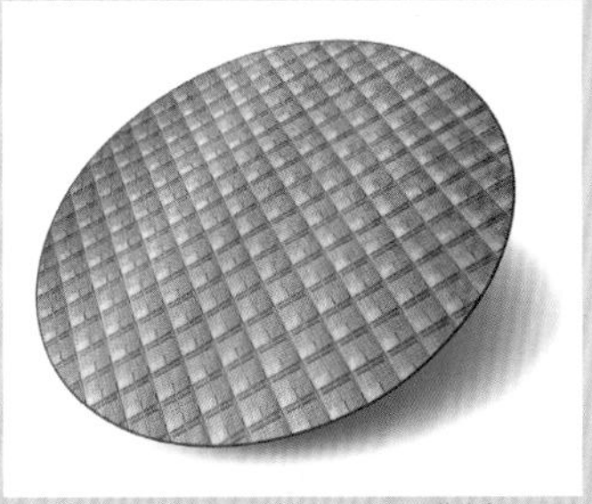

⬆シリコンウェハー…シリコンの結晶を加工してうすい円盤状にしたもの。集積回路の製造に使用されている。　©shutterstock

3 直列回路の抵抗

直列回路の全体の抵抗は，各抵抗の和である。

重要

❶直列回路の全体の抵抗…電熱線を直列につないだとき，回路全体の抵抗は，各電熱線の抵抗の大きさの和になる。

全体の抵抗$R = R_1 + R_2$

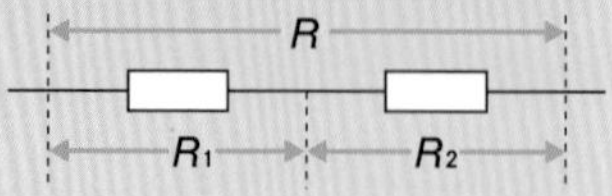

⇨直列回路ならば，電熱線の数が3個以上でも成り立つ。

全体の抵抗$R = R_1 + R_2 + R_3 + \cdots$

❷抵抗の大きさの比較…直列回路では，全体の抵抗は，どの電熱線の抵抗の値よりも大きい。

❸全体の抵抗$R = R_1 + R_2$が成り立つ理由…右下の回路で各電熱線の抵抗をR_1，R_2，電圧をV_1，V_2，電流をI_1，I_2とする。直列回路なので，次の式が成り立つ。

全体の電圧$V = V_1 + V_2$……㋐

また，オームの法則は回路のどの部分でも成り立つから，

$V = RI$　$V_1 = R_1 I_1$　$V_2 = R_2 I_2$　これを㋐の式に代入して

$RI = R_1 I_1 + R_2 I_2$……㋑

また，直列回路を流れる電流の大きさは，回路のどの部分でも同じなので，$I = I_1 = I_2$となる。

したがって，㋑の式は，$R = R_1 + R_2$となる。

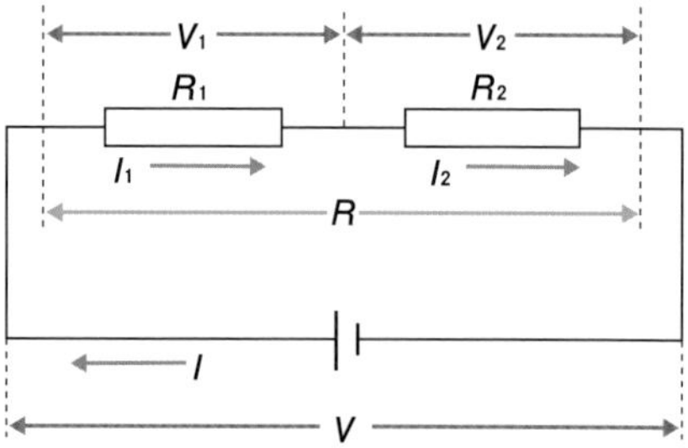

くわしく 直列回路の電圧と抵抗

直列回路の各電熱線の抵抗をR_1，R_2，電圧をV_1，V_2，電流をI_1，I_2とする。各電熱線に加わる電圧はオームの法則から，$V_1 = R_1 I_1$　$V_2 = R_2 I_2$

直列回路では流れる電流の大きさは一定だから，$I_1 = I_2$より，電熱線に加わる電圧の大きさの比は，各電熱線の抵抗の大きさの比に等しい。

例 抵抗が5Ωと10Ωの電熱線A，Bの直列回路がある。流れる電流が0.2Aとすると，電熱線A，Bに加わる電圧は，

A…5〔Ω〕×0.2〔A〕＝1〔V〕

B…10〔Ω〕×0.2〔A〕＝2〔V〕

よって，電熱線A，Bの抵抗の比A：B＝5〔Ω〕：10〔Ω〕＝1：2は，電圧の比に等しい。

トレーニング 重要問題の解き方

直列回路の全体の抵抗を求める問題

例題 右の図のように，20 Ωと15 Ωの電熱線を直列につないだとき，全体の抵抗は何Ωか。

ヒント $R = R_1 + R_2$の式を使う。

電熱線は直列につながれているので，全体の抵抗は各抵抗の和になる。

そこで，全体の抵抗R＝20〔Ω〕＋15〔Ω〕＝35〔Ω〕

答え 35 Ω

4 並列回路の抵抗

並列回路の全体の抵抗は，各抵抗より小さくなる。

重要

❶**並列回路の全体の抵抗**…電熱線を並列につなぐと，電流の通り道がふえるために，電流は通りやすくなる。全体の抵抗は，どの電熱線の抵抗よりも小さい。

全体の抵抗 $R < R_1$　$R < R_2$

$$\frac{1}{\text{全体の抵抗}R} = \frac{1}{R_1} + \frac{1}{R_2}$$

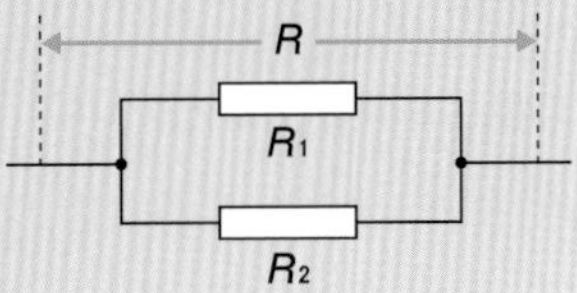

❷ $\dfrac{1}{\text{全体の抵抗}R} = \dfrac{1}{R_1} + \dfrac{1}{R_2}$ **が成り立つ理由**…下の図のように，各電熱線の抵抗を R_1，R_2，電圧を V_1，V_2，電流を I_1，I_2 とする。並列回路なので，次の式が成り立つ。

全体の電流 $I = I_1 + I_2$　………㋐

オームの法則より，

$I = \dfrac{V}{R}$　$I_1 = \dfrac{V_1}{R_1}$　$I_2 = \dfrac{V_2}{R_2}$

これを，㋐の式に代入して，

$\dfrac{V}{R} = \dfrac{V_1}{R_1} + \dfrac{V_2}{R_2}$　………㋑

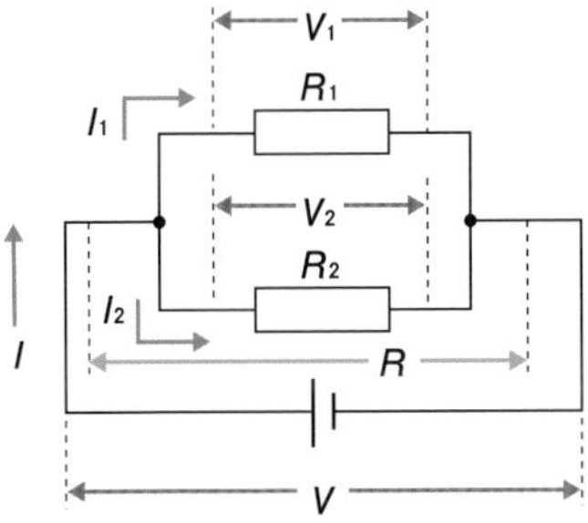

また，並列回路にはどの電熱線にも同じ大きさの電圧が加わるので，

$V = V_1 = V_2$

したがって，㋑の式は，

$\dfrac{1}{R} = \dfrac{1}{R_1} + \dfrac{1}{R_2}$

❸**並列回路の考え方**…右の図のように，並列回路の全体の抵抗を1つの電熱線の抵抗として考えると，回路が単純になって考えやすい。

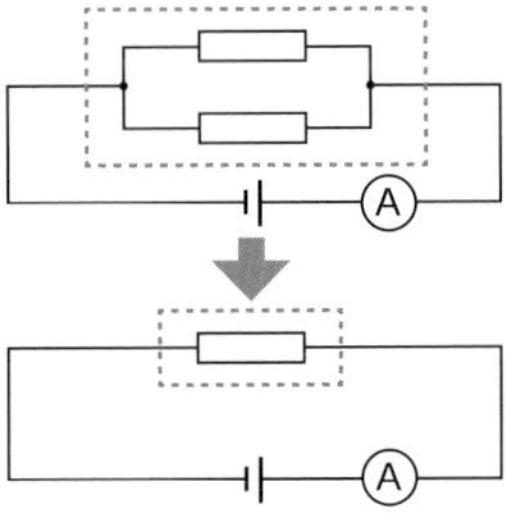

くわしく　特別な回路と全体の抵抗

並列回路の全体の抵抗を求めるとき，公式を使わなくても求めることができる場合がある。

①**2つの電熱線の抵抗が同じ場合**…並列回路全体の抵抗は電熱線の抵抗の $\frac{1}{2}$ となる。

②**並列回路全体を流れる電流と電圧がわかるとき**…オームの法則を使って計算して求める。

発展　並列回路の電流と抵抗

並列回路の各電熱線の抵抗を R_1，R_2，電圧を V_1，V_2，電流を I_1，I_2 とする（並列回路なので $V_1 = V_2$）。各電熱線を流れる電流は，オームの法則から，

$I_1 = \dfrac{V_1}{R_1}$　　$I_2 = \dfrac{V_2}{R_2}$

$I_1 : I_2 = \dfrac{V_1}{R_1} : \dfrac{V_2}{R_2}$

$= \dfrac{1}{R_1} : \dfrac{1}{R_2}$

並列回路を流れる電流の大きさは，電熱線の抵抗の大きさに反比例する。（抵抗の大きさの逆数の比に等しい。）

くわしく　直列・並列が混じった回路の計算

①

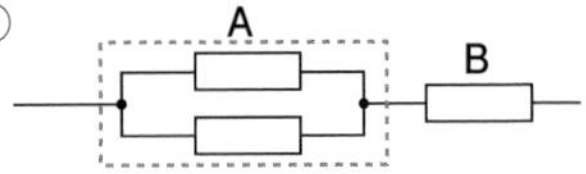

②

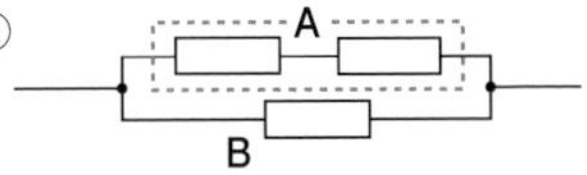

①は，Aの並列つなぎの部分を先に計算し，次にAとBの直列回路として計算する。

②は，Aの直列つなぎの部分を先に計算し，次にAとBの並列回路として計算する。

並列回路や直列と並列が混じった回路の抵抗の計算

例題 右の図のように，4 Ωと12 Ωの電熱線を並列につないだとき，全体の抵抗は何Ωか。

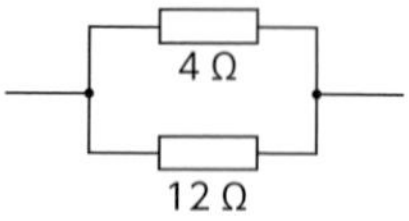

ヒント $\frac{1}{R}=\frac{1}{R_1}+\frac{1}{R_2}$の式を使う。

電熱線は並列につながれているので，全体の抵抗をRとすると，

$\frac{1}{R}=\frac{1}{4}+\frac{1}{12}$　より，$\frac{1}{R}=\frac{1}{3}$　よって，$R=3$〔Ω〕

答え 3 Ω

例題 右の図のように，並列つなぎと直列つなぎが混じった回路の全体の抵抗は何Ωか。

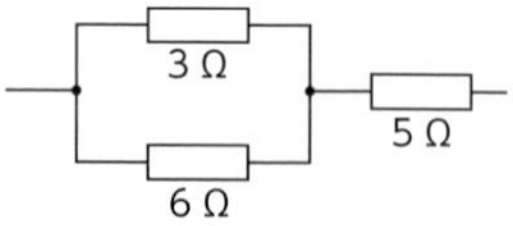

ヒント 並列つなぎの部分を先に計算しよう。

並列つなぎの部分の全体の抵抗をRとすると，

$\frac{1}{R}=\frac{1}{3}+\frac{1}{6}$　より，$\frac{1}{R}=\frac{1}{2}$　よって，$R=2$〔Ω〕

全体の抵抗の大きさは，2＋5＝7〔Ω〕

答え 7 Ω

Column　LED（発光ダイオード）の利用　生活

LEDは光の波長（色）や出力（強さ）を制御しやすい。目に見える可視光線だけではなく，赤外線や紫外線を出すLEDもある。歯医者さんで歯のつめ物に使われる樹脂（プラスチック）は，LEDの光で硬化するタイプが現在の主流だ。この種の樹脂は，ネイルアートや3Dプリンターでも使われている。

「植物の工場」というのを聞いたことがあるだろうか。水耕栽培は昔から行われていたが，LED照明によってより効率的にできるようになった。植物の種類や収穫する部位（葉・茎・根・実など）によって，成長を促す光の波長や適した照射時間があり，そのとおりに照射できれば，よりよく成長し，より質のよい野菜が早く収穫できるわけだ。これもLEDが波長や出力を正確に設定したり調整したりできることで可能になった技術だ。このような用法では，光をずっと照射し続けなければならないので，LEDが省エネであることも利点といえる。

⬆レタスの水耕栽培

5 電気のエネルギー

教科書の要点

1 電力

◎**電気エネルギー**…電気がもついろいろなはたらきをする能力。

◎**電力**…1秒間あたりに使う電気エネルギーの量。

電力〔W〕＝電圧〔V〕×電流〔A〕

◎**電力の単位**…**ワット**（記号W），**キロワット**（記号kW）

2 電力量

◎**電力量**…電気器具などで消費された電気エネルギーの量。

電力量〔J〕＝電力〔W〕×時間〔s〕

◎**電力量の単位**…**ジュール**（記号J），ワット秒（記号Ws），ワット時（記号Wh），キロワット時（記号kWh）

1 J＝1 Ws，1 Wh＝3600 J，1 kWh＝1000 Wh

3 電流による発熱

◎**熱量と水の上昇温度**…水1 gの温度を1℃上昇させるのに必要な熱量は約4.2 Jである。

◎**電熱線の発熱量**…電流を流した時間と電力に比例する。

電熱線の発熱量〔J〕＝電力〔W〕×時間〔s〕

1 電力

わたしたちはふだんさまざまな形で電気を利用している。

❶**電気エネルギー**…電気は，いろいろな電気器具に電流が流れることによって光や音，熱を発生させたり，物体を運動させたりする能力がある。このような電気がもっている能力を電気エネルギーという。

a 光の発生　例 電灯，蛍光灯 など

b 音の発生　例 スピーカー など

c 熱の発生　例 電気ストーブやトースターの電熱線 など

d 物体を動かす　例 扇風機や掃除機などに使われているモーター など

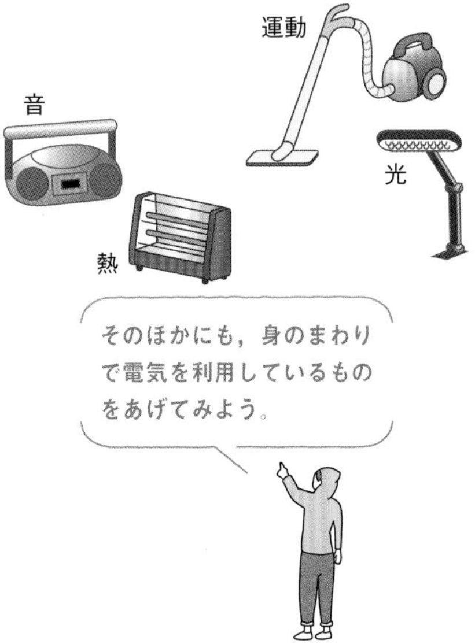
運動
音
光
熱
そのほかにも，身のまわりで電気を利用しているものをあげてみよう。

重要

❷**電力**…1秒間あたりに消費する電気エネルギーの量。電圧(でんあつ)V〔V〕で電流I〔A〕が流れるときの電力をP〔W〕とすると，次の式で表される。

電力P〔W〕＝電圧V〔V〕×電流I〔A〕

※電流が mA のときは，A の単位に数値を直すこと。

❸**電力の単位…ワット**（記号W），**キロワット**（記号kW）

1000 W = 1 kW

⇨1 Wは，1 Vの電圧で1 Aの電流が流れたときの電力。

❹**電力の大きさ**…電圧が大きく，電流が大きいほど大きい。

❺**消費電力**(しょうひでんりょく)…電気器具などに表示されている電力。電気器具が1秒間に消費する電力を表す。

例 右の電子レンジの場合，100 V の電源につなぐと 930 W の電力を消費することを表す。

電子レンジ

定格電圧	100 V
定格周波数	50 Hz
定格消費電力	930 W

⬆電気器具の電力表示

・**電気器具の電力の数字（W数(ワットすう)）**…W数が大きいほど，消費する電気エネルギーの量が大きく，光や音，熱を発生させたり，物体を動かしたりする能力が大きいことを表す。

・**電気器具に流れる電流**…加わる電圧は100 Vなので，電力÷電圧＝電流より，電流の大きさが求められる。

・**家庭内での全体の消費電力**…家庭の配線は並列つなぎなので，すべての電気器具には100 Vの電圧が加わり，全体の消費電力は，各電気器具の消費電力の和となる。

くわしく **オームの法則と電力**

電力の式$P=VI$にオームの法則の式$\left(V=RI,\ I=\dfrac{V}{R}\right)$を代入すると，①$P=RI^2$，②$P=\dfrac{V^2}{R}$の式を導き出すことができ，次のことがいえる。

①電流が一定のとき，電力の大きさは**抵抗の大きさに比例する**。

②電圧が一定のとき，電力の大きさは**抵抗の大きさに反比例する**。

生活 **テーブルタップのW数**

テーブルタップには「合計1200 Wまで」などの表示がある。テーブルタップにつないだ電気器具のW数の合計が，表示のW数以上になると，決められた以上の電流が流れ，加熱して発火，火事の原因になることもあり，危険である。

「ワット」は，イギリスの技術者であるジェームズ・ワット（1736～1819 年）にちなんでつけられた単位。ワットは新しい蒸気機関の開発をしたことで有名だよ。

トレーニング 重要問題の解き方

電力の計算

例題 電熱線に12 Vの電圧を加えると0.6 Aの電流が流れた。この電熱線の電力は何Wか。

ヒント 電力P〔W〕＝電圧V〔V〕×電流I〔A〕に代入する。

電圧V＝12〔V〕，電流I＝0.6〔A〕より，電力P〔W〕＝12〔V〕×0.6〔A〕＝7.2〔W〕

答え 7.2 W

2 電力量

電力が1秒間あたりの電気エネルギーの量であるのに対して，使用した時間をかけた全体の量は電力量として表される。

重要

❶電力量…電気器具で消費された電気エネルギーの全体の量。電気器具の電力と使用した時間との積で表す。

電力量 W〔J〕＝電力 P〔W〕×時間 t〔s〕

❷電力量の単位…**ジュール**（記号J），ワット秒（記号Ws），ワット時（記号Wh），キロワット時（記号kWh）。

1 J = 1 Ws　1 kWh = 1000 Wh

⇨1 J（1 Ws）は1 Wの電力を1秒間使ったときの電力量，1 Whは1 Wの電力を1時間使ったときの電力量である。1時間＝3600秒だから，

1 Wh = 1 W × 1 h = 1 W × 3600 s = 3600 Ws = 3600 J

テストで注意　電力・電力量を表す文字

電力を表す文字として使われる P は，英語で力を表すpowerの，電力量を表す W は，仕事を表すworkの頭文字をとったものである。W を電力の単位のW（ワット）とまちがえないようにすること。

生活　電気器具を使ったときの電力量

下の電気料金の請求書の例では，1か月に使用した電力量は396 kWhである。

2月分	ご使用期間 1月26日～2月23日 検針月日 3月30日（28日間）		ご契約種別	従量電灯B
使用量		396kWh	ご契約	30A
請求予定金額 ち消費税等相当額）	8,573円 408円		当月指示数 前月指示数 差引 計器乗率（倍）	

トレーニング　重要問題の解き方

電力量の計算

例題　消費電力830 Wのトースターを3分間使用した。このときの電力量は何Jか。

ヒント　電力量 W〔J〕＝電力 P〔W〕×時間 t〔s〕に代入する。

電力 P＝830〔W〕　時間 t＝3分＝3×60〔s〕＝180〔s〕

よって，電力量 W〔J〕＝830〔W〕×180〔s〕＝149400〔J〕

答え　149400 J

例題　消費電力200 Wのテレビを4時間，1200 Wのアイロンを1時間使用した。このときの電力量は合計何kWhか。

ヒント　合計の電力量＝テレビの電力量＋アイロンの電力量

テレビの電力量〔Wh〕＝200〔W〕×4〔h〕＝800〔Wh〕

アイロンの電力量〔Wh〕＝1200〔W〕×1〔h〕＝1200〔Wh〕

よって，合計の電力量〔Wh〕＝800〔Wh〕＋1200〔Wh〕＝2000〔Wh〕＝2〔kWh〕

答え　2 kWh

3 電流による発熱

電流による「発熱量」＝電熱線で消費された「電力量」である。

❶**熱と温度**…熱はエネルギーの一種で，物質の温度を変える原因となるものである。物質が熱を得るとその物質の温度は上がり，物質から熱が出ていくと温度は下がる。

❷**熱量**…**熱エネルギー**の量。単位は**ジュール**（記号J）。

⇨1 Jは水1 gの温度を約0.24 ℃上昇させるのに必要な熱量。

❸**熱量と水の上昇温度の関係**…水の質量が一定のとき，水の上昇温度は水に加えた熱量に比例する。

> **重要**
> ⇨水1 gの温度を1℃上昇させるのに必要な熱量は約4.2 Jで，熱量と水の上昇温度との関係は，次の式で表される。
> **熱量〔J〕＝4.2〔J/g･℃〕×水の質量〔g〕×水の上昇温度〔℃〕**

❹**電熱線の発熱量**…一定の質量の水の中に電熱線を入れて電流を流し，水の上昇温度をはかって調べる。
└→発熱量は水の上昇温度に比例する。

・電熱線の電力が一定の場合，発熱量は電熱線に電流を流した時間に比例する。

・一定時間の発熱量は，電熱線の電力に比例する。

> **重要**
> ・電熱線の発熱量は，電熱線で消費された電気エネルギーの量，すなわち電力量で，1 Wの電力で1秒間に発生した熱量が1 Jであり，電力量と同じ式で表される。
> **電流による発熱量 Q〔J〕＝電力 P〔W〕×時間 t〔s〕**

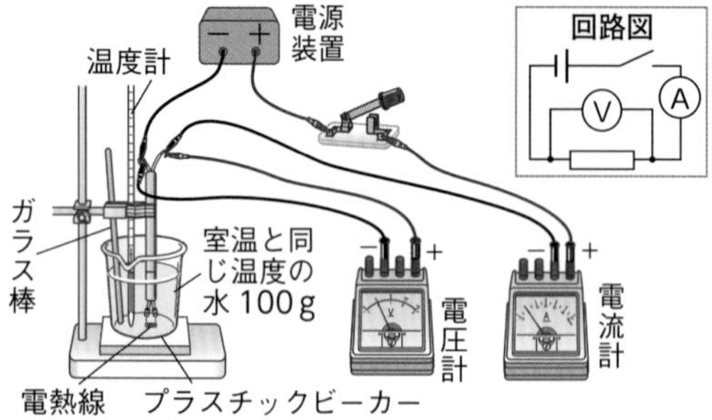

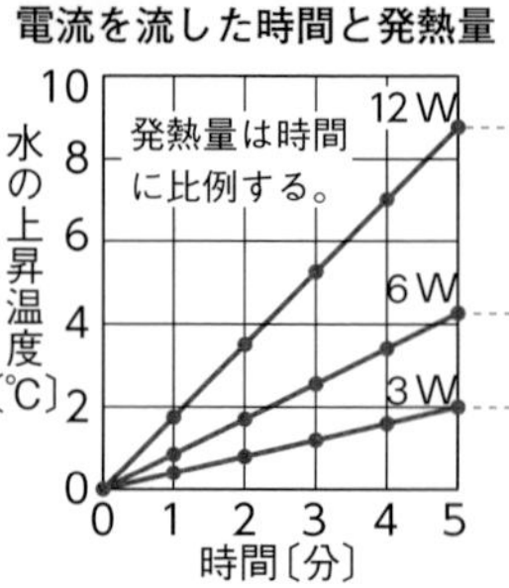

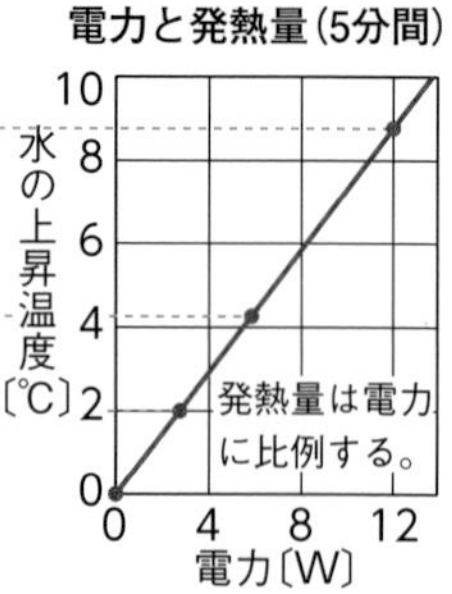

くわしく　4.2 Jを導くには

水1 gの温度を約0.24 ℃上昇させるのに必要な熱量が1 Jだから，水1 gを1℃上昇させるのに必要な熱量を x Jとすると，1〔℃〕：x＝0.24〔℃〕：1〔J〕
x＝4.16…〔J〕→約4.2 J

思考　電流を流すと発熱するのはなぜ?

中学1年では，物質を加熱すると，物質をつくっている粒子（原子）の振動が激しくなることによって物質の温度が上昇することを学んだ。

電熱線の発熱は，導線の中の電子（➡p.289）という粒子の振動が原因である。電流は電子の流れであり，回路に電圧を加えると導線の中を電子が動き出す。この動き出した電子が導線の中の金属をつくる粒子と衝突するために，金属をつくる粒子が激しく振動して熱が発生する。

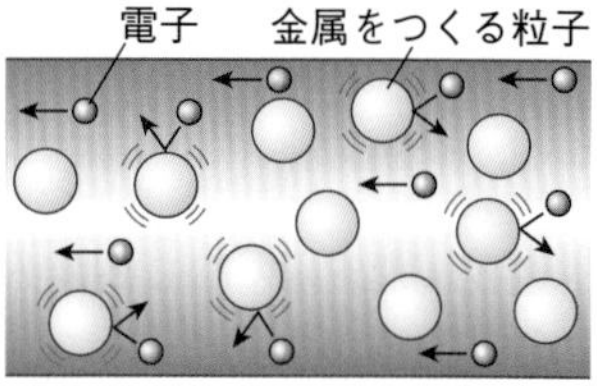

❺電熱線の発熱量と水が得る熱量…次の㋐は一定の質量の水が得た熱量，㋑は電熱線で発生した熱量を表している。

㋐…熱量〔J〕＝4.2×水の質量×水の上昇温度

㋑…電流による発熱量〔J〕＝電力〔W〕×時間〔s〕

ふつう，㋐で計算した熱量は㋑よりも小さい。電熱線から発生した熱の一部が逃(に)げるためで，発生した熱量がすべて水をあたためるために使われれば，㋐と㋑の熱量はほぼ一致(いっち)する。

生活 カロリー（cal）

熱量には，カロリー（記号cal）という単位もある。1 calは水1 gの温度を1℃変化させるときに必要な熱量で，約4.2 Jである。食品にふくまれるエネルギーの表示には，一般(いっぱん)にカロリーが使用されている。

❻直列回路(ちょくれつかいろ)・並列回路(へいれつかいろ)と発熱量

a直列回路…各電熱線に流れる電流は一定，各電熱線に加わる電圧は抵抗(ていこう)に比例するので，電力は抵抗の大きさに比例する。発熱量は電力に比例するので，各電熱線の発熱量の比は，電熱線の抵抗の大きさの比に等しい。

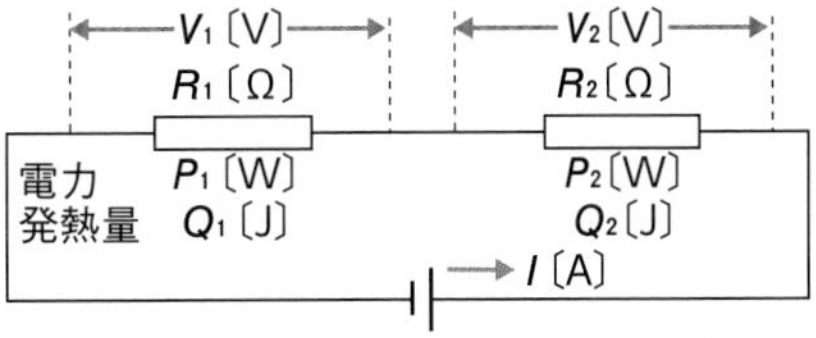

$Q_1 : Q_2 = P_1 : P_2 = V_1 : V_2 = R_1 : R_2$

b並列回路…各電熱線に流れる電流は抵抗の大きさに反比例し，各電熱線に加わる電圧は等しいので，電力は抵抗の大きさに反比例する。発熱量は電力に比例するので，各電熱線の発熱量の比は，電熱線の抵抗の大きさの逆数の比に等しい。

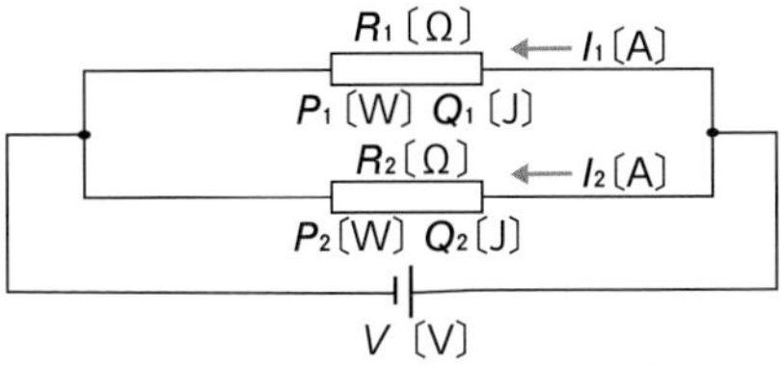

$Q_1 : Q_2 = P_1 : P_2 = I_1 : I_2 = \frac{1}{R_1} : \frac{1}{R_2}$

トレーニング 重要問題の解き方

熱量の計算

例題 20 ℃の水50 gを加熱すると，水の温度は24.5 ℃になった。水が得た熱量は何Jか。

ヒント 水が得た熱量＝4.2×水の質量×水の上昇温度に代入する。

水の質量＝50〔g〕　水の上昇温度＝24.5－20＝4.5〔℃〕

水の得た熱量＝4.2×50×4.5＝945〔J〕

答え 945 J

例題 右の図のように，電熱線に5 Vの電圧を加えたところ2 Aの電流が流れた。電熱線から1分間に発生する熱量は何Jか。

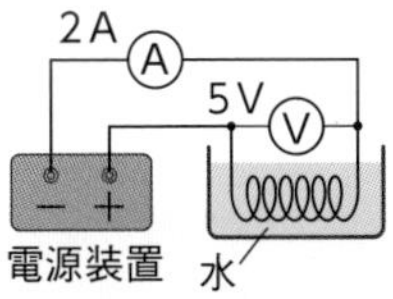

ヒント 1分を60秒として，電熱線の発熱量＝電力〔W〕×時間〔s〕に代入する。

電力＝5〔V〕×2〔A〕＝10〔W〕　時間＝1分＝60〔s〕

電熱線の発熱量＝10〔W〕×60〔s〕＝600〔J〕

答え 600 J

重要実験

発熱量と時間，電力の関係を調べる実験

目的 電熱線の発熱量が電流を流した時間や電熱線の電力によってどう変わるか調べる。

方法 6 V-6 W，6 V-9 W，6 V-18 Wの電熱線を用意し，次のようにして，水温の変化を測定する。

①ポリエチレンのビーカー3個のそれぞれに水100 gを入れ，しばらく放置する。

ポイント ●気温の影響（えいきょう）をなくすために，水の温度を室温と同じくらいにする。

②右図のように電熱線をつなぐ。

③はじめに水温を測定する。

④それぞれの電熱線に6 Vの電圧を加えて電流を流し，1分ごとに水温を測定する。
ガラス棒でときどきかき混ぜながら，5分間行う。

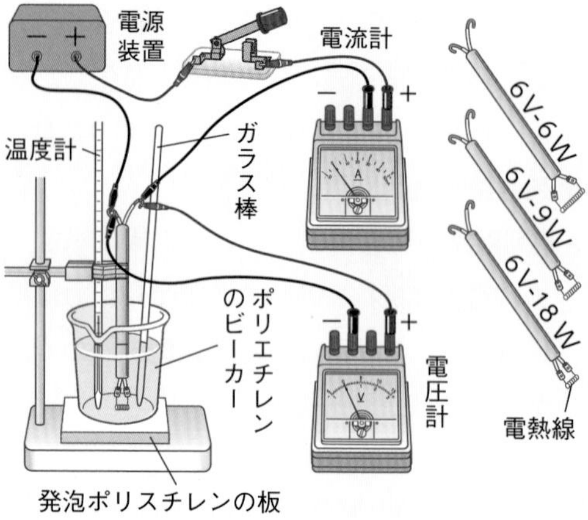

結果 電圧6 V，水の質量100 g

時間〔分〕		0	1	2	3	4	5
水の上昇温度〔℃〕	6 W	0	0.9	1.7	2.6	3.5	4.3
	9 W	0	1.3	2.6	3.9	5.2	6.5
	18 W	0	2.6	5.2	7.8	10.4	13.0

電流を流した時間と水の上昇温度

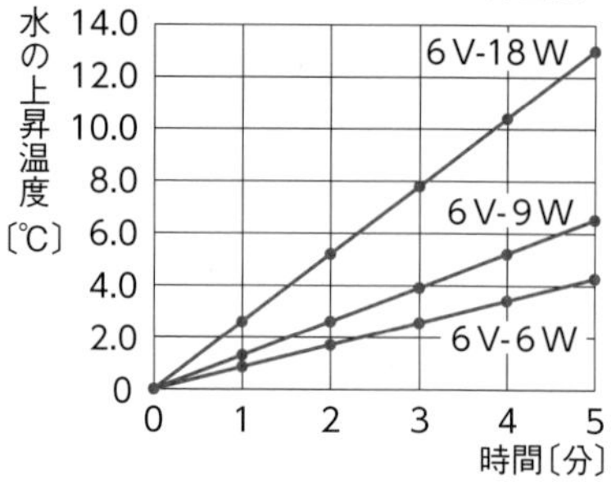

考察 a 結果をグラフに表すと，どの電熱線も原点を通る直線になった。 ⇨発熱量は時間に比例する。

b 電流を流した時間が5分間のとき，電力と水の上昇温度との関係をグラフに表すと原点を通る直線になった。
⇨発熱量は電力に比例する。

電力と水の上昇温度（5分間）

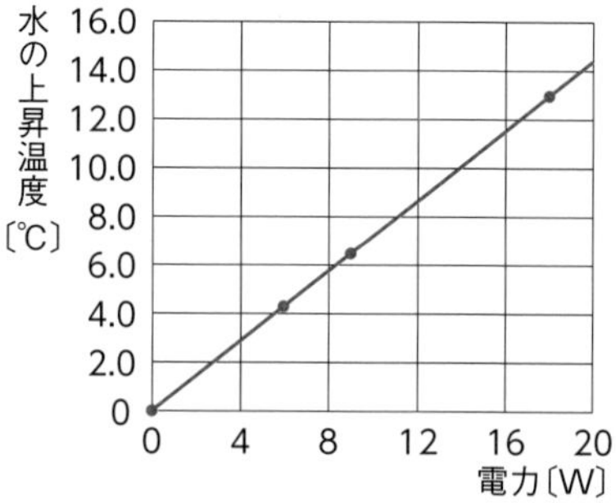

結論
- 電熱線の電力が一定のとき，電熱線の発熱量は電流を流した時間に比例する。
- 電流を流した時間が一定のとき，電熱線の発熱量は電力に比例する。

消費電力の計算

例題 ひろしさんは，家庭で使用しているテーブルタップについて，同時に複数の電気器具をつないで使用するのは危険だという話を聞き，次のように考えた。ひろしさんの考えを読んで，あとの問いに答えなさい。

↑テーブルタップ　©photolibrary

【ひろしさんの考え】

テーブルタップの配線は［ ア ］回路で，１つのテーブルタップに複数の電気器具をつないで使用した場合，テーブルタップに流れる電流は［ イ ］の和となるから，大きな電流が流れて危険なのだろう。

(1) ［ ア ］，［ イ ］にあてはまる言葉を答えよ。

(2) 右の表は，ひろしさんの部屋にある電気器具を，100 Vのコンセントにつないだときの消費電力である。このテーブルタップが，100 Vの電圧で合計15 Aまでの電流であれば安全に使用できるとき，テーブルタップに同時につなぐと危険な電気器具の組み合わせをすべて答えよ。ただし，同時につなぐことのできる電気器具は２種類までとする。

電気器具	消費電力〔W〕
ドライヤー	1200
テレビ	140
加湿器(かしつき)	330
電気カーペット	680

↑電気器具の消費電力

ヒント (2)電力を求める式を変形して，各電気器具に流れる電流を計算する。

直列・並列回路の電流・電圧の特徴(とくちょう)は？

(1) テーブルタップにつないだ電気器具は，どれか１つの電源を切ってもほかは動く。したがって，テーブルタップの配線は，並列回路である。

並列回路の電流は，回路の各部分に流れる電流の和となる。

電力＝電圧×電流で求められる。

(2) 消費電力1200 Wのドライヤーに100 Vの電圧を加えたときに流れる電流は，

電力＝電圧×電流の式を変形して，$電流=\frac{電力}{電圧}=\frac{1200〔W〕}{100〔V〕}=12〔A〕$

同様に，テレビには1.4 A，加湿器には3.3 A，電気カーペットには6.8 Aの電流が流れる。したがって，合計15 Aをこえる組み合わせを考えればよい。

答え (1)ア　並列　イ　各電気器具に流れる電流　(2)　ドライヤーと加湿器，ドライヤーと電気カーペット

Column エネルギーを効率的に使うには?

生活

わたしたちはふだん，たくさんのエネルギーを消費して生活している。電気やガス，水道，インターネットなどの使用はもちろん，身のまわりのものの製造や運送の過程でも，多くのエネルギーが消費されている。(エネルギーについては，くわしくは中3で学習する。)

「省エネ」とは，「省エネルギー」の略で，エネルギーを効率よく使用することを指す。発電所での発電の過程など，エネルギーを得る際には，石油や石炭などの資源を使用したり，大量の二酸化炭素が発生したりするため，省エネによって，貴重な資源を節約したり，地球環境への負荷を減らしたりする必要がある。

エネルギーには，電気エネルギーや熱エネルギーなどのほかにも，さまざまな形があるが，家庭で消費されるエネルギーの50 %以上は電気エネルギーである。したがって，わたしたち1人1人が，家庭で使用する電気エネルギーを効率よく使うことが非常に重要である。

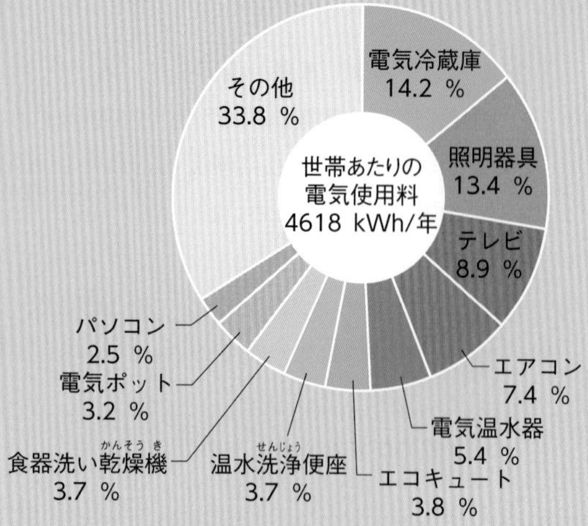

⬆家庭における消費電力

(経済産業省総合エネルギー調査会省エネルギー基準部会（第17回）資料「トップランナー基準の現状等について」より作成。
※資源エネルギー庁平成21年度民生部門エネルギー消費実態調査および機器の使用に関する補足調査より日本エネルギー経済研究所が試算。)

例えば，電気器具を使用していないときに消費される電力を**待機時消費電力**といい，テレビやパソコンなど，主電源を切らずにコンセントにつないだ状態にしているだけで電力を消費する電気器具は多い。これらの電気器具のプラグをコンセントから外すことで，省エネにつながる。

また，省エネを実現するために，次のようなさまざまな技術やしくみが開発されている。

⬆排出される熱を効率的に活用するエアコン

写真は©パナソニック株式会社

●**省エネ家電**…エネルギーの消費をおさえることができる家庭用の電気器具のことで，一般に新しい電気器具は10年前のものと比べると効率よくエネルギーを使用できるようになっている。

●**省エネ住宅**…家庭で使用するエネルギーの約30 %を占める暖房・冷房によるエネルギーの消費をおさえることができる住宅。断熱材を使い，冬は熱を外に逃がしにくく，夏は外から熱が入りにくい構造となっている。

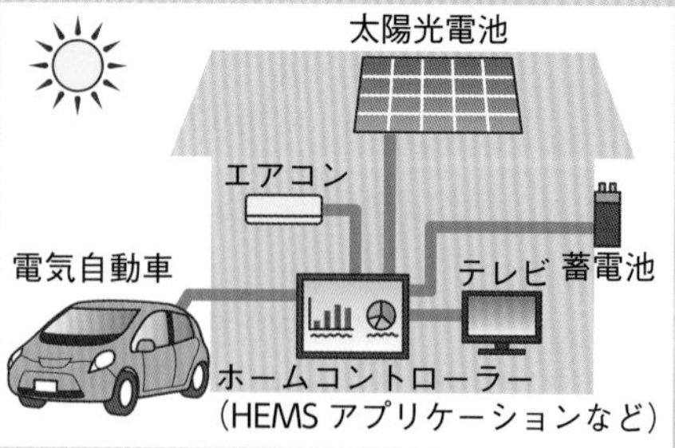

⬆HEMSの例

●**HEMS (Home Energy Management System)**…家庭でエネルギーを効率よく使用するための管理システム。家庭の電気器具や設備とつないで，電気器具ごとのエネルギーの使用量などをパソコンやスマートフォンに表示したり，電気器具を自動で制御したりして，エネルギーを効率的に使用できるようにする。

チェック 基礎用語 次の〔　〕にあてはまるものを選ぶか，あてはまる言葉を答えましょう。

1 電気の利用 ～ 3 回路に加わる電圧

□(1) 電流は電源の〔　　〕極から出て，〔　　〕極に流れこむ。

□(2) 電流の通り道が１本の回路を〔　　〕，２本以上ある回路を〔　　〕という。

□(3) 電流が流れる道すじを記号で表したものを〔　　〕という。

□(4) 電気用図記号⊗は〔　　〕を表している。

□(5) 電流計は回路に〔 直列　並列 〕に，電圧計は回路に〔 直列　並列 〕につないで使う。

□(6) 電流の単位は〔　　〕，電圧の単位は〔　　〕である。

□(7) 〔　　〕回路の電流の大きさはどこでも等しい。〔　　〕回路の分かれた電流の和は，分かれる前の電流の大きさと等しい。

□(8) 直列回路の各部分に加わる電圧の〔　　〕は電源の電圧に等しく，並列回路の各部分の電圧は電源の電圧と〔　　〕。

4 電圧と電流の関係 ～ 5 電気のエネルギー

□(9) 電流の流れにくさを表したものを〔　　〕という。

□(10) 電熱線に流れる電流の大きさは，電熱線の両端に加わる電圧の大きさに〔 比例　反比例 〕する。

□(11) 直列回路の全体の抵抗は，電熱線の抵抗の〔　　〕に等しい。

□(12) 並列回路の全体の抵抗は，どの１つの電熱線の抵抗の大きさよりも〔 大きい　小さい 〕。

□(13) 電流の通し方は物質によってちがい，電流を通しやすい〔　　〕，電流を通しにくい〔　　〕と，中間くらいの〔　　〕がある。

□(14) １秒間あたりに使う電気エネルギーの量を〔　　〕という。

□(15) 電気器具で消費される電気エネルギーの全体の量を〔　　〕という。

□(16) 電熱線の発熱量は，〔　　〕と電流を流した時間に比例する。

解答

(1) ＋，－
(2) 直列回路，並列回路
(3) 回路図
(4) 電球
(5) 直列，並列
(6) アンペア（A），ボルト（V）
(7) 直列，並列
(8) 和，等しい
(9) 電気抵抗（抵抗）
(10) 比例
(11) 和
(12) 小さい
(13) 導体，絶縁体（不導体），半導体
(14) 電力
(15) 電力量
(16) 電力

1 電流がつくる磁界

教科書の要点

1 磁力と磁界

◎**磁力**…磁極間や，磁極と鉄片などの間にはたらく力。
同極どうし…反発する。
異極どうし…引き合う。

◎**磁界（磁場）**…磁力がはたらく空間。

◎**磁界の向き**…磁界の中で，磁針のN極が指す向き。

2 磁力線

◎**磁力線**…磁界の向きに沿ってかいた線。

◎**磁力線の間隔**…磁力線の間隔がせまい場所ほど，磁界が強い。

3 電流のまわりの磁界

◎**電流のまわりの磁界**…電流（導線）を中心に同心円状にできる。

◎**コイルのまわりの磁界**…右の図のような磁界ができる。

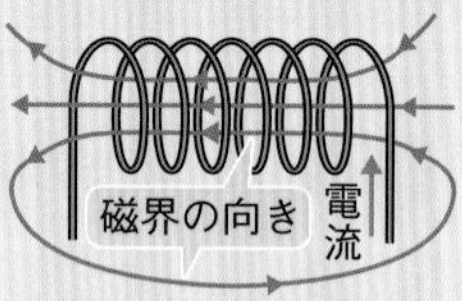

◎**電磁石**…コイルに鉄心を入れたもので，電流が流れると磁石としてはたらく。

1 磁力と磁界

磁石の力には力のはたらく方向と力がおよぶ範囲がある。

❶**磁石**…鉄，コバルトなどを引きつける性質をもつもの。

・**磁極**…鉄片などを引きつける性質が最も強い磁石の両端に近い部分。
⇨磁石に鉄片などが引きつけられるのは磁極付近で，磁石の中央部には引きつけられない。

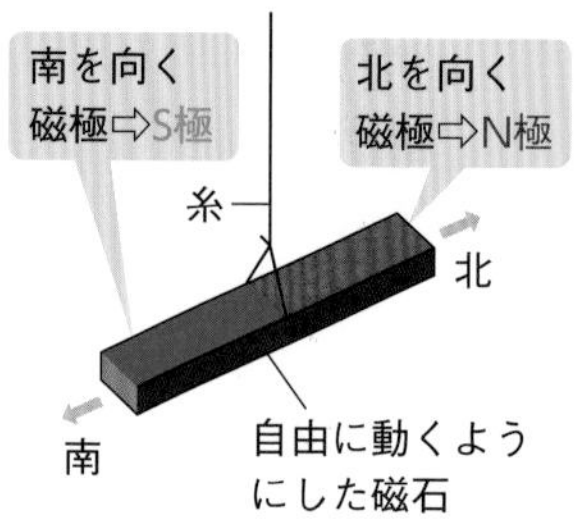

⬆磁石の磁極の決め方

くわしく 地球も1つの磁石

地球は1つの大きな磁石である。磁針を置いたとき，いつも南北を指すのは，北極付近にS極，南極付近にN極があるためである。

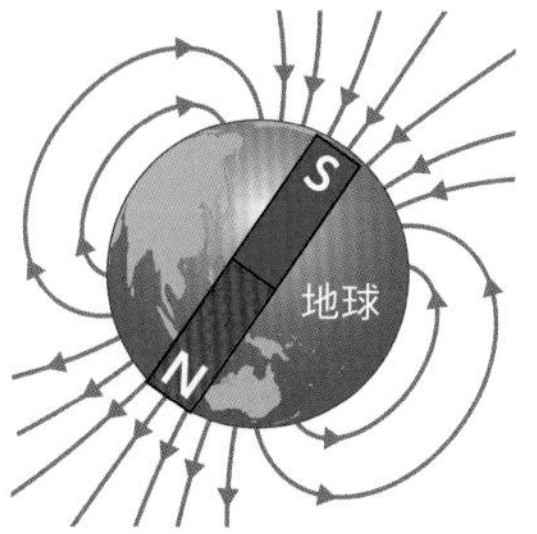

・**N極とS極**…棒磁石を自由に動くようにすると，北を向く磁極がN極，南を向く磁極がS極である。

❷**磁力**…磁極間や磁極と鉄片などの間にはたらく力。磁極間では反発する力や引き合う力がはたらく。

・**同極間（N極とN極，S極とS極）**…反発する力がはたらく。

・**異極間（N極とS極）**…引き合う力がはたらく。

❸**磁界**…磁力がはたらいている空間。**磁場**（じば）ともいう。

❹**磁界の向き**… 磁界の中に磁針を置いて，磁針が静止したとき，磁針のN極が指す向きを磁界の向きという。

❺**磁界の強さ**…磁界の各点における磁力の強さを，その点における磁界の強さという。磁力の大きい場所ほど磁界が強い。

発展 磁界の強さ

磁界の強さは，磁極からの距離（きょり）が大きいほど弱くなり，磁極からの距離の2乗に反比例する。

2 磁力線（じりょくせん）

磁界（じかい）の向きや強さは，磁力線をかいて表すことができる。

❶**磁力線**…磁界（じかい）の向きに沿ってかいた線。各点での磁針のN極が指す向きを調べ，その向きを曲線で結んでかく。

❷**磁力線の向き**…磁界の向きと同じで，磁石のN極からS極に向かう向きである。

❸**磁力線の疎密（そみつ）と磁界の強弱**

・**磁力線が密のところ**…磁界が強い。

・**磁力線が疎のところ**…磁界が弱い。

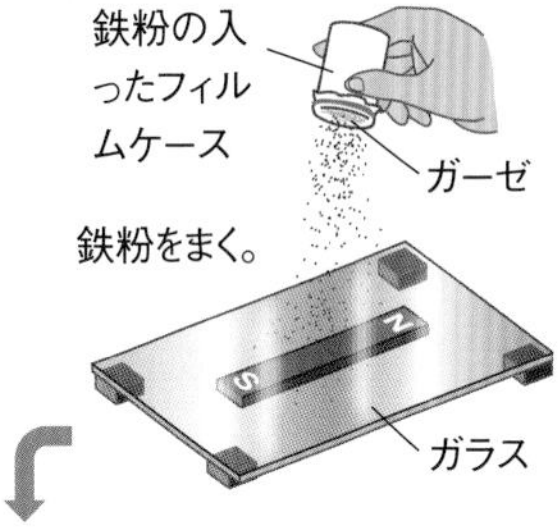

鉄粉の入ったフィルムケース
ガーゼ
鉄粉をまく。
N
S
ガラス

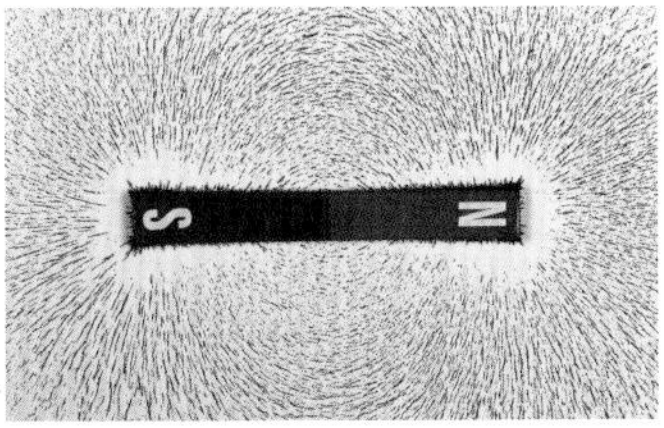

S
N

⬆棒磁石のまわりの磁界 ©アフロ

棒磁石の磁界のようすと磁力線

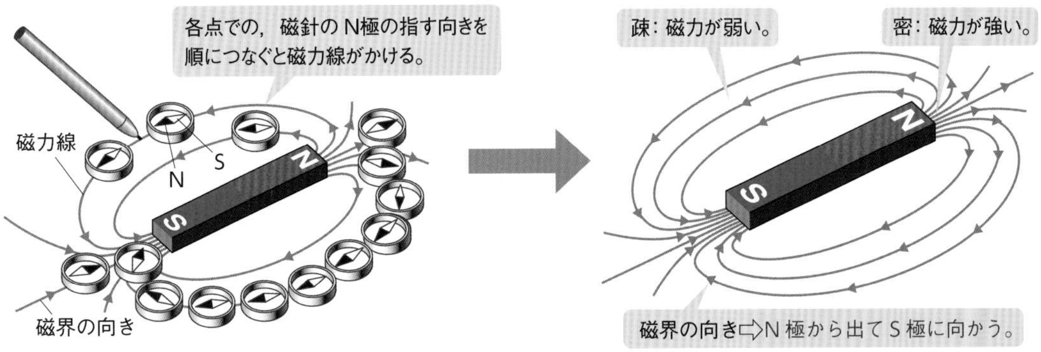

各点での，磁針のN極の指す向きを順につなぐと磁力線がかける。
磁力線
N
S
S
N
磁界の向き
疎：磁力が弱い。
密：磁力が強い。
磁界の向き⇨N極から出てS極に向かう。

3 電流のまわりの磁界

電流が流れると，そのまわりには同心円状に磁界が発生する。

(1) 電流のまわりの磁界

❶**電流（導線）のまわりの磁界**…導線に電流を流すと，その導線を中心として，同心円状の磁界ができる。

❷**磁界の向き**…電流の向きに合わせて右ねじを進めるときの，右ねじを回す向き。(右ねじの法則)

ここに注目　電流のまわりの磁界

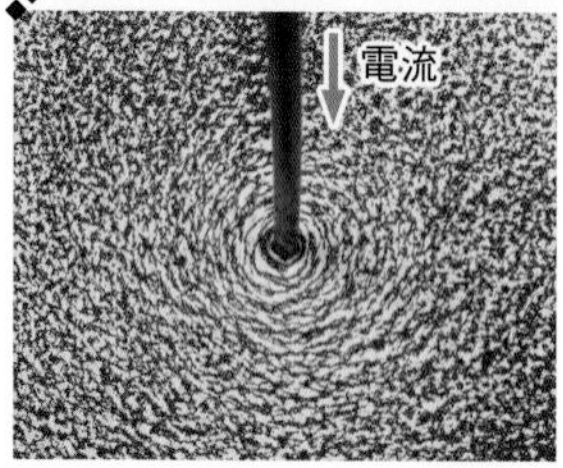

©アフロ

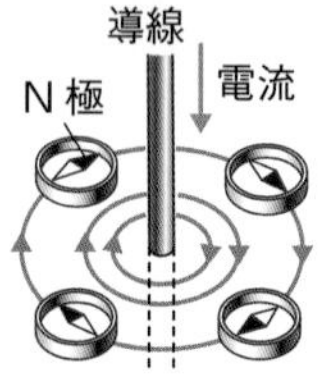

磁界は電流（導線）を中心に同心円状

❸**磁界の強さ**…電流が大きいほど，磁界は強くなる。また，電流（導線）からの距離が遠くなるほど，磁界は弱くなる。

❹**磁界の強さと磁針の振れ**… 南北方向に導線を置き，磁針を導線の上下に置いて，電流を流すと次のようになる。

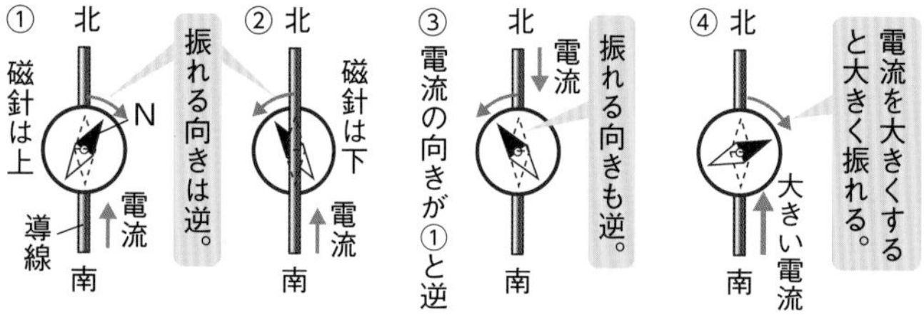

(2) 導線を巻いたときの磁界

…導線を中心に同心円状の磁界が生じ，これが合成されて，下のような磁界が生じる。

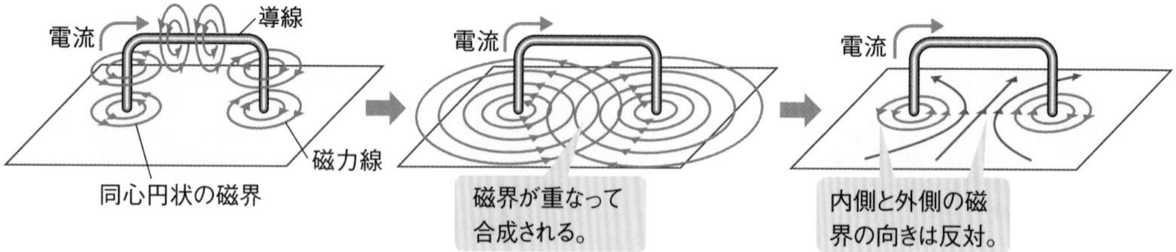

くわしく　右ねじの法則

電流の向きに合わせて右ねじを進めるとき，磁界の向きは右ねじを回す向きになる。

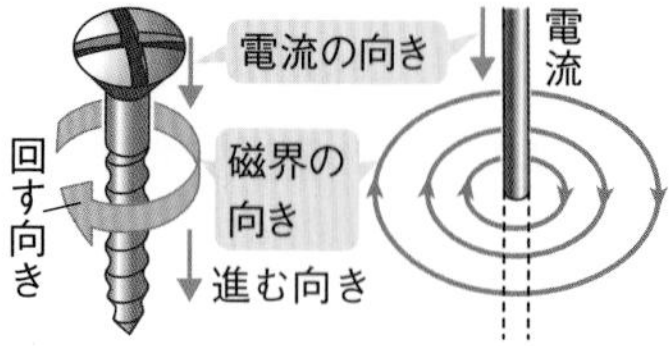

くわしく　磁界の向きを知る別の方法

電流の向きに右手の親指を合わせて導線をにぎると，４本の指の向きが磁界の向きである。

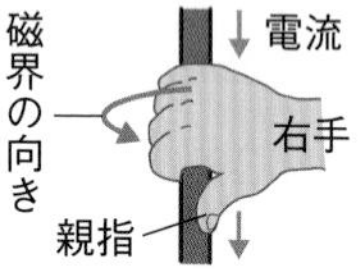

発展　電流のまわりの磁界の強さ

電流のまわりの磁界の強さは，電流の大きさに比例し，電流が流れている導線からの距離に反比例する。

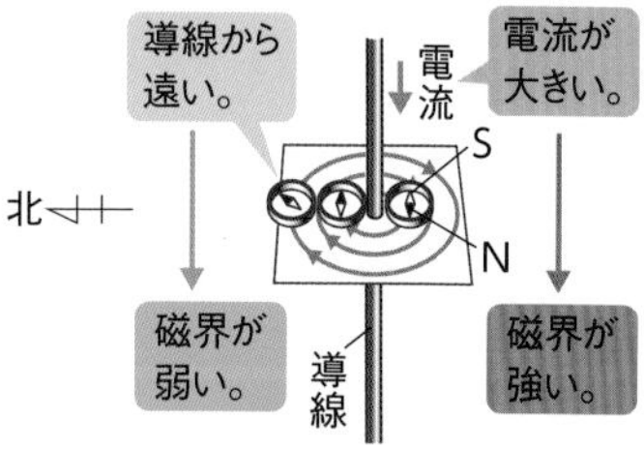

(3) **コイルのまわりの磁界**…コイルの各導線のまわりにできる磁界どうしが合成されて，強い磁界が生じる。

❶**コイルの内側の磁界の向き**…右手の４本の指で電流の向きにコイルをにぎったとき，親指の向きが，コイルの内側に生じる磁界の向きになる。

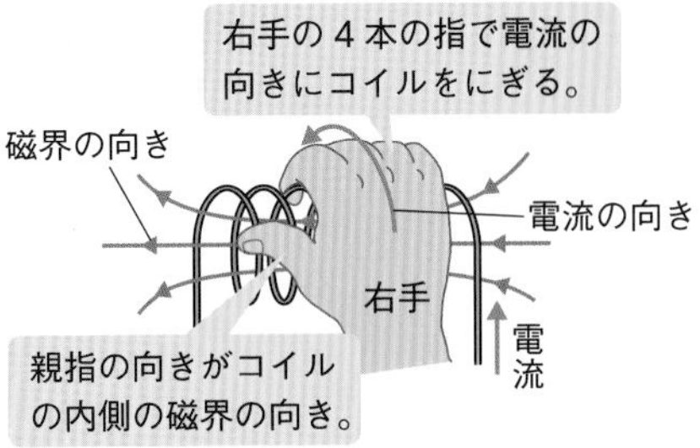
右手の４本の指で電流の向きにコイルをにぎる。
磁界の向き
電流の向き
右手
電流
親指の向きがコイルの内側の磁界の向き。

❷**コイルの外側の磁界の向き**…コイルの内側と反対向きである。

❸**磁界の強さと電流の大きさ・コイルの巻数の関係**…コイルに流す電流が大きいほど，コイルの巻数が多いほど，磁界は強くなる。

(4) **電磁石**（でんじしゃく）…コイルに鉄心を入れたもので，コイルに電流が流れたときだけ磁石としてはたらく。

❶**電磁石の磁界の強さ**…電磁石のコイルに電流を流すと，鉄心は磁石としてはたらき，コイルだけのときと比べて，磁界は非常に強くなる。

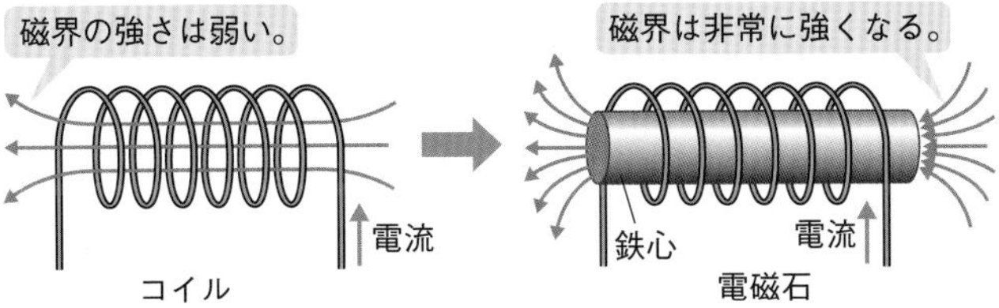
磁界の強さは弱い。
磁界は非常に強くなる。
電流
コイル
鉄心
電流
電磁石

❷**電磁石の磁界の強さと電流の大きさ・コイルの巻数**…コイルに流れる電流が大きくなると磁界は強くなる。また，電流が同じでもコイルの巻数が多くなると磁界は強くなる。

ここに注目 **コイルのまわりの磁界**

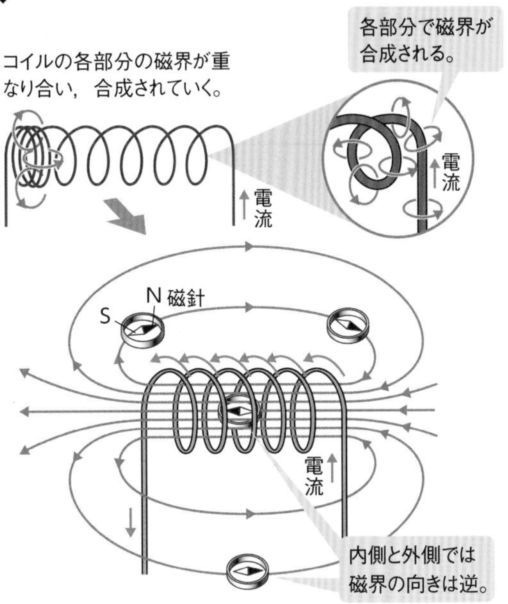
コイルの各部分の磁界が重なり合い，合成されていく。
各部分で磁界が合成される。
電流
電流
N 磁針
S
電流
内側と外側では磁界の向きは逆。

くわしく **電磁石の磁界の強さ**

コイルの磁界と磁化された（磁石となった）鉄心の磁界が重なり合うため，磁界は数倍から数百倍強くなる。

発展 **電磁石の磁極の見つけ方**

電磁石の両端（りょうたん）から，まわりのコイルに流れる電流の流れ方を見て，電流が右回りか左回りかをつかむことができる。左回りならN極，右回りならS極である。

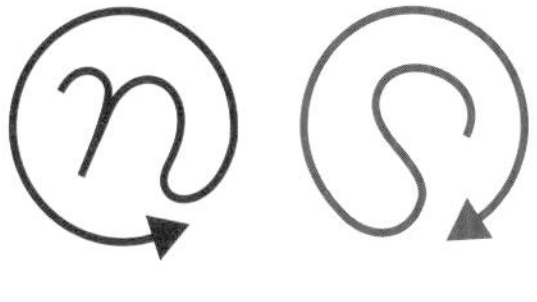

重要実験 コイルを流れる電流がつくる磁界

目的 コイルに電流を流したときにできる磁界のようすを，鉄粉や磁針で調べる。

方法
①エナメル線を40回くらい巻き，コイルをつくる。このコイルを図1のように厚紙にセットし，鉄粉をかたよりがないように巻く。
②スイッチを入れ，厚紙を軽く手でたたく。鉄粉の模様ができたら，スイッチを切る。
③鉄粉を回収後，図2のように，コイルのまわりに磁針を置き，スイッチを入れる。N極の指す向きに矢印をかく。
④磁針とコイルとの距離や，電流の向きを変えて，磁針の振れ方を調べる。

図1

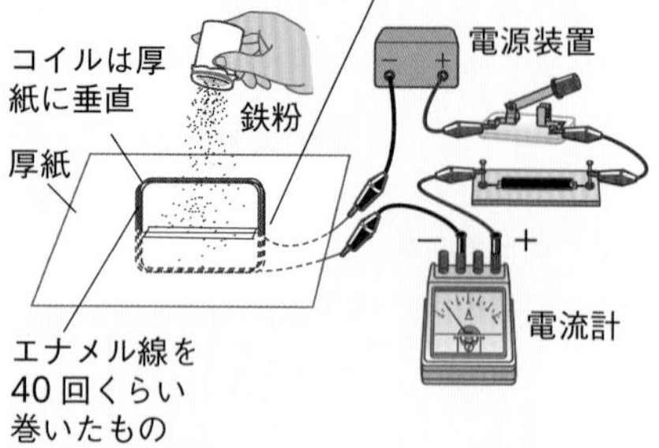

図2

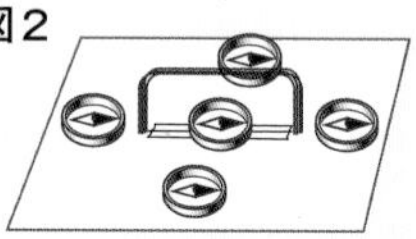

コイルのまわりに磁針を置く。

結果
a コイルのまわりの鉄粉のようす

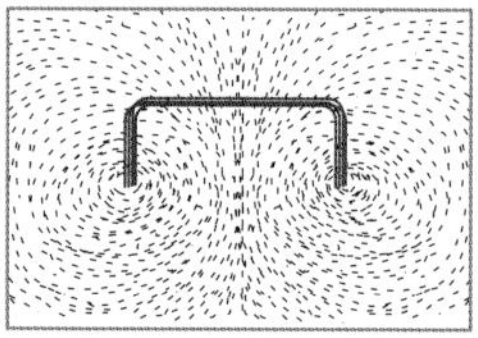

b コイルのまわりに置いた磁針のN極の向き

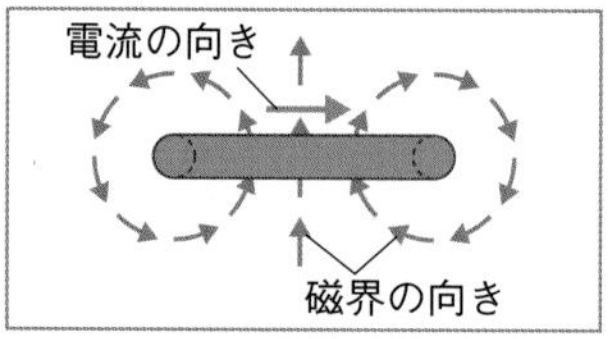

c コイルから遠くなると，磁針の振れは小さくなる。
電流の向きを逆にすると，磁針の振れも逆になる。

考察
・コイルのまわりにできる磁界は，右の図のようになる。
・コイルから遠い。⇨磁界は弱い。
・電流の向きが逆。⇨磁界の向きが逆。

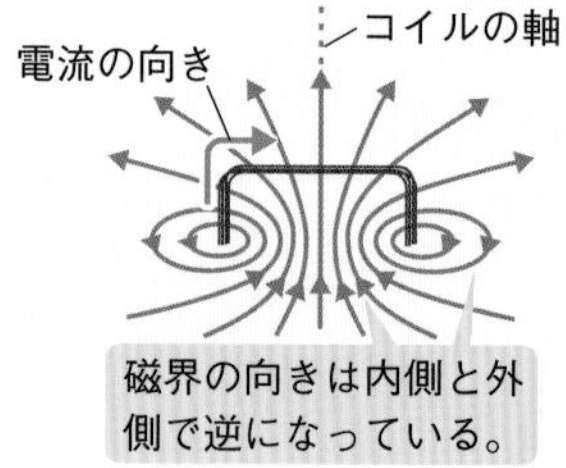

結論
・コイルの内側は，コイルの軸(じく)に平行な磁界ができる。
・コイルの外側は，内側とは逆向きの磁界になる。
・コイルから遠くなるほど磁界は弱くなる。
・コイルに流す電流の向きを逆にすると，磁界の向きも逆になる。

2 電流が磁界の中で受ける力

教科書の要点

1 電流が磁界の中で受ける力

◎受ける力とその向き…磁界の向きと電流の向きによって決まり，その両方に垂直。

◎受ける力の大きさ…電流を大きくする，磁界を強くすると，大きくなる。

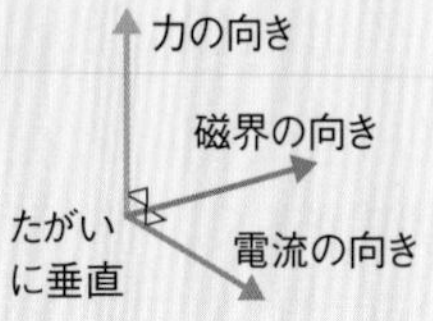

2 モーターのしくみ

◎**モーター**… 磁石の間にコイルを入れ，電流が磁界から受ける力を利用して，コイルが回転するようにした装置。

1 電流が磁界の中で受ける力

磁石の中で導線に電流を流すと，導線は磁界から力を受けて動く。

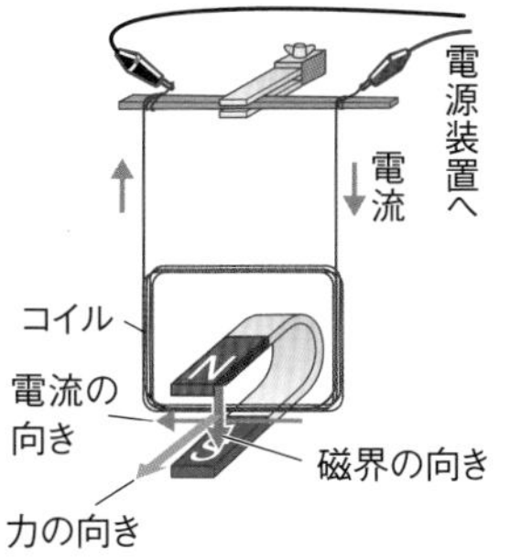

❶電流が磁界の中で受ける力の向き…電流が磁界の中で受ける力の向きは，電流の向きと磁界の向きによって決まり，そのどちらの向きにも垂直である。

テストで注意　電流の向きと磁界の向き

電流の向きと磁界の向きはたがいに垂直でなくても電流は力を受ける。ただし，電流と磁界の向きが平行になると，電流は力を受けなくなる。

❷電流が磁界の中で受ける力の向きの変化

a 電流の向きだけ逆にする…受ける力の向きが逆になる。

b 磁界の向きだけ逆にする…受ける力の向きが逆になる。

c 電流，磁界の向きの両方を逆にする…受ける力の向きは変わらない。

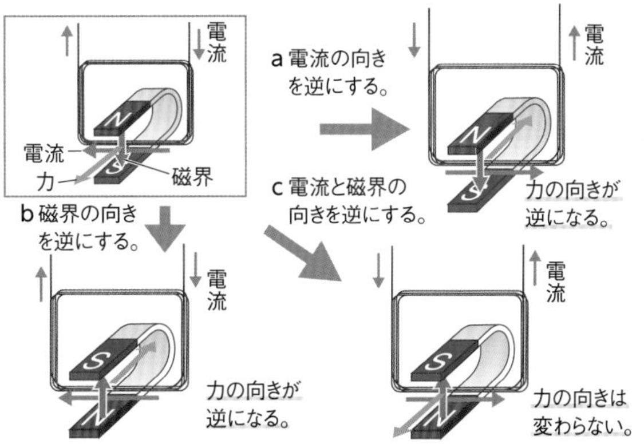

❸**電流が磁界の中で受ける力の大きさの変化**…導線を流れる電流の大きさを変えるか，磁石をかえて磁界の強さを変えると，磁界から受ける力の大きさが変化する。

⇨磁界から受ける力を大きくするには，

・導線に流れる電流を大きくする。

・強い磁石にかえて磁界を強くする。

❹**導線が動くしくみ**…下の図の導線⊗（電流が紙面の表から裏へ流れていることを示す）の動きは，次のようになる。

a 導線の右側…磁石の磁界と電流の磁界の向きが同じなので，２つの磁界は強め合う。

b 導線の左側…磁石の磁界と電流の磁界の向きが逆なので，２つの磁界は弱め合う。

c 導線の動き…導線の左右の磁界は，右側が左側より強い。電流は磁界の強い方から弱い方の向きに力を受けて，導線は右から左へ動く。

ここに注目　導線が動くしくみ

⊗は電流が紙面の表から裏に進むことを示す。

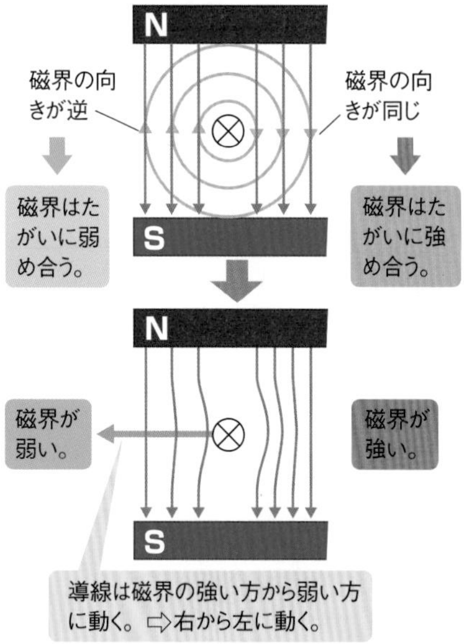

発展　フレミングの左手の法則

イギリスの電気工学者フレミングが，1885年に発見したのがフレミングの左手の法則である。これによると，左手の中指，人差し指，親指の３本をたがいに垂直になるように開き，中指を電流の向き，人差し指を磁界の向きに合わせると，親指の向きが電流の受ける力の向きになる。

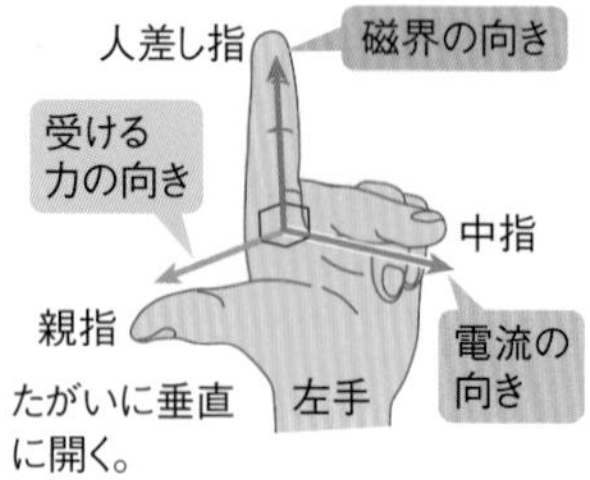

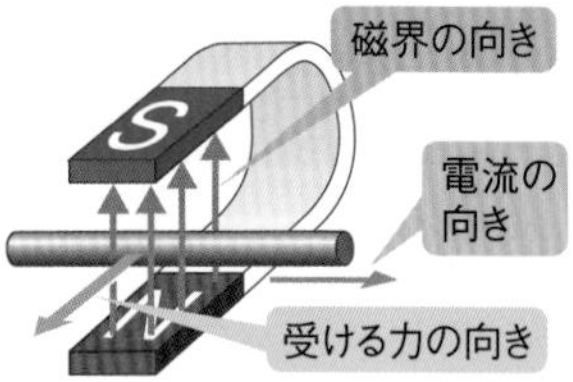

動画　**電流が磁界の中で受ける力**

くわしく　**⊗が表す意味**

●電流が紙面の表から裏…⊗

●電流が紙面の裏から表…⊙

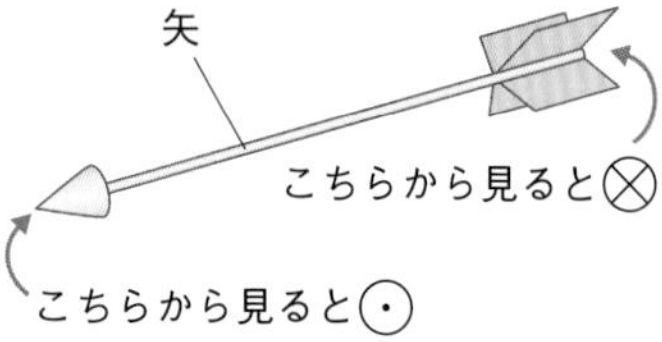

重要実験

電流が磁界の中で受ける力を調べる実験

思考　生活

目的　電流が磁界の中で受ける力について，磁界の向きや電流の向きとの関係，電流の大きさとの関係を調べる。

方法　右の図のような回路をつくり，コイルをU字形磁石の磁極の間につるし，次のことを調べる。

①コイルに電流を流し，コイルの動く向きを調べる。
②電流の向きを逆にして，コイルの動く向きを調べる。
③U字形磁石の上下を逆にして電流を流し，コイルの動く向きを調べる。
④電流を大きくして，コイルの動きを調べる。

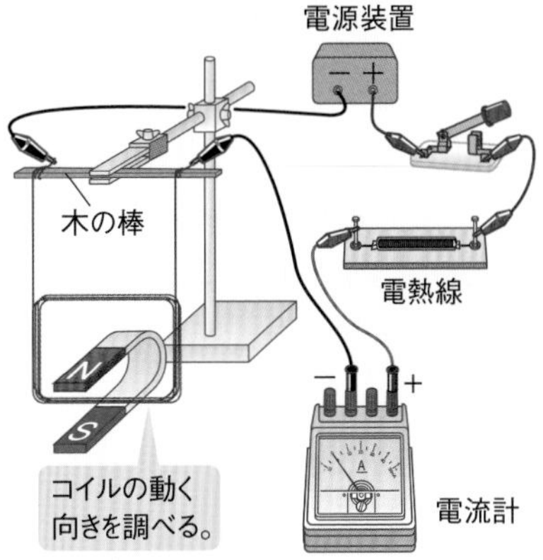

注意
●コイルは，木の棒などの絶縁体(ぜつえんたい)につるすこと。
●エナメル線の先は，エナメルをよくはがしてから導線のクリップではさむこと。

結果

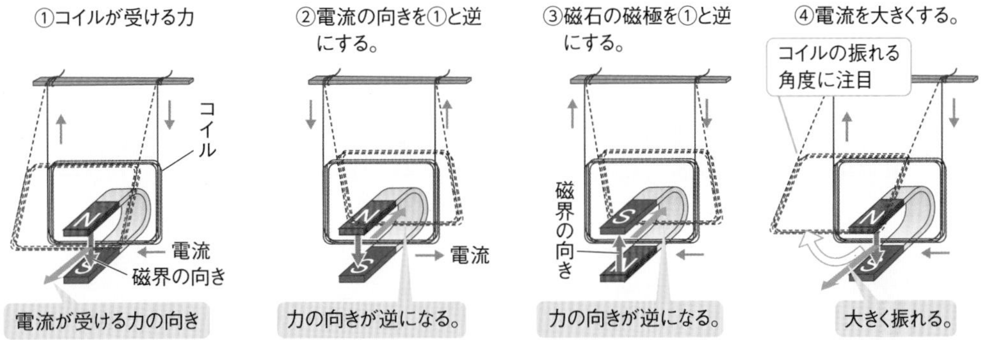

考察　a 磁界の中にあるコイルに電流を流すと，コイルは力を受ける。
b 電流の向き，または磁界の向きを逆にすると，受ける力の向きも逆になる。
c コイルに流す電流を大きくすると，磁界から受ける力も大きくなる。

結論　・電流は磁界の中で力を受け，その向きは電流と磁界の向きで変わる。
・電流が磁界の中で受ける力は，電流が大きいほど大きい。

2 モーターのしくみ

電流が磁界から受ける力を利用して，モーターは回る。

❶**モーター**…磁界の中にコイルを入れ，コイルを流れる電流が磁界から受ける力によって，コイルが連続して回転する。

❷**モーターが回転するしくみ**…整流子を使い，コイルに流れる電流の向きを半回転ごとに逆にして，コイルが同じ向きに回転するようにしてある。

⇨下の図の①→②→③→④をくり返しているとき，コイルの左の部分はいつも上向き，右の部分はいつも下向きの力を受けている。②，④では，力を受けないが，慣性で動くので，途切れずに回転することができる。

①電流は → の向きに流れる。⇨ Ⓐでは上向き，Ⓑでは下向きの力を受ける。	②電流は流れない。⇨ 力を受けない。	③電流は → の向きに流れる。⇨ Ⓐでは下向き，Ⓑでは上向きの力を受ける。	④電流は流れない。⇨ 力を受けない。

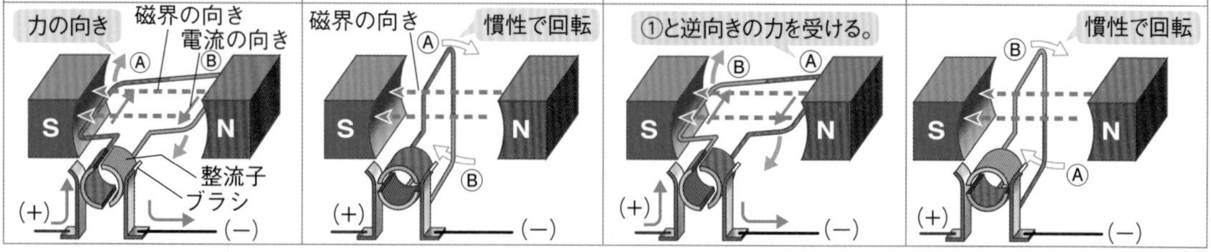

中3では　慣性

物体には，同じ向き，同じ速さの運動を続けようとする性質があり，この性質を慣性という。慣性については3年でくわしく学習する。

慣性があるために，②のときはコイルに電流が流れずに磁界から力を受けていないが，運動を続けることができる。ふつうは「いきおいで動く」などという。

▶動画　モーターのしくみ

Column　リニアモーターカー　生活

次世代の高速鉄道として期待されるリニアモーターカーには，回転せず直線運動をする「リニアモーター」が使われる。リニアモーターは，電磁石の磁極を順番に切りかえることで車体を高速で移動させることができる。重い車体を500 km/hというスピードで動かすためには大きな推進力が必要となるため，非常に強力な電磁石である超伝導磁石の開発が進められている。

超伝導磁石は非常に低い温度にすると電気抵抗がゼロとなり，強力な磁力を発生することができる。冷却の方法やコストが問題だが，近年，材料の研究が進んでおり，新しい素材の実用化が期待されている。

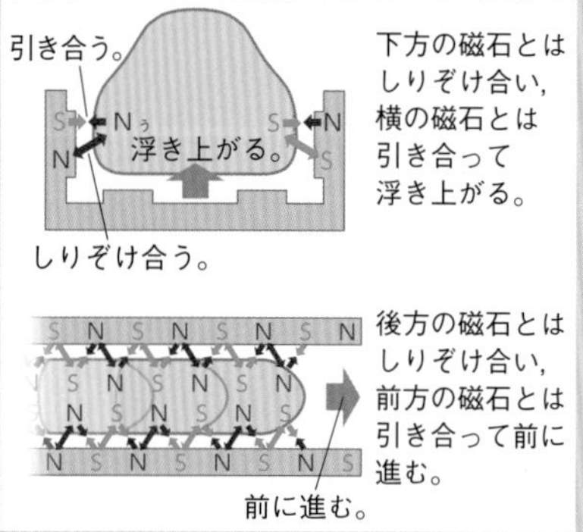

引き合う。
浮き上がる。
しりぞけ合う。
下方の磁石とはしりぞけ合い，横の磁石とは引き合って浮き上がる。
後方の磁石とはしりぞけ合い，前方の磁石とは引き合って前に進む。
前に進む。

⬆リニアモーターカーのしくみ

❸いろいろなモーター

a 電磁石が回転するモーター… 磁石の間に電磁石を置き，磁石と電磁石の間にはたらく力を利用して電磁石が回転する。

⇨整流子を使い，電磁石のコイルに流れる電流を半回転ごとに逆にすることによって，電磁石のN極とS極を半回転ごとに逆転させ，コイルが同じ向きに回転するようにしてある。

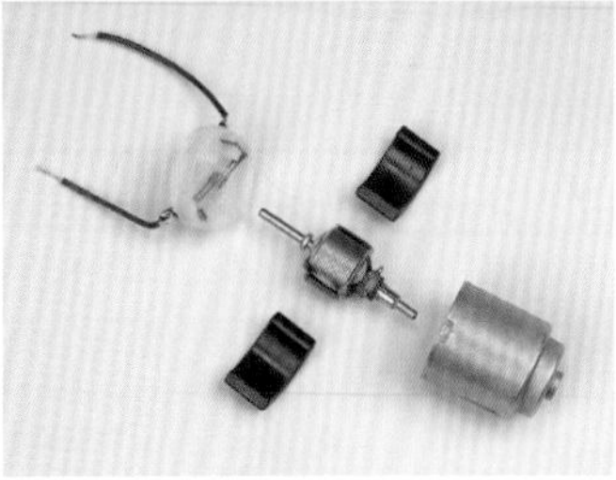

⬆分解した模型用モーター　©アフロ

①電磁石のⒶは磁石のS極へ，Ⓑは磁石のN極に引かれる。

②電流は流れない。

③電磁石を流れる電流の向きが逆になり，磁極が逆になるので反発する。

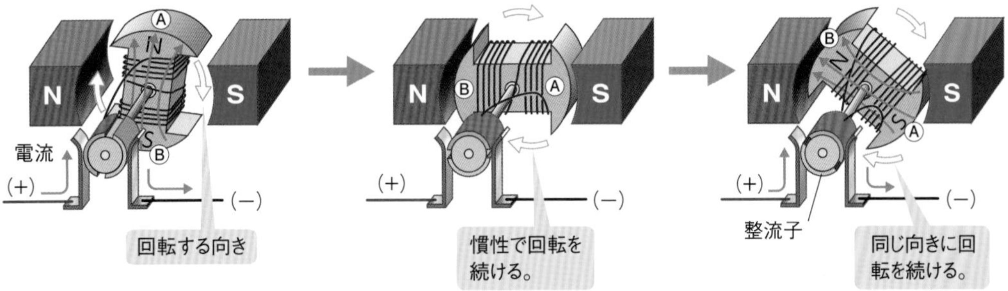

b コイルモーター…コイルには半回転ごとに電流が流れ，磁界から力を受けて回転する。

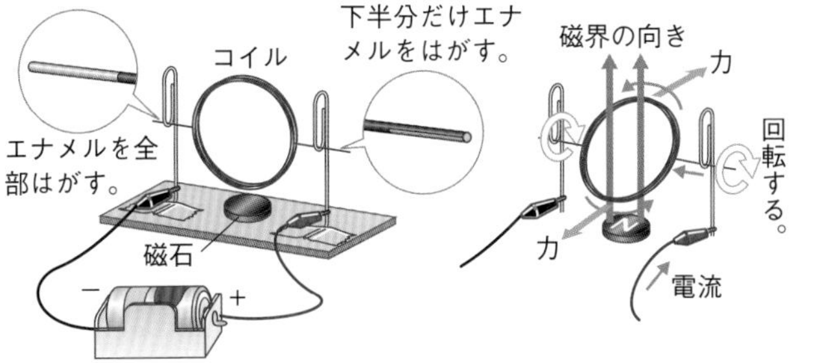

c リニアモーター

磁界から受ける力の向きに，アルミニウムのパイプは直線的に動く。

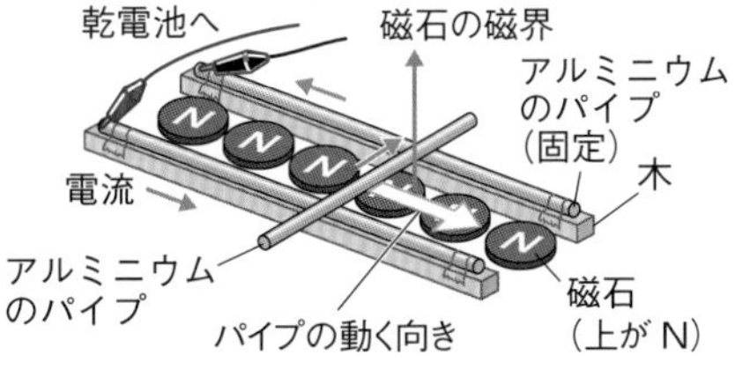

くわしく 整流子と電流の向き

下の図のように，整流子Aが左側のブラシについているとき，電流はaに流れこむ。ところが，整流子が半回転すると，整流子Bが左側のブラシにつくので，電流はbに流れこむようになる。

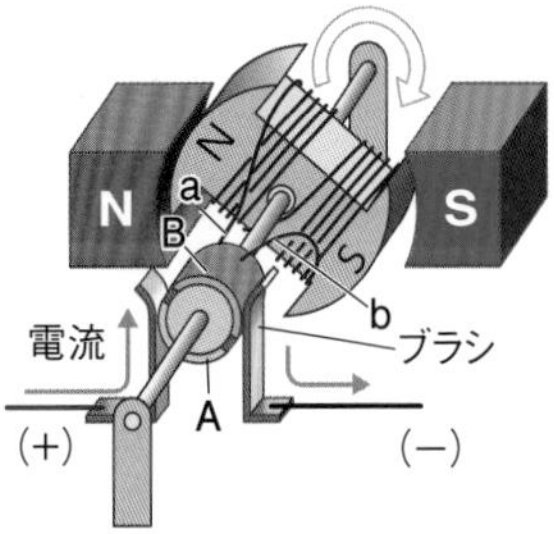

3 電流をつくるしくみ

教科書の要点

1 電磁誘導

◎**電磁誘導**…コイルの中の磁界を変化させると，コイルに電流を流そうとする電圧が生じる現象。

◎**誘導電流**…電磁誘導によって流れる電流。その向きは，磁石を入れるか出すか，磁極がN極かS極かで決まる。

◎**発電機**…コイルの中の磁界を連続的に変化させ，コイルに誘導電流を連続的に流し続ける。

2 直流と交流

◎**直流**…一定の向きに流れる電流。

◎**交流**…向きと大きさが周期的に変化する電流。

1 電磁誘導

コイルを磁界の中で動かすと，その動きに応じて電流が流れる。

❶**電磁誘導**…コイルの中に磁石を出し入れし，コイルの中の磁界を変化させると，その変化に応じてコイルに電流を流そうとする電圧が生じる現象。

⇨磁石を動かしているときだけ電圧が生じ，磁石の動きを止めるとコイルの中の磁界は変化しないので電圧は生じない。

❷**誘導電流**…コイルをふくむ回路が閉じているとき，電磁誘導によって流れる電流。

コイルを磁界中で動かすと，電流が流れる。

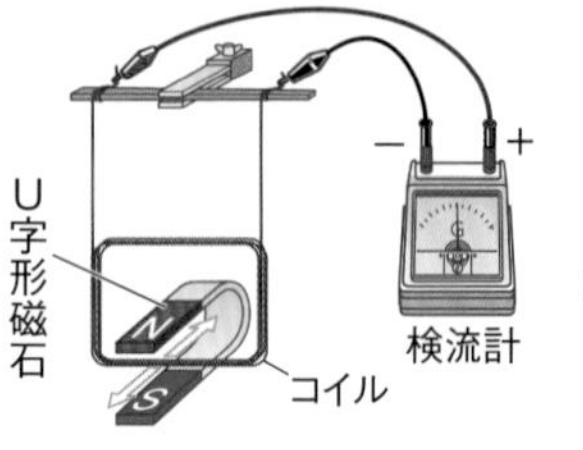

磁石をコイルの中に出し入れすると，電流が流れる。

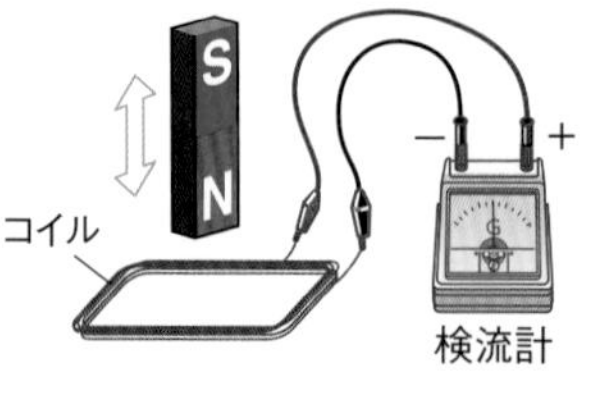

発展 コイルに電流が流れる理由

磁石の間でコイルを動かすと，導線中で自由に動いている－の電気をもつ粒子（電子，➡p.289）が磁界から力を受け，その集まりにかたよりができる。このため電圧に差が生じて，電流が流れる。

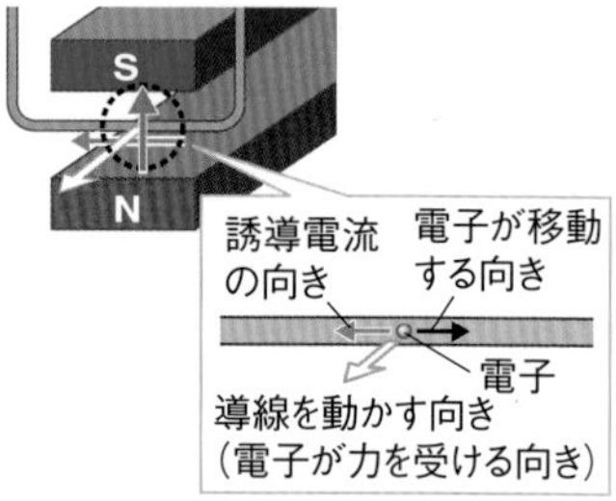

発展 誘導電流の発見

電磁誘導は，イギリスの化学者マイケル・ファラデー（1791～1867）によって発見された。「磁界の変化が速いほど誘導電流が大きくなる」は，ファラデーの電磁誘導の法則とよばれる。

❸誘導電流の向き…磁石の磁極と，動かす向きによってちがう。

- 磁極がN極かS極かによって，誘導電流の向きは逆になる。
- 磁石を近づけるか遠ざけるかによって，誘導電流の向きは逆になる。

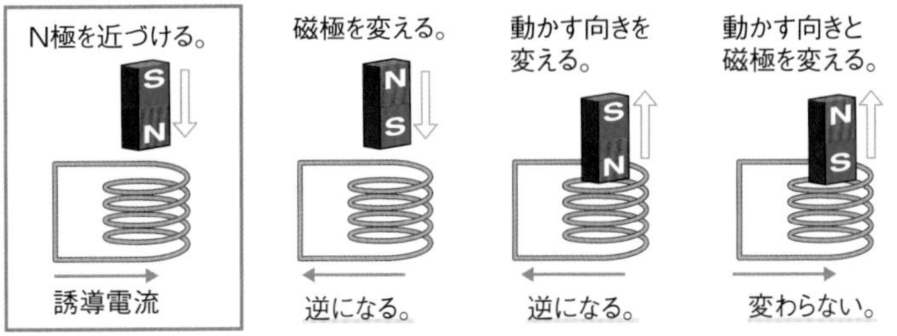

N極を近づける。
S
N
誘導電流
磁極を変える。
N
S
逆になる。
動かす向きを変える。
S
N
逆になる。
動かす向きと磁極を変える。
N
S
変わらない。

❹誘導電流の大きさ

- 棒磁石を速く動かして，コイルの中の磁界を速く変化させるほど，誘導電流は大きくなる。
- コイルの巻数が多いほど，誘導電流は大きくなる。
- 磁石の磁界が強いほど，誘導電流は大きくなる。

❺発電機…電磁誘導によって，電流を連続してとり出す装置。

例 自転車の発電機…コイルの間で磁石を回転させて磁界を連続的に変化させ，誘導電流をとり出す。電流の向きや大きさは周期的に変化する。

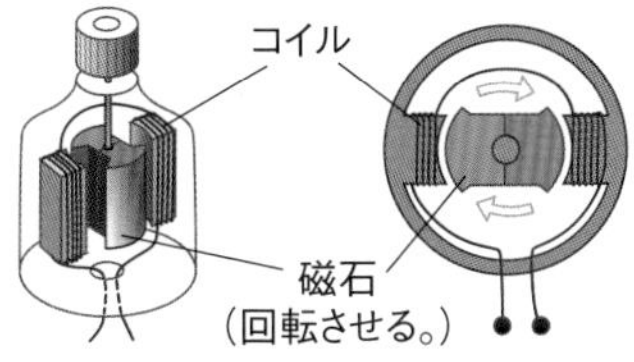

⬆自転車の発電機

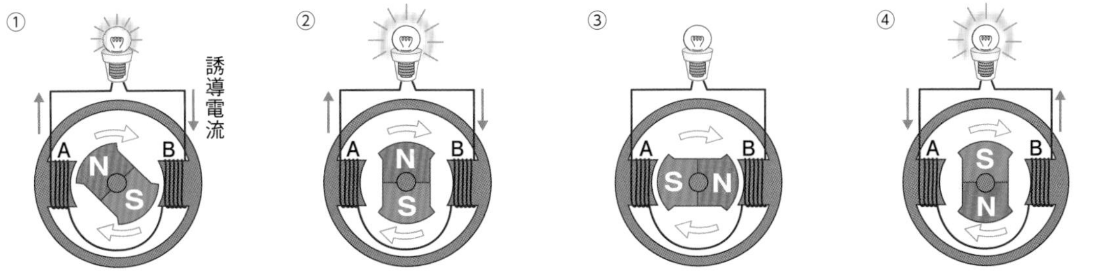

① コイル A,Bには，左向きの磁界が生じるように電流が流れる。

② 磁界の変化が最大。電流が最も大きい。

③ コイル A,Bに流れる誘導電流の向きが逆になる。このときは電流が流れない。

④ 再び，誘導電流が最も大きくなる。

⬆発電機での誘導電流の流れ方

くわしく コイルの極の見つけ方

次のa，bから磁極がわかる。

a コイルに磁石が近づくとき…コイルの棒磁石の磁極に近い側が同極になる。

b コイルから磁石が遠ざかるとき…コイルの棒磁石の磁極に近い側が異極となる。

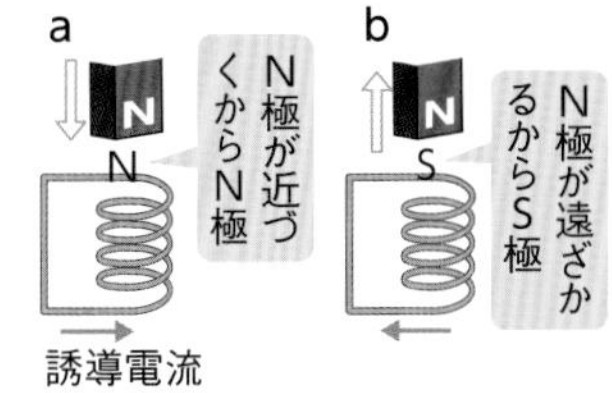

くわしく 2つの手回し発電機

手回し発電機にはモーターが入っている。2つの手回し発電機をつなぎ，一方の手回し発電機のハンドルを回して発電すると，もう一方の手回し発電機のモーターに電流が流れて回転する。

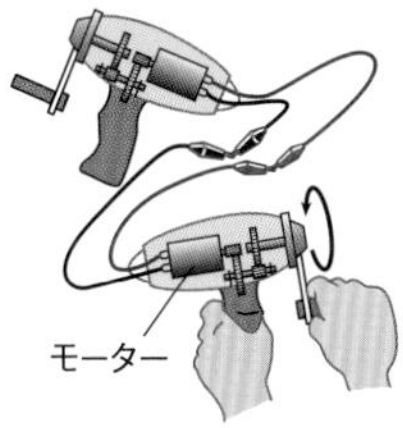

Column コイルに流れる誘導電流の向き

電磁誘導によって生じる誘導電流の向きは，次のように表すことができる。これは，ロシアの物理学者ハインリヒ・レンツ（1804～1865年）によって発見された**レンツの法則**である。

誘導電流は，その電流によって生じる磁界が外から加えた磁界の変化をさまたげるような向きに流れる。

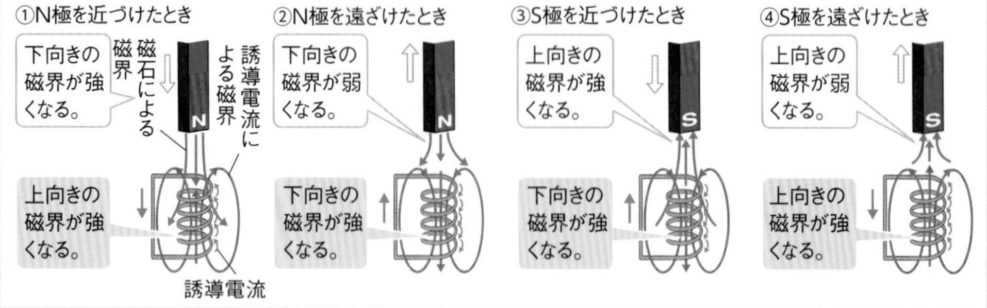

重要実験

電磁誘導の実験

思考 生活

目的 コイルに棒磁石を入れたり，コイルから出したりして，電磁誘導の現象を調べ，誘導電流の向きや大きさを調べる。

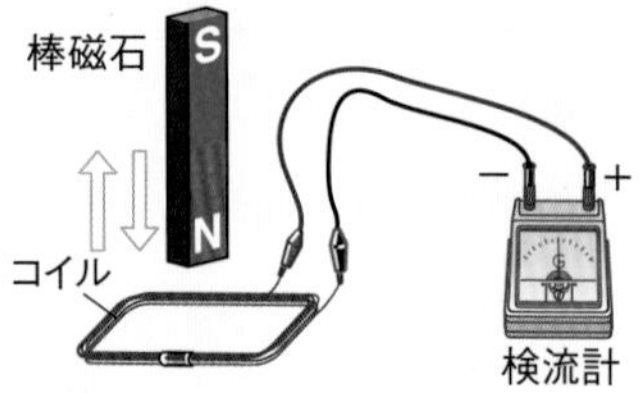

注意 検流計は非常に小さい電流で振れる電流計で，磁石の影響（えいきょう）をなくすために，コイルから離（はな）して使う。

方法 ①コイルに棒磁石のN極を，急に入れる→入れたままにする→急に出す，のように動かして，検流計の針の振（ふ）れる向きや大きさを調べる。

②磁極をS極に変え，①と同じように調べる。

③N極をゆっくり動かして，①と同じように調べる。

結果と考察

a コイルに棒磁石を出し入れしたときだけ電流が流れる。

b コイルに流れる電流の向きは，棒磁石を入れたときと出したとき，出し入れする磁極を変えたときで逆になる。

c 電流の大きさは，棒磁石を速く動かすほど大きい。

棒磁石の動かし方	針の振れる向き	針の振れる大きさ
N極を急に入れたとき	－側	大きい。
N極を入れたままのとき	振れない。	振れない。
N極を急に出したとき	＋側	大きい。
S極を急に入れたとき	＋側	大きい。
S極を入れたままのとき	振れない。	振れない。
S極を急に出したとき	－側	大きい。
N極をゆっくり入れたとき	－側	小さい。
N極をゆっくり出したとき	＋側	小さい。

結論

a′ 誘導電流は磁界が変化しているときだけ流れる。

b′ 誘導電流の向きは動かす磁石の磁極と，動かす向きによって変化する。

c′ 誘導電流の大きさは磁界の変化の速さによって決まる。

Column ICカードでも電磁誘導が使われる

生活

電車に乗るとき自動改札機にかざして使うICカード（電子乗車券）が普及している。このカードには小さなICチップ（半導体の集積回路）とコイルが埋めこまれていて，自動改札機で残額や運賃がカードに読み書きされる。

ICチップは小さなコンピュータで，データの読み書きには電流が流れる必要がある。ここで利用されるのが電磁誘導で，改札機から出た変化する磁界でカードのコイルに電圧が生じ，ICチップに電流が流れるのだ。

電磁誘導はわたしたちの生活の中でいろいろなものに利用されている。電磁調理器（IH）もその1つだ。電磁誘導で生じた電流が鍋底に流れ，抵抗が大きい金属が発熱する。かつては鍋底には鉄などの金属が必要だったが，現在はアルミニウムや銅も使用可能になった。ただし，鍋底は平らでないといけない。

そのほかに，一部のスマートフォンでは，ケーブルをささなくても台の上に置くだけで充電できてしまうものがあるが，これも電磁誘導を利用している。

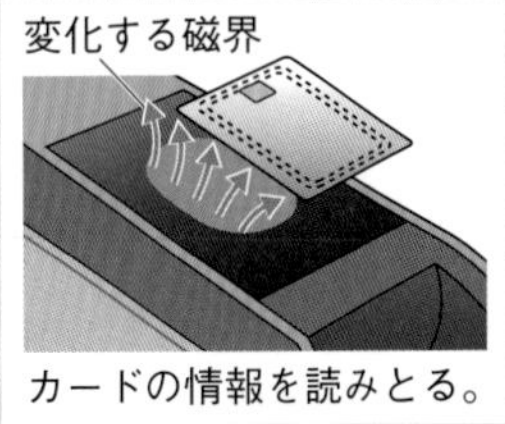

↑自動改札機のしくみ

↑電磁調理器（IH）のしくみ

2 直流と交流

電流には，流れる向きが変わらないものと，周期的に変わるものがある。

❶**直流**…一定の向きにだけ流れる電流。乾電池の電流は直流である。

⇨電流の大きさがたえず変化しても，電流の向きが変わらなければ直流である。

❷**交流**…流れる向きと大きさが周期的に変化する電流。家庭用コンセントから流れる電流は，電磁誘導を利用した発電機でつくられた電流で，発電機でつくられた電流は交流である。

・**交流の周波数**…交流が1秒間にくり返す電流の向きの変化の回数。単位は**ヘルツ**（記号Hz）である。

・**交流の利点**… 交流の電圧は，電磁誘導を利用して変圧器を使って簡単に変えることができる。

⇨交流は，電流の大きさと向きが周期的に変わるために，磁界が常に変化し，電磁誘導の利用に適している。

発展 直流と交流の電気用図記号

直流（DC：Direct Current）は ⎓，交流（AC：Alternating Current）は〜と表す。

発展 変圧器のしくみ

下の図で，コイルAに交流を流すと，コイルBに誘導電流が生じる。コイルBの巻数をコイルAより少なくすると，コイルAに加えた電圧よりもコイルBに生じる電圧は低くなる。

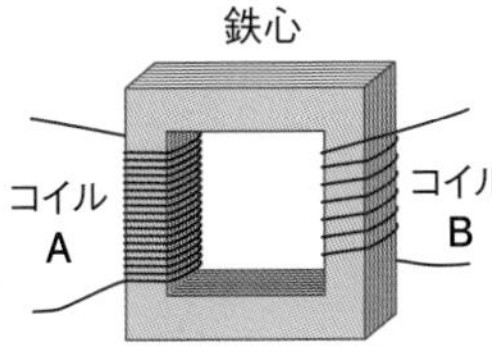

❸**直流と交流の区別**…オシロスコープや発光ダイオードを使う。

⇨発光ダイオードは電流が＋(プラス)極から流れこんだときだけ点灯する。発光ダイオードを電源につないですばやく動かす。

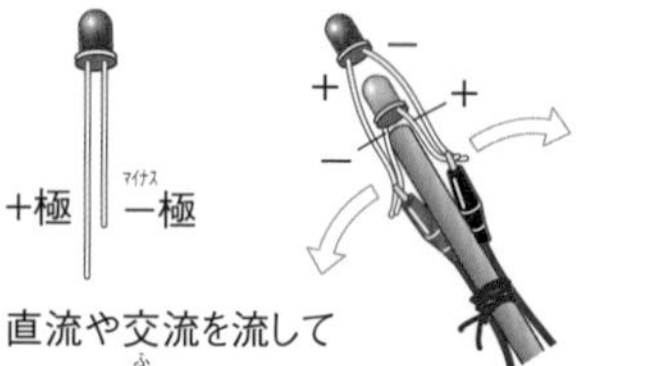

比較 オシロスコープと発光ダイオード

	直流	交流
オシロスコープ	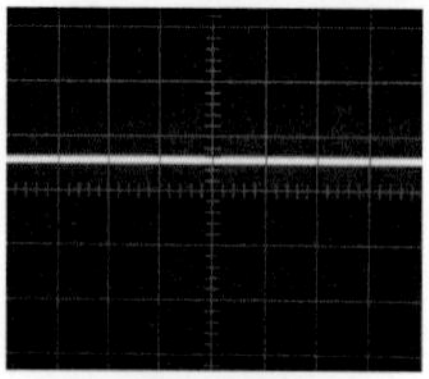 1本の直線。	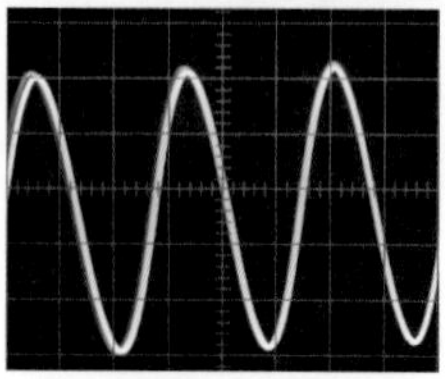 波形になる。
発光ダイオード	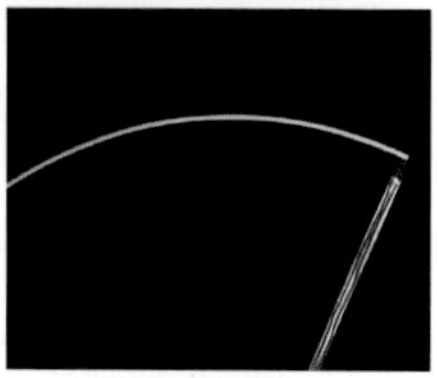 光り続けて見える。	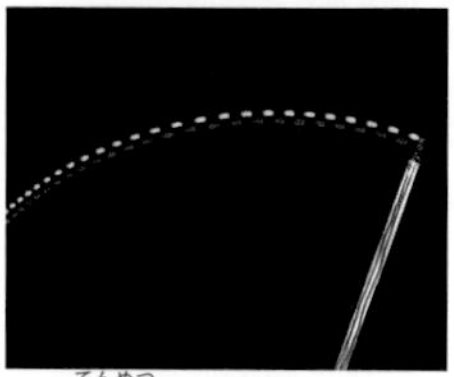 点滅(てんめつ)して見える。

写真はすべて
©コーベットフォト
エージェンシー／ミラージュ

生活 東日本と西日本の交流の周波数

日本の交流の周波数は，東日本では50Hz，西日本では60Hzである。明治時代に東京電燈(でんとう)がドイツ製の50 Hzの発電機を，大阪電燈がアメリカ製の60 Hzの発電機をそれぞれ導入したためである。

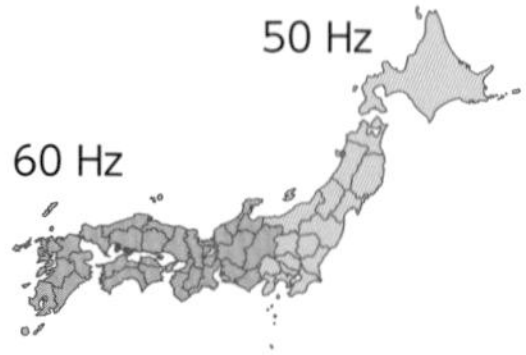

Column 発電所から家庭に届くまで 生活

発電所で発電された電気は，超高圧変電所に50万V～28万Vというような非常に高い電圧(でんあつ)にした交流電流で送り出される。いくつかの変電所によって少しずつ電圧を下げ，わたしたちの住宅には100 Vまたは200 Vにして供給されている。

高い電圧にして送電するのは，発熱で失われる電力（電気(でんき)エネルギー）をできるだけ少なくするためである。送電線を流れる電流は，電線の電気抵抗(でんきていこう)のために必ず発熱して電力の一部が失われる。電流が大きいほど発熱量(はつねつりょう)は大きいので，電流を小さくして電力の損失を少なくするには，**電力＝電圧×電流**より，電圧を高くする必要がある。

また，交流は電流の向きや大きさがたえず変化するため，高電圧で送っても電磁誘導を利用すれば，変圧器を使って簡単に電圧を下げることができる。

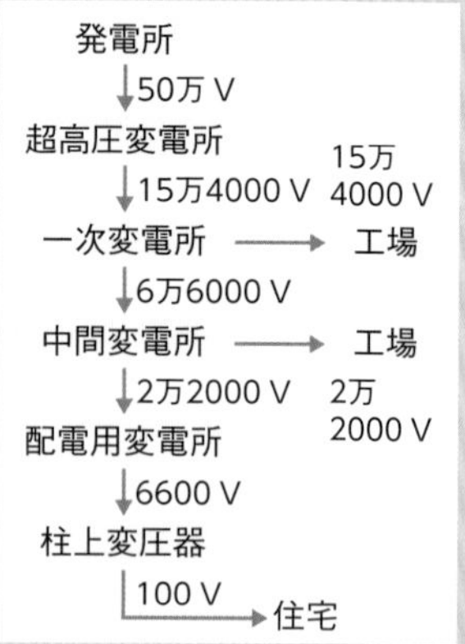

⬆発電所から送り出される電圧の変化

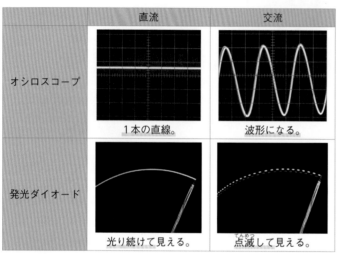

チェック 基礎用語　次の〔　　〕にあてはまるものを選ぶか，あてはまる言葉を答えましょう。

1 電流がつくる磁界 ～ 3 電流をつくるしくみ

□(1) 磁極間や磁極と鉄片などの間にはたらく力を〔　　　〕という。

□(2) 磁力がはたらいている空間を〔　　　〕という。

□(3) 磁界の向きは，磁針の〔 N　S 〕極が指す向きである。

□(4) S極とS極や，N極とN極のように，同じ極どうしは〔　　　〕し，異なる極どうしは〔　　　〕。

□(5) 磁界の各点における磁力の強さをその点における〔　　　〕という。磁力の大きい場所ほど磁界が強い。

□(6) 磁界の向きに沿ってかいた線を〔　　　〕という。

□(7) 磁力線が密のところは磁界が〔 強く　弱く 〕，疎のところは磁界が〔 強い　弱い 〕。

□(8) 導線に電流を流すと導線を中心に〔　　　〕状の磁界ができる。

□(9) 〔　　　〕の向きを右ねじの進む向きに合わせると，電流のまわりにできる〔　　　〕の向きは右ねじを回す向きである。

□(10) 右手の4本の指で電流の向きにコイルをにぎると，親指の向きがコイル内部の〔　　　〕となる。

□(11) コイルのまわりの磁界は，コイルに流れる電流が〔 大きい　小さい 〕ほど，コイルの巻数が〔 多い　少ない 〕ほど強くなる。

□(12) 磁界の中で電流が受ける力の向きは，〔　　　〕の向きと磁界の向きの両方に垂直になる。

□(13) 磁界の中で電流が受ける力を利用し，コイルが回転するようにした装置を〔 モーター　発電機 〕という。

□(14) コイルの中の磁界を変化させたとき，コイルの両端に電圧が生じる現象を〔　　　〕，流れる電流を〔　　　〕という。

□(15) 電流の向きが一定の電流を〔 直流　交流 〕，電流の向きや大きさが変化する電流を〔 直流　交流 〕という。

解答

(1) 磁力
(2) 磁界
(3) N
(4) 反発，引き合う
(5) 磁界の強さ
(6) 磁力線
(7) 強く，弱い
(8) 同心円
(9) 電流，磁界
(10) 磁界の向き
(11) 大きい，多い
(12) 電流
(13) モーター
(14) 電磁誘導，誘導電流
(15) 直流，交流

1 静電気

教科書の要点

1 静電気	◎**静電気**…異なる種類の物質を摩擦したときに物体が帯びる電気。 ◎**静電気の性質**…静電気には＋の電気と－の電気があり，同じ種類の電気はしりぞけ合い，異なる種類の電気は引き合う。 ◎**放電**…電気が空間を移動する現象。
2 真空放電	◎**真空放電**…気圧を低くした空間に電流が流れる現象。
3 陰極線	◎**陰極線（電子線）**…放電管内を－極から＋極に向かう電子の流れ。
4 電流と電子	◎**電子**…－の電気をもつ非常に小さい粒子。質量がある。 ◎**電流の正体**…電源の－極から＋極へ移動する電子の流れ。
5 放射線	◎**放射線**…物質を透過する性質をもつ目に見えない光のようなもの。

1 静電気

静電気は，異なる物質どうしが摩擦されたときに生じる。

(1) 静電気

❶**静電気**…異なる２種類の物質を摩擦したとき，物体が帯びる電気。＋の電気と－の電気がある。

❷**帯電**…物体が静電気を帯びること。

❸**静電気による現象**

・**静電気間に力がはたらいて起こる現象** 例 衣服がからだにまとわりつく，髪の毛が下じきに引きつけられる　など

・**静電気が流れ出すことで起こる現象** 例 雷の音と光，セーターをぬぐとパチパチ音がする，ドアノブにふれるとパチッと音がして痛みを感じる　など

テストで注意 帯電した物体

２つの物体を摩擦して帯電したとき，一方の物体が＋に帯電すれば，もう一方の物体は必ず－に帯電する。

静電気は乾燥していると起こりやすい。冬に静電気が起こりやすいのはそのためだ。

❹**静電気が生じる原因**…ふつう物体は同じ量の＋の電気と－の電気をもち，物体全体としては電気を帯びていない。種類の異なる２つの物質を摩擦すると，－の電気（電子，➡p.289）が物体の間を移動することがあり，そのとき静電気が生じる。

・**－の電気を失った物体**…＋の電気を帯びる。

・**－の電気をもらった物体**…－の電気を帯びる。

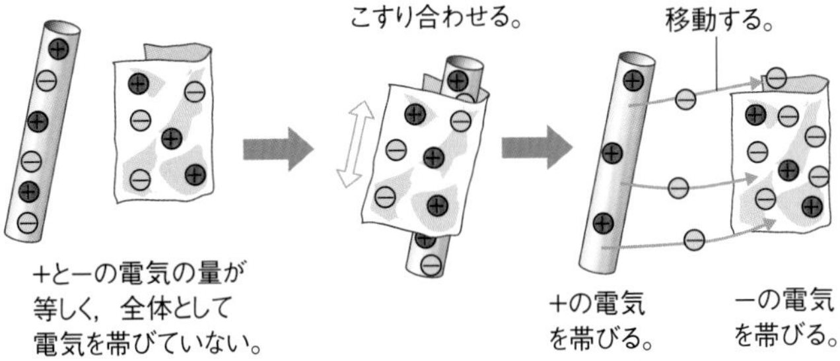

❺**＋と－の電気の帯びやすさ**…２種類の物質を摩擦すると，－の電気を失って＋の電気を帯びやすい物質と，－の電気をもらって－の電気を帯びやすい物質がある。

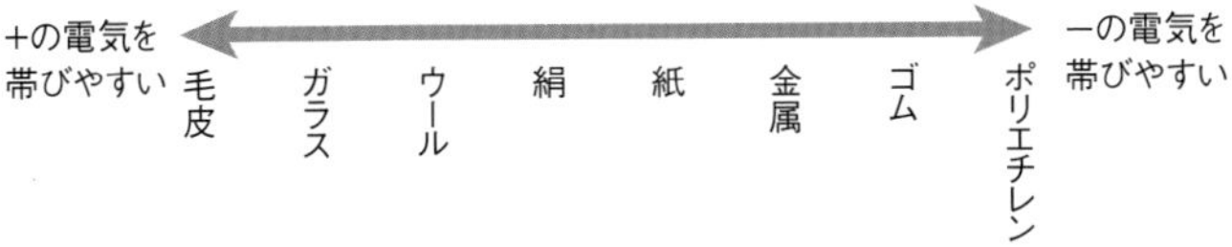

重要

❻**静電気による力**…静電気をもった物体の間には，次のような力がはたらく。

・**異なる種類の電気**…引き合う力がはたらく。

・**同じ種類の電気**……しりぞけ合う力がはたらく。

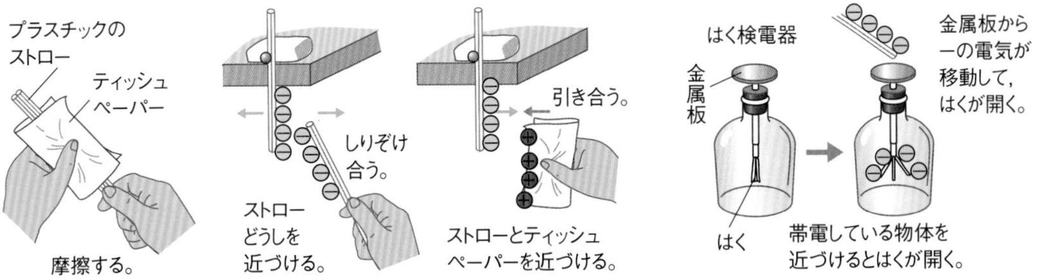

プラスチックのストロー
ティッシュペーパー
摩擦する。
しりぞけ合う。
ストローどうしを近づける。
引き合う。
ストローとティッシュペーパーを近づける。
はく検電器
金属板
はく
金属板から－の電気が移動して，はくが開く。
帯電している物体を近づけるとはくが開く。

中3では

原子の構造

物質をつくる原子は，**陽子**と**中性子**からなる**原子核**とそのまわりにある**電子**からできている。陽子は＋の電気，電子は－の電気をもっている。陽子の数と電子の数は等しく，＋と－の電気の量は等しいので，原子は全体として電気を帯びていない状態である。

摩擦すると帯電するのは，原子核のまわりにある電子の一部を失ったりもらったりするからである。

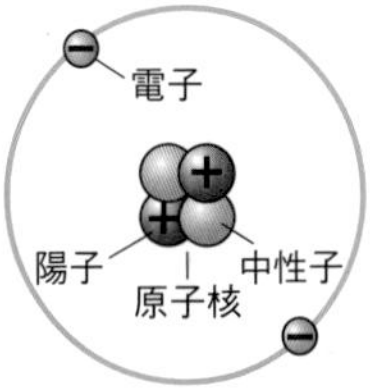

ヘリウム原子

発展

静電気の種類の決まり方

＋や－に帯電しやすい物質を順に並べたものを帯電列という。物質が帯びる静電気が＋か－かは，物質によって決まっているのではなく，摩擦するときの物質の組み合わせによって決まる。左の図の帯電列にある２つの物質を選んで摩擦すると，左側の物質は＋に，右側の物質は－に帯電する。

(2) 放電

❶放電…物体にたまった電気が流れ出したり，電気が空間を移動したりする現象。空気は絶縁体で，ふつうは電気を通さないが，非常に高い電圧が加わると，空気中に火花を飛ばして電気が流れる。この現象を火花放電ともいう。

❷放電によって起こる現象

・**静電気でネオン管を光らせる**…摩擦によって生じた静電気で，ネオン管などを光らせることができる。

⇨帯電した下じきから−の電気がネオン管を通って手に流れて，ネオン管が光る。下じきの静電気はわずかなので，ネオン管は一瞬だけ光り，下じきの帯電はなくなる。

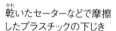

乾いたセーターなどで摩擦したプラスチックの下じき
ネオン管

・ドアノブ（金属）に指を近づけたとき，パチッと音がして痛いことがある。これは，指とドアノブとの間で火花放電が起こり，空気中を電気が流れたからである。

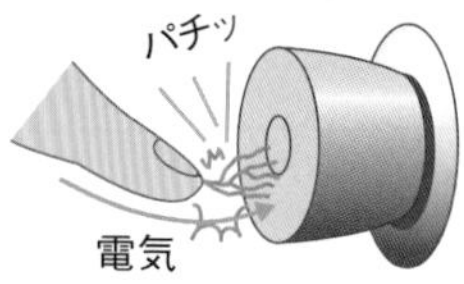

からだにたまっていた電気が指から金属のノブに流れる。

・**雷**…発達した積乱雲には多量の静電気がたまり，その電気が空気中を一気に流れる。この現象が雷で，大気中で起こる大規模な火花放電である。この放電が地表の物体との間で起こることを落雷という。

©shutterstock

生活 静電気除去シート

セルフサービスのガソリンスタンドには静電気除去シートがある。人のからだにたまった静電気を逃がし，火花放電が起こってガソリンに引火するのを防ぐためである。このシートはおだやかな放電が起こるような通電性の物質でできている。

©アフロ

くわしく 火花放電のときの電圧と電流

指とドアノブの間で起こる火花放電では，非常に高い電圧が生じるが，電気の量がごくわずかなので，流れる電流は小さく，命が危険ということはない。しかし，雷の場合の火花放電では，電圧は数億V，電流は数十万Aにもなり，落雷を受けると非常に危険である。

発展 雷による放電

積乱雲に静電気がたまるのは，激しい上昇気流によって，雲をつくる氷の粒がぶつかり合って摩擦するからである。雲の上の方は＋に，下の方は－に帯電し，積乱雲の下の地面は＋に帯電する。地面との間に非常に大きな電圧が生じることによって火花放電が起こる。

重要実験

静電気が生じる条件とはたらき

思考

目的 物体を摩擦して静電気が生じる条件と，静電気を帯びた物体の間にどのような力がはたらくかを調べる。

方法 ①Aストロー（ポリプロピレン）とBアクリルパイプを2本ずつ用意し，静電気を帯びていないことをはく検電器で調べる。

ポイント ●はくが閉じているはく検電器に物体を近づける。物体が静電気を帯びていればはくが開き，帯びていなければはくは開かない。

②AとA，BとB，AとBをそれぞれ摩擦し，はく検電器に近づける。

③A2本とB2本を摩擦し，A，Bそれぞれ1本を回転台にのせ，もう1本をそれぞれA，Bに近づける。

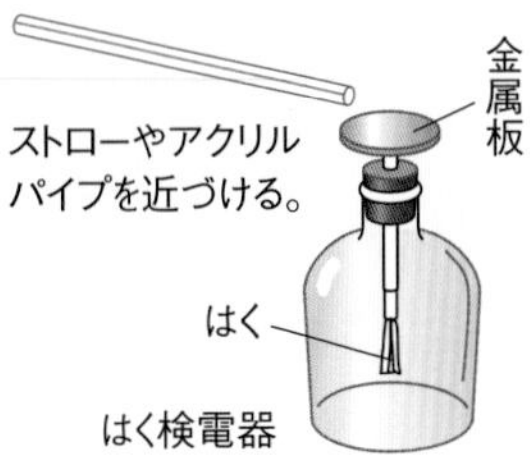

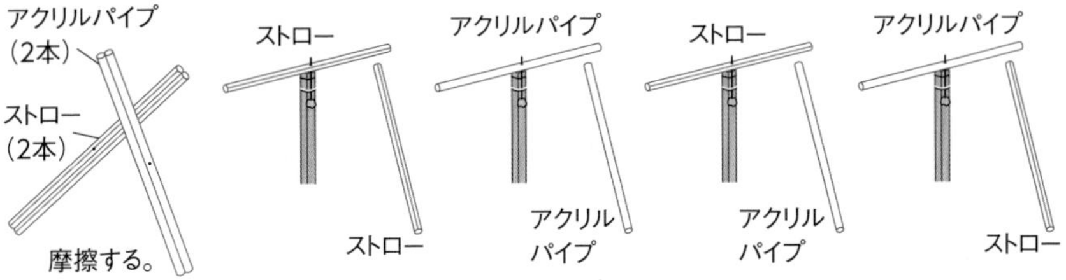

結果 ②の結果　AとA，BとBを摩擦したものは，はくは開かなかった。AとBを摩擦するとどちらもはくが開いた。

③の結果　右の表のようになった。

近づける物体＼回転台の物体	A	B
A	しりぞけ合った。	引き合った。
B	引き合った。	しりぞけ合った。

考察
・物体が電気を帯びるのは，異なる種類の物質を摩擦したときである。
・ストローとアクリルパイプは，たがいに引き合うことから，異なる種類の電気を帯びている。

結論
・静電気は異なる物質を摩擦すると生じ，それぞれ異なる種類の電気を帯びる。
・静電気では引き合う力としりぞけ合う力がはたらく。
・同じ種類の電気はしりぞけ合い，異なる種類の電気は引き合う。

チェック
(1)　②ではくが開いた状態のはく検電器の金属板に指をおくとはくはどうなる？
(2)　(1)のようになるのはなぜ？

答え (1) 閉じる。　(2) 指とはくの間で－の電気が移動して，はくが電気を帯びていない状態になるから。

Column 静電気の性質を利用している装置

生活

静電気の＋と－の電気は，＋と＋または－と－の電気は反発し，＋と－の電気は引き合う性質がある。コピー機や電気集じん装置では，この静電気の性質がうまく利用されている。

●コピー機…コピー機では，＋に帯電したところに－に帯電したトナー（細かい粉末状のもの）を付着させる。感光体（光が当たると電気が移動しやすくなる物質）がぬってある，金属製ドラムの表面を＋に帯電させる。このドラムに，原稿（げんこう）の白い部分と黒い部分を読みとった光を当てると，光を反射した白い部分は静電気が失われ，黒い部分だけ＋の電気が残る。ここに－に帯電したトナーをかけると，＋に帯電したところにだけトナーが付着し，これを紙に写して加熱して定着させると原稿のコピーができる。

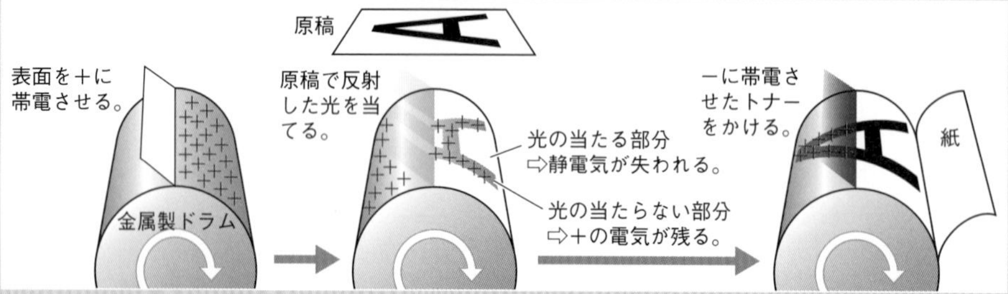

原稿
表面を＋に帯電させる。
金属製ドラム
原稿で反射した光を当てる。
光の当たる部分
⇨静電気が失われる。
光の当たらない部分
⇨＋の電気が残る。
－に帯電させたトナーをかける。
紙

●電気集じん装置…現在の工場の煙突（えんとつ）は，けむりがほとんど出ていないものが多い。電気集じん装置を使ってほこりやけむりをとり除いてから排出（はいしゅつ）しているためである。

電気集じん装置には，＋極の放電電極とほこりを吸着する－極の集じん電極がある（放電電極と集じん電極の極が逆の場合もある）。空気にふくまれるほこりは，高い電圧をかけた放電電極を通過するときに＋に帯電する。その後－極の集じん電極を通るときにほこりが引きつけられてとり除かれ，ほこりをふくまないきれいな空気が出される。

2 真空放電（しんくうほうでん）

空気がうすい状態で高い電圧（でんあつ）を加えると，放電が起こる。

❶**真空放電**…放電管の両端（りょうたん）に高い電圧を加え，放電管内の空気をぬいて圧力（あつりょく）を小さくしたときに起こる放電。

⇨誘導（ゆうどう）コイルを使って高い電圧を加える。

❷**誘導コイル**…電磁誘導（でんじゆうどう）を利用して高電圧を得る装置。変圧器（へんあつき）ともいう。鉄心に巻数の異なる2つのコイルがあり，巻数の少ないコイルに電流（でんりゅう）を流し，電磁誘導によって，巻数の多いコイルから高電圧をとり出す。

くわしく 誘導コイルで起こる放電

誘導コイルを使って，数万Vの電圧を加えると，電極間で火花放電が起こり，電流が流れ続ける。

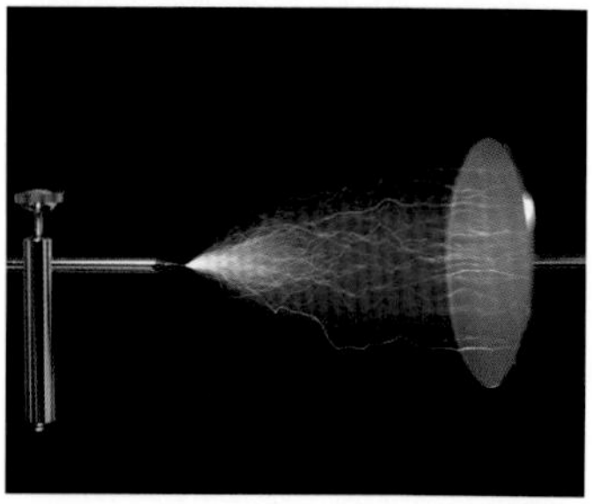

©OPO／Artefactory

❸**真空放電の方法**

a 右の図のようにして，放電管の両端に高い電圧を加え，放電管内の空気を真空ポンプでぬいていくと，放電が始まる。

b 放電が始まると回路全体に電流が流れ，放電管内の空間を電流が流れることがわかる。

c 放電のようすは，下の写真のように，放電管内の空気の圧力の大きさによって変化する。

⇨放電管内が真空に近くなると，ガラス管から蛍光を発して，全体がうすい黄緑色に変化する。

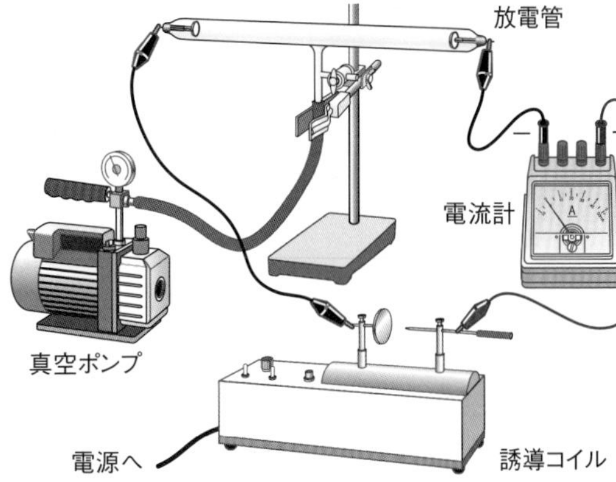

⬆真空放電の装置

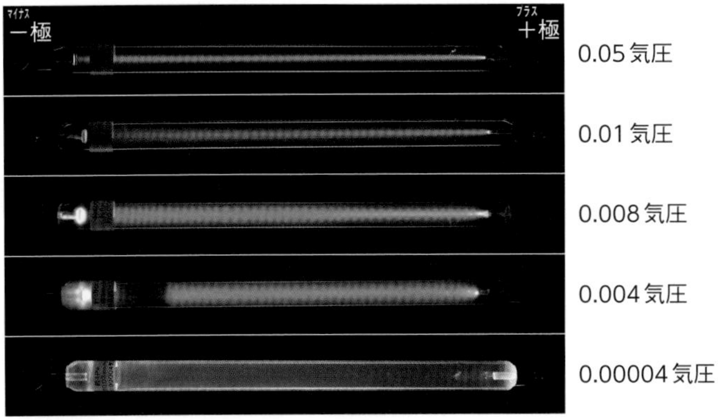

⬆真空放電のようす

写真はすべて©アフロ

思考 放電管内が光るのはなぜ?

真空放電によって放電管の電極から飛び出した−の電気をもつ粒子（電子）が，気体（酸素や窒素）の分子に衝突することによって光が発生する。

発展 ガラス管からの発光

放電管内の圧力が非常に小さくなると気体からは発光せず，ガラス管が発光する。これは−の電気をもつ粒子（電子）がガラスに当たって発光したものである。このように，物体が外から刺激を受けて発する光を**蛍光**という。

❹**真空放電の利用**…蛍光灯や水銀灯，ナトリウム管，ネオン管などは，真空放電を利用して発光する照明器具である。

・**蛍光灯**…非常にうすい水銀蒸気が封入され，管の内側に蛍光物質がぬってある。

・**蛍光灯のしくみ**…放電が始まると，フィラメントから−の電気をもつ粒子（電子➡p.289）が飛び出し，水銀原子はこの粒子と衝突して紫外線を放出する。放出された紫外線が管の内側の蛍光物質に当たって光が出る。

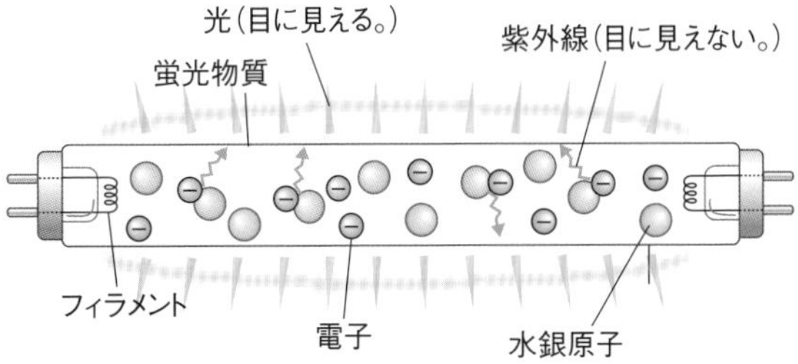

⬆蛍光灯のしくみ

3 陰極線

電子（➡p.289）の流れは陰極線とよばれ，目で見ることができる。

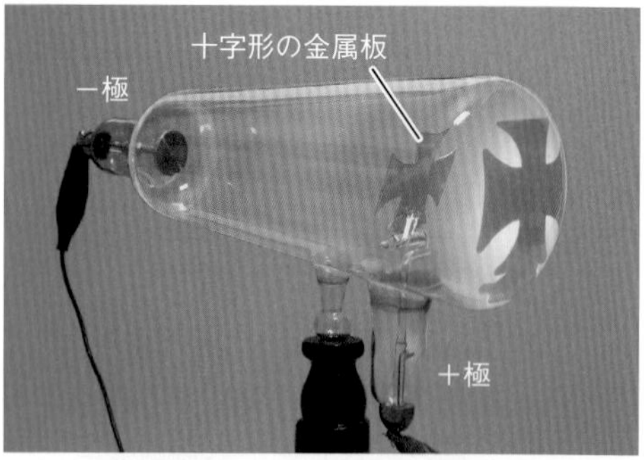

❶**陰極線**…真空放電管（クルックス管ともよばれる）の－極（陰極）から出る，－の電気をもつ粒子（**電子**）の流れ。**電子線**ともよばれる。陰極線は空間を流れる電流のようすを示す。

a 右の写真のように，十字形の金属板が入った放電管に高い電圧を加える。

b ＋極側の金属板のうしろに十字形の影ができ，ガラスが発光するのは，陰極線が－極から出てガラスに衝突するからである。

❷**陰極線の性質**…蛍光板が入った放電管を使うと，陰極線によって蛍光板が光り，空間を流れる電流のようすがわかる。

a **直進する**…放電管内の蛍光板に明るい線が直線状に見える。

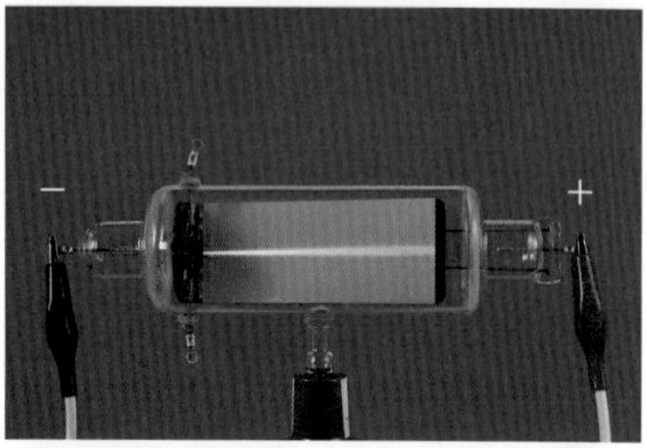

⬆a 直進する

b **－の電気をもっている**…陰極線が電圧を加えた電極板の間を通るとき，＋の電極板の方に曲がる。これは異なる種類の電気は引き合う性質があるからである。

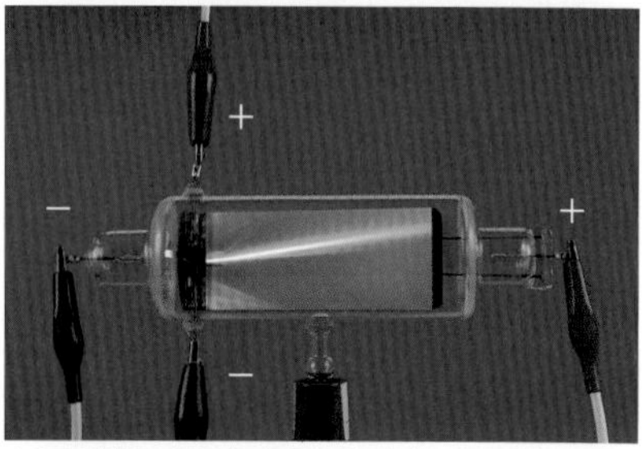

⬆b ＋極側に曲がる（－の電気をもっている）

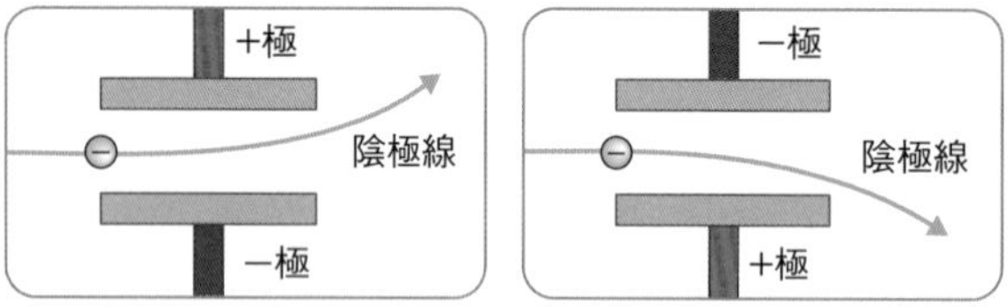

⬆陰極線が＋極側に曲がるようす

c **磁石の磁界で曲がる**…導線を流れる電流が磁界から力を受けるように，空間を流れる電流も磁界から力を受ける。

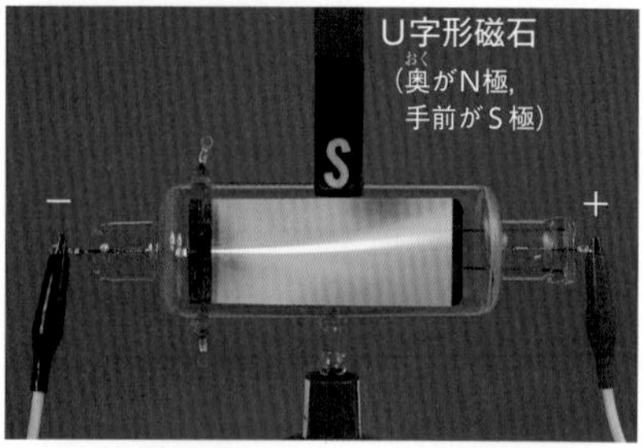

⬆c 磁石の磁界で曲がる

写真はすべて©アフロ

動画 陰極線

4 電流と電子

わたしたちがこれまでに見てきた電流の正体は，陰極線（電子の流れ）である。

❶**真空放電と電子**…陰極線は空間を流れる電流で，**電子**という非常に小さな粒子の流れである。電子には次の性質がある。

a 放電のとき－極から飛び出してくる。

b －の電気をもっている。

c 質量はあるが，非常に小さい粒子である。

❷**金属内部の電子**…すべての物質は原子からできているが，電子は原子を構成する粒子の１つである。金属中には，１つ１つの原子から離れて自由に動き回るたくさんの電子（自由電子という）がある。

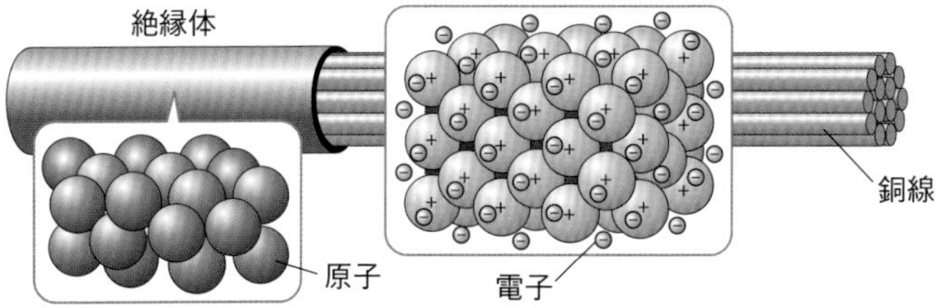

❸**電流の正体**…導線には銅やアルミニウムなどの金属が使われる。電流は金属にある自由に動き回る電子の移動である。

・**電圧を加えないとき**…電子は自由に動き回っている。

・**電圧を加えたとき**…電子は－極から＋極の向きに次々と動き出す。これは電流の向きとは逆である。

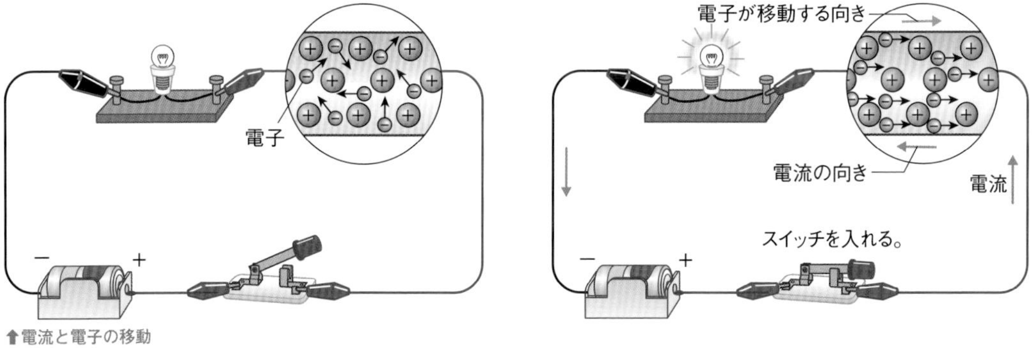

⬆電流と電子の移動

発展 原子と電子

電子の質量は，原子と比べて非常に小さく，約1840分の1である。

くわしく 金属全体は電気を帯びていない

電子は－の電気をもっているが，金属原子の原子核（原子の中心にある部分）は＋の電気をもち，－と＋の電気はたがいに打ち消されて，金属全体ではどちらの電気も帯びていない（電気的に中性であるともいう）。

くわしく 絶縁体と電子

絶縁体（電流が流れにくい物質）では，絶縁体をつくっている原子が電子を引きつけておく力が強いために，金属のように原子から離れて自由に動く電子は存在しない。そのため電流は流れない。

電流は＋極から－極に流れると決まっているけど，電子は，－極から＋極に移動しているよ。

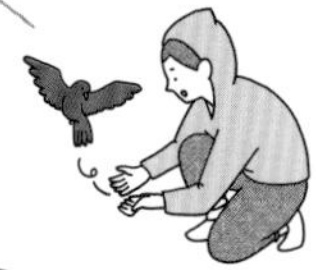

❹**電流の向きと電子の動く向き**…電流の正体が電子の移動であることが発見される以前に，電流の向きが＋極から－極へ流れると決めたために逆になっている。

❺**真空放電と電子の流れ**…放電管の両端に高電圧を加えると，－極から電子が飛び出す。電子は空間を＋極に向かって移動して，電流が流れるようになる。

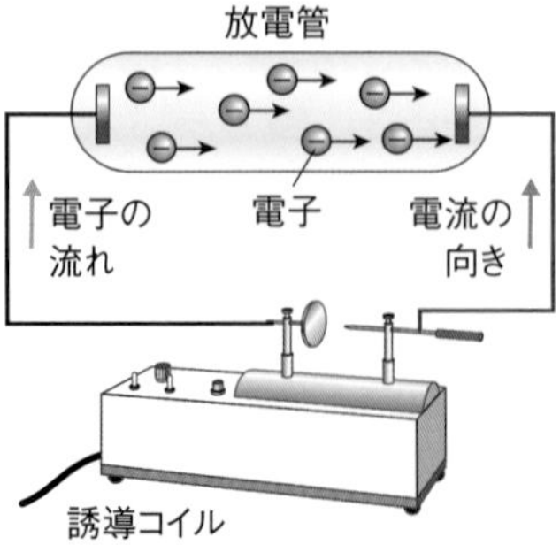

❻**電子の流れと抵抗**

・**抵抗の正体**…導線の金属線を移動する電子の動きは，金属原子に衝突してさまたげられる。この電子の動きをさまたげるはたらきが抵抗である。

・**金属の種類と抵抗**…金属の種類によって，原子の並び方や結びつき方がちがうので，電子の動きのさまたげられ方がちがう。このため，抵抗の大きさが変わってくる。

❼**電圧と電流の関係**…電圧が大きいほど電子の動きが速くなり，したがって電流が大きくなる。

発展 電子による発熱

金属などに電流が流れると発熱するのは，移動する電子が金属原子に衝突し，衝突された原子がエネルギーを得て激しく振動するからである。

発展 電流が磁界から受ける力と電子

電流が磁界から力を受けるというのは，導線を移動する電子が磁界から力を受けることである。

放電管を流れる電流の向きは，電子が－極から＋極へ向かう向きと逆である。フレミングの左手の法則より，磁石を近づけたときの陰極線の曲がる向きは，次のようになる。

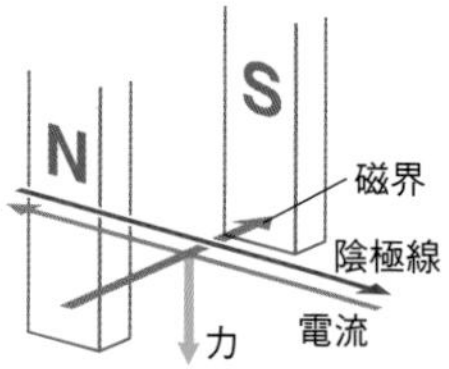

陰極線は下に曲がる。

Column 電子の流れと電流・電圧・抵抗

右の図のように，じゃま物がある坂を小球が転がるモデルを考えてみよう。

小球を電子，坂道の高さを電圧，じゃま物を抵抗とすると，電流・電圧・抵抗の関係は，次のように説明することができる。

①じゃま物が多いほど小球は転がりにくい。
　⇨抵抗が大きいほど，電流は小さくなる。

②坂道の高さが高いほど，小球は速く転がる。
　⇨電圧が大きいほど，電流は大きくなる。

また，抵抗が小さいと電流が流れやすくなること，電圧を低くすれば流れる電流が小さくなることがわかる。

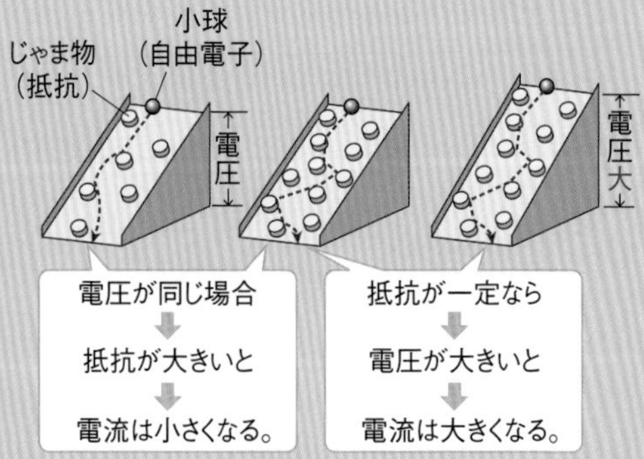

5 放射線

わたしたちは放射線を日常的に浴び，また生活のあらゆる場面で利用している。

❶**放射線**…目に見えない光のようなもので，**α線**，**β線**，**γ線**，**X線**などがある。

❷**放射性物質**…放射線を出す物質。原子力発電所では大きなエネルギーをもつウランなどを核燃料として利用している。

❸**放射能**…放射性物質が放射線を出す性質・能力。

❹放射線の性質

重要

a 目に見えない。

b α線，β線は粒子の流れ。γ線，X線は電磁波。（→光も電磁波の一種。）

c 物体を通りぬける能力（**透過力**）があるが，種類によって能力にちがいがある。

d 非常に大きなエネルギーをもっているので，さまざまな分野で利用されている。

e 大量に，あるいは少量であっても長時間浴びると人体に影響が出る可能性がある。

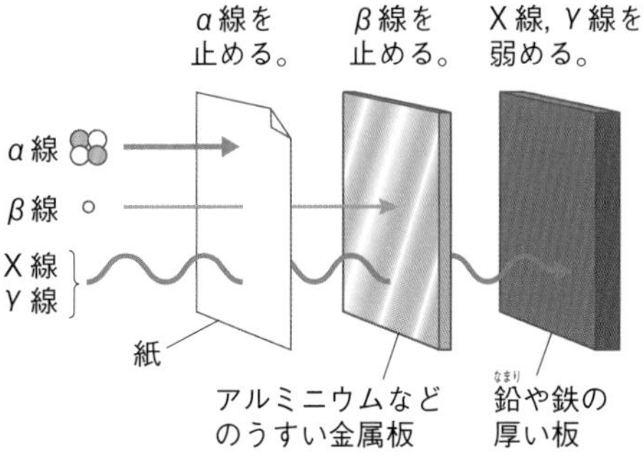

❺放射線の単位

・**シーベルト**（Sv）…放射線が人体に与える影響を表すときに使われる放射線量の単位。1ミリシーベルト（mSv）は$\frac{1}{1000}$シーベルトで，胸部のレントゲン撮影の1回の放射線量は，約0.1ミリシーベルトである。

・**ベクレル**（Bq）…放射能の強さを表す単位。土壌中や食品中などにふくまれる放射性物質の量を表すときに使われる。

❻**自然放射線**…もともと自然界に存在する放射線。わたしたちは1年間に約2.4ミリシーベルト（世界平均）の自然放射線を浴びている。

発展　X（エックス）線の発見

レントゲン（ドイツ）は，1895年，黒い紙でおおわれたクルックス管から出たものが，写真乾板（現在の写真フィルムにあたるもの）を感光させることに気づき，これをX線と名づけた。

さらに，ベクレル（フランス）は，1896年，ウランから目に見えなくて，物質を透過して写真乾板を感光させるものが出ていることを発見し，これをベクレル線と名づけた。

自然放射線による年間線量 約2.4ミリシーベルト（世界平均）

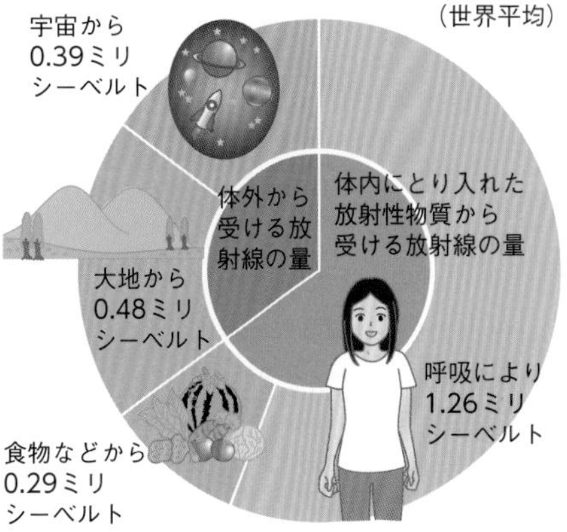

❼**放射線の利用**…放射線は，その透過性を医療に利用されたり，物体内部の検査に利用されたりしている。

発展 **電磁波**

電磁波は，電気と磁気の波で，ラジオで使う電波や光なども電磁波の一種である。目には見えない。

Column 放射線の利用

生活

放射線はほかにない優れた性質をもっているので，医療・農業・工業など幅広い分野で利用されている。

●医療

・**診察**：レントゲン，CT（放射線の透過性を利用する。）

・**治療**：がん治療（重粒子線とよばれる放射線などによりがん細胞を破壊する。）

●農業

・ジャガイモの発芽の抑制（細胞を破壊して発芽をおさえる。）

・害虫の駆除（放射線を当て遺伝子を改変して，害虫が繁殖できないようにする。）

●工業

・機械や建物の内部を，分解したり壊したりすることなく調べることができる。（非破壊検査という。合格した製品を検査後に出荷したり，道路・建築物などを使用している状態で検査したりすることができる。）

・けむり探知機など（照射されているα線をけむりの粒子がさえぎると電流値が変化し，けむりを感知できる。）

・放射線照射による材料の改良（耐熱性，耐水性，耐衝撃性，かたさなど）

・空港の手荷物検査（放射線の透過性を利用する。）

●その他

・**年代測定**…放射性元素（質量数14の炭素など）を測定し**半減期**を計算することで，遺跡や岩石などの年代が測定できる。

※質量数…原子を構成する陽子と中性子の数を足した数。通常の炭素は質量数12だが，質量数14の炭素は不安定で放射線を出す。

※半減期…物質のもつ放射線が2分の1の量になる期間（質量数14の炭素の半減期は5730年）。

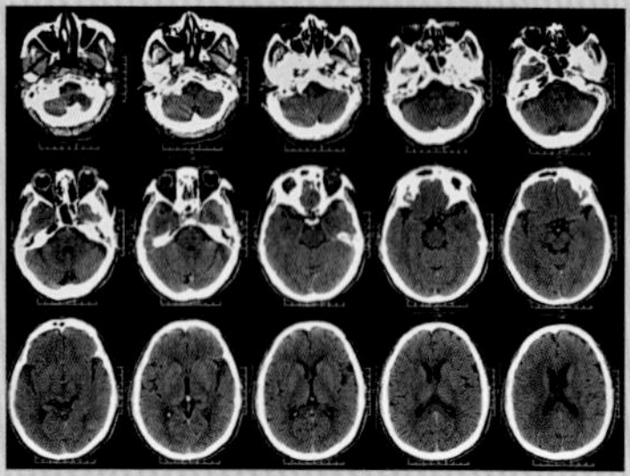

⬆CTスキャン（放射線で体内の画像を得る）

⬆放射線で強度を高めたタイヤ

⬆空港の手荷物検査

放射線は非常に有用であるが，放射線および放射性物質のあつかいを誤ると，ヒトの生命や周囲の環境に大きな影響を与えることになるので，放射性物質を正しく保管し，使用の際も放射線の量を測定しながら，不必要な放射線を受けないようにして利用する必要がある。

チェック 基礎用語 次の〔　　〕にあてはまるものを選ぶか，あてはまる言葉を答えましょう。

1 静電気

	解答
□(1) 異なる物質を摩擦したとき生じる電気を〔　　　〕という。	(1) 静電気
□(2) −の電気を失った物体は〔　　　〕の電気を帯び，−の電気をもらった物体は〔　　　〕の電気を帯びる。	(2) ＋，−
□(3) 異なる種類の電気をもった物体の間には，〔 引き合う しりぞけ合う 〕力が，同じ種類の電気をもった物体の間には，〔 引き合う しりぞけ合う 〕力がはたらく。	(3) 引き合う，しりぞけ合う
□(4) 電気が空気中を移動する現象を〔　　　〕という。〔 虹 雷 〕は，大気中で起こる大規模な放電（火花放電）である。	(4) 放電，雷
□(5) 放電管内などで，空気をぬいて圧力を小さくしたときに起こる放電を〔　　　〕という。	(5) 真空放電
□(6) −の電気をもっている非常に小さな粒子を〔　　　〕という。	(6) 電子
□(7) 放電管内を−極から＋極に直進する電子の流れを〔　　　〕という。磁石の〔　　　〕から力を受けて曲がる。	(7) 陰極線（電子線），磁界
□(8) 金属内には自由に動き回ることができる〔　　　〕がある。	(8) 電子（自由電子）
□(9) 電圧を加えたとき，電源の−極から＋極へ移動する電子の流れを〔　　　〕という。電子の動く向きと電流の向きは〔　　　〕である。	(9) 電流，逆向き
□(10) 金属内の電子の移動をさまたげるはたらきを〔　　　〕という。	(10) 電気抵抗（抵抗）
□(11) 電圧が大きいほど電子の動きは速くなり，電流が〔　　　〕なる。	(11) 大きく
□(12) 放射線は目に見えず，物体を通りぬける能力（〔　　　〕）や，大量に浴びると生物や人体に異常を引き起こすほどの大きなエネルギーをもつ。	(12) 透過力
□(13) 放射線は自然界にも存在し，α線，〔　　　〕，γ線，〔　　　〕などがあり，医療や産業などの分野で利用されている。	(13) β線，X線（順不同）
□(14) 放射線が人体に与える影響を表す単位には〔　　　〕を用いる。	(14) シーベルト

定期テスト予想問題 ①

時間 40分
解答 p.309

得点 /100

1節／電流のはたらき

1 図1のように，豆電球2個と乾電池，スイッチをつないで回路をつくった。次の問いに答えなさい。【(3)5点，ほかは4点×2】

図1

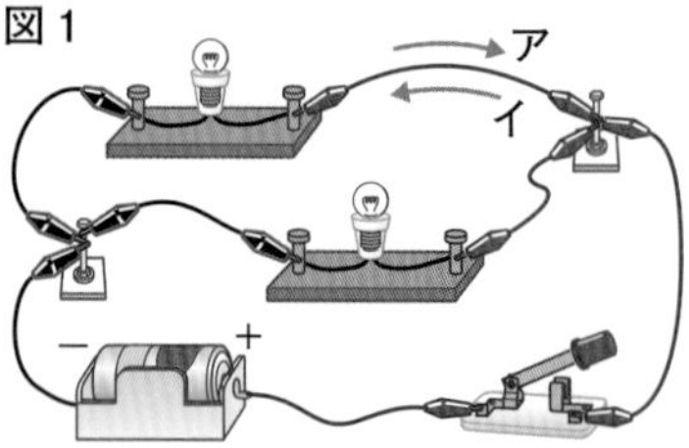

図2

(1) 図1は，直列回路と並列回路のどちらか。〔　　〕

(2) スイッチを入れたとき，回路を流れる電流の向きはア，イのどちらか。〔　　〕

(3) 図1の回路を，電気用図記号を使って，図2に回路図で表せ。

1節／電流のはたらき

2 電流計と電圧計について，次の問いに答えなさい。【(4)5点，ほかは4点×3】

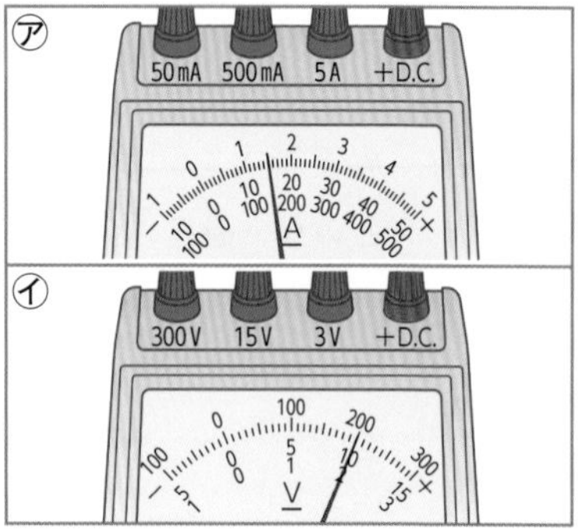

(1) 電流計で，電流が流れこんでくるのは＋端子と－端子のどちらか。〔　　〕

(2) 電流計の500 mAの－端子を使って電流を測定したら，右の㋐のようになった。電流は何Aか。〔　　〕

(3) 電圧計の3Vの－端子を使って電圧を測定したら，右の㋑のようになった。電圧は何Vか。〔　　〕

思考 (4) 電流計と電圧計のうちどちらか一方は，回路につないだときの影響を小さくするために，内部の抵抗を非常に小さくしてある。それはどちらと考えられるか。〔　　〕

1節／電流のはたらき

3 右の図の回路について，次の問いに答えなさい。【4点×4】

A

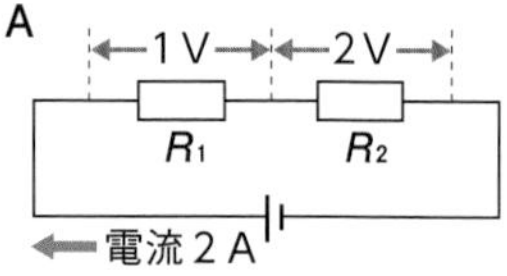

B

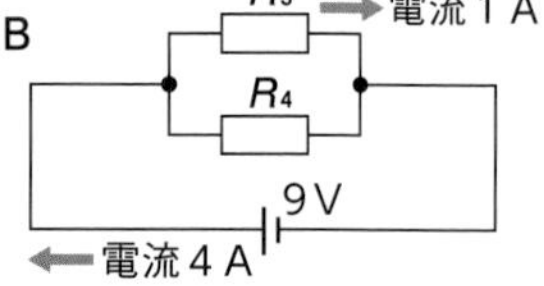

(1) Aの回路の電源の電圧は何Vか。〔　　〕

(2) 電熱線R_1を流れる電流は何Aか。〔　　〕

(3) Bの回路で，電熱線R_3に加わる電圧は何Vか。〔　　〕

(4) 電熱線R_4を流れる電流は何Aか。〔　　〕

1節／電流のはたらき

4 **図1は，電熱線AとBのそれぞれに加えた電圧と流れる電流の関係を調べてグラフに表したものである。図2は，電熱線AとBをつないでつくった回路である。次の問いに答えなさい。** 【4点×6】

(1) グラフから，電熱線に加わる電圧と流れる電流との間にはどのような関係があるか。〔　　　〕

(2) 電熱線AとBで，抵抗が大きいのはどちらか。記号で書け。〔　　　〕

(3) 電熱線Aの抵抗は何Ωか。〔　　　〕

(4) 電熱線AとBを直列につないだときの全体の抵抗は何Ωか。〔　　　〕

(5) **図2**で，電源の電圧が6Vのとき，電熱線Aを流れる電流は何Aか。〔　　　〕

(6) **図2**のときの回路全体の抵抗は何Ωか。〔　　　〕

図1

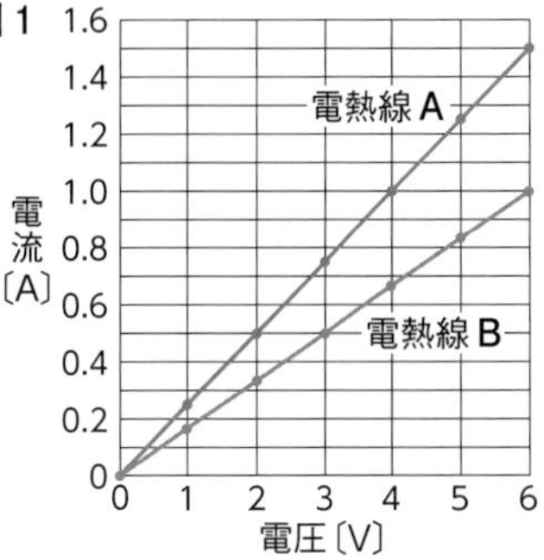

図2

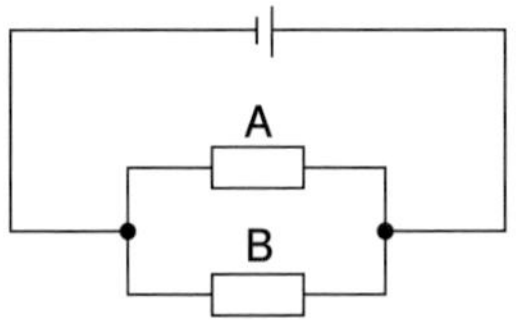

1節／電流のはたらき

5 **図1の装置を組み立て，抵抗が4Ωの電熱線に6Vの電圧を加えて電流を流し，1分ごとに水の上昇(じょうしょう)温度を測定した。図2は，測定した結果をグラフに表したものである。次の問いに答えなさい。** 【5点×6】

(1) 電熱線に流れる電流は何Aか。〔　　　〕

(2) 電熱線の電力は何Wか。〔　　　〕

(3) 電圧が6Vのとき，この電熱線の5分間の発熱量(はつねつりょう)は何Jか。〔　　　〕

(4) 電熱線に加える電圧を10 Vにして5分間電流を流した。100 gの水の温度は何℃上昇するか。小数第2位を四捨五入して小数第1位まで求めなさい。ただし，水1gの温度を1℃上昇させるのに必要な熱量を4.2 Jとし，電熱線から発生した熱はすべて水の温度の上昇に使われたものとする。〔　　　〕

(5) 抵抗が8Ωの電熱線に変え，6Vの電圧を加えて1分ごとに水の上昇温度を測定した。このときの測定結果のグラフの傾(かたむ)きは，**図2**のグラフと比べてどうなるか。〔　　　〕

(6) 「100 V　600 W」と表示のあるヘアードライヤーがある。電圧が100 Vでこれを5分間使用したときの電力量(でんりょくりょう)は何Wsか。〔　　　〕

図1

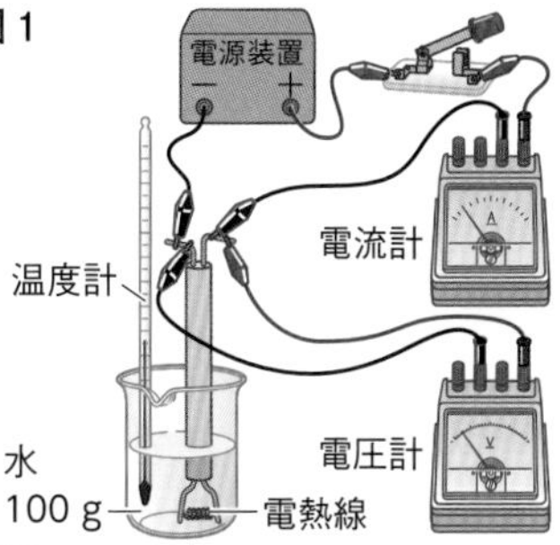

図2

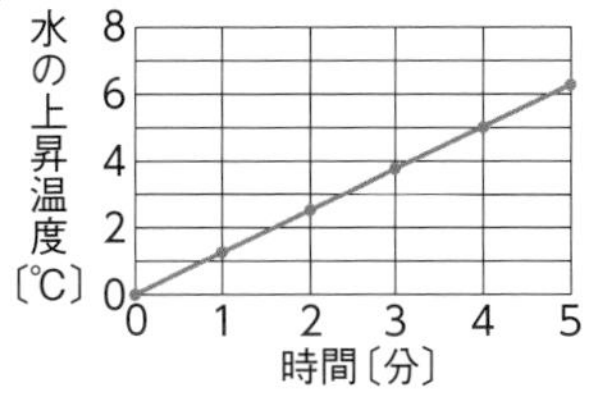

4章／電気の世界

定期テスト予想問題 ②

時間 40分
解答 p.309

得点 ／100

2節／電流と磁界

1 図1は，導線に電流を流したときの磁界のようすを曲線で表したものである。図2は，コイルに電流を流して，そのまわりの磁界を方位磁針で調べたものである。次の問いに答えなさい。 【4点×6】

図1

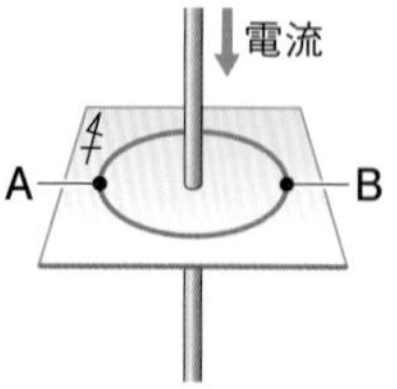

図2

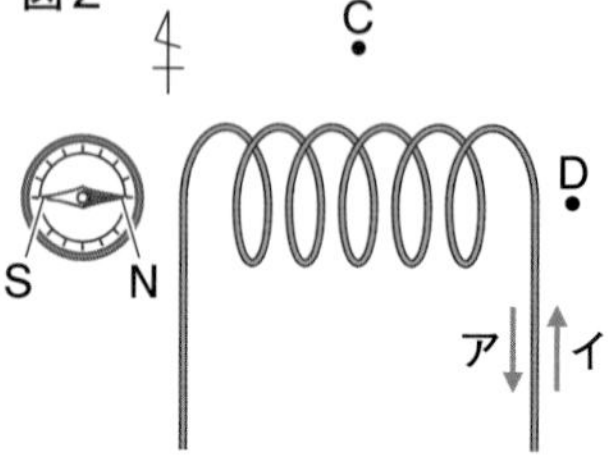

(1) 図1の曲線を何というか。 〔　　　　〕

図3

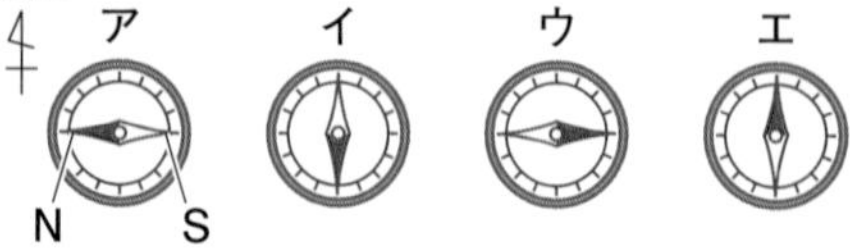

(2) 図1のA点とB点に方位磁針を置いた。磁針の振れる向きを，図3のア～エからそれぞれ選べ。

A点〔　　　　〕 B点〔　　　　〕

(3) 図2のとき，コイルに流れている電流の向きはア，イのどちらか。 〔　　　　〕

(4) 図2のC点，D点に方位磁針を置くと，磁針の振れる向きはどうなるか。図3のア～エからそれぞれ選べ。 C点〔　　　　〕 D点〔　　　　〕

2節／電流と磁界

2 図1の装置を組み立て，コイルに電流を流してコイルの動く向きを調べた。次の問いに答えなさい。 【(2)6点，ほかは4点×4】

図1

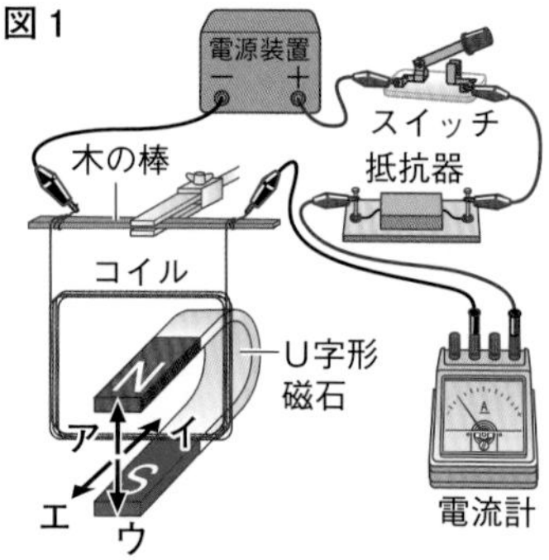

(1) U字形磁石の磁界の向きは，ア～エのどれか。〔　　　　〕

(2) スイッチを入れて電流を流すと，コイルはエの向きに動いた。コイルの動く向きを逆にする方法を1つ書け。

〔　　　　〕

(3) 電源の電圧を変えないで，図1と同じ抵抗器を2個並列につないで電流を流した。コイルの動く大きさはどのように変化するか。 〔　　　　〕

(4) 図2は，磁石の間でコイルが連続して回転する装置を模式的に表したものである。

図2

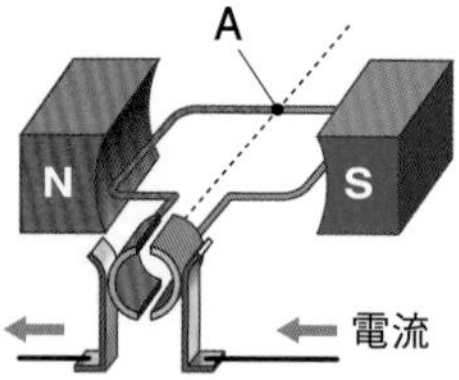

① このような装置を何というか。 〔　　　　〕

② 図2のA点に流れる電流の向きは，コイルの回転にともなって変わるか，変わらないか。

〔　　　　〕

2節／電流と磁界

3 右の図の㋐のように，コイルに対して棒磁石を動かすと，検流計にはB→Aの向きに電流が流れた。次の問いに答えなさい。

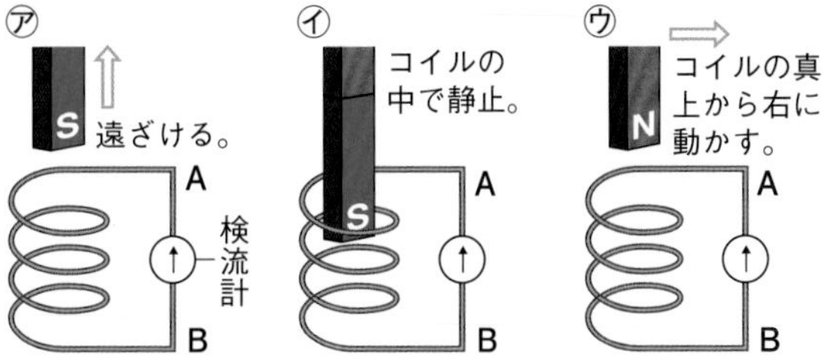

【(3)6点，ほかは4点×5】

(1) ㋑，㋒のとき，コイルに流れる電流は，「A→B，B→A，流れない」のそれぞれどれか。　㋑〔　　〕　㋒〔　　〕

(2) ㋐のとき，コイルに電流が流れる現象を何というか。〔　　〕

(3) 図と同じ棒磁石とコイルを使って，コイルに流れる電流を大きくするには，どのようにすればよいか。〔　　〕

(4) ㋐で，コイルの中に棒磁石を出し入れする動きを連続して行ったとき，コイルに流れる電流は，次のア，イのどちらか。記号で答えよ。〔　　〕

ア　流れる向きが同じで変化しない電流　　イ　流れる向きが変化する電流

(5) (4)のような電流を何というか。〔　　〕

3節／静電気と電流

4 右の図のように，誘導(ゆうどう)コイルを使って真空放電管(しんくうほうでんかん)（クルックス管）のA，B間に高い電圧を加えると，真空放電管の中の蛍光板(けいこうばん)に明るい線が現れ，回路(かいろ)に電流が流れた。次の問いに答えなさい。【4点×7】

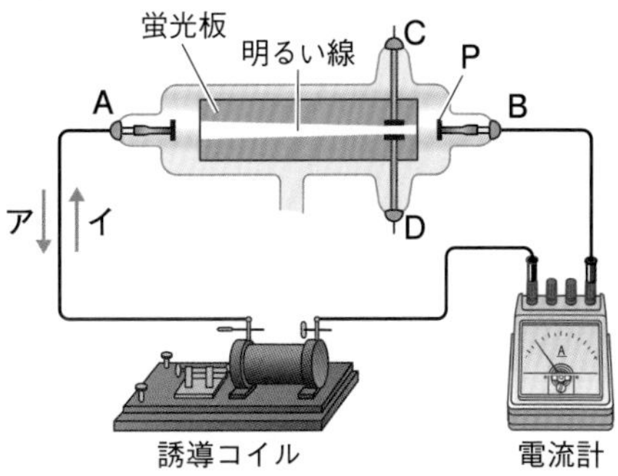

(1) 真空放電管に見られた明るい線を何というか。〔　　〕

(2) (1)の明るい線は，図の電極Pから飛び出した粒子(りゅうし)の流れである。この粒子を何というか。また，この粒子は＋(プラス)と－(マイナス)のどちらの電気をもっているか。　名称(めいしょう)〔　　〕　電気〔　　〕

(3) 電極Pは＋極と－極のどちらか。〔　　〕

(4) 直流(ちょくりゅう)電源の＋極を真空放電管のC，－極を真空放電管のDの端子(たんし)に接続して電圧を加えると，明るい線は上向き，下向きのどちらに曲がるか。〔　　〕

(5) 回路を流れる電流の向きは，ア，イのどちらか。記号で答えよ。〔　　〕

思考 (6) 雷(かみなり)は，雲にたまった電気が雲と地表の間で流れて起こる放電(ほうでん)現象である。このときの雲にたまった電気は何とよばれているか。〔　　〕

探究する Column

直流と交流，どっちで動く？

わたしたちは，いろいろな家電製品を使って生活しているが，その多くは，本体からのびる電源コードのプラグを壁のコンセントにさしこんで使っている。家電製品と電流について考えてみよう。

疑問 家にあるラジオは，ふだんは電源コードをコンセントにつないで使っているが，コンセントがないところでは乾電池を入れて使う。ノートパソコンも，電源コードを使う場合と本体のバッテリー(充電式の電池)を使う場合がある。発電所からコンセントに届いている電流は交流で，電池による電流は直流だと思うが，どうしてどちらでも問題なく作動するのだろうか。

資料1 電池を入れるところの表示

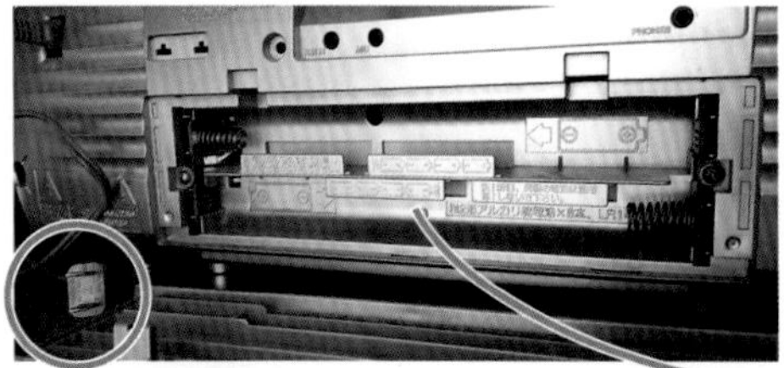

⬅CDプレーヤーつきラジオの乾電池を入れるところ

⬇乾電池の入れ方を表示した部分の拡大

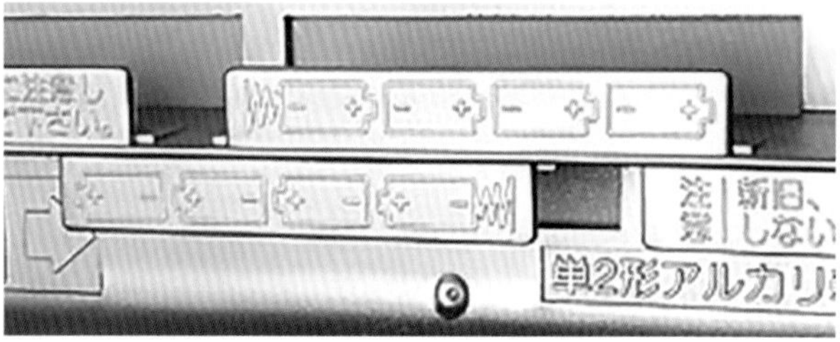

※この機器の場合，単２形のアルカリ乾電池を８個入れるように表示されている。少し型が古い大きめの機器では，たくさんの電池が必要なものもある。

電源コードの先のプラグも見えるから，コンセントにさしこんでも使えるんだね。

考察1 資料１の機器は，直流と交流のどちらで作動するか

資料１のCDプレーヤーつきラジオは，乾電池をたくさん直列つなぎになるように入れることで，乾電池だけで使うことができたよ。でも，乾電池を入れずにコンセントにつないでも作動したよ。

資料１から，ＣＤプレーヤーつきラジオは，乾電池による直流の電流でも，コンセントの交流の電流でも，作動するとわかる。しかし，交流の電流は，電流の流れる向きや大きさが周期的に変わることから考えると，家電製品を安定して作動させるためには不向きのように思われる。

解説 乾電池でもスマートフォンの充電式の電池でも，電池から機器の回路に流れる電流は直流である。しかし，発電所から家庭のコンセントに届いている電流は交流で，多くの家電製品は電源コードをコンセントにつないで使用し，充電式の電池も充電はコンセントにつないで行う。

資料２ 電源コードやプラグの箱状のもの，および充電器

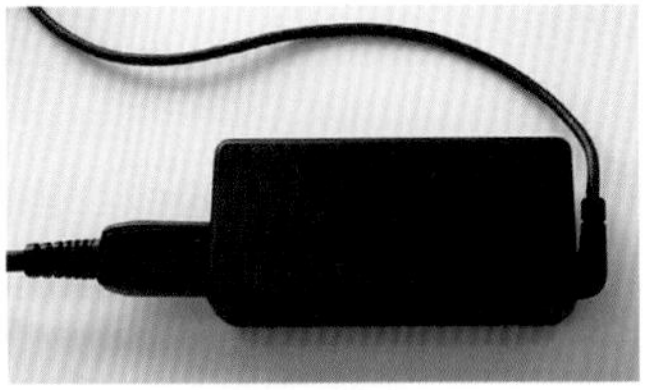

⬆電源コードの箱状のもの

⬆プラグの部分が箱状

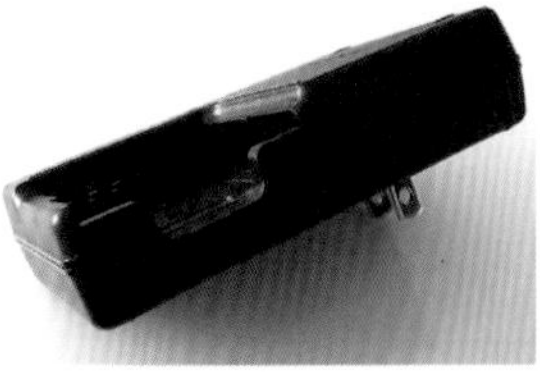

⬆充電式電池の充電器

INPUT（インプット）は入力で，OUTPUT（アウトプット）は出力のことだよ。また，AC（エーシー）や～は交流，DC（ディーシー）や⎓は直流を表す記号だよ。

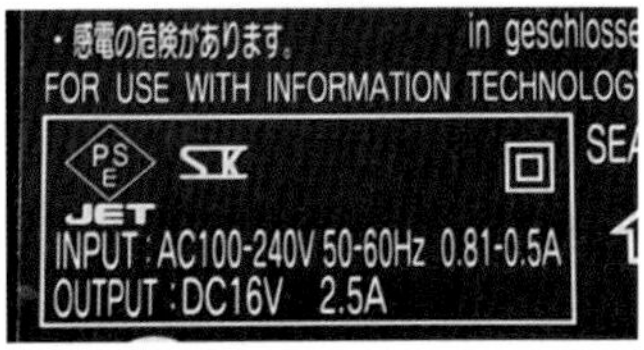

⬆箱状のものの表示

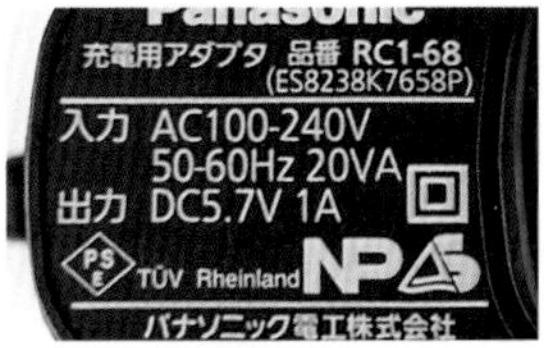

⬆上の写真の表示部分（赤矢印）

⬅充電器の表示

考察２ 入力は交流，出力は直流と表示されている

資料２の箱状のものや充電式電池の充電器には，コンセントにさしこんだプラグからは交流の電流が流れこみ，最終的に直流の電流が流れ出て，その直流の電流によって機器が作動したり電池が充電されたりするみたいだ。つまり，この箱状のものの中で起こっていることを考えると…？

家電製品を作動させるための電流は直流で，そのために交流を直流に変えているようだ。ただし，資料２の箱状のものがない場合もあり，その場合は，機器本体に秘密があると考えられる。

解説 資料２は交流を直流に変換する役目をする装置である（箱状のものはACアダプターという）。中には電圧を下げるための部品や，電流の向きを一方向にするための部品（ダイオード）などがあり，複雑なしくみにより電流が安定した直流になるようにしている。大きめの家電製品などは本体の中に変換のための装置が組みこまれているので，その場合は電源コードだけが見える。

※交流で作動する家電製品もある。また，インバーター方式とよばれる家電製品は，交流→直流→交流の変換を行う。

中学生のための
勉強・学校生活アドバイス

理科の攻略法

「う～～。やっぱりだめだ～～！」

「どうしたんだよ。さっきまで順調にテスト勉強してたのに…。」

「計算問題になると急にやる気が…。」

「芽衣ちゃんの気持ちわかる！　わたしも電流の計算が苦手だったな～。」

「でも，**理科の計算問題って計算自体はそんなに複雑じゃない**ですよね。公式にあてはめれば解けるようになってるし。」

「さすが大和くん！　そうなの。理科の場合，計算問題で何を問われているかをイメージできるかが鍵ね。」

「イメージ…？」

「芽衣ちゃんのように計算問題に苦手意識があると，問題を読みこむ前から難しいと思ってしまいがちだけど…」

「たしかにそうかもです。」

「問題の内容が理解できれば，計算自体はとても簡単なことに気がつくはずよ。」

「あとは，公式自体も，意味がわかると覚えやすくなるしな。」

「…公式の意味？」

「そう。例えば，電流のところで習うオームの法則ってあっただろ？」

オームの法則　電圧＝抵抗×電流

「電圧は抵抗と電流をかけ合わせた値。じゃあ例えば，抵抗の値は一定で電流が大きくなったとすると電圧はどうなっている？」

「えっと…抵抗が変わらなくて，電流が大きいから，電圧も大きい……？」

「その通り。抵抗が同じでも，大きな電圧を加えると大きな電流が流れる。公式の意味がわかるとその関係もわかるんだ。」

「なるほど……。ちょっとだけわかったような…。」

「公式の意味を理解するのは難しいけど，**ただ暗記するよりも公式を覚えやすくなるし，内容の理解も深まる**よ。」

「まあ，前原の場合は，公式を正確に覚えるところからだな。」

「うぐっ…たしかに…。頑張ります。」

入試レベル問題

入試レベル問題

解答 p.310

1 **右の図のような装置で酸化銀を加熱する実験を行ったところ，試験管Aの酸化銀のようすが変わり，試験管Bには気体がたまった。次の問いに答えなさい。**

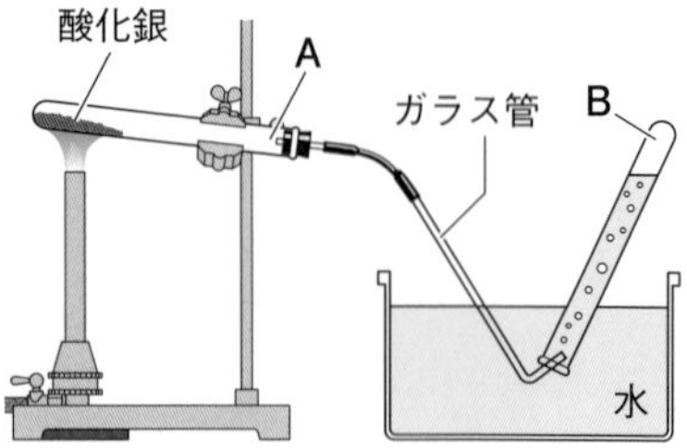

(1) はじめに出てきた気体は，試験管1本分ぐらい捨てた。その理由を書け。〔　　　〕

(2) 試験管Bにたまった気体に火のついた線香(せんこう)を入れるとどうなるか，書け。〔　　　〕

(3) 十分に加熱すると，試験管Aの酸化銀は白っぽい物質に変化した。この物質をとり出していくつかの操作をした結果として正しいものを，次のア～ウから1つ選べ。〔　　　〕

ア 水にとかしてBTB溶液(ようえき)を加えると，水溶液は青色に変化する。

イ かたまりをスプーンの裏でこすると，光沢(こうたく)が見られるようになる。

ウ 磁石にはつかず，また，電流は流れない。

(4) この実験の化学変化(かがくへんか)を，化学反応式(かがくはんのうしき)で表せ。〔　　　〕

(5) 銀原子(げんし)の質量と酸素原子の質量の比は，27：4であることがわかっている。酸化銀の密度が7.2 g/cm^{3}で，実験に用いた酸化銀が2 cm^{3}のとき，最大で何gの気体が得られるか求めよ。ただし，小数第2位を四捨五入して，小数第1位まで答えよ。〔　　　〕

2 **右の図のように，a〔g〕のうすい硫酸(りゅうさん)と，b〔g〕の塩化バリウム水溶液(すいようえき)を混ぜ合わせて質量をはかると，c〔g〕だった。次の問いに答えなさい。**

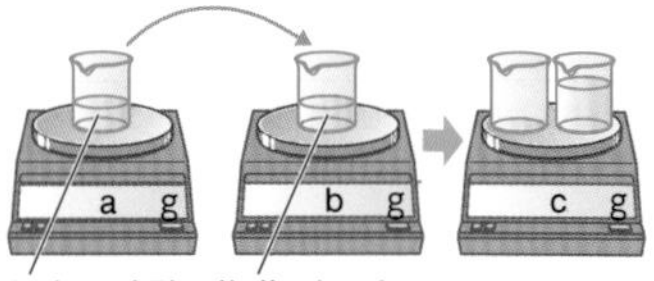

(1) うすい硫酸と塩化バリウム水溶液を混ぜたとき，どのような変化が起こるか。次のア～ウから1つ選べ。〔　　　〕

ア 白い沈殿(ちんでん)ができる。　**イ** 青色の液体になる。　**ウ** 無臭の気体が発生する。

(2) a，b，cの質量の関係を表す式を，次のア～ウから1つ選べ。〔　　　〕

ア a＋b＝c　**イ** a＋b＜c　**ウ** a＋b＞c

ヒント **1** (5) $2Ag_2O$とO_2の質量の比を求めてから，それをもとに酸化銀が分解(ぶんかい)したときに発生した酸素の質量を求める。
2 (2) 気体が発生したかどうかで，質量の関係を表す式を考える。

3 **葉の大きさや枚数がほぼ同じ枝を４本用意し，右の図のように水を入れたメスシリンダーにさした。次の問いに答えなさい。**

(1)　４本の枝の葉には，それぞれ次のような処理をした。

　A：葉の表と裏の両面にワセリンをぬった。　B：葉の表面にワセリンをぬった。

　C：葉の裏面にワセリンをぬった。　　　　　D：葉にワセリンをぬらなかった。

　枝をさしたメスシリンダーを，日光が当たるところに６時間置いたとき，水の減り方が２番目に多かったのはどれか。記号を書け。　〔　　　　〕

(2)　植物のからだの中で，水が運ばれる管を何というか。　〔　　　　〕

(3)　(1)のAとDの枝について，次の問いに答えよ。

　①　実験中に特殊なカメラを用いて葉の表面の温度を調べると，どちらの枝の葉の温度が低かったか。記号と理由を書け。記号〔　　　　〕理由〔　　　　〕

　②　葉でほとんど光合成が行われなかったと考えられるのはどちらの枝の葉か。記号と理由を書け。　記号〔　　　　〕理由〔　　　　〕

4 **下の図は，消化により栄養分が分解されていく流れをまとめたものである。ただし，栄養分A～Cは，デンプン，タンパク質，脂肪のいずれかである。次の問いに答えなさい。**

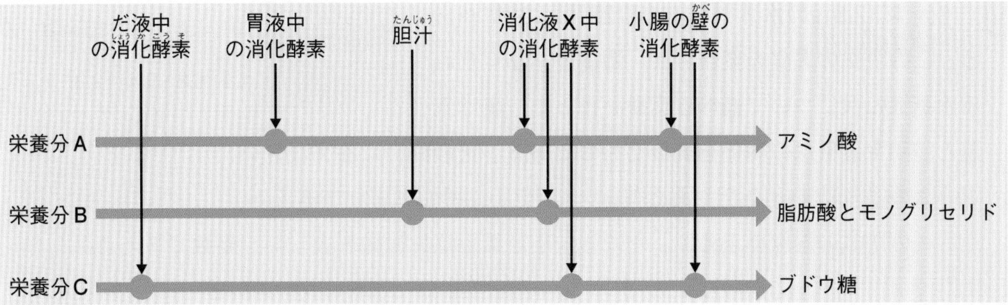

(1)　栄養分A～Cで，デンプンはどれか。記号を書け。　〔　　　　〕

(2)　消化液Xは何か。名称を書け。　〔　　　　〕

(3)　図の消化液のうち，肝臓でつくられるものはどれか。名称を書け。　〔　　　　〕

(4)　図の物質のうち，細胞の活動でアンモニアを生じるものの名称を書け。　〔　　　　〕

(5)　(4)のアンモニアは，肝臓で尿素に変えられる。なぜ，そのような必要があるのか，理由を簡単に書け。　〔　　　　〕

(6)　ブドウ糖やアミノ酸は，血液の血しょうにとけこみ，からだの各部分へ運ばれる。血しょうの一部が毛細血管からしみ出し，細胞の間にたまったものを何というか。　〔　　　　〕

5 右の図は，ある年の５月７日午前９時の天気図であり，低気圧の中心からのびる２つの前線をそれぞれ，前線A，前線Bとして示している。次の問いに答えなさい。

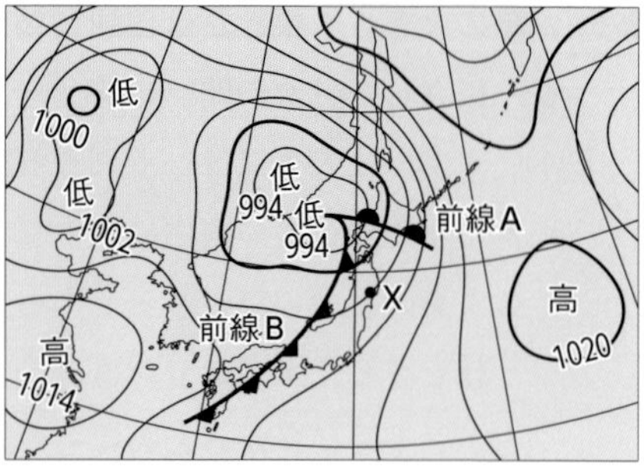

(1) このあと地点Xを通過する前線は，前線Aと前線Bのどちらか。また，そのときの天気の変化について最も適切なものを，次のア～エから選べ。

前線〔　　　　〕 天気の変化〔　　　　〕

ア 弱い雨が長時間続いたあと，気温が上がり，天気が回復する。

イ 弱い雨が長時間続いたあと，気温が下がり，風が南寄りに変化する。

ウ 強い雨が短時間降ったあと，気温が上がり，天気が回復する。

エ 強い雨が短時間降ったあと，気温が下がり，風が北寄りに変化する。

(2) 天気図から，地点Xの気圧を読みとれ。〔　　　　〕

(3) この日の同じ時刻に，めぐみさんが地点Xにある学校のグラウンドで気圧をはかったところ，(2)の値とは異なる測定結果が得られた。測定結果は(2)と比べてどうなっていたと考えられるか。ただし，めぐみさんの学校は，山沿いの地域にあるものとする。〔　　　　〕

6 $1\ m^3$に12.8 gの水蒸気をふくむ25 ℃の空気がある。この空気の温度を変化させ，湿度と，ふくまれる水蒸気の量について調べる実験を行った。表は気温と飽和水蒸気量の関係を表したものである。次の問いに答えなさい。

気温〔℃〕	0	5	10	15	20	25	30
飽和水蒸気量〔g/m^3〕	4.8	6.8	9.4	12.8	17.3	23.1	30.4

(1) この空気は$1\ m^3$あたりあと何gの水蒸気をふくむことができるか。〔　　　　〕

(2) この空気の湿度を求めよ。ただし，小数第１位を四捨五入して，整数で答えよ。

〔　　　　〕

(3) この空気の露点を求めよ。〔　　　　〕

(4) この空気の温度を変化させて湿度を下げたい。温度を上げればよいか，下げればよいか。

〔　　　　〕

(5) この空気を冷やして10 ℃にした。空気中にふくみきれずに出てくる水蒸気は$1\ m^3$あたり何gか。

〔　　　　〕

ヒント **5** (3) 天気図の等圧線は，海面での値に修正した気圧を使用している。

6 (4) 湿度を下げるには，飽和水蒸気量に対して現在の水蒸気量の割合が小さくなるようにすればよい。

7 **電熱線A，Bを用いて，図1のような回路で，電流・電圧・抵抗がどのような値になるかを調べる実験を行った。次の問いに答えなさい。**

図1

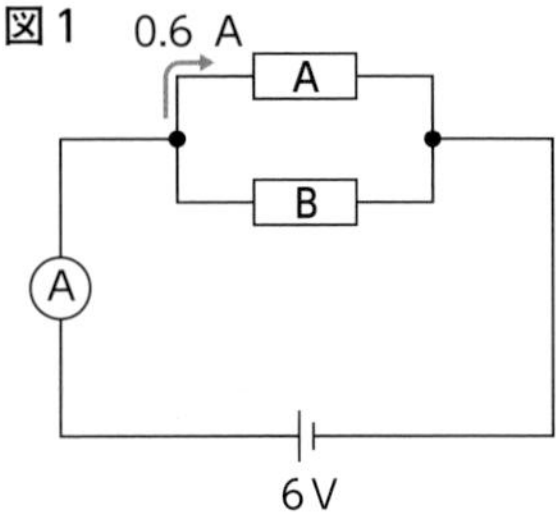

(1) **図1**の回路で，電熱線**A**には0.6 Aの電流が流れていた。このとき，電熱線**A**の抵抗は何Ωか。〔　　　　〕

(2) 電熱線**A**，**B**の電流と電圧の関係は右のグラフのようになった。(1)のとき，電熱線**B**に流れる電流は何Aか。〔　　　　〕

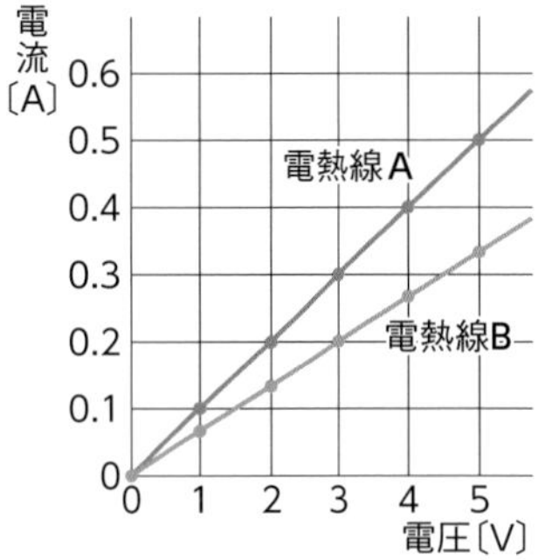

(3) 電熱線**B**の抵抗は何Ωか。〔　　　　〕

次に，同じ電熱線A，Bと抵抗が12 Ωの電熱線Cを使って，図2のような回路をつくった。これについて，次の問いに答えなさい。

(4) この回路の全体の抵抗は何Ωか。〔　　　　〕

(5) 回路全体の電熱線の抵抗が大きいのは，**図1**と**図2**のどちらの回路か。〔　　　　〕

(6) **図2**の回路で，電流計の値が0.25 Aを示しているとき，電熱線**A**，**B**，**C**に流れる電流は，それぞれ何Aか。

電熱線**A**〔　　　　〕　電熱線**B**〔　　　　〕

電熱線**C**〔　　　　〕

(7) **図2**の回路で，電熱線**B**に0.3 Aの電流が流れているとき，電源の電圧は何Vか。〔　　　　〕

(8) **図2**の電熱線**A**，**B**，**C**の位置だけを入れかえて，回路全体の抵抗が最も小さくなるようにつなぎ変えたい。どの電熱線をどこにつなげばよいか。**図3**の回路図の□に**A**～**C**の記号をかけ。ただし，電熱線**A**，**B**，**C**はすべて，1つずつ回路につなぐものとする。

図2

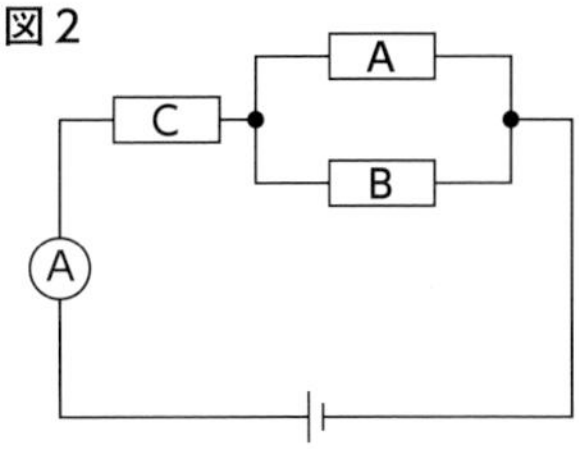

図3

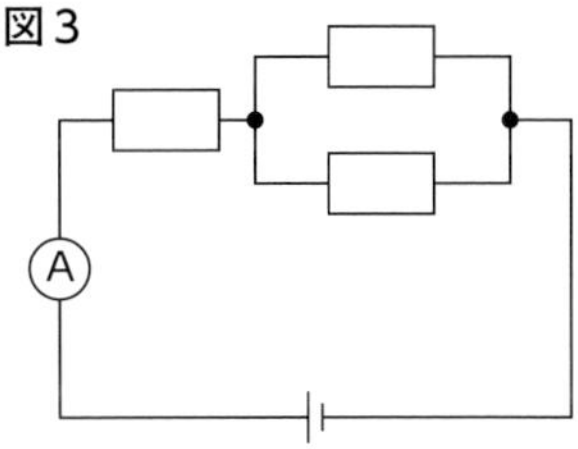

ヒント **7** (4) 電熱線AとBの並列つなぎの部分の抵抗を計算してから，電熱線Cと，電熱線AとBを合わせた部分が直列つなぎになっていると考えて，全体の抵抗を計算する。(8) 並列回路では，各部分の抵抗は全体の抵抗よりも小さくなる。

解答と解説

第1章　化学変化と原子・分子

定期テスト予想問題 ①

p.82～83

1 (1) 色…赤(桃)色　物質名…水
(2) 石灰水…白くにごる。　物質名…二酸化炭素
(3) よくとけた…ア　アルカリ性が強い…ア
(4) 炭酸ナトリウム
(5) (例)水が加熱した試験管内に逆流するのを防ぐため。

解説
(3)(4)　炭酸ナトリウムは炭酸水素ナトリウムよりも水によくとけ，水溶液は強いアルカリ性を示す。

2 (1) (例)電流が流れにくいから。
(2) A　(3) 水素　(4) O_2　(5) 2：1

解説
(1)　水酸化ナトリウムをとかすことで電流が流れやすくなる。
(4)　陽極からは酸素が発生する。分子なのでO_2と書く。

3 (1) ウ　(2) 分子　(3) (例)空気はいろいろな気体が混ざった混合物だから。

解説
(3)　空気は，窒素や酸素などのいろいろな物質（気体）が混ざった混合物で，「空気」という分子はない。

4 (1) 鉄…Fe　塩素…Cl　アルミニウム…Al
銀…Ag　Zn…亜鉛　Na…ナトリウム
(2) 水…H_2O　酸化銅…CuO　CO_2…二酸化炭素
NH_3…アンモニア

5 (1) 固体　(2) ウ　(3) 1：1
(4) エ　(5) 純粋な物質　(6) 化合物

解説
(1)(2)　物質の形が一定で，多数の原子が集まってできていることから，固体で，分子をつくらないとわかる。
(4)(6)　分子ではなく，２種類の原子が結びついているので，化合物の酸化銅である。

定期テスト予想問題 ②

p.84～85

1 (1) (例)反応によって熱が発生し，その熱で反応が進むから。　(2) 硫化鉄　(3) A　(4) B
(5) Fe + S ⟶ FeS

解説
(4)　うすい塩酸に加えると，Aからは水素（無臭）が，Bからは硫化水素が発生する。

2 (1) イ　(2) 酸素　(3) 酸化鉄　(4) (例)反応しない。
(5) 酸化（燃焼）　(6) (例)さびる。(酸化する。)

解説
(1)～(3)　スチールウール（鉄）を加熱すると燃えて酸化鉄ができ，結びついた酸素の分だけ重くなる。
(6)　おだやかな酸化により，空気中で赤くさびる。

3 (1) 銅
(2) 石灰水の変化…白くにごる。
物質名…二酸化炭素
(3) (例)加熱した試験管内に酸素が入ってきて，銅が再び酸化するのを防ぐため。
(4) 2Cu，CO_2（順不同）　(5) 還元　(6) 酸化

解説
(5)(6)　酸化銅が銅に還元されるのと同時に，炭素が酸化されて二酸化炭素ができている。

4 (1) 変化しない。　(2) 物質名…二酸化炭素
質量…小さくなる。(軽くなる。)　(3) 冷たい

解説

(2)　気体が外に逃げた分，質量は小さくなる。
(3)　吸熱反応では熱を周囲からうばい，温度が下がる。

5 (1) **酸化銅**　(2) 酸素…**0.3 g**　化合物…**1.5 g**
(3) **8：3**

解説

(3)　(2)より，0.6 gの酸素と結びつく銅の質量は2.4 gということがわかる。したがって，求める比は2.4：0.9＝8：3となる。

第2章　生物のからだのつくりとはたらき

定期テスト予想問題 ①

p.162～163

1 (1) **A…イ　B…ウ　C…ア**
(2) **酢酸オルセイン液，酢酸カーミン液などから1つ**
(3) **多細胞生物**　(4) **イ，エ**
(5) 見える範囲…**せまくなる。**
視野の明るさ…**暗くなる。**

解説

(4)　ミジンコは水中で生活する多細胞生物である。

2 (1) ア…**核**　イ…**細胞膜**
(2) ウ…**細胞壁**　エ…**葉緑体**　オ…**液胞**　(3) **B**
(4) ①…**形**　②…**はたらき**（順不同）　(5) **器官**

3 (1) **(例) タンポポの葉があるかないか。**
(2) **石灰水**　(3) **二酸化炭素**
(4) 物質名…**水**　つくり…**葉緑体**

解説

(1)　調べようとしている条件以外の条件は同じにして行う実験を対照実験という。
(3)(4)　光合成の原料は，二酸化炭素と水。

4 (1) X…**酸素**　Y…**二酸化炭素**
(2) 記号…**A**　はたらき…**光合成**　(3) **気孔**

解説

(1)(2)　Bは夜間も行われることから，呼吸を示す。昼間は光合成の方が呼吸よりもさかんである。

5 (1) **維管束**　(2) **イ，ウ**　(3) **師管**　(4) **水蒸気（気体）**

解説

(3)　葉の断面の図では，エが師管を示している。

定期テスト予想問題 ②

p.164～165

1 (1) **だ液**　(2) **(例) 変化しない。**
(3) 記号…**エ**　器官名…**すい臓**
(4) ①②…**ブドウ糖，アミノ酸（順不同）**
③④…**脂肪酸，モノグリセリド（順不同）**

解説

(1)　だ液には消化酵素アミラーゼがふくまれている。

2 (1) **気管**　(2) **肺胞**　(3) **(例) 肺の表面積が大きくなり，気体の交換の効率がよくなる。**
(4) **毛細血管**　(5) X…**酸素**　Y…**二酸化炭素**

3 (1) **a**　(2) **肝臓**　(3) **ア**　(4) **コ**　(5) **表面積**

解説

(4)　あてはまる動脈は，心臓から肺へ血液を送る血管ということになる。
(5)　赤血球にふくまれるヘモグロビンが酸素と結びつくことで，血液は酸素を運んでいる。

4 (1) **うずまき管**　(2) **神経（聴神経，感覚神経）**
(3) **網膜**　(4) **脳**

解説

(1)　まず，音（空気の振動）によって鼓膜が振動し，その振動が耳小骨に伝わる。さらにその振動がうずまき管に伝わり，刺激として受けとる。

5 (1) **脊髄**
(2) ① **E→C→A→B→F**　② **E→D→F**

解説

(2)　②は反射による反応。刺激の信号が届いた脊髄からすぐに出される命令によって反応が起こる。

第3章　天気とその変化

定期テスト予想問題 ①

p.226～227

1 (1) **25.0 ℃**　(2) **68 %**
(3) **(例) 水が蒸発すると温度が下がる。**

解説

(2)　湿度表で，気温が25 ℃で示度の差が4.0 ℃のときの値を読みとる。

(3)　周囲の空気が乾燥していると，湿球にとりつけた布の水が蒸発して，湿球の示度が低くなる。

2 (1) **北西**　(2) **雨**　(3) **1024 hPa**　(4) **低気圧**
(5) **B地点**　(6) **イ**

解説

(3)　等圧線は4 hPaごとに引かれていて，20 hPaごとに太線になっている。C地点は左側にある1028 hPaの等圧線よりも1本分だけ気圧が低い場所にある。

(5)　一般的に等圧線の間隔がせまい場所ほど，強い風がふく。

3 (1) **イ**　(2) **14 g**　(3) **69 %**

解説

(1)　12時の気温は20 ℃なので，飽和水蒸気量は表より17.3 g/m^3。このときの湿度は55 %なので，この空気1 m^{3}にふくまれる水蒸気量は17.3×0.55＝9.515〔g〕　表より，飽和水蒸気量が9.5 gに近い温度は10 ℃。よって，露点はおよそ10 ℃となる。

(2)　14時の気温は22 ℃なので，飽和水蒸気量は19.4 g/m^3。また，このときの湿度は50 %なので，この空気1 m^{3}にふくまれる水蒸気量は19.4×0.5＝9.7〔g〕
この空気1 m^{3}を8 ℃まで冷やしたときに出てくる水滴の量は，9.7－8.3＝1.4〔g〕　したがって，10 m^{3}の空気から出てくる水滴の量は1.4×10＝14〔g〕

(3)　12 ℃でコップがくもったことから，この空気の露点は12 ℃で，この空気1 m^{3}にふくまれる水蒸気量は，10.7 g/m^{3}である。一方，気温が18 ℃のときの飽和水蒸気量は15.4 g/m^{3}なので，湿度は
$\frac{10.7}{15.4}\times 100 = 69.4\cdots$〔%〕

4 (1) **低くなった。(下がった。)**　(2) **イ，ウ**

解説

(1)　空気は膨張すると温度が下がる。

(2)　低気圧の中心では，上昇気流によって上昇した空気が膨張して気温が下がり，水蒸気が水滴になって雲ができる。また，風が山脈にぶつかり，山腹に沿って上昇するときにも，同じように膨張し，気温が下がって雲が発生する。

定期テスト予想問題 ②

p.228～229

1 (1) **ウ**　(2) **寒冷前線**

解説

(1)　低緯度→高温　高緯度→低温
海上→しめっている　陸上→乾燥している
という関係を理解しておくこと。

2 (1) **(例) 強い雨が降り，風が北寄りに変わって，気温が下がる。**　(2) **ウ**　(3) **ア**

解説

(1)　寒冷前線の通過時には，次のような変化が現れる。
①せまい範囲で強い雨や突風が発生する。
②通過後に気温が急に下がり，風が北寄りに変わる。

3 (1) **A…偏西風　B…貿易風**　(2) **A**
(3) **イ，エ，ア，ウ**

解説

(2)　日本をふくむ中緯度帯の上空では，西から東に向かってふく偏西風の影響で，天気が西から東に移り変わっていく。

4 (1) **ア**　(2) **シベリア，高，低，北西，雪や雨，晴れ**
(3) **(例) 気温が低く，飽和水蒸気量が小さいから。**

解説

(1)　日本の東の海上に低気圧があり，西の大陸側に高気圧がある。また，等圧線が南北にのび，その間隔がせまい。これらの特徴から冬の天気図であるとわかる。

(2) 日本海側で雪を降らせた空気は，山をこえて太平洋側にやってくるときには乾燥しているため，太平洋側の天気は晴れとなることが多い。

(3) 冬は気温が低く，飽和水蒸気量が小さいため，洗濯物の中の水蒸気が空気中に出ていきにくくなる。

第4章　電気の世界

定期テスト予想問題 ①

p.294～295

1 (1) **並列回路**
(2) **イ**
(3) **右図**

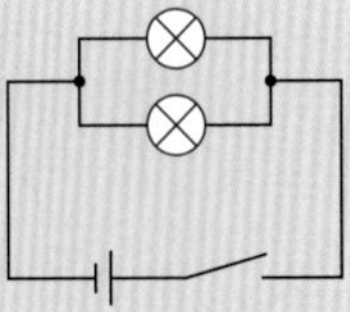

2 (1) **＋端子** (2) **0.150 A** (3) **2.00 V** (4) **電流計**

解説

(2)(3) 1 mA = 0.001 mA　数値は最小目盛りの$\frac{1}{10}$まで目分量で読みとる。

(4) 電流計は回路の電流をはかる器具なので，回路の電流をさまたげないように，抵抗ができるだけ小さくなるようにつくられている。

3 (1) **3V** (2) **2A** (3) **9V** (4) **3A**

4 (1) **比例の関係** (2) **B** (3) **4Ω** (4) **10Ω**
(5) **1.5 A** (6) **2.4Ω**

解説

(2) 電圧の大きさが同じとき，電熱線**B**の方が流れる電流が小さい（電流は流れにくい）ため抵抗が大きい。

(3) 電熱線**A**のグラフから，電圧が4Vのとき電流が1.0 Aなので，オームの法則より抵抗の大きさは4Ω。

(4) 電熱線**B**のグラフから，電圧が6Vのとき，電流は1.0 Aなので，抵抗の大きさは6Ω。電熱線**A**と**B**を直列につないだときの全体の抵抗は，4＋6＝10〔Ω〕

(5) 電熱線**A**のグラフから，電圧が6Vのとき，流れる電流は1.5 Aである。または，電熱線**A**の抵抗は4Ωなので，オームの法則より求めることもできる。

(6) **図1**のグラフから，電圧が6Vのとき，電熱線**A**には1.5 A，電熱線**B**には1.0 Aの電流が流れる。よって，回路全体に流れる電流は，1.5＋1.0＝2.5〔A〕
回路全体の抵抗は，$\frac{6〔V〕}{2.5〔A〕}$＝2.4〔Ω〕

5 (1) **1.5 A** (2) **9 W** (3) **2700 J** (4) **17.9℃**
(5) **小さくなる。** (6) **180000 Ws**

解説

(1) 抵抗4Ωの電熱線に6Vの電圧を加えると，流れる電流は$\frac{6〔V〕}{4〔Ω〕}$＝1.5〔A〕

(2) 電力〔W〕＝電圧〔V〕×電流〔A〕より，
6〔V〕×1.5〔A〕＝9〔W〕

(3) 電熱線の発熱量〔J〕＝電力〔W〕×時間〔s〕より，
9〔W〕×(5×60)〔s〕＝2700〔J〕

(4) 電熱線に加える電圧を10Vにすると，電流は，
$\frac{10〔V〕}{4〔Ω〕}$＝2.5〔A〕　よって，電熱線の電力は，
10〔V〕×2.5〔A〕＝25〔W〕　5分間の電熱線からの発熱量は，25〔W〕×(5×60)〔s〕＝7500〔J〕
電熱線の発熱量は，すべて水の温度の上昇に使われたので，この熱量は，水100 gが5分間に得た熱量である。水1gの温度を1℃上昇させるのに必要な熱量は4.2 Jなので，水の上昇温度をx℃とすると，
7500＝4.2×100×x〔℃〕　x＝17.85…〔℃〕より，
17.9℃

(5) 抵抗が大きくなると，電流は流れにくくなる。水の上昇温度は電力に比例するので，電圧が一定で電流が小さくなると，電力は小さくなり，グラフの傾きも小さくなる。

(6) 電力量〔Ws〕＝電力〔W〕×時間〔s〕より，
600〔W〕×(5×60)〔s〕＝180000〔Ws〕

定期テスト予想問題 ②

p.296～297

1 (1) **磁力線** (2) **A点…エ　B点…イ**
(3) **イ** (4) **C点…ア　D点…ウ**

解説

(3) 右手の親指が右（コイルの内側の磁界の向き）を向くようにしてコイルをにぎると，親指以外の4本の指の向きが電流の向きを表す。

2 (1) ウ (2) (例) コイルに流れる電流の向きを逆にする。(または，U字形磁石のN極とS極を逆にして置く。)
(3) 大きくなる。 (4) ①モーター ②変わる。

解説

(3) 抵抗器を並列につないだときの全体の抵抗の大きさは，各抵抗器の抵抗の大きさよりも小さくなるので，コイルに流れる電流が大きくなり，磁界から受ける力も大きくなる。

3 (1) ㋑…流れない。 ㋒…A→B (2) 電磁誘導
(3) (例) 棒磁石を速く動かす。(棒磁石を速く動かして磁界の変化を速くする。)
(4) イ (5) 交流

解説

(1) ㋑磁石を静止させると磁界は変化しないので誘導電流は流れない。㋒N極が遠ざかることになり，S極を遠ざける㋐とは誘導電流の向きが逆になる。

(4)(5) 同じ磁極をコイルに入れるときと出すときでは，コイルに流れる誘導電流の向きは逆になる。流れる向きや大きさが周期的に変化する電流を交流という。

4 (1) 陰極線（電子線） (2) 名称…電子 電気…－
(3) －極 (4) 上向きに曲がる。 (5) イ
(6) 静電気

解説

(3)(4) 電子は真空放電管の－極から飛び出すので，電極Pは－極である。陰極線は－の電気をもつ電子の流れなので，電極の＋極側に引きつけられる。

(5) 電流の向きは電子の動く向きとは逆なので，電流の向きはイとなる。

(6) 雷は，積乱雲の中にたまった静電気が空気中を流れる放電（火花放電）の1つである。積乱雲の中では，激しい上昇気流によって雲をつくる氷の粒がぶつかり合って摩擦して，静電気がたまる。

入試レベル問題

p.302～305

1 (1) (例) 実験器具に入っていた空気だから。
(2) (例) 炎を上げて燃える。 (3) イ
(4) $2Ag_2O \rightarrow 4Ag + O_2$ (5) 1.0 g

解説

(2) 試験管Bにたまった気体は酸素である。

(3) 白っぽい物質は銀で，電流は流れる。

(5) 酸化銀 $2\,cm^3$ の質量は14.4 g。化学反応式から，反応した酸化銀と発生した酸素の質量の比は，
$2Ag_2O : O_2 = 2\times(27\times2+4) : 4\times2 = 29 : 2$
これより，14.4 gの酸化銀が分解すると，
$14.4\times\frac{2}{29}=0.99\cdots$〔g〕より，1.0 gの酸素が発生。

2 (1) ア (2) ア

解説

気体は発生しないので，全体の質量は変わらない。

3 (1) B (2) 道管
(3) ①記号…D 理由…(例) 蒸散がさかんに行われるため，葉の温度が下がるから。
②記号…A 理由…(例) 光合成の原料である二酸化炭素をとりこめないから。

解説

(3) ①植物は，葉からの蒸散によって，からだの温度が上がるのを防いでいる。

4 (1) C (2) すい液 (3) 胆汁 (4) アミノ酸
(5) (例) アンモニアは人体にとって有害な物質だから。
(6) 組織液

解説

(3) 胆汁は肝臓でつくられてから，胆のうに一時たくわえられる。消化酵素はふくまれていない。

(4) アミノ酸には窒素（N）がふくまれていて，さらに分解されるときにアンモニア（NH_3）が生じる。

5 (1) **前線…前線B　天気の変化…エ**
(2) **1004 hPa** (3) **低くなっていた。**

解説

(1) 寒冷前線が通過するときの天気の変化として正しいものを選ぶ。

(3) 気圧は，そこより上にある空気の重さによって生じるため，海面からの高さが増すと，気圧は低くなる。天気図の等圧線は海面での値に修正されているため，山沿いにある学校のグラウンドでは，測定値はそれより低くなる。

6 (1) **10.3 g** (2) **55 %** (3) **15 ℃**
(4) **上げればよい。** (5) **3.4 g**

解説

(1) 表から，25 ℃の空気の飽和水蒸気量は23.1 g/m^3。したがって，まだふくむことができる水蒸気の量は，23.1－12.8＝10.3〔g〕

(2) 湿度は次の式で求められる。

$$湿度＝\frac{1\ \mathrm{m}^3の空気にふくまれる水蒸気の質量}{その空気と同じ気温での飽和水蒸気量}\times 100$$

よって，$\dfrac{12.8\ 〔\mathrm{g/m^3}〕}{23.1\ 〔\mathrm{g/m^3}〕}\times 100 = 55.4\cdots〔\%〕$ より55 %

(4) 温度を上げると飽和水蒸気量は大きくなるので，空気にふくまれる水蒸気の質量が同じでも，湿度が下がる。

(5) 10 ℃のときの飽和水蒸気量は表より9.4 g/m^{3}なので，12.8－9.4＝3.4〔g〕の水蒸気が出てくる。

7 (1) **10 Ω** (2) **0.4 A** (3) **15 Ω**
(4) **18 Ω** (5) **図2**
(6) **電熱線A…0.15 A　電熱線B…0.10 A**
電熱線C…0.25 A
(7) **13.5 V**
(8) **右の図**
（BとCは逆でもよい。）

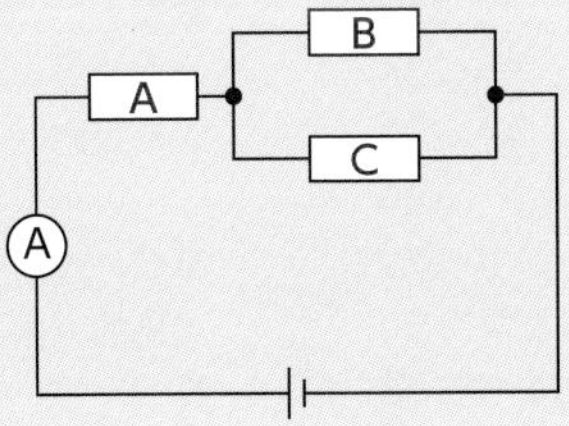

解説

(1) オームの法則より，抵抗＝$\dfrac{6〔\mathrm{V}〕}{0.6〔\mathrm{A}〕}$＝10〔Ω〕

(2) 電熱線に流れる電流は，その両端に加わる電圧に比例する。電熱線Bのグラフより，3 Vのときの電流が0.2 Aなので，6 Vでは0.4 Aとなる。

(3) オームの法則より，抵抗＝$\dfrac{3〔\mathrm{V}〕}{0.2〔\mathrm{A}〕}$＝15〔Ω〕

(4) (1)(3)より，電熱線A，Bの抵抗はそれぞれ10 Ω，15 Ω，また設問文より，電熱線Cの抵抗は12 Ωである。電熱線AとBの並列つなぎの部分の抵抗をR_{AB}とすると，$\dfrac{1}{R_{\mathrm{AB}}}=\dfrac{1}{10}+\dfrac{1}{15}=\dfrac{5}{30}=\dfrac{1}{6}$より，
R_{AB}＝6〔Ω〕
これが，電熱線Cと直列につながっていると考えると，全体の抵抗は，6＋12＝18〔Ω〕となる。

(5) 図2の回路全体の抵抗は，図1の回路全体の抵抗（R_{AB}）と電熱線Cの抵抗の和になるので，回路全体の抵抗は図1より図2の方が大きい。

(6) 電熱線Cに流れる電流は電流計に流れる電流に等しいので0.25 A。電熱線A，Bに加わる電圧は等しいので，電熱線A，Bに流れる電流は各電熱線の抵抗の逆数の比となる（抵抗が大きい電熱線ほど，流れる電流は小さくなる）。
電熱線A，Bに流れる電流をそれぞれ，I_{A}，I_{B}とすると，$I_{\mathrm{A}}:I_{\mathrm{B}}=\dfrac{1}{10}:\dfrac{1}{15}=15:10=3:2$
よって，$I_{\mathrm{A}}=0.25\times\dfrac{3}{5}=0.15$〔A〕　$I_{\mathrm{B}}=0.25-0.15=$ 0.10〔A〕となる。

(7) 電熱線Bに0.3 Aの電流が流れているとき，(6)より電熱線Aには，$0.3\times\dfrac{3}{2}=0.45$〔A〕の電流が流れる。
これより，回路全体に流れる電流は0.75 A。(4)より，回路全体の抵抗は18 Ωなので，電源の電圧はオームの法則より，18〔Ω〕×0.75〔A〕＝13.5〔V〕

(8) 直列回路では全体の抵抗は各部分の抵抗の和，並列回路では，全体の抵抗は各部分の抵抗より小さくなる。したがって，抵抗の大きい電熱線BとCを並列につなぎ，最も抵抗の小さい電熱線Aを，それと直列になるようにつなげばよい。
電熱線Aを直列につないだ場合の回路全体の抵抗は，16.66…＝16.7〔Ω〕，電熱線Bを直列につないだ場合は，20.45…＝20.5〔Ω〕，電熱線Cを直列につないだ場合は(4)より，18〔Ω〕となる。

さくいん

※太数字のページの語句には，くわしい解説があります。

さくいん

そ

た

ち

つ

て

と

に

ね

の

は

さくいん

カバーイラスト・マンガ	サコ
ブックデザイン	next door design（相京厚史，大岡喜直） 株式会社エデュデザイン
本文イラスト	加納徳博
図版	株式会社アート工房，株式会社ケイデザイン，株式会社日本グラフィックス
写真	出典は写真そばに記載。　無印：編集部
編集協力	小野淳，大木晴夏
マンガシナリオ協力	株式会社シナリオテクノロジー ミカガミ
データ作成	株式会社明昌堂 データ管理コード：20-1772-0764（CC2020）
製作	ニューコース製作委員会 （伊藤なつみ，宮崎純，阿部武志，石河真由子，小出貴也，野中綾乃，大野康平，澤田未来，中村円佳，渡辺純秀，相原沙弥，佐藤史弥，田中丸由季，中西亮太，髙橋桃子，松田こずえ，山下順子，山本希海，遠藤愛，松田勝利，小野優美，近藤想，中山敏治）

学研ニューコース　中２理科

学研の書籍・雑誌についての新刊情報・詳細情報は，下記をご覧ください。
［学研出版サイト］https://hon.gakken.jp/

この本は下記のように環境に配慮して製作しました。
●製版フィルムを使用しないCTP方式で印刷しました。
●環境に配慮して作られた紙を使っています。

①